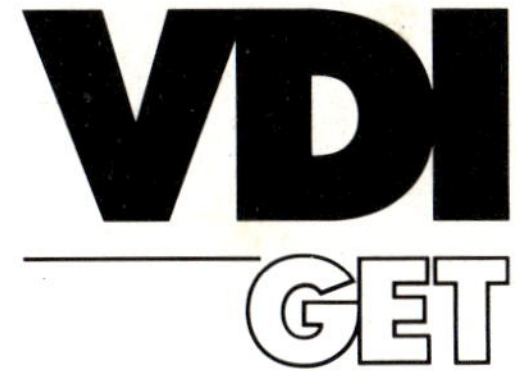

JAHRBUCH 92

VDI GESELLSCHAFT ENERGIETECHNIK

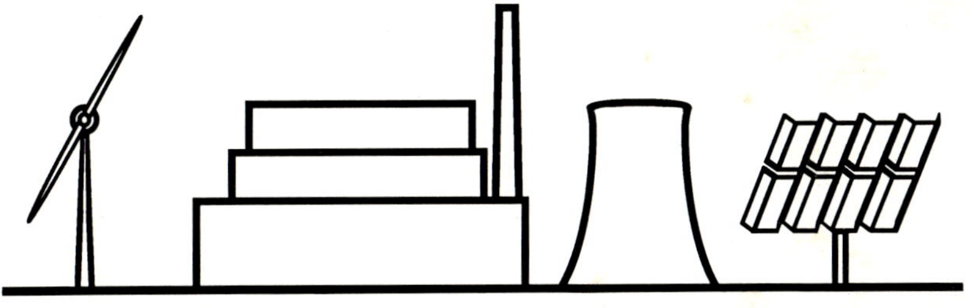

VEREIN DEUTSCHER INGENIEURE VDI

Herausgeber:
Verein Deutscher Ingenieure
VDI-Gesellschaft Energietechnik

Redaktion: E. Sauer, VDI-GET
Anzeigen: Dagmar Schwarz
Herstellung: Monika Ostojić
Druck: Gerlach + Wernitz, Düsseldorf

ISBN 3-18-401213-1

Printed in Germany

INHALTSVERZEICHNIS

VORWORT

Sehr geehrtes Mitglied der VDI-GET,

mit diesem zweiten Jahrbuch "Energietechnik '92" folgen wir dem ausdrücklichen Wunsch unserer Mitglieder, diese aktuelle Information auch für das Jahr 1992 weiterzuführen. Soweit es uns möglich war, haben wir Ihre Anregungen, Änderungs- und Ergänzungswünsche berücksichtigt.

Da nach den Aussagen einiger unserer Mitglieder das Vorwort sowie so nicht gelesen wird, entfällt hier ersatzlos jeder weitere Text.

Bitte beachten Sie jedoch die Rückantwortbögen am Ende des Jahrbuches, die sehr viele in der Ausgabe 1991 nicht gefunden haben!

Prof. Dr.-Ing. Dr.-Ing.E.h. H. Schaefer
Vorsitzender VDI-GET

Priv.-Doz. Dr.-Ing. E. Sauer
Geschäftsführer VDI-GET

1 AUSGEWÄHLTE VORTRÄGE AUS DEN TAGUNGEN DER VDI-GET 1991

Auf den folgenden Seiten des Kapitels 1 finden Sie zu jeder Tagung der VDI-Gesellschaft Energietechnik aus dem Jahre 1991 jeweils einen ausgewählten Vortrag.

Diese ausgewählten Vorträge sollen Ihnen technisch-wissenschaftliche Fachinformationen zu Ihren Arbeitsgebieten oder zu darüber hinausgehenden Bereichen geben.

Anhand der Inhaltsverzeichnisse der Tagungsvorträge, die in der Regel in einem VDI-Bericht veröffentlicht sind, können Sie sich einen Überblick verschaffen zu den gesamten Vortragsinhalten unserer Tagungen aus dem Jahre 1991.

Für Ihre Bestellungen zu den entsprechenden VDI-Berichten benutzen Sie bitte den am Ende des Jahrbuches eingehefteten **Rückantwortbogen** "VDI-Berichte 1991"!

VDI BERICHTE 872

VEREIN DEUTSCHER INGENIEURE

VDI-GESELLSCHAFT ENERGIETECHNIK

VENTILATOREN IM INDUSTRIELLEN EINSATZ

Tagung Düsseldorf, 14. und 15. Februar 1991

Wissenschaftlicher Tagungsleiter
Prof. Dr.-Ing. G. Kosyna VDI
Pfleiderer-Institut für Strömungsmaschinen,
Technische Universität Braunschweig

Inhalt

Plenarvorträge

Schwingungen, Festigkeit

Schwingungen, Schallentstehung

Schallentstehung und -minderung

F. Holste und W. Neise	Vergleich genormter Geräuschmeßverfahren für Ventilatoren
W. von Heesen und P. Reiser	Einsatz eines Kanalschalleistungsprüfstandes nach DIN 45635, Teil 9, bei der Parameteroptimierung von Axialventilatoren
K. Klaes und L. Bommes	Über den Einfluß der konvektiven Beschleunigung auf die Schallumsetzung in Radialventilatoren
M. Gabi	Geräuschverhalten von Axialventilatoren
W. Neise	Einfluß der Einbaubedingungen auf das Ventilatorgeräusch
F. Kameier, U. Geuer und W. Neise	Untersuchung zur Entstehung des Blattspitzen-Wirbellärms an einer axialen Strömungsmaschine
D. Reinartz und H. G. Steinberg	Aerodynamische und akustische Untersuchungsergebnisse von Radialventilatoren mit veränderlichem Radeinlauf
W. Stütz	Variation der Laufradgeometrie als Mittel zur Beeinflussung des Geräuschverhaltens von Axialventilatoren

Strömungsuntersuchungen

T. Gikadi, A. Huppertz und K. Rehm	Untersuchung des Axialschubs bei Radialventilatoren und dessen Ausgleich durch Rückenschaufeln
Y. Xia	Strömungstechnische Untersuchung an Diagonalventilatoren mit Hilfe einer Quasi-3D-Strömungsrechnung
J. Anschütz	Bestimmung des Profilwiderstands im geraden Schaufelgitter für Auslegungs- und Berechnungsverfahren im Ventilatorenbau

Betriebsverhalten, Regelung

A. Godichon	Drehzahlregelbare Antriebe für große Radialventilatoren
L. Paul	Elektronische Drehzahlregelung in Lüftungsanlagen
K. Wintersohl und K. Dietrich	Kriterien für den Einsatz von Axial- und Radialventilatoren und deren Regelung

Betriebsverhalten, Kennlinien

J. Fricke und A. Neumann	Betriebsverhalten von Radialventilatoren bei der Förderung von feststoffbeladener Luft
R. Körner	Untersuchungen an aerodynamisch hochbelasteten Axialventilatorbeschaufelungen bei rotationssymmetrischer Störung der Zuströmung

Besondere Anwendungen

L. Lichtblau	Aerodynamischer und akustischer Entwicklungsstand von Axialgebläsen für kompakte Motorkühlsysteme
G. Krey und H.-Chr. Suckow	Hochdruckventilatoren zur Brüdenkompression
O. Bia	Radialventilatoren für Eindampfanlagen in der Nahrungsmittelindustrie
W. Wahl	Verschleißschutz für Ventilatoren

Berechnung, Konstruktion, Normung

W. Bohl und W. Lorenz	Nationale und internationale Ventilatoren-Normung, insbesondere auf dem Gebiet der Leistungsmessung
E. Tuliszka	Auslegung der optimalen Parameter der axialen Ventilatoren
G. Gneipel	Die Berechnung der Partikelbahnen im Laufrad von Radiallüftern bei der Förderung staubbeladener Gase

● = Nachfolgend veröffentlichter Beitrag

Die anwendungsgerechte Auswahl von Industrieventilatoren aus der Sicht des Herstellers

Dipl.-Ing. **H.-U. Banzhaf,** Heidenheim

Zusammenfassung

Aus der subjektiven Sicht des Ventilator-Herstellers werden die Probleme beleuchtet, die an den Schnittstellen einer Ventilator-Lieferung entstehen können. Dabei wird immer wieder die Frage gestellt: Was muß der Hersteller vom Planer, vom Betreiber und vom Kostenträger der Anlage wissen, um eine optimale Ventilator-Auswahl treffen zu können?

Ausgehend von der genauen Definition der Leistungsdaten wird das Regelverhalten der verschiedenen Ventilatortypen und ihre Einbindung in die Anlage behandelt. Weiterhin wird über die Bedeutung der Akustik, die Wünsche bezüglich der Wartung und die Problematik des Garantienachweises gesprochen und ein Ausblick auf die zukünftigen Trends gegeben.

1. Einleitung

Für den optimalen Betrieb eines Ventilators in einer Anlage ist es notwendig, daß jeder, der an dem Gesamtprodukt Ventilator plus Anlage arbeitet, versucht, über die Grenzen seines eigenen Produktes hinauszusehen, um die technischen Probleme auch jenseits der jeweiligen Schnittstellen zu verstehen. So ist es für unsere Firma seit jeher üblich, daß wir uns nicht allein als Komponenten-Lieferant betrachten, sondern uns auch um die weitere Umgebung unseres Ventilators kümmern. In dem Rahmen führen wir des öfteren Messungen und Berechnungen für die Gesamtanlage durch oder beeinflussen die regelungstechnische Einbindung unseres Ventilators in die Anlage.

Mit diesem Vortrag fällt mir nun aber die Aufgabe zu, den speziellen Standpunkt des Ventilator-Herstellers zu vertreten. Ich werde also versuchen aufzuzeigen, welche Informationen ein Ventilator-Hersteller benötigt, um eine Anlage optimal mit einem Ventilator versorgen zu können. Dabei geht es um Informationen, die zum einen vom Planer, zum anderen aber auch vom Betreiber und vom Kostenträger der Anlage erstellt werden müssen. Manche Details werde ich dabei bewußt provokatorisch und zwangsläufig auch einseitig bringen, da dieser Vortrag am Anfang unserer Tagung den Zweck miterfüllen soll, für den notwendigen Diskussionsstoff zu sorgen.

Was muß also ein Ventilator-Hersteller wissen, um eine optimale Lösung anbieten zu können?

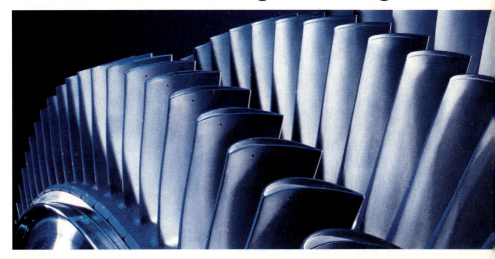

2. Leistungsdaten

Zum Anfang einer Ventilator-Auslegung stehen natürlich die Leistungsdaten, die möglichst klar definiert sein müssen. Man sollte dabei außer auf die Auslegungspunkte auch auf die Teillast- und Überlastpunkte achten. Das bedeutet natürlich für den Planer, daß er, wenn die Widerstände in der Anlage nicht quadratisch mit dem Volumenstrom ansteigen, diese Anlage mehrmals berechnen muß.

2.1 Auslegungspunkt

Zur Definition des Auslegungspunktes eines Ventilators benötigt man den Volumenstrom, die Druckerhöhung und die Dichte des Fördermediums.

2.1.1 Volumenstrom

Der Volumenstrom V ist normalerweise relativ klar zu definieren. Streng genommen ändert er sich beim Durchgang durch den Ventilator geringfügig, da sich durch die Ventilatordruckerhöhung der Absolutdruck und die Temperatur und damit auch die Dichte geringfügig ändern. Man betrachtet jedoch im allgemeinen, wenn nichts anderes vermerkt, den Volumenstrom am Eintritt in den Ventilator.

Bei dieser Gelegenheit möchte ich allerdings darauf hinweisen, daß zur Auslegung des Ventilators der aktuelle Betriebsvolumenstrom V benötigt wird. Wird im Gegensatz dazu der Normvolumenstrom V_N genannt, so sind zusätzliche Angaben erforderlich, um daraus die aktuelle Dichte ρ (s. Kap. 2.1.3) und damit den Betriebsvolumenstrom wie folgt errechnen zu können.

$$V = V_N \cdot \rho_N/\rho \qquad (1)$$

2.1.2 Druckerhöhung

Die Angabe der korrekten Druckerhöhung für einen Ventilator dagegen ist schon erheblich schwieriger. Der Totaldruck p_t in einem Kanalteil setzt sich bekanntlich zusammen aus dem statischen Druckanteil p_{st} und einem Geschwindigkeitsanteil p_d, wobei sich die Geschwindigkeit c wieder aus Volumenstrom V und durchströmter Fläche A berechnet:

$$p_t = p_{st} + p_d \qquad (2)$$

$$p_d = \rho/2 \cdot c^2 \qquad (3)$$

$$c = V/A \qquad (4)$$

Zur Berechnung der Kanaldruckverluste arbeitet man normalerweise mit Totaldrücken, so daß sich als Ergebnis auch entsprechend ein Totaldruckverlust oder für den Ventilator eine Totaldruckerhöhung ergibt. Nun hat aber der Kanal an der Stelle, an der der Ventilator angeschlossen wird eine bestimmte Fläche, die in den wenigsten Fällen die gleiche Größe hat, wie die, die sich aus der Ventilatorauslegung ergibt. Somit wird die Strömung beim Übergang von Kanal zum Ventilator oder umgekehrt entweder beschleunigt oder verzögert. Die Verluste bei einer beschleunigten Strömung können im allgemeinen vernachlässigt werden, wenn es sich nicht um scharfkantige oder sehr kurze Übergänge handelt. Bei einer verzögerten Strömung muß man dagegen sehr vorsichtig sein und in den vorhandenen Einbauraum möglichst optimale Diffusoren einplanen, um die Verluste zu minimieren. Auf jeden Fall ist darauf zu achten, daß die Diffusorverluste an der Schnittstelle nicht unberücksichtigt bleiben.

Zum genauen Anpassen eines Ventilators an eine Anlage gibt es drei Möglichkeiten, eine Druckerhöhung zu definieren und zwar:

- die Druckerhöhung des frei ausblasenden Ventilators Δp_{fa}
- die Totaldruckerhöhung Δp_t
- die statische Druckerhöhung Δp_{st}

Wird der Ventilator beim Hersteller mit seinen Betriebsdaten angefragt, so muß ihm vom Planer die genaue Druckdefinition mit angegeben werden. Wird der Ventilator vom Planer aus einem Firmenkatalog ausgewählt, so muß er sich selbst über die Druckdefinition im Katalog und über seine Anforderungen anhand der nachfolgenden Leitlinien Klarheit verschaffen.

2.1.2.1 Druckerhöhung des frei ausblasenden Ventilators Δp_{fa}

Am einfachsten ist die Anpassung eines Ventilators an eine Anlage, wenn der Ventilator am Ende der Anlage ins Freie bläst, wie in Bild 1a dargestellt ist. In dem Fall wird dem Hersteller der Totaldruckverlust der Anlage bis zur Stelle (1) angegeben und der für den Ventilator zur Verfügung stehende Einbauraum mit der Länge L. Zur Kontrolle können auch noch die Kanalabmessungen an der Stelle (1), z.B. der Durchmesser D_1, genannt werden, um sicherzustellen, daß bis zum Ventilatoreintritt eine beschleunigte Strömung vorliegt. Der Ventilator-Hersteller kann dann den Ventilator mit der Druckerhöhung des frei ausblasenden Ventilators auslegen, wie von Marcinowski in [1] beschrieben und auch in die DIN 24 163 [2] übernommen wurde. Dabei ist diese Druckerhöhung definiert als Differenz des statischen Druckes nach dem Ventilator zum Totaldruck vor dem Ventilator:

$$\Delta p_{fa} = p_{st\,2} - p_{t\,1} \qquad (5)$$

Bild 1 **VOITH-NOVENCO**

Definition der Druckerhöhung

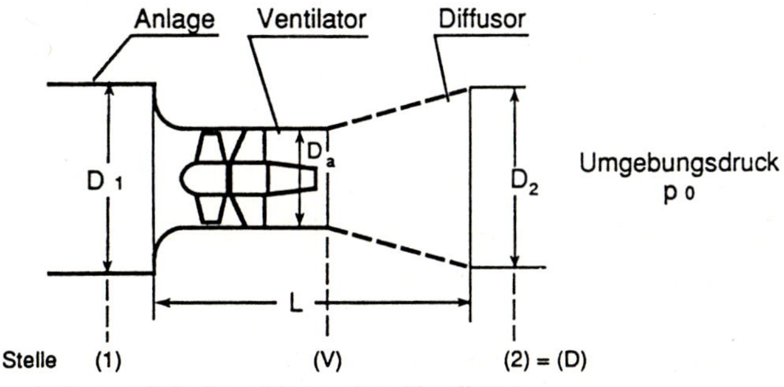

a. Anlage mit frei ausblasendem Ventilator

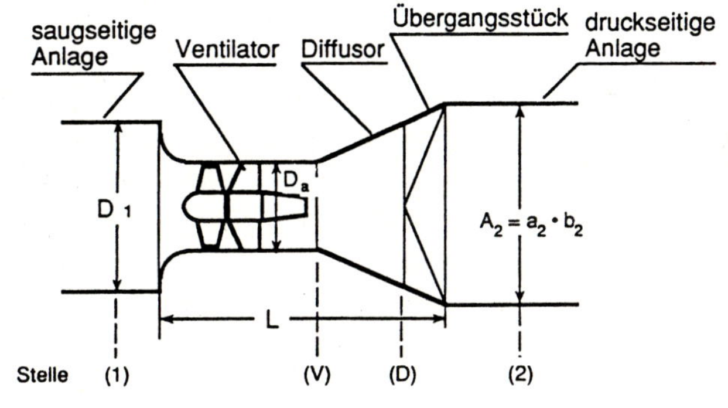

b. Anlage mit eingebautem Ventilator

Der statische Druck $p_{st\,2}$ am Ende des Ventilators (Stelle(2)) entspricht hier dem Umgebungsdruck p_0.

$$p_{st\,2} = p_0 \qquad (6)$$

Der dynamische Druck am Ventilator-Austritt $p_{d\,2}$ ist dabei als Verlust anzusehen. Je größer der Ventilator- oder Diffusor-Austrittsdurchmesser D_2 und je kleiner damit die Austrittsgeschwindigkeit ist, umso geringer ist der Austrittsverlust. Nachdem dieser Verlust aber zu Lasten des Ventilator-Herstellers geht, braucht sich der Planer um die Größe des Austritts nur sekundär zu kümmern. Wie gut der Ventilator bzw. seine Auslegung ist, ist eindeutig aus dem Ventilator-Leistungsverbrauch zu ermitteln. Der Austrittsverlust kann vom Hersteller entweder durch einen größeren Ventilator oder durch die Verwendung eines Diffusors verringert werden. Beides resultiert in einer Erhöhung der Ventilatorbaukosten und kann damit vom Planer auch direkt beurteilt werden.

2.1.2.2 Totaldruckerhöhung Δp_t

Schwieriger wird die Beurteilung für den Planer, wenn der Ventilator saug- und druckseitig in eine Anlage eingebaut ist. In diesen Fällen wird normalerweise beim Hersteller die Totaldruckerhöhung des Ventilators angefragt.

$$\Delta p_t = p_{t\,2} - p_{t\,1} \qquad (7)$$

Diese Anfrage ist zwar richtig, aber nicht ausreichend.

Im allgemeinen ist der Ventilator-Eintrittsquerschnitt kleiner als der Kanal-Querschnitt an der Stelle (1), z.B. der Durchmesser D_1. Damit gibt es am Eintritt wegen der beschleunigten Strömung normalerweise keine Probleme.

Am Ventilator-Austritt muß jedoch in den meisten Fällen die Strömung auf den weiteren Kanal-Querschnitt (Stelle(2)) verzögert werden, wie in Bild 1b dargestellt, und das oft bei sehr begrenzten Einbauverhältnissen. Da der Planer aber den Ventilator-Austrittsquerschnitt, z.B. die Fläche A_2, bei der Anfrage noch nicht kennt, kann er auch die hier entstehenden Diffusorverluste nicht in seine Anlagenverluste mit einrechnen. Deshalb sollte er die optimale Auslegung dieses Diffusors am besten dem Hersteller überlassen und in den Ventilator-Lieferumfang und in die Ventilator-Leistungsangabe mit einschließen. Dazu müssen dem Hersteller natürlich die Kanal-Querschnitte an Stelle (1) und (2) und die zur Verfügung stehende Einbaulänge L bekannt sein. Anderenfalls beendet der Hersteller seinen Liefer- und Verantwortungsbereich am Ende seines Ventilators (V) oder evtl. am Ende eines bestimmten Diffusors (D), der bei ihm katalogmäßig vorhanden ist, und der Rest bis zum Kanalanschluß wird gar nicht oder nur ungenügend berücksichtigt.

2.1.2.3 Statische Druckerhöhung Δp_{st}

Statt der Totaldruckerhöhung kann bei der Anfrage auch die statische Druckerhöhung des Ventilators

$$\Delta p_{st} = p_{st\,2} - p_{st\,1} \tag{8}$$

verwendet werden. In diesen Fällen muß aber konkret darauf hingewiesen werden, daß es sich bei den Drücken um statische Drücke handelt. Auch hier gelten die gleichen Gesichtspunkte, wie sie bereits in Kap. 2.1.2.2 geschildert wurden. Nur mit der Angabe der Kanal-Querschnitte vor und hinter dem Ventilator und der Einbaulänge kann die richtige Ventilator-Auslegung erreicht und die Verantwortung an den Hersteller deligiert werden.

2.1.2.4 Beispiele

Um die Auswirkung von fehlenden Angaben über Kanal-Querschnitte oder von ungenauen Druckbezeichnungen (frei ausblasend, total oder statisch) zu demonstrieren, wurden einige Beispiele durchgerechnet und in Bild 2 einander gegenübergestellt.

Dabei wurde ein kleiner Ventilator mit einem Außendurchmesser von D_a = 1400 mm und einem Nabendurchmesser von D_i = 700 mm mit und ohne Diffusor gewählt und mit einem großen Ventilator mit einem Außendurchmesser von D_a = 1800 mm und einem Nabendurchmesser von D_i = 750 mm verglichen. Der große Ventilator konnte bei den gewählten Betriebspunkten mit einem kleineren Nabenverhältnis ausgelegt werden, um eine möglichst große Austrittsfläche zu erhalten. Der Endquerschnitt des Diffusors war mit D_D = D_2 = 1800 mm so groß wie der Außendurchmesser des großen Ventilators, jedoch ohne Nabe.

Als gemeinsamer Betriebspunkt wurde angenommen:

- Volumenstrom	V	=	50 m^3/s
- Ventilator-Wirkungsgrad	η_V	=	85 %
- Dichte der Luft	ρ	=	1,2 kg/m^3
- Ventilator-Drehzahl	n	=	1485 1/min

Dabei konnte für den großen wie für den kleinen Ventilator die gleiche Ventilator-Drehzahl gewählt werden. Um das Beispiel nicht unnötig zu komplizieren, wurde ein konstanter Ventilator-Wirkungsgrad angenommen. Der Durchmesser der saugseitigen Rohrleitung war D_1 = 2000 mm. Bei obigen Betriebsdaten wurde nun die Auswirkung einer

- ungenauen Druckangabe Δp = 1700 Pa

untersucht.

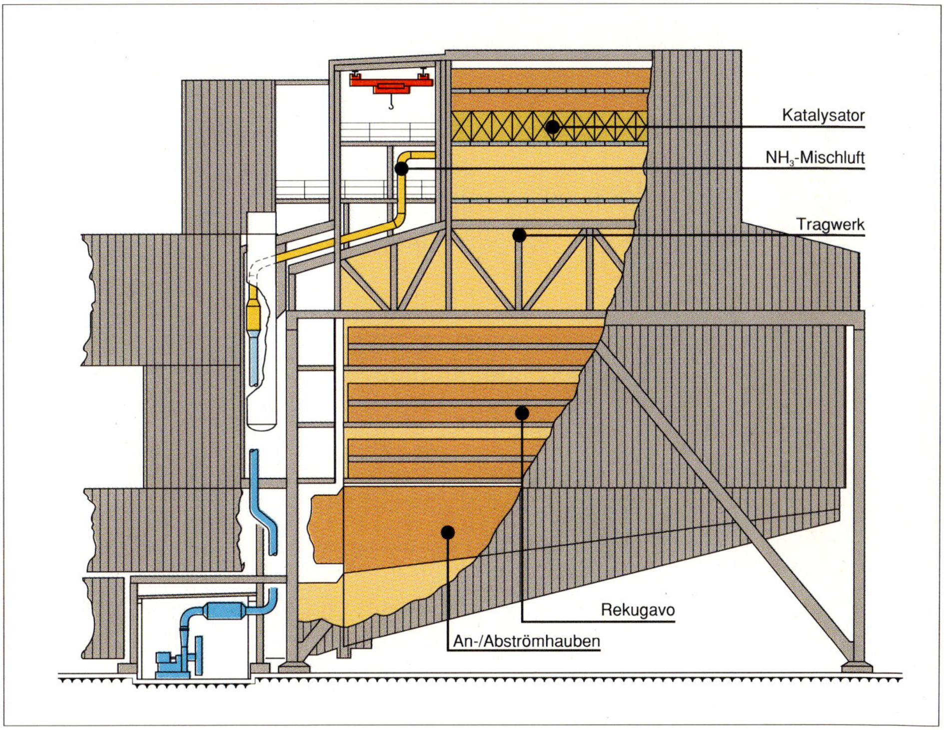

Bild 2 **VOITH-NOVENCO**

Auslegungs-Ergebnisse bei unterschiedlichen Druckdefinitionen

Volumenstrom	$\dot{V}$	=	50	m³/s
ungenaue Druckangabe	Δp	=	1.700	Pa
Ventilator-Wirkungsgrad	η_v	=	85,0	%
Dichte der Luft	ρ	=	1,2	kg/m³
Ventilator-Drehzahl	n	=	1.485	1/min

Ventilatordaten		Δp =	Δp_{fa}	Δp_t	Δp_{st}	
Ventilator klein ohne Diffusor	D_1 = 2.000 mm	p_{d1}	152	152	152	Pa
	D_a = 1.400 mm	p_{d2}	1.125	1.125	1.125	Pa
	D_i = 700 mm	Δp_{fa}	1.700			Pa
	A_1 = 3,14 m²	Δp_t	2.825	1.700	2.673	Pa
	A_v = A_2 = 1,15 m²	Δp_{st}	1.852	727	1.700	Pa
		P_L	166	100	157	kW
Ventilator groß ohne Diffusor	D_1 = 2.000 mm	p_{d1}	152	152	152	Pa
	D_a = 1.800 mm	p_{d2}	339	339	339	Pa
	D_i = 750 mm	Δp_{fa}	1.700			Pa
	A_1 = 3,14 m²	Δp_t	2.039	1.700	1.887	Pa
	A_v = A_2 = 2,10 m²	Δp_{st}	1.852	1.513	1.700	Pa
		P_L	120	100	111	kW
Ventilator klein mit Diffusor	D_1 = 2.000 mm	p_{d1}	152	152	152	Pa
	D_a = 1.400 mm	p_{d2}	1.125	1.125	1.125	Pa
	D_i = 700 mm	p_{dD}	232	232	232	Pa
	D_D = 1.800 mm	Δp_{fa}	1.700			Pa
	A_1 = 3,14 m²	Δp_t	1.932	1.700	1.780	Pa
	A_v = 1,15 m²	Δp_{tv}	2.066	1.834	1.914	Pa
	A_D = A_2 = 2,54 m²	Δp_{st}	1.852	2.825	1.700	Pa
		P_L	122	108	113	kW

Wird die ungenaue Druckangabe als **Druckerhöhung eines frei ausblasenden Ventilators $\Delta p_{fa} = \Delta p = 1700$ Pa** angesehen, so ergeben sich die Daten der Spalte Δp_{fa} in Bild 2. Bei gleichen Drücken $\Delta p_{fa} = 1700$ Pa errechnen sich wegen der unterschiedlichen dynamischen Drücke p_d am Ventilator-Austritt (Stelle V) bzw. Diffusor-Austritt (Stelle D) unterschiedliche Totaldruckerhöhungen des Ventilators. Aus einer Kombination der Gleichungen (6),(5) und (2) erhält man:

$$\Delta p_t = \Delta p_{fa} + p_{d2} \tag{9}$$

Je größer der Querschnitt am Austritt des Ventilators oder des Diffusors ist, desto kleiner ist die notwendige Totaldruckerhöhung und je kleiner die aufzuwendende Antriebsleistung P_L, die sich wie folgt errechnet:

$$P_L = V \cdot \Delta p_t \,/\, \eta_V \tag{10}$$

Dabei muß bei der Diffusor-Version die Druckerhöhung Δp_t für die gesamte Einheit Ventilator und Diffusor angesetzt werden. Um die Totaldruckerhöhung Δp_{tV} am Ende des Ventilators zu berechnen, muß deshalb noch der Totaldruckverlust des Diffusors Δp_D hinzuaddiert werden, der mit folgender Gleichung abgeschätzt wird:

$$\Delta p_D = (1 - \eta_D) \cdot (p_{d2} - p_{dD}) \tag{11}$$

$$\Delta p_{tV} = \Delta p_t + \Delta p_D \tag{12}$$

wobei ein Diffusor-Gütegrad von $\eta_D = 0{,}85$ angenommen wird. Mit dieser Totaldruckerhöhung Δp_{tV} wird dann die Leistung des Ventilators berechnet.
Aus der Spalte Δp_{fa} ist als Resultat zu ersehen, daß der kleine Ventilator mit $P_L = 166$ kW die größte Antriebsleistung hat. Dann folgt der kleine Ventilator mit Diffusor

mit P_L = 122 kW, der nur knapp von dem großen Ventilator mit P_L = 120 kW unterboten wird. Der kleine Unterschied der beiden letzteren Versionen liegt darin, daß der Diffusor kein Nabenrohr hat und damit mit p_{dD} = 232 Pa einen etwas geringeren dynamischen Austrittsdruck hat als der große Ventilator mit p_{d2} = 339 Pa. Von dieser Verbesserung muß jedoch der Diffusordruckverlust Δp_D wieder abgezogen werden.

Ist mit der ungenauen Druckangabe die **Totaldruckerhöhung des Ventilators $\Delta p_t = \Delta p$ = 1700 Pa** gemeint (Spalte Δp_t in Bild 2), so ergeben sich gleiche Ventilatoren bezüglich ihrer Antriebsleistung von P_L = 100 kW. Nur die Diffusor-Version hat eine etwas größere Antriebsleistung von P_L = 108 kW wegen der zusätzlichen Diffusorverluste. Der Unterschied in den 3 Auslegungen liegt hier im dynamischen Austrittsdruck p_{d2}. Während der große Ventilator und der kleine Ventilator mit Diffusor hier wiederum sehr ähnliche Werte liefern, ist beim kleinen Ventilator ohne Diffusor ein sehr hoher dynamischer Druck von p_{d2} = 1125 Pa vorhanden, der fast in der Größenordnung der Totaldruckerhöhung liegt. Das heißt, daß dieser Ventilator nur eine statische Druckerhöhung von Δp_{st} = 727 Pa erzeugt. Im allgemeinen ist aber in einer Anlage mit einem hohen dynamischen Druckanteil nicht viel anzufangen. Deshalb muß die Geschwindigkeit normalerweise wieder verzögert werden, was nur mit Strömungsverlusten möglich ist. Das führt dann wiederum zur Diffusor-Version des kleinen Ventilators.

Wird unter der ungenauen Druckangabe die **statische Druckerhöhung des Ventilators $\Delta p_{st} = \Delta p$ = 1700 Pa** verstanden, so erhält man die Verhältnisse, wie sie unter Spalte Δp_{st} in Bild 2 zusammengestellt sind. Hier ergibt sich die gleiche Reihenfolge in der Antriebsleistung wie in Spalte Δp_{fa} und das auch aus den gleichen Gründen.

Wir tun viel dafür, daß sie uns weniger spürt.

Viele kleine und größere Veränderungen bei AEG haben sich ganz natürlich ergeben – aus der Verantwortung für unseren Planeten Erde. AEG hat deshalb Geräte entwickelt, die nach ökologischen Gesichtspunkten auf dem neuesten Stand der Technik sind.

Weil wir schon bei der Herstellung auf Umweltverträglichkeit achten, z. B. was den Einsatz natürlicher Rohstoffe betrifft. Weil wir auch an die spätere umweltschonende Entsorgung denken, und mit umweltgerechter Verpackung das Öko-System so wenig wie möglich belasten. Und weil unsere Geräte beim Verbrauch von Strom, Wasser und Chemie auch noch erfreulich ökonomisch sind. Damit uns die Umwelt noch weniger spürt.

AEG__AUS ERFAHRUNG GUT.

AEG

Als Ergebnis kann gesagt werden, daß der preisgünstige kleine Ventilator entweder durch seine hohen Antriebsleistungen oder durch seinen hohen dynamischen Austrittsdruck immer Nachteile mit sich bringt. Durch die Verwendung eines Diffusors können gegen gewisse Mehrkosten die Nachteile weitgehend aufgehoben werden. Dieser Ventilator benötigt aber die größte Einbaulänge. Er dürfte jedoch in diesem Vergleich die beste Lösung darstellen. Noch geringfügig bessere Ergebnisse bezüglich der Antriebsleistung werden durch den großen Ventilator erzielt, die aber auch mit dem höchsten Anschaffungspreis bezahlt werden müssen.

2.1.3 Dichte des Fördermediums

Da der Ventilator nicht direkt eine Druckerhöhung Δp erzeugt, sondern eine spezifische Förderarbeit Y, wird zur Ventilator-Auslegung auch die Dichte des Fördermediums ρ benötigt. Die spezifische Förderarbeit steht nach [2] mit der Druckerhöhung näherungsweise in folgendem Zusammenhang:

$$Y_t = \Delta p_t / \rho_m \tag{13}$$

Dabei ist ρ_m die mittlere Dichte zwischen Ventilator-Ein- und Austritt:

$$\rho_m = (\rho_1 + \rho_2)/2 \tag{14}$$

Die spezifische Förderarbeit kann auch exakt nach der Gleichung:

$$Y_{st} = \kappa/(\kappa-1) \cdot R \cdot T_1 \cdot [(p_{st2}/p_{st1})^{(\kappa-1)/\kappa} - 1] \tag{15}$$

berechnet werden. Das ergibt bei größeren Druckerhöhungen das genauere Ergebnis.

In jedem Fall wird zur Berechnung der spezifischen Förderarbeit die Dichte des Fördermediums oder die zur Ermittlung der Dichte notwendigen Werte für

- den statischen Druck p_{st}
- die Temperatur t
- und die Gaskonstante R (= 287,1 J/kg für Luft)

nach der Gleichung:

$$\rho = p_{st}/[R \cdot (273{,}15 + t)] \qquad (16)$$

benötigt.

Für die genauere Ermittlung der spezifischen Förderarbeit nach Gleichung (15) ist zusätzlich noch der Wert für den Adiabatenexponenten κ (= 1.4 für Luft) notwendig.

2.1.4 Absolutdruck

Für die aerodynamische Auslegung des Ventilators ist die Druckerhöhung des Ventilators und die Dichte notwendig. Es ist dabei im allgemeinen nicht wichtig, ob die Druckerhöhung nur aus einem saugseitigen Anteil Δp_S, also als Unterdruck vor dem Ventilator, oder nur aus einem druckseitigen Anteil Δp_D oder aus beiden Anteilen besteht.

2.1.4.1 Sperrluft-Ventilatoren

Es gibt allerdings einige Konstruktionsdetails, für die es wichtig ist ob an gewissen Teilen des Ventilators gegenüber dem Umgebungsdruck p_0 Überdruck oder Unterdruck herrscht. So ist in Bild 3 a und b ein zweistufiger Ventilator mit einer ölgeschmierten Hauptlagerung dargestellt,

Bild 3a **VOITH-NOVENCO**

Druckverlauf in einem zweistufigen Kraftwerksventilator

Betrieb im Unterdruckbereich

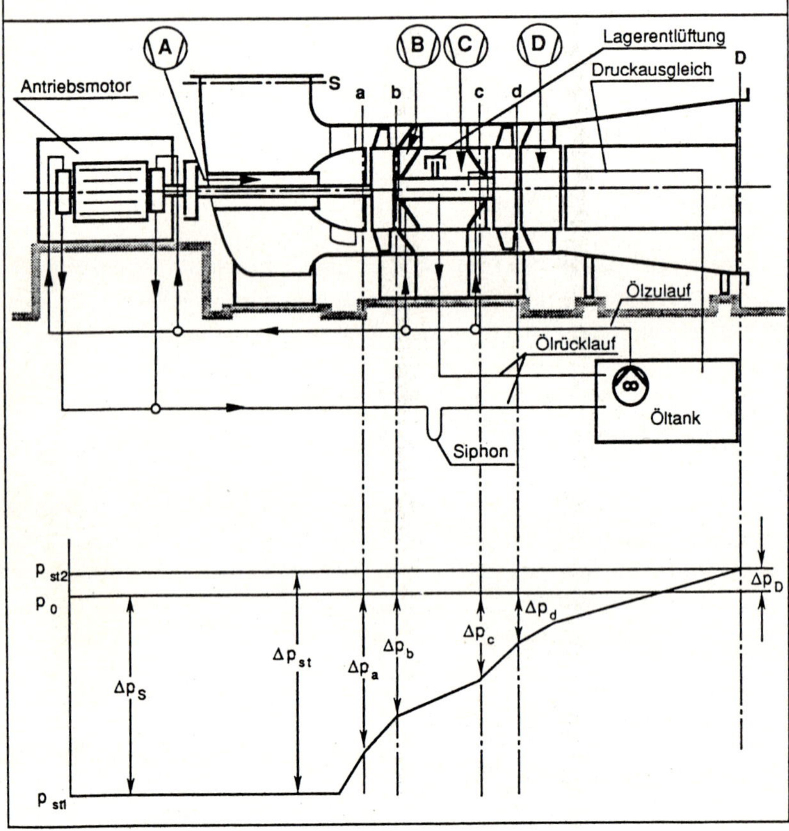

Bild 3b **VOITH-NOVENCO**

Druckverlauf in einem zweistufigen Kraftwerksventilator

Betrieb im Überdruckbereich

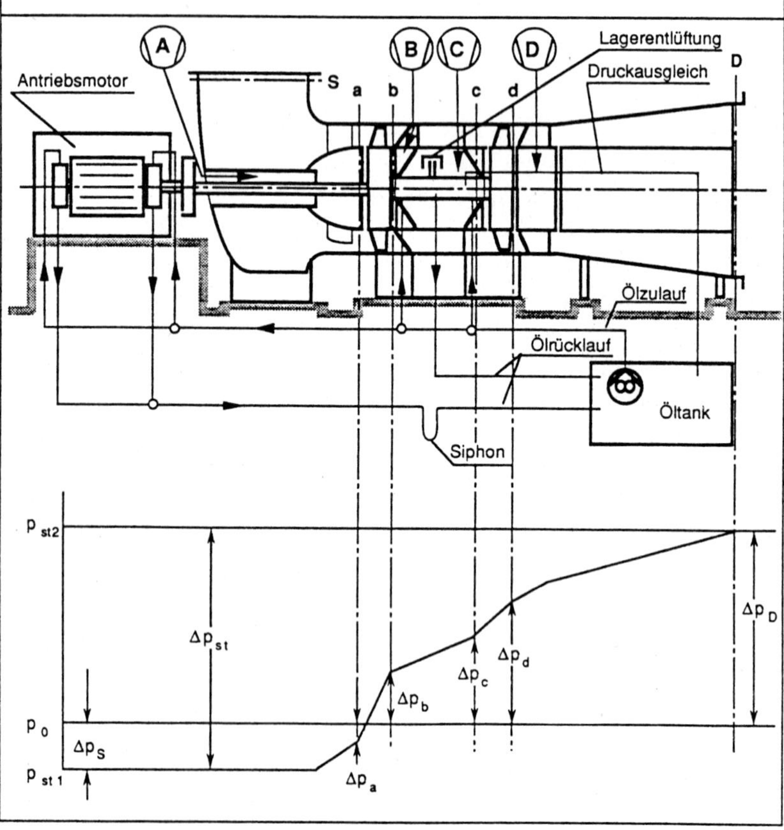

wie er als Saugzug-Ventilator in Kraftwerken eingesetzt ist. Da der Nabenraum frei von Rauchgas bleiben soll, sind Sperrluft-Ventilatoren A,B,C und D installiert, die laufend Frischluft in den Nabenraum des Saugzug-Ventilators fördern.

Für diese Sperrluft-Ventilatoren ist es nun aber sehr wichtig, auf welchem Druckniveau der Saugzug-Ventilator arbeitet, da sie aus der Umgebung Luft in den Druckraum der Nabe fördern müssen. In den Bildern 3 a und b sind 2 verschiedene Druckverläufe dargestellt. Im Teil a arbeitet der Saugzug-Ventilator hauptsächlich im Unterdruckbereich. Somit ergeben sich auch in den verschiedenen Teilen des Nabenraumes Unterdrücke Δp_a, Δp_b, Δp_c und Δp_d gegenüber der Umgebung, und Frischluft würde durch einfaches Öffnen eines Verbindungskanals von außen in den Nabenraum fließen. Damit kann in solchen Fällen der Sperrluft-Ventilator unter Umständen entfallen, wenn diese Druckverhältnisse auch bei Betriebszuständen, die vom Auslegungspunkt abweichen, erhalten bleiben und eine Belüftung im Stillstand des Saugzug-Ventilators nicht benötigt wird.

Bei dem Druckverlauf in Teil b, bei dem der Saugzug-Ventilator zum großen Teil im Überdruckbereich arbeitet, sind jedoch eindeutig Sperrluft-Ventilatoren, zumindestens an den Stellen B,C und D, notwendig, die gegen die Druckdifferenz Δp_b bzw. Δp_c oder Δp_d die notwendige Sperrluftmenge liefern.

2.1.4.2 Hauptlagerung

Auch für die Öllagerung selbst (s.Bild 3 a und b) ist das Druckniveau im Nabenraum von entscheidender Bedeutung. Um einen zuverlässigen Rücklauf des Öls aus der Lagerung in den Tank des Ölversorgungs-Systems zu gewährleisten, darf der Tank keinen Überdruck gegenüber dem Lagerraum aufweisen. Andererseits ist es zur Abdichtung der Lagerung gegenüber dem Förderraum des Ventilators an den Stellen a und b notwendig, daß über den Dichtelementen eine möglichst geringe Druckdifferenz herrscht. Sie müssen also durch Ausgleichsbohrungen entlastet werden.

Alles das kann dadurch erleichtert werden, daß der Lagerraum in den Nabenraum hinein entlüftet und damit auf dasselbe Druckniveau wie der Nabenraum gebracht wird. Dabei muß der Tank des Ölversorgungs-Systems aber gegenüber der Umgebung abgedichtet werden. Zusätzlich wird durch Verbindungsleitungen dafür gesorgt, daß im Tank derselbe Druck herrscht wie im Lagerraum. Auf diese Weise kann ein funktionierendes Ölsystem geschaffen werden.

Muß mit der gleichen Ölversorgungsanlage auch die Lagerung des Antriebsmotors beliefert werden, die unter Umgebungsdruck steht, so muß die Ölrücklaufleitung dieser Lagerung durch einen Siphon vom Öltank getrennt werden, um einen Druckausgleich zu vermeiden.

Ist der Druck im Nabenbereich des Saugzug-Ventilators jedoch nicht sehr unterschiedlich vom Umgebungsdruck, so kann auf dieses aufwendigere System des Druckausgleichs verzichtet werden.

Somit kann die Kenntnis des Absolutdruckes vor oder hinter dem Ventilator für die Auslegung der Lagerung und eines evtl. notwendigen Sperrluft-Systems von wesentlicher Bedeutung sein.

2.2 Teillastbetrieb

Ebenso wie der Auslegungspunkt, so müssen für den Ventilator auch weitere evtl. zu fahrende Teillastpunkte definiert werden.

2.2.1 Energieverbrauch

Bei den Teillastpunkten sollten außer den ventilatorspezifischen Auslegungsdaten auch die Betriebszeiten bekannt sein, die auf die einzelnen Teillastpunkte entfallen, damit der optimale Wirkungsgrad möglichst in den Bereich gelegt wird, in dem über das Jahr gerechnet die meiste Energie verbraucht wird. Dabei gibt es erhebliche Unterschiede in der Auslegung, je nachdem ob ein Ventilator z.B. in einem Grundlast-Kraftwerk, das möglichst immer mit 100% Leistung fährt, betrieben wird oder in einer Straßentunnel-Belüftung, bei der die volle Leistung nur im Katastrophenfall benötigt wird. So wurde in einem Berechnungsbeispiel (Bild 4), das in [3] veröffentlicht ist, anhand eines typischen Anforderungsprofils für eine Straßentunnel-Belüftung aufgezeigt, daß wegen des hohen zeitlichen Anteils an geringen Lüftungsmengen (Betriebspunkte F bis H) während der Zeiten schwachen Verkehrs eine Auslegung mit einem polumschaltbaren Motor eine Einsparung von 11,9% im Jahres-Energieverbrauch brachte. In diesem Fall konnten, wie in Bild 5 und 6 durch Vergleich der beiden Kennfelder zu ersehen, die niedrigen Betriebspunkte, die während einer langen Betriebszeit benötigt wurden, durch Drehzahlabsenkung in den Bereich guten Ventilator-Wirkungsgrades verschoben werden.

Bild 4 **VOITH-NOVENCO**

Energieverbrauch
Beispielrechnung Tunnelventilator

Betriebs-punkt	Volumen-strom $\dot{V}$ m³/s	Drucker-höhung Δp_t Pa	Spez. Förderarbeit Y_t J/kg	Vent.-Drehzahl n_v min⁻¹	Wirkungsgrad Laufrad η_{tL} -	Wirkungsgrad Motor η_M -	Leistung Laufrad P_L kW	Leistung Motor P_M kW	Zeit t h/a	Energie E kWh/a
a. Laufradschaufel-Verstellung										
A	193	1 083	941,4	740	0,892	0,953	234,2	245,8	270	66 364
B	170	840	730,4	740	0,880	0,953	162,3	170,3	160	27 243
C	150	654	568,6	740	0,852	0,949	115,1	121,3	170	20 622
D	130	491	427,1	740	0,784	0,934	81,4	87,2	120	10 464
E	120	418	363,9	740	0,740	0,927	67,9	73,2	170	12 445
F	110	352	305,8	740	0,687	0,917	56,3	61,4	410	25 176
G	90	235	204,7	740	0,558	0,900	38,0	42,2	650	27 422
H	70	142	123,8	740	0,295	0,895	33,8	37,8	500	18 873
								Summe	2 450	208 609
b. Polumschaltung und Laufradschaufel-Verstellung										
A	193	1 083	941,4	740	0,892	0,953	234,2	245,8	270	66 364
B	170	840	730,4	740	0,880	0,953	162,3	170,3	160	27 243
C	150	654	568,6	740	0,852	0,949	115,1	121,3	170	20 622
D	130	491	427,1	740	0,784	0,934	81,4	87,2	120	10 464
E	120	418	363,9	740	0,740	0,927	67,9	73,2	170	12 445
F	110	352	305,8	372	0,874	0,884	44,3	50,1	410	20 528
G	90	235	204,7	372	0,882	0,882	24,0	27,2	650	17 702
H	70	142	123,8	372	0,815	0,722	12,2	16,9	500	8 468
								Summe	2 450	183 837
			Reduzierung gegenüber Laufradschaufel-Verstellung							11,9%

Bild 5 **VOITH-NOVENCO**

Beispielrechnung Tunnelventilator
Laufradschaufel-Verstellung

Laufraddurchmesser $D = 2800$ mm
Laufraddrehzahl $n = 740\ \text{min}^{-1}$
Dichte $\rho = 1{,}15\ \text{kg/m}^3$

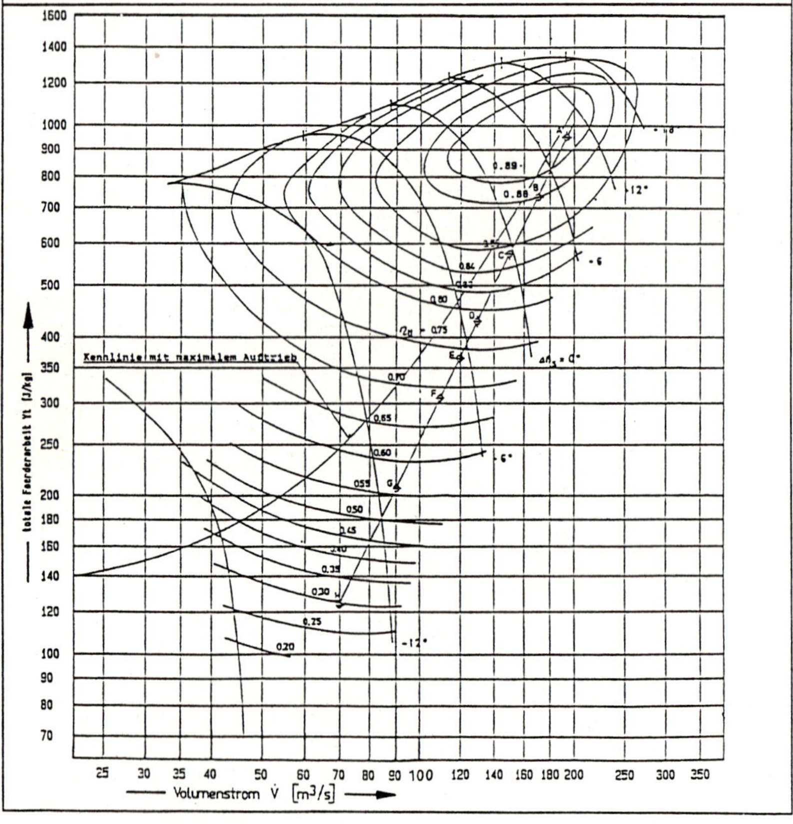

Bild 6 **VOITH-NOVENCO**

Beispielrechnung Tunnelventilator
Polumschaltung und Laufradschaufel-Verstellung

Laufraddurchmesser D = 2800 mm
Laufraddrehzahl n = 740/372 min^{-1}
Dichte ρ = 1,15 kg/m^3

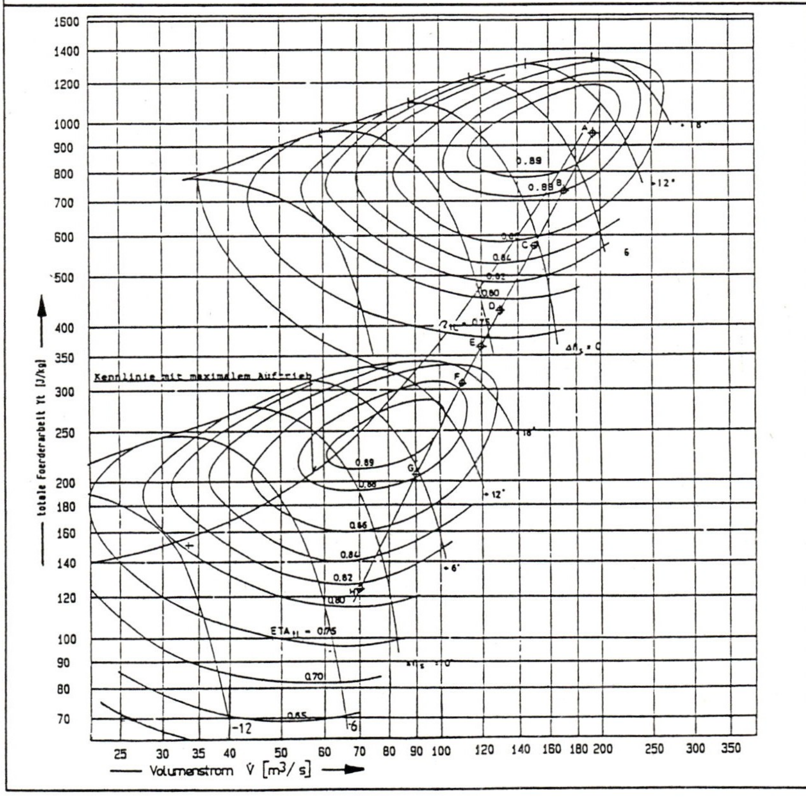

2.2.2 Parallelbetrieb

Ein anderer Fall, in dem es sehr wichtig ist, Teillastpunkte zu berechnen, liegt dann vor, wenn in einer Anlage Ventilatoren im Parallelbetrieb laufen und diese Parallelventilatoren nicht miteinander synchronisiert sind, sondern mit unterschiedlichen Volumenströmen betrieben werden müssen. Hierbei ist es notwendig, die Kennfeldpunkte jedes der beiden Ventilatoren bei unterschiedlichen Volumenstrom-Kombinationen der Parallel-Ventilatoren untereinander zu berechnen. Wie in [4] ausführlich erläutert, ist es dabei wesentlich, wie groß der Druckverlust in dem von beiden Parallel-Ventilatoren versorgten gemeinsamen Anlagenteil C nach Bild 7 gegenüber den Druckverlusten in den jeweilig unabhängigen Anlagenteilen A und B ist.

In Bild 8 ist das Kennfeld eines Axial-Ventilators mit Drallregelung dargestellt, bei dem wegen des starken Einbruchs der Abreißgrenze im Teillastbereich das Problem besonders deutlich in Augenschein tritt. Ich möchte hier nur auf die Anlagenkennlinie K_3 eingehen, bei der angenommen wurde, daß bei maximalem Volumenstrom

$$V_A = V_B = V_{max} \tag{17}$$

die Druckverluste der drei Anlagenteile A,B und C gleich groß sind:

$$\Delta p_A = \Delta p_B = \Delta p_C \tag{18}$$

Weiterhin sollte der Ventilator a mit Vollast laufen, während der Ventilator b vom Volumenstrom null bis zum maximalen Volumenstrom hochgeregelt wird. In diesem Fall ändern sich die Betriebspunkte beider Ventilatoren, wie in Bild 8 aus den Kurven K_3 für Ventilator b und K_3' für Ventilator a zu ersehen ist.

Bild 7 **VOITH-NOVENCO**

Anlagenschema mit zwei Ventilatoren in Parallelschaltung

A, B, C = Anlagen
a, b = Ventilatoren
d, e = Klappen
I = Vereinigungspunkt

$\Delta p_{A,B,C}$ = Anlagen-Druckverluste
$\Delta p_{a,b}$ = Ventilator-Druckerhöhungen

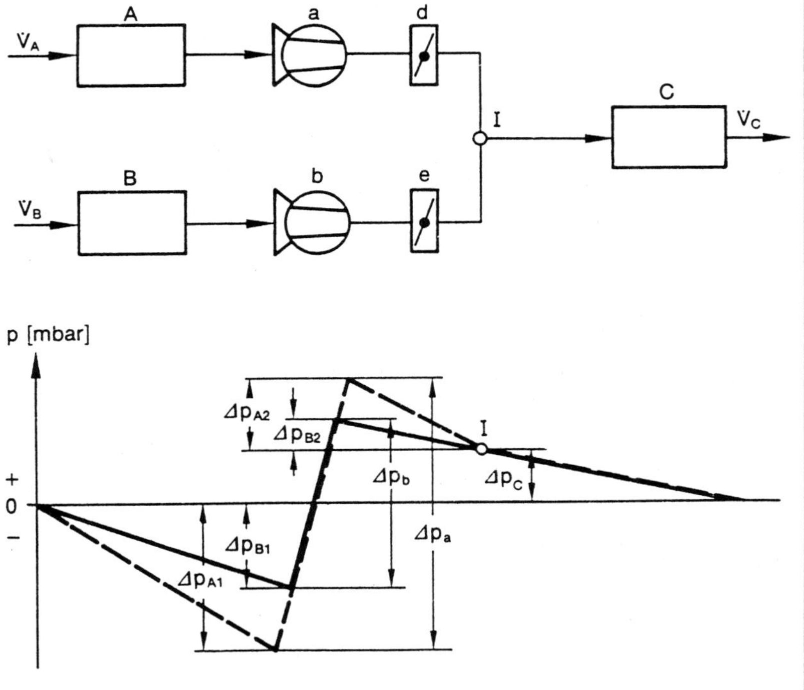

Lu 120

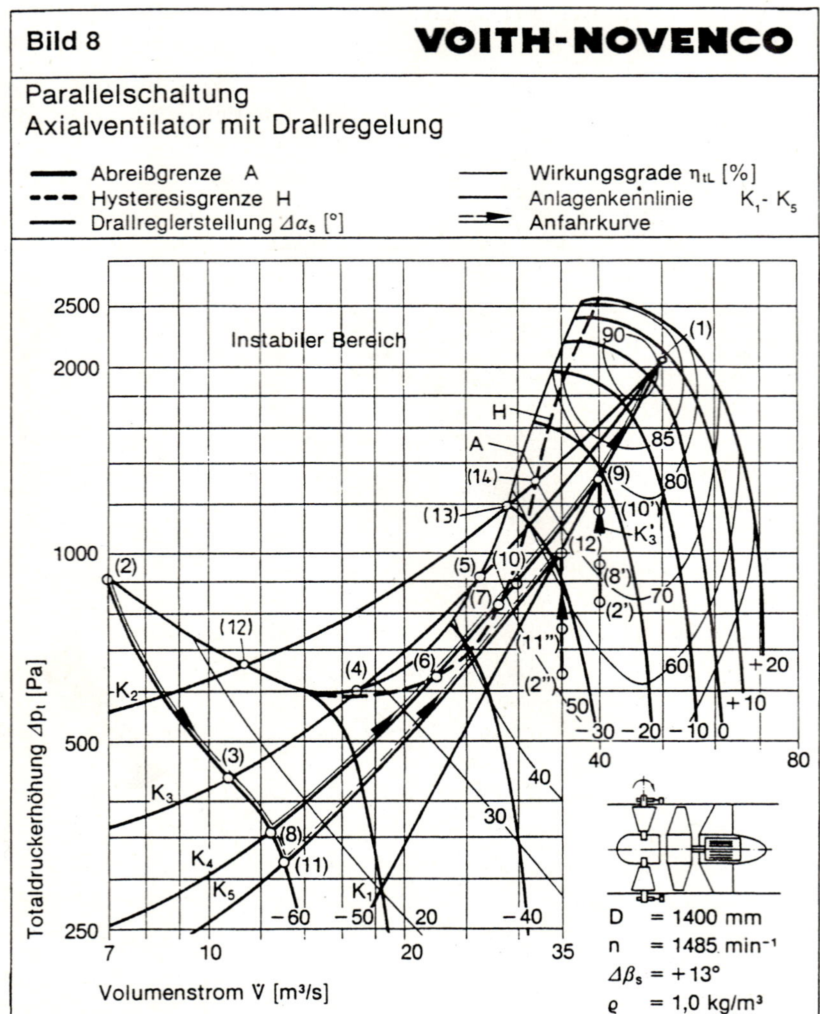
Bild 8
VOITH-NOVENCO
Parallelschaltung
Axialventilator mit Drallregelung
Abreißgrenze A
Hysteresisgrenze H
Drallreglerstellung $\Delta\alpha_s$ [°]
Wirkungsgrade η_{tL} [%]
Anlagenkennlinie K_1 - K_5
Anfahrkurve
Instabiler Bereich
Totaldruckerhöhung Δp_t [Pa]
Volumenstrom $\dot{V}$ [m³/s]
D = 1400 mm
n = 1485 min⁻¹
$\Delta\beta_s$ = +13°
ϱ = 1,0 kg/m³

Lu122

Bild 7 **VOITH-NOVENCO**

Anlagenschema mit zwei Ventilatoren in Parallelschaltung

A, B, C = Anlagen
a, b = Ventilatoren
d, e = Klappen
I = Vereinigungspunkt

$\Delta p_{A,B,C}$ = Anlagen-Druckverluste
$\Delta p_{a,b}$ = Ventilator-Druckerhöhungen

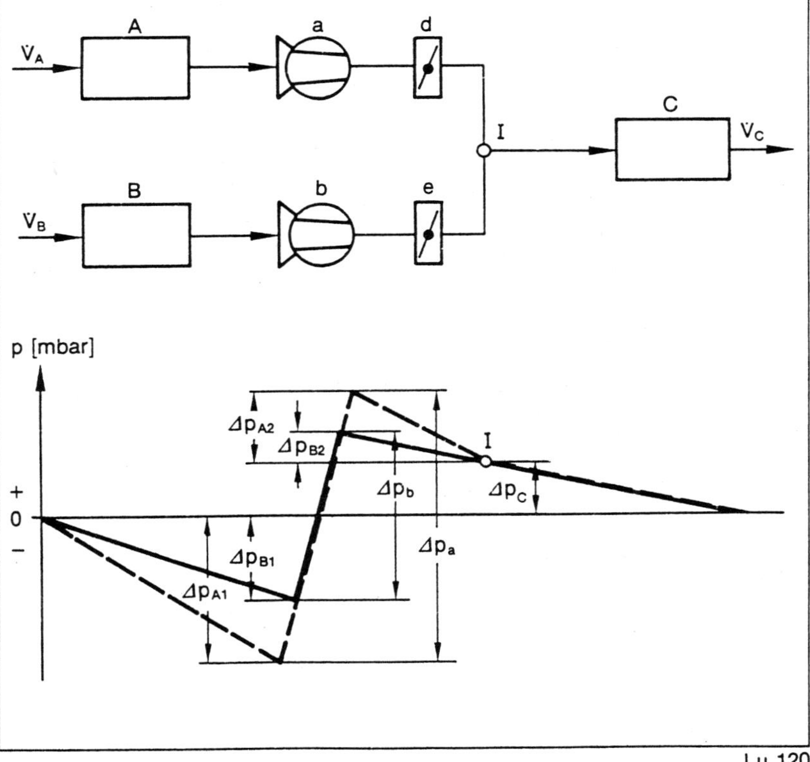

Lu 120

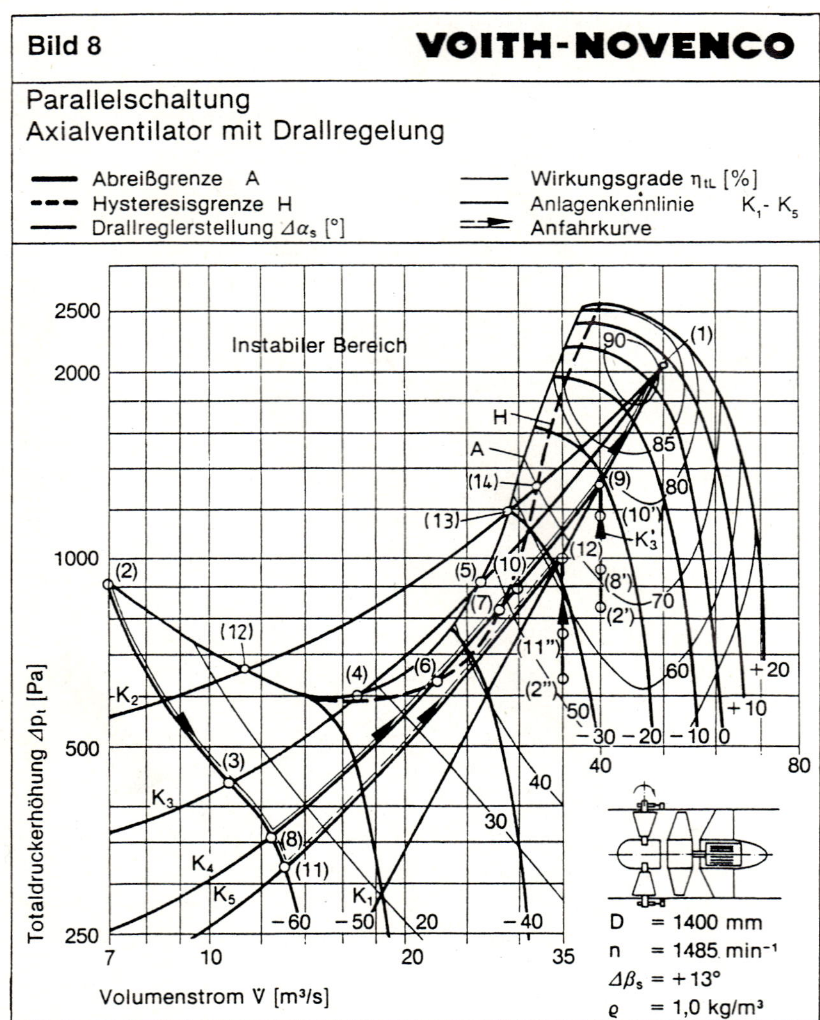
Bild 8
VOITH-NOVENCO
Parallelschaltung
Axialventilator mit Drallregelung
Abreißgrenze A
Hysteresisgrenze H
Drallreglerstellung Δαs [°]
Wirkungsgrade ηtL [%]
Anlagenkennlinie K1 - K5
Anfahrkurve
Instabiler Bereich
Totaldruckerhöhung Δpt [Pa]
Volumenstrom V̇ [m³/s]
D = 1400 mm
n = 1485 min⁻¹
Δβs = +13°
ϱ = 1,0 kg/m³

Lu122

Bei dem hier dargestellten Kennfeld eines drallgeregelten Axial-Ventilators mit dem typischen starken Einbruch der Abreißgrenze tritt nun das Problem auf, daß der Ventilator b von Punkt (4) bis Punkt (5) durch seinen instabilen Betriebsbereich fahren müßte. Das sollte aber mit Rücksicht auf die starken druck- und schwingungsmäßigen Belastungen von Ventilator und Anlage vermieden werden. Auch dürfte ein solcher Verlauf der Anlagenkennlinie regelungstechnisch kaum zu beherrschen sein, da sich der Volumenstrom eines Axialventilators beim Übergang vom stabilen in den instabilen Betriebsbereich plötzlich ändert und somit eine Unstetigkeitsstelle aufweist.

Diese Situation ist nicht etwa frei konstruiert, sondern ich habe es selbst erlebt, daß in einem Kraftwerk Kessel 1 nicht mit 50% Last betrieben werden konnte, während der Parallelkessel 2 Vollast fuhr, da dann der Saugzug-Ventilator 1 im instabilen Bereich betrieben wurde.

Eine mögliche Lösung liegt in diesem Fall darin, daß ein Axial-Ventilator mit Schaufelverstellung gewählt wird, dessen Kennfeld, wie für die gleichen Verhältnisse in Bild 9 dargestellt, sich für einen solchen Betrieb wesentlich besser eignet.

Um eine solche Wahl jedoch richtig treffen zu können, müssen dem Ventilator-Hersteller bei der Anfrage nicht nur der Auslegungspunkt der Anlage, sondern auch die entsprechenden Teillastpunkte bekannt sein.

Ein Axialventilator mit Vordrallregelung bildet übrigens in gewisser Hinsicht einen Sonderfall. Während man z.B. beim Axialventilator mit Laufradschaufel-Verstellung immer den Schaufelwinkel vermindern muß, um nach dem Überschreiten der Abreißgrenze wieder in den stabilen Betriebsbereich zu kommen, kommt es bei der Vordrallregelung, wie aus Bild 8 ersichtlich, darauf an, ob man sich im oberen

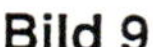

Bild 9 **VOITH-NOVENCO**

Parallelschaltung
Axialventilator mit Laufradschaufelregelung

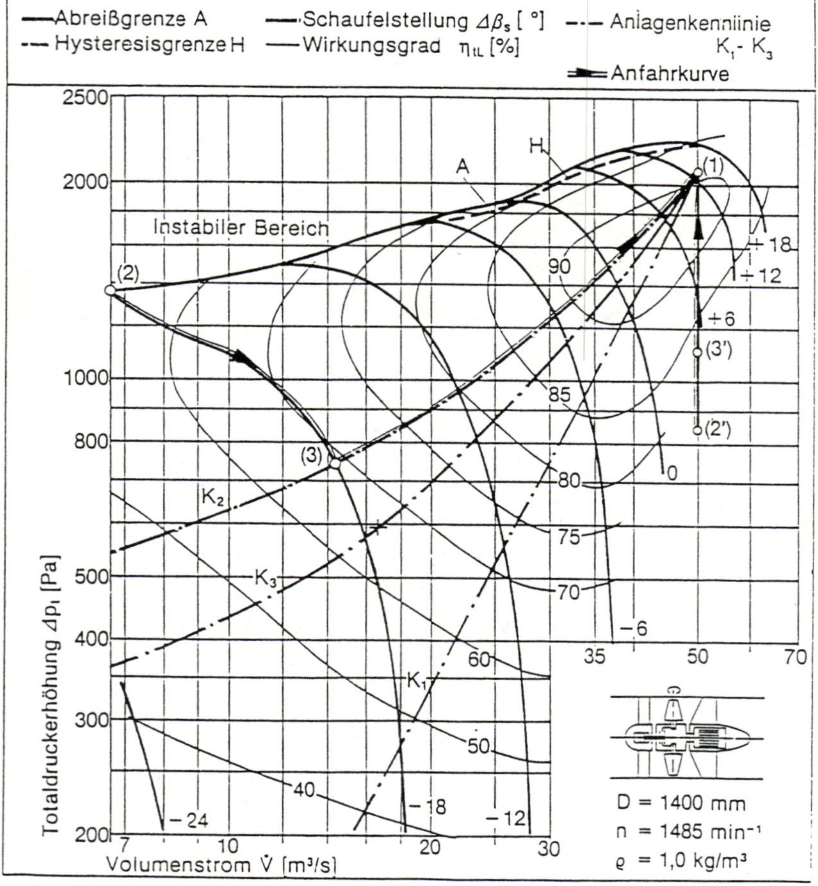

Abreißgrenze A
Schaufelstellung $\Delta\beta_s$ [°]
Anlagenkennlinie K_1 - K_3
Hysteresisgrenze H
Wirkungsgrad η_{tL} [%]
Anfahrkurve
Instabiler Bereich
A
H
(1)
(2)
(3)
(2')
(3')
K_1
K_2
K_3
90
85
80
75
70
60
50
40
+18
+12
+6
0
−6
−12
−18
−24
Totaldruckerhöhung Δp_t [Pa]
Volumenstrom $\dot{V}$ [m³/s]
D = 1400 mm
n = 1485 min⁻¹
ϱ = 1,0 kg/m³

Lu 116

Eine Milliarde für das Wasser.

Täglich werden rund 250.000 m^3 verschmutztes Abwasser in den Kläranlagen unserer 5 deutschen Werke gereinigt.

Dabei konnte trotz gestiegener Produktion (wir produzieren heute mehr als doppelt soviel wie 1970) die Abwasser-Belastung drastisch verringert werden.

250.000 m^3 zu reinigendes Abwasser fallen täglich in den 5 deutschen Bayer-Werken an. Trotz verdoppelter Produktion Abwasser-Belastung bis zu über 90% verringert. Neuer 54-Mio.-DM-Betrieb senkt drastisch die Abwasser-Belastung.

Seit 1981 die organische Belastung um 70%, die Schwermetall-Belastung, je nach Einzelsstoff, sogar bis zu über 90%. Hier einige entscheidende Gründe, die bei Bayer für eine immer geringere Abwasser-Belastung sorgen:

1. Ausbau der zentralen Kläranlagen.
2. Zusätzlicher Einsatz von dezentralen Abwasservor- und Sonderbehandlungen in Produktionsbetrieben.
3. Optimierung der Produktionsverfahren. Bessere Ausbeute bei geringerer Abwasser-Belastung.
4. Entwicklung von Verfahren mit abwasserarmer oder abwasserfreier Arbeitsweise.

Ein Beispiel für produktionsintegrierten Umweltschutz bei Bayer: Beim Produktionsverfahren zur Herstellung von Kunststoff-Vorprodukten fiel bisher ein mit langsam abbaubaren Substanzen belastetes saures Abwasser an. Abwasser, das außerdem noch sehr viel Salz enthielt.

1989 wurde deshalb eine völlig neue Produktionsanlage in Betrieb genommen. Beispielhaft für ganzheitlichen Umweltschutz. Der neue Betrieb setzt jetzt ein wiederverwendbares Lösungsmittel ein. Die Aufarbeitung der Produkte erfolgt ohne Salzzusatz, so daß nunmehr aus dem sauren, salzfreien Abwasser Schwefelsäure zurückgewonnen werden kann. Neben einer besseren Ausbeute der produzierten Naphthalindisulfonsäuren werden die Abwasserinhaltsstoffe reduziert. Die Abwässer enthalten pro Jahr 3.000 Tonnen weniger der langsam abbaubaren Substanzen und kein Salz mehr. Damit werden auch die nachgeschaltete Kläranlage und die Nordsee entlastet.

Wir bei Bayer arbeiten ständig daran, durch neue Erkenntnisse und neue technische Möglichkeiten die Abwasser-Belastung immer weiter zu vermindern. Allein dafür investieren wir in den nächsten Jahren mehr als 1 Milliarde DM.

Wir stehen zu unserer Verantwortung.

Ki 4916 b

Bereich, also bei Kennlinie K_3 über Punkt (5) oder im unteren Bereich unter Punkt (4) befindet. In dem kritischeren oberen Bereich muß dann nämlich der Vordrallwinkel vergrößert werden, um wieder in den stabilen Bereich zu gelangen.

2.3 Überlastbetrieb

In gewissen Fällen ist es notwendig, für bestimmte Notsituationen einen über den normalen Auslegungspunkt hinausgehenden Volumenstrom zur Verfügung zu haben. Weiterhin müssen in den meisten Anlagen Reserven für die Verschmutzung von Anlagenteilen (z.B. Filter und Wärmetauscher) eingeplant werden. Damit ergeben sich Betriebspunkte, die über dem eigentlichen Auslegungspunkt liegen. Solche Zuschläge sollten vom Planer mit sehr viel Fingerspitzengefühl und Erfahrung gemacht werden, denn die Überlastpunkte sind z.B für Radial-Ventilatoren mit Drallregelung, wie in dem Kennfeld (Bild 10) als Punkt (1) dargestellt, absolut ausschlaggebend für ihre Dimensionierung. Aber auch bei Axial-Ventilatoren mit Schaufelverstellung nach Bild 9 führen Überlastpunkte mit zu viel Reserven dazu, daß die normalen Betriebspunkte in Bereiche schlechteren Wirkungsgrades rücken.

Schlimmer allerdings noch, als zu viel Reserven in die Ventilator-Auslegung einzuplanen, ist es, wenn die Druckverluste in der Anlage später höher ausfallen, als sie vorherberechnet wurden. In dem Fall wird der geplante Abstand zur Abreißgrenze bei Axialventilatoren reduziert bzw. die Abreißgrenze im Auslegungspunkt bereits überschritten. Eine spätere Korrektur gestaltet sich erfahrungsgemäß meist recht schwierig (s. auch Kap. 3.2).

Es ist somit sehr wichtig, sich über die wirkliche Notwendigkeit von Zu- oder Abschlägen sowohl im Volumen-

Bild 10 **VOITH-NOVENCO**

Parallelschaltung
Radialventilator mit Drallregelung

- Drallreglerstellung $\Delta\alpha_s$ [°]
- Wirkungsgrade η_{tl} [%]
- Anlagenkennlinie K_1- K_3

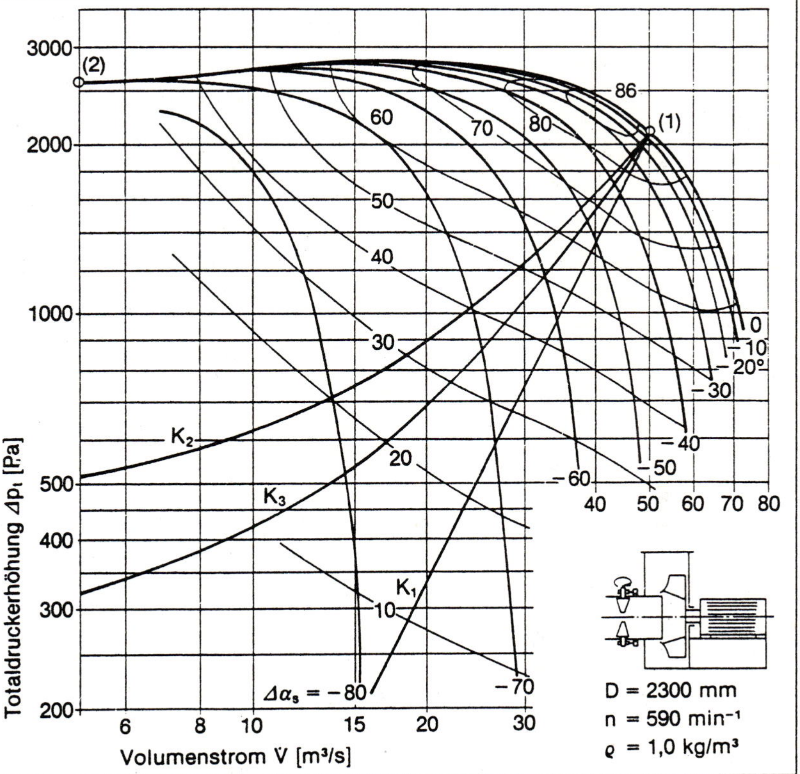

D = 2300 mm
n = 590 min^{-1}
ϱ = 1,0 kg/m³

Lu 117

strom als auch in der Druckerhöhung ausreichend Gedanken zu machen und die Folgen für die Ventilator-Auslegung eventuell mit dem Hersteller abzustimmen.

3. Regelungsverhalten

Außer den aerodynamischen Auslegungspunkten sind jedoch noch weitere Anforderungen aus der Anlage für die Auswahl des optimalen Ventilators maßgebend. So besteht z.B. normalerweise der Bedarf, den Volumenstrom und die Druckerhöhung des Ventilators verschiedenen Bedarfssituationen der Anlage anzupassen oder den Druck bzw. den Volumenstrom in bestimmten Teilen der Anlage auch bei sonst unterschiedlichen Verhältnissen konstant zu halten. Das bedeutet wiederum, daß zur Erfüllung dieser Aufgabe ein bestimmtes Regelorgan in die Anlage oder in den Ventilator eingeplant werden muß. Es bleibt nun dem Planer oder auch dem Hersteller überlassen, das optimale System für den jeweiligen Bedarfsfall zu ermitteln.

3.1 Möglichkeiten der Regelung

Folgende Möglichkeiten der Regelung sind gebräuchlich:

- in der Anlage die Regelung durch:
    * Drosselung
    * Bypass

- am Ventilator die Regelung des:
    * Vordrallwinkels durch:
        o Drallklappe
        o Drallregler
    * Laufradschaufelwinkels

- am Antrieb die Regelung der:
    * Drehzahl

Diese einzelnen Regelungsarten mit ihren Vor- und Nachteilen sind in [3] und [4] ausführlich beschrieben. Aus den Möglichkeiten muß nach energetischen und kostenmäßigen Gesichtspunkten das Optimum ausgewählt werden. Hier wiederum ist es erforderlich, daß dem Hersteller in einem Anlagenschema der gesamte Aufbau der Anlage und die beabsichtigte Fahrweise möglichst umfassend bekannt gegeben wird, um seine Erfahrungen bezüglich der Regelmöglichkeiten mit einzubringen.

In den folgenden Abschnitten soll nicht auf das gesamte Gebiet der Reglung eingegangen, sondern nur die Regelungsarten behandelt werden, bei denen Schwierigkeiten zu erwarten sind.

3.2 Anfahren der Anlage

Sind in einer Anlage mehrere Ventilatoren in Parallel- oder in Reihenschaltung installiert, so müssen Überlegungen angestellt werden, wie die Anlage in Betrieb zu nehmen ist, ohne daß sich technische Komplikationen einstellen.

Um hier die optimale Ventilator-Regelung vorschlagen zu können, muß der Planer den Hersteller über das beabsichtigte Anfahrprogramm informieren.

3.2.1 Parallelbetrieb

Bei einem Parallelbetrieb, wie in Bild 7 dargestellt, treten dann keine Schwierigkeiten auf, wenn die beiden Ventilatoren synchron, d.h. immer mit gleichem Vordrallwinkel, Laufradschaufelwinkel oder Drehzahl, angefahren werden. Das ist aber häufig aus regelungstechnischen Gründen nicht möglich. Auch ist es im allgemeinen der Fall, daß die Ventilatoren wegen der Belastung des elektrischen Netzes während des Anfahrens nacheinander hochgetragen werden müssen.

Dabei muß bei Axialventilatoren, wie beim Teillastbetrieb (Kap. 2.2.2) bereits beschrieben, darauf geachtet werden, daß während des Hochfahrens die Abreißgrenze in keinem Fall überschritten wird. Sonst können sich Probleme bei der Hochlaufregelung dadurch ergeben, daß Unstetigkeiten im Volumenstrom beim Übergang in den instabilen Betriebszustand (z.B. bei den Punkten (12), (13) und (14) der Anlagenkennlinie K_2 in Bild 8) eintreten.

Auch beim Wiedereintritt in den stabilen Kennfeldbereich bei Punkt (13) in Bild 8 erreicht der Ventilator noch nicht gleich wieder seinen stabilen Betriebszustand, sondern erst beim Überschreiten der Hysteresisgrenze in Punkt (14) (siehe auch [5]). Das kann bedeuten, wenn der Betriebspunkt zwischen Punkt (13) und Punkt (14) liegt, daß der Ventilator wegen seiner Hysteresis im instabilen Gebiet hängen bleibt und gar nicht mehr auf seinen stabilen Kennfeldast gelangt, obwohl dieser Punkt selbst stabil gefahren werden könnte. Dann muß der Vordrallwinkel erst über Punkt (14) hinaus geöffnet werden und der gewünschte Betriebspunkt von der stabilen Kennfeldseite aus angefahren werden.

Deshalb muß man besonders in kritischen Anlagen, in denen der Druckverlust im gemeinsamen Teil C (nach Bild 7) hoch ist, die Anlagenkurve während des Anfahrens berechnen (siehe z.B. Kurve K_2 in Bild 8 und 9). Aufgrund dieser Anlagenkurve kann dann die Auswahl des einzusetzenden Ventilators getroffen werden. In dem Fall der Kurve K_2 kann z.B. ein Axialventilator mit Drallregelung nicht verwendet werden, sondern man muß auf das bessere Kennfeld eines Axialventilators mit Laufradschaufelregelung übergehen.

Eventuell ist es aber auch möglich, den Anfahrvorgang schaltungsmäßig so umzugestalten, daß der preisgünstigere Axialventilator mit Vordrallregelung zum Einsatz kommen kann.

3.2.2 Anfahren gegen geschlossene Klappe

Anlagen mit Parallelventilatoren nach Bild 7 müssen gegen eine geschlossene Klappe e bzw. d angefahren werden. Wäre eine solche Klappe nicht vorhanden und geschlossen, so würde das Fördermedium z.B. bei stehendem Ventilator b und laufendem Ventilator a durch den Strang B zurückströmen. Dasselbe würde der Fall sein, bis der Ventilator b nach dem Einschalten seine volle Drehzahl erreicht hat. Deshalb muß die Klappe e geschlossen bleiben, bis der Ventilator b hochgelaufen ist und bei kleinster Vordrallstellung oder Laufradschaufelstellung den Gegendruck im Punkt I überwinden kann. Erst dann kann die Klappe e geöffnet werden.

Dabei muß darauf geachtet werden, daß die Klappe auf den maximalen Druck, den der Ventilator bei geschlossener Vordrall- oder Laufradschaufelstellung erzeugen kann (Punkt (2) in den Bildern 8 und 9), ausgelegt ist und auch gegen diesen Druck öffnen kann. Weiterhin muß der Ventilator so ausgelegt sein, daß er bei geschlossener Vordrall- oder Laufradschaufelstellung mehr Druck erzeugt, als dem Gegendruck im gemeinsamen Punkt I entspricht. Bei geschlossener Stellung sind im allgemeinen die Abreißerscheinungen im Axialventilator so gering, daß Ventilator, Kanal und Klappe schwingungsmäßig nicht belastet werden.

Während des Öffnens der Klappe ist dann der Druck des Ventilators bereits so groß, daß ein Rückströmen ausgeschlossen ist. Zur Erhöhung des Fördervolumens braucht dann nur noch die Vordrall- oder Laufradschaufelstellung vergrößert zu werden.

3.2.3 Anfahren mit geöffnetem Bypass

Bei Axialventilatoren mit festem Laufradschaufelwinkel und ohne Vordrallregelung, teilweise auch bei Axialventilatoren mit Drehzahlregelung, ist ein Anfahren gegen eine geschlossene Klappe im Parallelbetrieb nur möglich, wenn ein geregelter Bypass installiert ist. Sonst arbeitet der Ventilator instabil gegen die geschlossene Klappe. Dabei sind die Abreißerscheinungen wegen des normalerweise hohen Laufradschaufelwinkels und damit die Schwingungsbelastung von Ventilator, Kanal und Klappe sehr groß.

Die Lösung dieses Problems ist das Anfahren mit geöffnetem Bypass, wie es in Bild 11 dargestellt ist: Die Kennlinie des Ventilators mit nicht verstellbaren Laufradschaufeln ist b. Der Betriebspunkt, bei dem beide Parallelventilatoren auf Vollast laufen, ist (1). Die Anlagenkennlinie, auf der der anzufahrende Ventilator b gegen den mit Vollast laufenden Ventilator a hochgefahren wird, ist K_2. Zuerst wird der Ventilator b mit geöffnetem Bypass und geschlossener Klappe e auf volle Drehzahl gebracht. Die Anlagenkennlinie für den geöffneten Bypass ist K_7. Der Bypass muß so ausgelegt sein,daß im Schnittpunkt (7) seiner Kennlinie K_7 mit der Ventilatorkennlinie b ein höherer Druck Δp_K vor der geschlossenen Klappe e (3) erzeugt wird,als bei geöffneter Klappe im Betriebspunkt (2) von der Anlage verlangt.

Dann wird die Klappe geöffnet. Danach liefert der Ventilator einen Teilvolumenstrom ΔV_{C1} durch die Anlage, während der Rest ΔV_B nach wie vor durch den Bypass geht. Dadurch ergibt sich der Schnittpunkt (4) mit der Anlagenkennlinie K_2. Nun wird der Bypass weiter geschlossen, wobei sich z.B. die Kennlinien für den teilweise geschlossenen Bypass K_8 und K_9 ergeben und sich die Volumenströme durch die Anlage über ΔV_{C2} auf ΔV_{C3} steigern. Somit fährt die Anlage über Punkt (5) und Punkt (6), bis sie bei geschlossenem Bypass den Betriebspunkt (1) erreicht.

Bild 11 **VOITH-NOVENCO**

Anfahren mit geöffnetem Bypass

K_2 = Anfahrkennlinie des Ventilators

K_7 = Anlagenkennlinie des geöffneten Bypass

K_8, K_9 = Anlagenkennlinien für 2 Drosselstellungen des Bypass

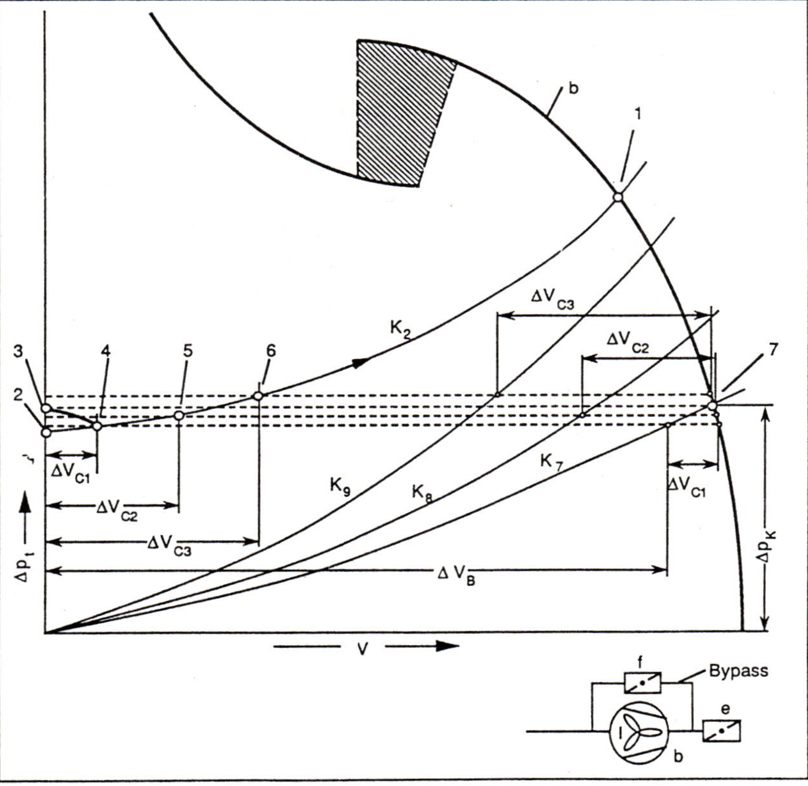

3.3 Parallelbetrieb und Drehzahlregelung

Ein Parallelbetrieb zweier Axial- oder auch Radialventilatoren, kann problematisch werden, wenn sie mit unterschiedlichen Drehzahlen betrieben werden müssen, wie in [4] gezeigt ist. Aus dem Kennfeld Bild 12 ersieht man, daß der Ventilator b mit einer Drehzahl unter n = 770 min^{-1} gegen den mit voller Drehzahl laufenden Ventilator a gar nicht arbeiten kann, da er im Haltepunkt (20) den Druck der Anlagenkennlinie K_2 nicht erreicht und vom Ventilator a überblasen würde. Das bedeutet, daß der Ventilator a das Fördermedium, statt es über den gemeinsamen Anlagenteil C zu blasen, es teilweise über den Ventilator b in den Anlagenteil B zurückfördert. Damit können die Ventilatoren nicht mit einer beliebigen Drehzahldifferenz, sondern nur bis zu einem ganz bestimmten Drehzahlunterschied untereinander betrieben werden. Der Anlagenbetrieb wird hierdurch stark eingeschränkt. Planer und Hersteller müssen sich darüber verständigen, ob eine solche Einschränkung tragbar ist oder ob eine andere Lösung gesucht werden muß.

Auch das Anfahren eines drehzahlgeregelten Parallelventilators bringt aus den gleichen Gründen Probleme mit sich, wie ebenfalls in [4] gezeigt. Um obiges Drehzahlverhältnis nicht zu unterschreiten, muß zum Anfahren des Ventilators b der Ventilator a erst in seiner Drehzahl zurückgenommen werden und, nachdem Ventilator b seine Drehzahl erreicht hat, mit ihm zusammen wieder hochgeregelt werden.

Eine weitere Lösung, einen drehzahlgeregelten Parallelventilator anzufahren, ist das Anfahren mit einem geöffneten Bypass, wie im vorigen Abschnitt beschrieben. Das bedeutet jedoch eine zusätzliche Investition für diesen Bypass.

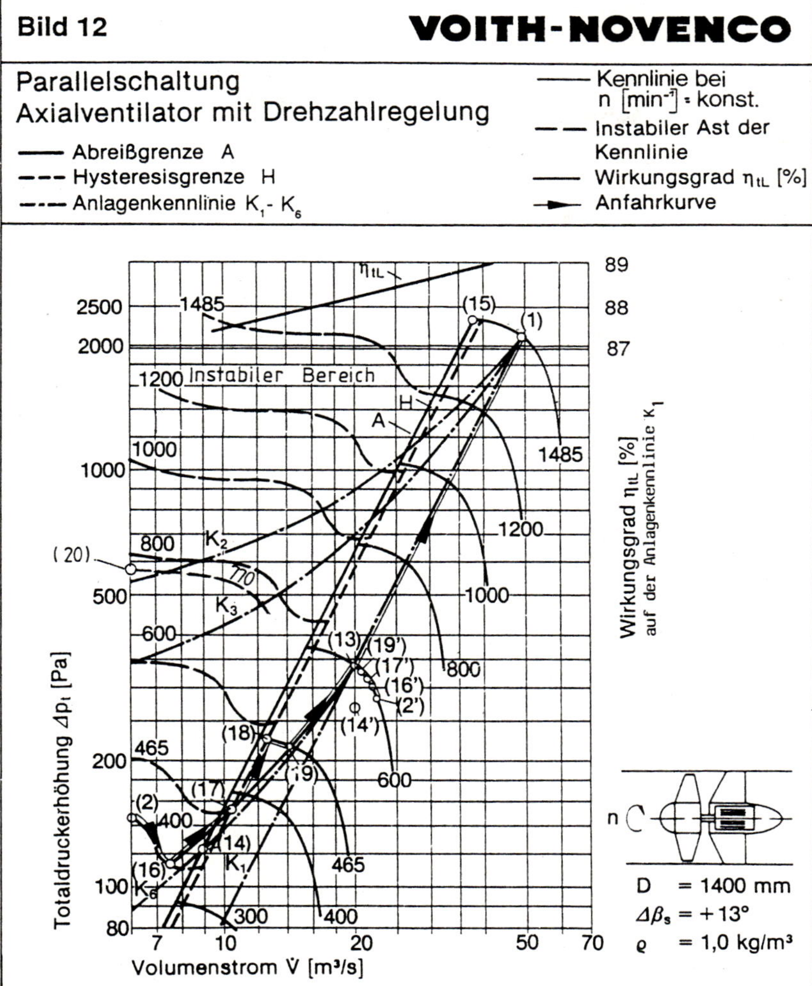
Bild 12
VOITH-NOVENCO
Parallelschaltung
Axialventilator mit Drehzahlregelung
Abreißgrenze A
Hysteresisgrenze H
Anlagenkennlinie K1 - K6
Kennlinie bei n [min⁻¹] = konst.
Instabiler Ast der Kennlinie
Wirkungsgrad ηtL [%]
Anfahrkurve
Instabiler Bereich
Totaldruckerhöhung Δpt [Pa]
Volumenstrom V̇ [m³/s]
Wirkungsgrad ηtL [%] auf der Anlagenkennlinie K1
D = 1400 mm
Δβs = +13°
ϱ = 1,0 kg/m³

Lu 118

3.4 Pumpgrenzschutz

Bei Axialventilatoren muß eine Überwachungsvorrichtung eingeplant werden, die dafür sorgt, daß der Axialventilator nicht in seinem instabilen Gebiet betrieben werden kann. Verschiedene Arten von Überwachungseinrichtungen sind in [5] beschrieben. Sie unterscheiden sich grundsätzlich in zwei Arten. Die eine Art gibt erst eine Anzeige, wenn der Ventilator bereits in das instabile Gebiet gelangt ist, die andere Art gibt eine Vorwarnung, wenn eine Grenzkurve erreicht wird, die noch im stabilen Betriebsbereich liegt. Damit wird im zweiten Fall der Ventilator gar nicht erst in den instabilen Bereich gelangen, sofern sich das Kennfeld nicht, z.B. durch Ventilatorverschmutzung, im Laufe der Zeit geändert hat.

Um die richtige Überwachungsvorrichtung vorschlagen zu können, muß der Hersteller über die Anlage, die darin eingeplanten Ventilatoren und über deren Regelmöglichkeiten informiert sein. Vor allem müssen Störfallbetrachtungen durchgeführt werden, in denen festgelegt wird, wie der Ventilator bzw. die Anlage zu reagieren hat, wenn der Ventilator an die Abreißgrenze kommt oder diese bereits überschritten hat.

Das ist besonders wichtig, wenn mehrere Ventilatoren in Reihe geschaltet sind, wie in Bild 13 dargestellt. Da derjenige Ventilator, der in seinen instabilen Betriebsbereich geraten ist (z.B. Ventilator b), den verlangten Volumenstrom nicht mehr fördern kann, tritt ein Stau des Fördermediums zwischen den beiden Ventilatoren auf, der dazu führen kann, daß auch der Ventilator a über seine Abreißgrenze gedrückt wird. Das wiederum kann die gesamte Anlage zu Pumpschwingungen anregen, die zu Zerstörungen in Ventilator und Anlage führen können. Ein solches Beispiel ist in [6] ausführlich geschildert. Wie dort ebenfalls erläutert, kann eine solche Katastrophe z.B. dadurch

Bild 13 **VOITH-NOVENCO**

Anlagenschema mit zwei Ventilatoren in Reihenschaltung

A, B, C = Anlagen
a, b = Ventilatoren
f = Bypass-Klappe
II = Verzweigungspunkt
III = Druckhaltepunkt

$\Delta p_{A,B,C}$ = Anlagen-Druckverluste
$\Delta p_{a,b}$ = Ventilator-Druckerhöhungen

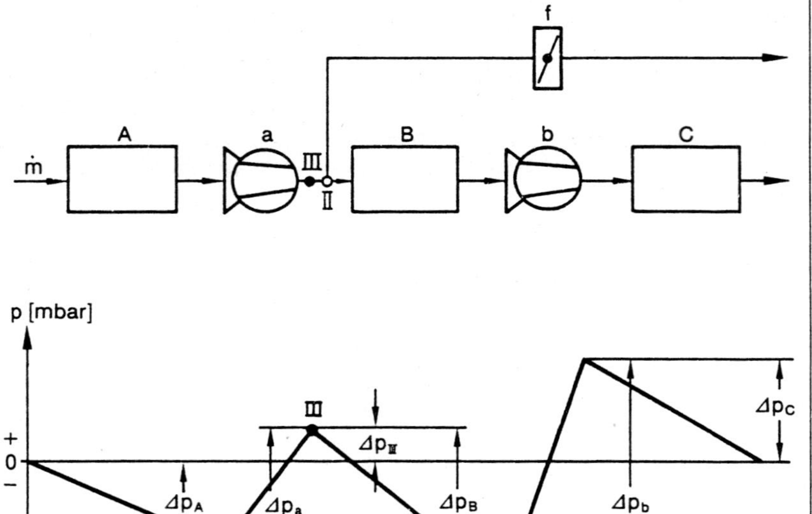

Lu 121

verhindert werden, daß zwischen den beiden Ventilatoren ein Bypass eingeplant ist, der durch die Pumpgrenz-Überwachung schnell genug geöffnet werden kann, bevor der Ventilator b über seine Abreißgrenze gedrückt wird. Damit wird das Ventilator-System entkoppelt und Ventilator b kann in seinem Schaufelwinkel zurückgefahren werden, bis wieder genügend Abstand zur Abreißgrenze vorhanden ist. Auf diese Weise wird durch den Ventilator b zwar nicht mehr der volle Volumenstrom gefördert, - ein Teil wird durch den Bypass abgeblasen -, für Ventilator und Anlage besteht aber keine Gefahr mehr.

Für den Hersteller sind diese Störfallbetrachtungen deshalb besonders wichtig, da ein Schaden an einem Ventilator, der durch unsachgemäßes Fahren im instabilen Gebiet entstanden ist, nicht unter die Garantiebedingungen des Herstellers fallen kann.

3.5 Investitions- und Betriebskosten

Um einen Ventilator und seine Regelung langfristig richtig auswählen zu können, müssen seine Investitionskosten mit seinen Betriebskosten über seine Lebensdauer verglichen werden. Ein solcher Vergleich ist relativ schwierig durchzuführen, und das Ergebnis hängt oft von den speziellen Gegebenheiten der einzelnen Anlagen ab, wie z.B.:

- geforderte Lebensdauer
- zeitliches Einsatzprofil der Anlage
- Stromkosten
- Investitionskosten
- Zinsen
- Inflation, usw.

In [3] wurde der Versuch unternommen, trotz der Vielzahl der Variablen für verschiedene Einsatzfälle einen Vergleich der unterschiedlichen Regelungsarten durchzuführen. Dabei kommt es nicht so sehr auf das dort gefundene

Ergebnis an, das zudem seit Erscheinen der Veröffentlichung im Jahre 1986 sicher schon wieder revisionsbedürftig ist, sondern auf die Methode, wie ein solcher Vergleich durchgeführt werden kann.

Das wichtigste unter obigen Variablen dürfte das abgeschätzte zeitliche Einsatzprofil der Anlage sein. Darunter ist zu verstehen, welcher Betriebspunkt über welchen Zeitraum pro Jahr gefahren wird. Zu diesen Betriebspunkten muß der jeweilige Energieverbrauch ermittelt werden. Dabei ist es wichtig, nicht nur auf den Wirkungsgrad des Ventilators zu achten, sondern auch auf die Verluste des Antriebsmotors, der Umrichter usw.

Den Betriebskosten sind die Investitionskosten, korrigiert mit Zinsen und evtl. Inflation gegenüberzustellen. Bei kurzen Amortisationszeiten von 3 bis 5 Jahren werden bei dem Vergleich sicher die Investitionskosten den Ausschlag geben. Man wird sich aber wundern, wie stark bei längeren Amortisationszeiten die Betriebskosten überwiegen. So ergab die Beispielrechnung aus [3] für einen Tunnelventilator mit sehr hohen Anteilen an Schwachlastzeiten nach 20 Jahren Lebensdauer ein Verhältnis von Betriebskosten zu Investitionskosten von etwa 3:1, bei einem Grundlast-Kraftwerk dagegen, das hauptsächlich im Vollastpunkt betrieben wird, erhöhte sich das Verhältnis auf etwa 35:1.

Daraus ist ersichtlich, wie wichtig der gute Wirkungsgrad eines Ventilators und die optimale Anpassung seiner Regelung an die Anlagenbedürfnisse sind.

Zu diesem Themenkreis sollte möglichst auch der spätere Betreiber der Anlage, der zum Schluß die Betriebskosten zahlen muß, mit in die Diskussion einbezogen werden. Der Planer oder Hauptlieferant hat nämlich oft nur ein Interesse an der Lieferung einer möglichst preisgünstige Anlage, ohne große Rücksicht auf die späteren Betriebskosten.

4. Ventilator und Anlage

Da sich Ventilator und Anlage sowohl in den Leistungsdaten als auch im Regelverhalten stark gegenseitig beeinflussen, soll im folgenden auch auf die Details der Anlage eingegangen werden. Dazu ist immer wieder festzustellen, daß der Hersteller viel zu wenig über die Anlage informiert wird. In vielen Fällen liegt nicht einmal ein komplettes Anlagenschema bei der Bestellung eines Ventilators beim Hersteller vor.

4.1 Druckverlustberechnung

Erfahrungsgemäß ist es in vielen Fällen nicht einfach, die Druckverluste von weitverzweigten Anlagen bzw. den Verlustfaktor komplizierter Bauteile vorherzubestimmen. Oft wäre es angebracht, von Bauteil-Kombinationen während der Planung im Modell Druckverlust-Messungen zu machen. Aber häufig kann man auch dadurch mehr Sicherheit in die Berechnungen bringen, wenn man den Erfindungsreichtum der Anlagen-Konstrukteure beim Gestalten von Übergangsstücken, Krümmern und Zusammenführungen etwas bremst und sie auf einfache Kombinationen, für die in der Literatur gesicherte Meßdaten vorliegen, zurückführt.

Dabei sollte man vor allen Dingen darauf achten, in Umlenkecken keine Beschleunigungen oder Verzögerungen zu legen, da hierfür wenig Meßergebnisse vorliegen, sondern unter Beibehaltung gleicher Querschnitte umzulenken. Dies sei an dem besonderen Fall der Doppelumlenkung in Bild 14 dargestellt. Hierbei reicht es nicht nur aus, daß der Anfangsquerschnitt A_1 gleich dem Endquerschnitt A_3 ist

$$A_1 = a \cdot b = A_3 = c \cdot d, \qquad (19)$$

Bild 14 **VOITH-NOVENCO**

Kanalteil mit Doppelumleckung

Konstruktionsbedingung: $A_1 = a \cdot b$
$= A_2 = b \cdot c$
$= A_3 = c \cdot d$

Folgerung: $a = c$
$b = d$

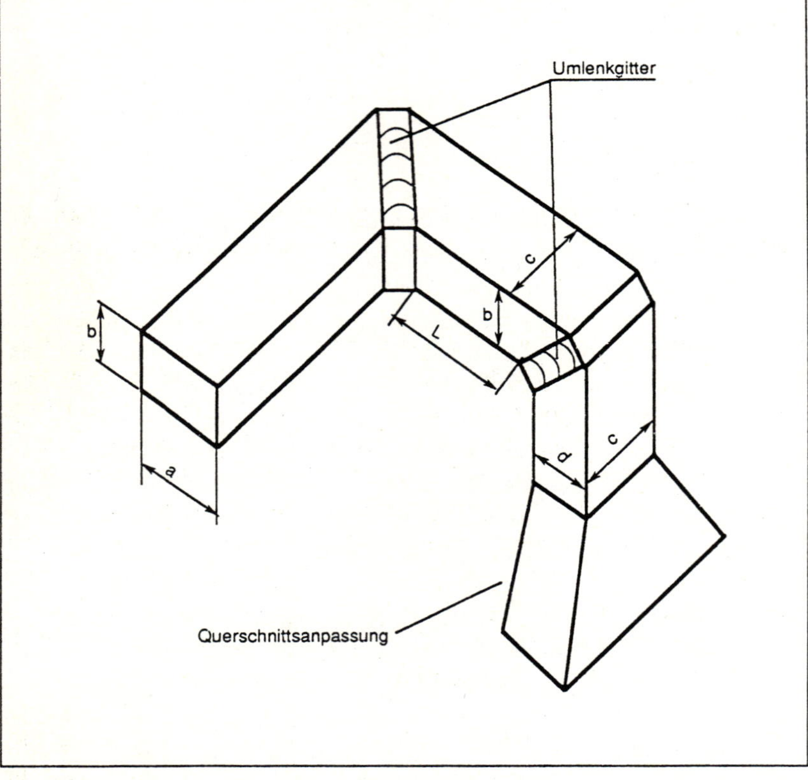

sondern der Querschnitt A_2 nach der ersten Umlenkung muß ebenso überprüft werden, damit nicht unabsichtlich innerhalb der Doppelumlenkung Beschleunigungen oder Verzögerungen auftreten. Damit ergibt sich eine zusätzliche Bedingung

$$A_1 = a \cdot b = A_2 = b \cdot c = A_3 = c \cdot d, \qquad (20)$$

die nur gelöst werden kann, wenn:

$$a = c$$

und

$$b = d$$

ist. Weitere eventuell notwendige Querschnittsumformungen sind möglichst vor oder nach der Doppelumlenkung einzuplanen.

Durch den Einbau von Umlenkgittern lassen sich nicht nur die Druckverluste der einzelnen Umlenkungen reduzieren, sondern die Strömungsverhältnisse sind nach einer jeden Ecke auch viel ausgeglichener. Dadurch wird der Einfluß der ersten Umlenkung auf den Druckverlust der zweiten Umlenkung auch bei geringem Abstand L stark reduziert, so daß zu den gerechneten Druckverlusten der beiden Einzelumlenkungen nur noch ein geringer Zuschlag gemacht werden muß, während man ohne Umlenkgitter mit einer starken unbekannten Erhöhung der Druckverluste der zweiten Umlenkecke durch den Einfluß der ersten rechnen muß.

So kann man durch geschickte konstruktive Planung oft die Sicherheit der Druckverlustberechnung der Anlage sehr positiv beeinflussen.

4.2 Anlagenplanung

In einer Anlage steht normalerweise immer zu wenig Lauflänge zur Verfügung, um Verzögerungen der Strömung mit optimalen Diffusoren durchführen zu können. Trotzdem ist oftmals mit etwas gutem Willen und besserer Planung ein einigermaßen brauchbarer Kompromiß zu finden. Ein Negativbeispiel für eine Anlagenplanung sei an einem Abluftventilator einer Klimaanlage in Bild 15 dargestellt, das ich kürzlich vorgefunden habe.

In dem Abluft-Sammelkanal wird über eine große Länge aus verschiedenen Seitenkanälen die Abluft gesammelt und dem Ventilator zugeführt. Da der Schalldämpfer vor dem Ventilator eine erheblich größere Fläche haben muß als der Abluft-Sammelkanal, ist vor dem Schalldämpfer ein Querschnittssprung eingeplant worden. Auch wenn man den Druckverlust dieser plötzlichen Querschnittserweiterung in Kauf nimmt, so hat man mit Sicherheit nicht berücksichtigt, daß der Schalldämpfer völlig ungleichmäßig durchströmt wird und sich damit naturgemäß auch die Druckverluste vergrößern. Die Schalldämpfung kann sich ebenso durch die erhöhte Durchströmgeschwindigkeit mit dem entsprechenden Strömungsrauschen verringern. Die vermutlichen Stromlinien sind in das Bild 15 eingezeichnet. Ungeschickterweise war noch an der kritischen Stelle A ein U-Träger als Unterstützung für den Sammelkanal in den Kanal und dann noch entgegen der Strömungsrichtung eingebaut, so daß er für zusätzliche Ablösewirbel sorgte.

Man kann sich vorstellen, daß bei den Anströmverhältnissen der untere Ventilator stark benachteiligt wird. Durch die störenden Wirbel nach der Querschnittserweiterung wird er einerseits die zugesagte Kennlinie nicht erreichen, andererseits aber die zugesagten Schalldruckpegel überschreiten.

Bild 15 **VOITH-NOVENCO**

Abluftventilatoren in einer Klimaanlage

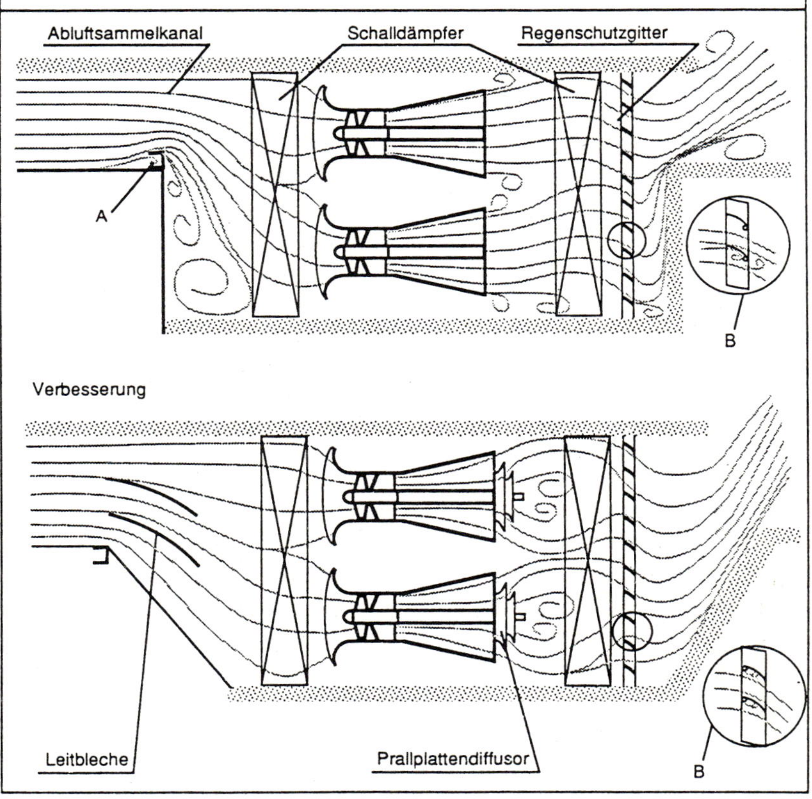

Im Ventilator wird die Strömung stark beschleunigt, um im Diffusor und der nachfolgenden plötzlichen Querschnittserweiterung wieder auf die Fläche des druckseitigen Schalldämpfers verzögert zu werden. Während eine Beschleunigung auf kurzer Wegstrecke ohne große Verluste möglich ist, wenn z.B. eine gute Einströmdüse vorhanden ist, wird für eine Verzögerung eine erheblich längere Strecke benötigt. Das bedeutet, daß auch der druckseitige Schalldämpfer nicht gleichmäßig beaufschlagt wird mit den gleichen Nachteilen, wie bereits beim saugseitigen vermerkt.

Nach dem Schalldämpfer wird die Strömungsverteilung in der Höhe relativ gleichmäßig sein. Lediglich in der Breite ist sie durch den Nachlauf der Schalldämpfer-Kulissen gestört. Dann trifft sie auf das Regenschutzgitter, das sie nach unten ablenkt. Hier wiederum sind die Jalousiebleche aus Steifigkeitsgründen so abgewinkelt (Detail B), daß sie als Stolperkanten für die Strömung gelten müssen. Nach dem Regenschutzgitter muß die Strömung wieder in einem sehr engen Raum nach oben gelenkt werden, um ins Freie zu gelangen.

Eine Verbesserung wäre als erstes durch Vermeidung der Details A und B möglich gewesen. Dann hätte man die Ventilatoren evtl. nebeneinander installieren können, statt untereinander. Wäre das nicht möglich gewesen, so hätte man mindestens die Ecken am Ende des Sammelkanals und vor dem Ausblas ins Freie entschärfen müssen, wie in der verbesserten Ausführung zu ersehen ist. Eine weitere Optimierung wäre erreicht worden durch den Einbau von Leitblechen vor dem saugseitigen und von Prallplatten-Diffusoren vor dem druckseitigen Schalldämpfer.

Mit Verbesserungen dieser Art wären nicht nur die Druckverluste der Anlage reduziert worden, sondern Kennfeld, Wirkungsgrad und auch die Schallerzeugung des Ventilators hätten die erwarteten Werte.

4.3 Späterer Ausbau der Anlage

In der Praxis steht man oft vor der Situation, daß bereits beim Bau einer Anlage ihre spätere Erweiterung eingeplant werden muß. Das geschieht häufig bei Klimaanlagen, wenn große Gebäudekomplexe erst nach und nach fertig werden, oder auch bei Kraftwerken, die in den letzten Jahren erst mit einer Rauchgasentschwefelungs-Anlage und später dann noch mit einer DENOX-Anlage nachgerüstet wurden.

Nun ist es natürlich möglich, die Ventilatoren gleich auf den Endausbau zu dimensionieren. Das kann aber bedeuten, daß sie während der gesamten Zeit des Erstausbaues, eventuell also über Jahre hinweg, im Bereich schlechten Teillast-Wirkungsgrades betrieben werden müssen.

Eine Lösung des Problems kann darin liegen, daß man für den Erstausbau das Laufrad nur mit der Hälfte seiner normalen Schaufelzahl bestückt. Wie der Vergleich der beiden Kennfelder in Bild 16, die einer Beispielrechnung aus [7] entnommen sind, zeigt, kann damit der Wirkungsgrad im gesamten Betriebsbereich der 1.Phase verbessert werden.

Diesen Betriebskosten-Einsparungen stehen natürlich die Investitionskosten für den zusätzlichen Umbau entgegen. In Bild 17 sind die Betriebs- und Investitionskosten für obiges Beispiel einander gegenübergestellt und zwar für ein typisches Spitzenlast-Kraftwerk (Teillast) und ein typisches Grundlastkraftwerk (Vollast). Im Jahre 0 sind nur die Investitionskosten aufgetragen, die bei der Halbbeschaufelung wegen der später notwendigen Umrüstaktion auf die Vollbeschaufelung etwas höher ausfallen.

Wie aus Bild 17 zu ersehen ist, hat sich aber bereits nach 1 Jahr die Summe aus Investitions- und Betriebskosten zugunsten der Halbbeschaufelung gewendet und zwar sowohl für das Spitzenlast- als auch für das Grundlastkraftwerk.

Bild 16 **VOITH-NOVENCO**

Variation der Schaufelzahl

Laufraddurchmesser D = 2000 mm
Laufraddrehzahl n = 1485 min^{-1}

● Betriebspunkte REA
◒ Betriebspunkte REA + DENOX

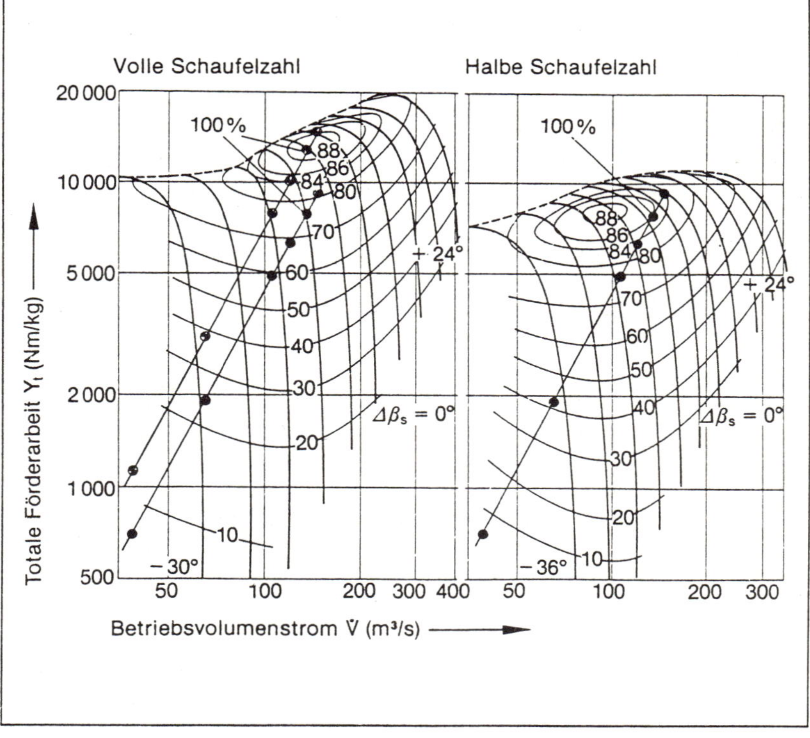

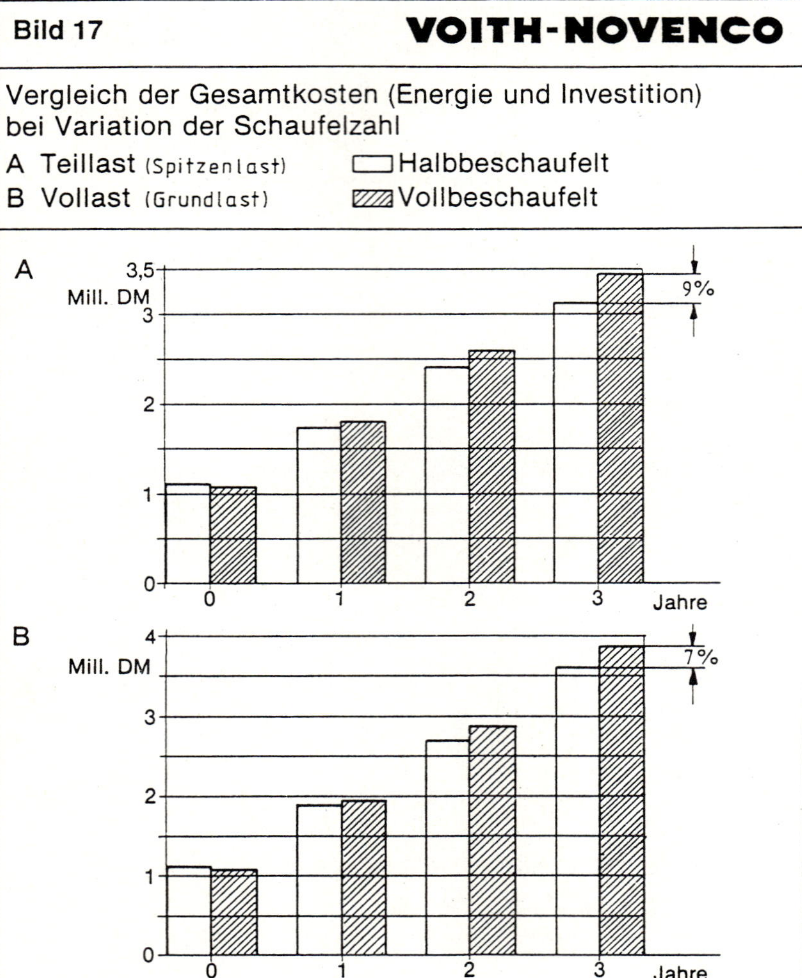
Bild 17
VOITH-NOVENCO
Vergleich der Gesamtkosten (Energie und Investition)
bei Variation der Schaufelzahl
A Teillast (Spitzenlast)
B Vollast (Grundlast)
Halbbeschaufelt
Vollbeschaufelt
A
3,5
Mill. DM
3
2
1
0
9%
0
1
2
3
Jahre
B
4
Mill. DM
3
2
1
0
7%
0
1
2
3
Jahre

Lu 88

Dabei wurde zur Berechnung der Betriebskosten ein Energiepreis von 0,12 DM/kWh und ein Zinssatz von 7% angenommen.

Nach 3 Jahren betragen die Einsparungen durch den Einsatz einer Halbbeschaufelung beim Spitzenlastkraftwerk ca. 9% und beim Grundlastkraftwerk immerhin noch ca. 7%.

Bei einem solchen Vorgehen muß allerdings auch darauf geachtet werden, daß der Antriebsmotor und der Antriebsstrang auf die volle Leistung des späteren Ausbaus dimensioniert werden. Ebenso müssen bei der Berechnung der kritischen Drehzahl die Trägheitsmomente für halbe und volle Beschaufelung berücksichtigt werden.

Um die Kennfeldveränderung beim Einsatz einer reduzierten Schaufelzahl abzuschätzen, kann man von folgenden Voraussetzungen ausgehen:

- Der Volumenstrom vermindert sich etwa im Verhältnis:

$$V_V/V_T = (z_V/z_T)^{1/4} \tag{21}$$

- Die spez.Förderarbeit vermindert sich etwa im Verhältnis:

$$Y_V/Y_T = (z_V/z_T)^{1/2} \tag{22}$$

- Der Wirkungsgrad kann etwas schlechter werden.

Eine weitere Möglichkeit zur Anpassung eines vorhandenen Ventilators an eine geänderte Anlage besteht darin, die Laufradschaufeln durch einen neuen Schaufeltyp mit geänderter Profilierung zu ersetzen, wie es Bild 18 zeigt. Dabei müssen aber beide Schaufeltypen mit demselben Leitrad zusammenarbeiten können, da die Leiträder normalerweise fest in dem Gehäuse eingeschweißt sind. Die Druck-oder Volumenstrom-Reserve, die so gewonnen werden kann, ist aber naturgemäß erheblich geringer als im vorigen Beispiel.

Bild 18 **VOITH-NOVENCO**

Variation der Laufradschaufel-Profile

Laufraddurchmesser D = 2800 mm
Laufraddrehzahl n = 990 min^{-1}

● Betriebspunkte REA + DENOX (LD)
◐ Betriebspunkte REA + DENOX (HD)

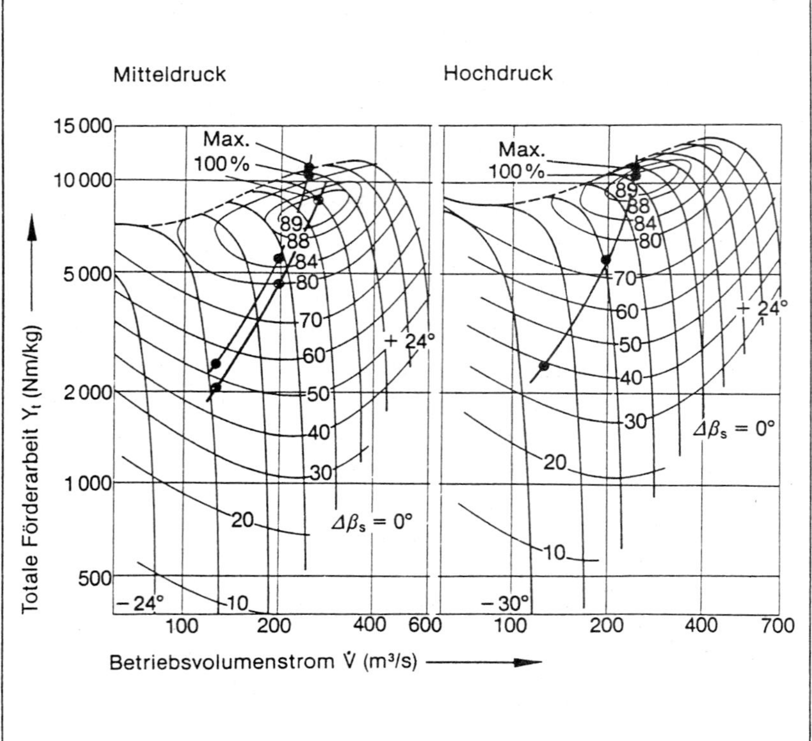

Eingezeichnet in Bild 18 sind 2 Beispiele aus [7]. Dabei war beim Bau dieses Kraftwerks-Ventilators noch nicht entschieden, ob die DENOX-Anlage vor (HD) oder nach (LD) Ventilator und REA eingebaut wird, was sich in stark unterschiedlichen Druckverlusten ausdrückte. Wie aus Bild 18 hervorgeht, ist der LD-Betrieb mit der Mitteldruckbeschaufelung nicht mehr beherrschbar. In dem Fall muß der Ventilator auf eine geänderte Hochdruck-Laufradbeschaufelung umgerüstet werden.

Leistungssteigerungen von Ventilatoren können aber auch durch Vergrößerung des Vordralls bei Ventilatoren mit Vorleitapparat, z.B. durch Verlängern der Vorleitschaufeln, oder durch eine Erhöhung der Drehzahl, z.B. durch Auswechseln einer Riemenscheibe, erreicht werden.

4.4 Verschmutzung, Korrosion und Verschleiß

Ventilatoren müssen oft zur Förderung feuchter und verschmutzter, auch aggressiver Gase eingesetzt werden. Dabei entstehen folgende Problemkreise an Schaufeln und Gehäuseteilen:

- Anbackung von Feststoffen
- Korrosion
- Abrasion oder Verschleiß

Die ersten beiden Phänomene, Anbackung und Korrosion sollen durch ein Beispiel beleuchtet werden:

In den vergangenen Jahren wurden Ventilatoren häufig auf der nassen Seite von Rauchgasentschwefelungsanlagen eingesetzt. Neben anderen Vorteilen ergibt sich dabei auch eine Einsparung in der Antriebsleistung in der Größenordnung von etwa 15%.

Nachteilig ist jedoch, daß, abhängig vom Verfahren, starke Anbackungen, z.B. von harten Gipskristallen,an Gehäuseteilen und Schaufeln auftreten können. In Bild 19 ist ein Blick auf die Ventilatorbeschaufelung, die unter solchen Bedingungen etwa 4000 Stunden gelaufen ist, dargestellt. In Bild 20 ist im Detail die stark zerklüftete Anbackung am Gehäuse vor dem Laufrad zu sehen. Bild 21 zeigt die Anbackungen an einer Schaufel.

Man kann sich gut vorstellen, daß sich unter solchen Bedingungen das Kennfeld des Ventilators und die Wirkungsgrade stark verschlechtern. Es sind uns bisher nur sporadische Leistungsmessungen bekannt geworden. Diese deuten aber Reduzierungen im Wirkungsgrad in der Größenordnung von mindestens 10 Punkten an. Messungen mit definierten Schaufelrauhigkeiten, die in [8] veröffentlicht sind, zeigen noch größere Verminderungen. Weiterhin werden in der Quelle auch die auf der Basis von Versuchen theoretisch berechneten Verschlechterungen im Kennfeld und besonders in der Abreißgrenze eines Axialventilators durch erhöhte Rauhigkeiten an den Schaufeln beschrieben (Bild 22).

Nachdem der Aufbau der Anbackungen an der Schaufel in der Form des jeweiligen Strömungsverlaufes geschieht, kann man sich vorstellen, daß, besonders, wenn der Ventilator lange Zeit in dem gleichen Betriebspunkt gelaufen ist, die Wirkungsgrad-Reduzierung in diesem Punkt am geringsten ist, da sich der Strömungskanal selbsttätig optimiert. Die Anbackung richtet sich dabei an der Schaufeleintrittskante sehr spitz auf die tatsächliche Anströmung aus. Bei Abweichungen von diesem Betriebspunkt ist wegen der nun fehlenden Abrundung der Profilnase der Wirkungsgrad-Abfall entsprechend höher.

Weiterhin sollte man sich folgenden Vorgang vorstellen: Der Ventilator hat längere Zeit im Teillastbereich mit entsprechend reduziertem Schaufelwinkel gearbeitet und in

Bild 19 **VOITH-NOVENCO**

Anbackungen von Feststoffen
am Ventilator

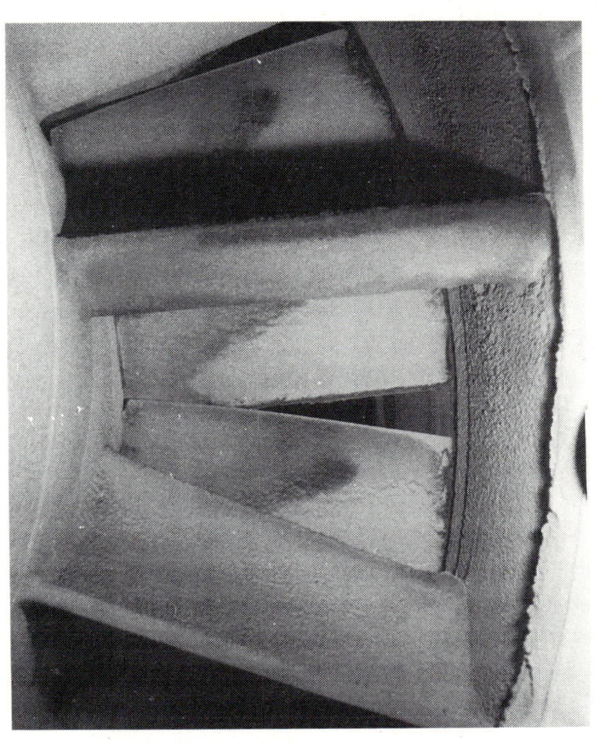

Bild 20 **VOITH-NOVENCO**

Anbackungen von Feststoffen
am Ventilator-Gehäuse

Bild 21 **VOITH-NOVENCO**

Anbackungen von Feststoffen
an der Laufradschaufel

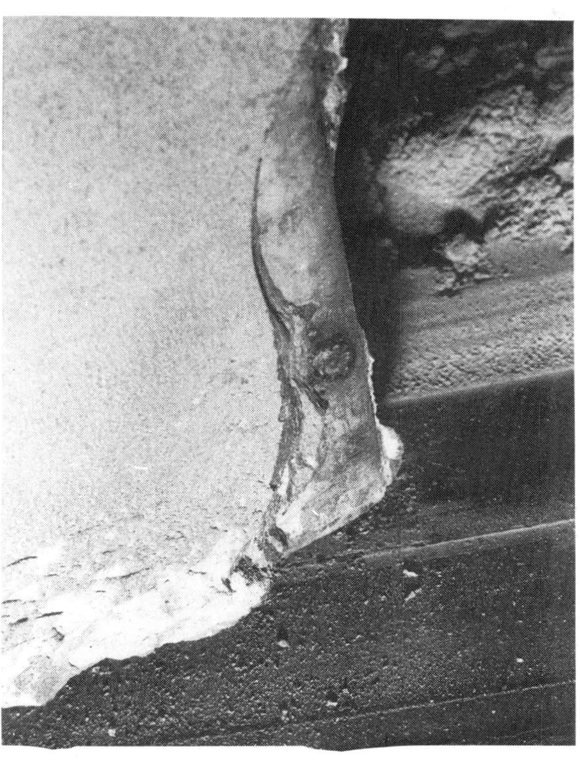

Bild 22 **VOITH-NOVENCO**

Einfluß der Verschmutzung auf das Kennfeld eines Axialventilators nach [8]

——— k_s/L = 0,00012 ≙ R_M = 50 µm

········ k_s/L = 0,00025 ≙ R_M = 150 µm

- - - - k_s/L = 0,0025 ≙ R_M = 1000 µm

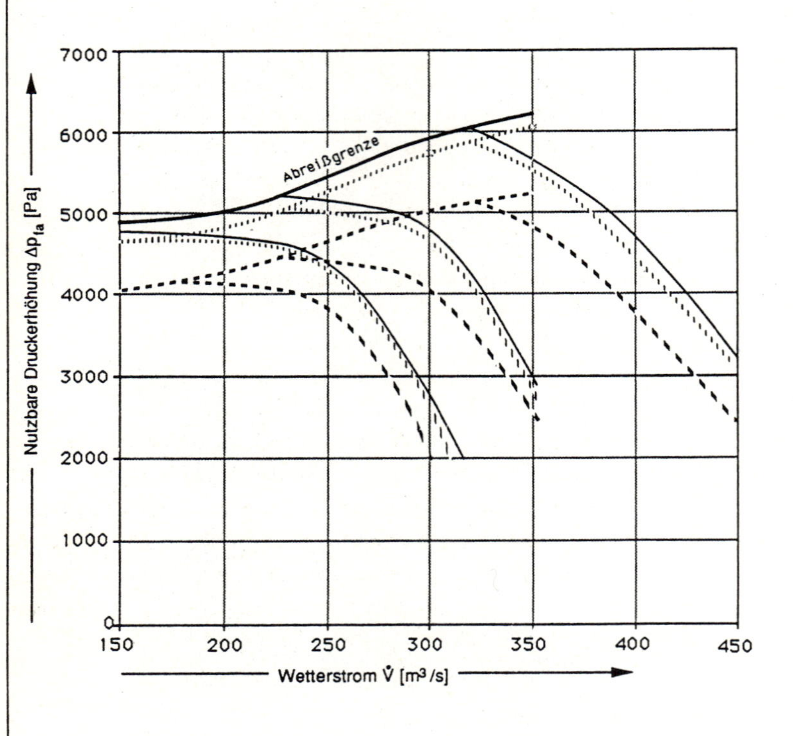

diesem Zustand haben sich Anbackungen, wie aus Bild 20 zu ersehen, am Gehäuse angesetzt. Wird jetzt betriebsmäßig die Fördermenge wieder gesteigert und die Schaufel weiter aufgedreht, so gerät die Vorder- und Hinterkante der Schaufelspitze in diese Ablagerungen und muß sie abfräsen. Wir haben schon Stahlschaufeln gefunden, bei denen die oberen Ecken abgebogen waren!

Ebenso wie die Schaufeln verschmutzen auch die Druckmeßsonden, so daß mit erhöhten Meßungenauigkeiten zu rechnen ist. Die Druckmessungen werden aber im allgemeinen auch dazu benutzt, die Betriebspunkte im Ventilatorkennfeld zu bestimmen und bei Annäherung an die Abreißgrenze eine Vorwarnung zu geben (s. auch Kap.3.4). Da sich jedoch das gesamte Ventilator-Kennfeld durch die Anbackungen verändert und damit auch die Abreißgrenze, kann bei diesem Einsatz von einer zuverlässigen Pumpgrenzüberwachung nicht mehr gesprochen werden.

In Bild 21 ist neben den Anbackungen auf der Schaufel auch zu sehen, daß ein Teil dieser Anbackungen bereits abgeplatzt ist. Während der Aufbau der Anbackungen langsam und auch ziemlich gleichmäßig vor sich geht und deshalb kaum zu größeren Unwuchtproblemen führt, treten die Abplatzungen plötzlich auf. Dadurch ergeben sich immer wieder z.T. erhebliche Unwuchtschwingungen, besonders deshalb, weil die Abplatzungen meistens am größten Durchmesser und damit an den Orten höchster Umfangsgeschwindigkeit vorkommen.

Neben diesen mechanischen und aerodynamischen Problemen ergeben sich auch eine Reihe chemischer Schwierigkeiten. Bei einer Zusammensetzung der feuchten Rauchgase mit ihren hohen Anteilen an Chloriden und Sulfaten, aus denen sich z.B. ein pH-Wert von 3 - 4 errechnet, sind unter den Ablagerungen viel stärkere Säurekonzentrationen mit pH-Werten um 1 vorhanden, wie aus der Art der Schädigung der verschiedenen eingesetzten Materialien geschlossen werden kann, mit den entsprechenden Auswirkungen auf die Schaufeln. Das hat zur Folge, daß für die Schaufeln im Laufe der Zeit immer korrosionsresistentere Materialien eingesetzt werden mußten. So ging die Entwicklung inzwischen über Duplex-Werkstoffe wie Noridur und Norichlor bis hin zu Nickelbasis-Werkstoffen wie Inconel, Euzonit oder Hastelloy. Auch die Gehäuseteile müssen weich- oder hartgummiert werden, um den Korrosionsangriffen zu widerstehen [9]. Das führt dazu, daß die Herstellungskosten dieser Ventilatoren trotz der kleineren Größe, die sich aus der Auslegung ergibt, um etwa 20 - 30% teurer als Rauchgasventilatoren auf der heißen Seite der REA sind.

Wenn man nun diese Schwierigkeiten sieht und dann dem gegenüberstellt, daß die errechnete Energieeinsparung nach relativ kurzer Betriebszeit durch die Verschlechterung des Wirkungsgrades wieder kompensiert wird, muß man die Überlegungen, Ventilatoren auf der nassen Seite der REA einzubauen, nochmals zur Diskussion stellen.

Der nächste Problemkreis bei der Förderung von staubhaltigen Gasen ist die Abrasion oder der Verschleiß an Schaufeln oder Gehäuseteilen. Hiermit ist vor allem beim Einsatz von Ventilatoren in der Zementindustrie, im Bergwerk oder auch wiederum in Kraftwerken bei schlechter Kohle und bei nach unseren Maßstäben unzureichenden Staubfiltern zu rechnen. Auch Tropfenschlag kann bei Förderung von nassen Gasen zu starkem Verschleiß besonders an den Schaufelvorderkanten führen. Wie Bild 23 am Beispiel eines Radialventilators zeigt, gibt es Einsatzfälle, bei denen mit weitgehender Zerstörung von Laufrädern und Gehäuse durch Verschleiß gerechnet werden muß. Deshalb werden an gefährdeten Stellen in den Ventilatoren Panzerungen eingeschweißt. Eine Erläuterung des Verschleißmechanismus und die Voraussetzungen zur Auswahl geeigneter Verschleißschutzschichten werden in [10] gegeben.

Bild 23 **VOITH-NOVENCO**

Prall- und Gleitverschleiß an einem Radialventilator-Laufrad nach [10]

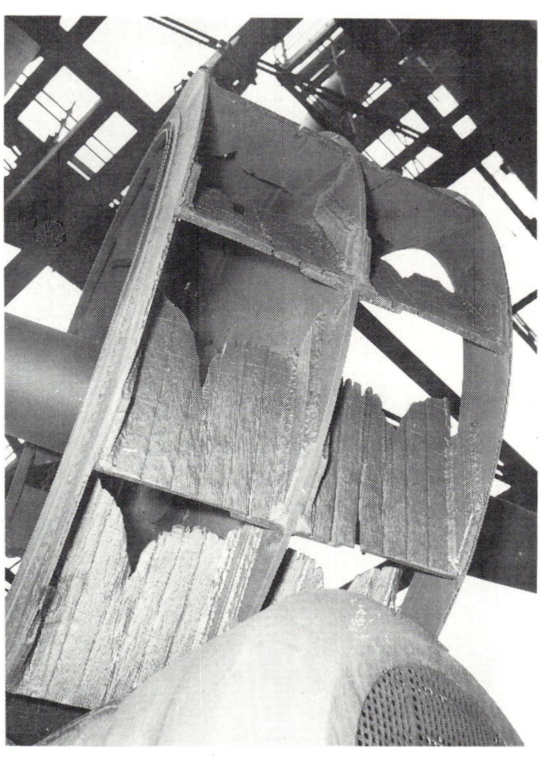

Auch in diesen Fällen ist es wichtig, durch Zusammenarbeit von Planer und Hersteller bereits vor dem Bau der Ventilatoren die richtige Material- oder Materialschutz-Auswahl zu treffen, um möglichst lange Standzeiten zu erreichen.

5. Akustik

5.1 Geräuschreduzierung

Geräuschreduzierung ist eine vordringliche Aufgabe beim Bau einer jeglichen Belüftungsanlage. Dabei liegt es auf der Hand, das Geräusch an der Entstehungsstelle selbst, also im Ventilator direkt zu bekämpfen, bzw. es gar nicht erst entstehen zu lassen. Man sollte dabei allerdings die folgende altbekannte Gleichung betrachten, die die Hauptkomponenten der Schallentstehung im Ventilator näherungsweise umreißt:

$$L_W = L_{Ws} + 10 \lg V + 20 \lg \Delta p \text{ [mm WS]} \quad (23)$$

- Dabei ist L_W die erzeugte Schalleistung des Ventilators.
- L_{Ws} ist die spezifische Schalleistung, die durch die aerodynamische Auslegung und Konstruktion des Ventilators beeinflußt werden kann.
- Der Volumenstrom V ist meistens gegeben und kann nicht beeinflußt werden.
- Die Druckerhöhung Δp allerdings ist allein anlagebedingt und kann durch den Ventilator-Hersteller im allgemeinen nicht beeinflußt werden.

Betrachtet man nun den Anteil, den der Ventilator-Hersteller und der Anlagen-Planer auf die Schallentstehung des Ventilators hat, dann muß man sagen, daß bei der Weiterentwicklung eines guten Ventilators eine Schallreduzierung von 3 dB schon als ziemlicher Erfolg gewertet werden kann.

Der gleiche Anteil an Schallreduzierung würde erbracht, wenn die Anlagendruckverluste um 30% gesenkt werden könnten. Das ist zwar auch kein einfaches Ziel, aber es ist oft schneller zu erreichen, als die Verbesserung des Ventilators. Im übrigen hat diese Senkung noch den Vorteil der Energiekosten-Minderung.

Man sieht also auch hier wieder, daß ein optimales Ergebnis nur durch das Zusammenwirken von beiden Beteiligten erreicht werden kann.

5.2 Berechnung und Messung

Gegenüber der Aerodynamik ist es beim heutigen Stand der Technik noch viel schwieriger, im voraus genaue Aussagen über die Schalleistung oder etwa gar über die Frequenzverteilung bei einem Ventilator zu machen. Bei Serienventilatoren hilft man sich im allgemeinen dadurch, daß eine möglichst große Anzahl ausgeführter Ventilatoren gemessen wird. Bei Sonderventilatoren und Einzelfertigungen fällt diese Möglichkeit jedoch weg, und man muß von ähnlichen Ausführungen auf das Ergebnis schließen. Dabei wäre dem Hersteller sehr geholfen, wenn, ähnlich wie bei der Aerodynamik, gesicherte Modellgesetze [11] vorliegen würden. Wenn bezüglich des Rauschanteils mittels halbempirisch gefundener Umrechnungsformeln bereits gute Erfolge erzielt werden konnten, so liegt die Problematik vor allem noch in der Bestimmung des Drehklanganteils. Dabei spielen aber auch die Strömungsverhältnisse vor dem Laufrad, wie die Gleichmäßigkeit der Zuströmgeschwindigkeit und der Turbulenzgrad, eine wesentliche Rolle. Das sind jedoch wiederum Anteile, die vom Hersteller nur unwesentlich zu beeinflussen sind.

Auf der anderen Seite bilden allerdings die Schalldämpfer in einer Anlage einen Kostenfaktor, der oft bis in die Größenordnung der Ventilatoren selbst reicht. Je besser es möglich ist, die Schalleistung und die Frequenzverteilung eines Ventilators vorherzubestimmen, desto besser und kostengünstiger läßt sich der Schalldämpfer auf diesen Ventilator abstimmen. Dabei sind es oft nur ein oder zwei Frequenzen, die die Größe des Schalldämpfers bestimmen. Aus diesem Grunde ist es im Bergbau zur Zeit noch üblich, den Raum für den Schalldämpfer beim Neubau einer Ventilatoranlage zwar vorzusehen, den Ventilator jedoch erst zusammen mit der Anlage ohne Schalldämpfer zu messen und mit dem Ergebnis den Schalldämpfer auszulegen.

Nachdem jedoch die akustischen Modellgesetze noch mit Unsicherheiten behaftet sind, muß man sich besonders bei Großventilatoren mit Messungen an ausgeführten Ventilatoren in Anlagen behelfen. Da hierbei aber in den wenigsten Fällen auch nur einigermaßen ideale Meßbedingungen vorliegen, können wirkliche Erfahrungen nur aus einer Vielzahl von Messungen gewonnen werden. Dabei werden die Anlagenmessungen nicht nur durch die Strömungsgeschwindigkeit, sondern auch durch Reflexionen und Ausbildung von stehenden Wellen im Meßquerschnitt erschwert.

Gasfamilie

Fachliche Definition: Zur Gasfamilie gehören Brenngase mit weitgehend übereinstimmenden Brenneigenschaften. Innerhalb der 1. und 2. Gasfamilie sind die Wobbe-Index-Gesamtbereiche aus gerätetechnischen Gründen zusätzlich in Gruppen (A und B in der 1. Gasfamilie, L und H in der 2. Gasfamilie) unterteilt.

1. Gasfamilie: Stadt- und Ferngase; das sind wasserstoffreiche Brenngase, die nach verschiedenen Verfahren hergestellt werden.
2. Gasfamilie: Naturgase; das sind aus natürlichen Vorkommen stammende Erdgase und Erdölgase sowie deren Austauschgase.
3. Gasfamilie: Flüssiggase nach DIN 51662 Propan, Butan und deren Gemische.
4. Gasfamilie: Kohlenwasserstoff/Luft-Gemische.

(Lexikon der Gastechnik, Vulkan-Verlag 1990)

6. Wartung und Instandhaltung

Um eine optimale Wartung und Instandhaltung für einen Ventilator durchführen zu können, muß man sich bereits bei der Bestellung des Ventilators Gedanken über die zu installierenden Überwachungssysteme machen.

6.1 Instandhaltungsmethoden

Systematische Instandhaltungsmethoden erfüllen dann ihren Zweck, wenn durch sie eine Maschine über einen möglichst langen Zeitraum mit einem Maximum an Wirtschaftlichkeit, Qualität und Sicherheit betrieben werden kann. Die Instandhaltung dient im einzelnen zur:

- Erhaltung des Anlagekapitals
- Vermeidung von unvorhergesehenen Betriebsunterbrechungen
- Verbesserung von Sicherheit und Umweltschutz.

Damit kommt der Instandhaltung eine bedeutende wirtschaftliche Rolle in der modernen Industrie zu.

Grundsätzlich wird zwischen

- schadensorientierter,
- zeitorientierter und
- zustandsorientierter

Instandhaltung unterschieden.

Bei schadensorientierter Instandhaltung werden einfache Ventilatoren z.B. für Raumbelüftungszwecke oder auch sonstige Hilfsventilatoren ohne nennenswerten Aufwand an Wartung und Inspektion betrieben, bis ein Schaden eintritt.

Dieses Konzept ist nur in Ausnahmefällen sinnvoll, nämlich dann, wenn der betreffende Ventilator

- nur eine geringe Investition darstellt und
- in redundanter Ausführung vorhanden ist oder
- für den Prozeß von untergeordneter Bedeutung ist.

Die zeitorientierte Instandhaltung, bei der in bestimmten nach der Erfahrung festgelegten Abständen Inspektionen durchgeführt werden, ist heute die Regel. Diese Methode hat den Vorteil, daß der notwendige Ventilatorstillstand in den Produktionsablauf zeitlich eingeplant werden kann. Dem steht als Nachteil gegenüber, daß aus Sicherheitsgründen die Wartungsarbeiten in der Regel zu früh durchgeführt werden und damit Teile ausgetauscht werden, die noch nicht am Ende ihrer Lebensdauer sind.

Bei der zustandsorientierten Instandhaltung wird der jeweilige Zustand des Ventilators durch Messungen dauernd überwacht. Dabei werden Verschleißteile erst dann ausgetauscht, wenn sie am Ende ihrer Lebensdauer sind. Die Wirtschaftlichkeit dieser Methode wird durch Bild 24 veranschaulicht, in dem die Entwicklung der Instandhaltungskosten über der Betriebszeit einer Maschine allgemein aufgetragen ist. Dieses Bild ist aus [12] entnommen. Es zeigt, wie nach einer kurzen Einlaufphase der Normalbetrieb beginnt. In dieser Zeit werden üblicherweise die zeitorientierten Instandhaltungen durchgeführt. An den Normalbetrieb schließt sich die Schädigungsphase an, die mit dem Ausfall der Maschine endet. Aufgabe der zustandsorientierten Instandhaltung ist es nun, den Beginn der Schädigungsphase als optimalen Zeitpunkt für den Austausch aufzuspüren und ihn möglichst auch vorherzubestimmen.

Bild 24 **VOITH-NOVENCO**

Schematischer Verlauf der Instandhaltungskosten nach [12]

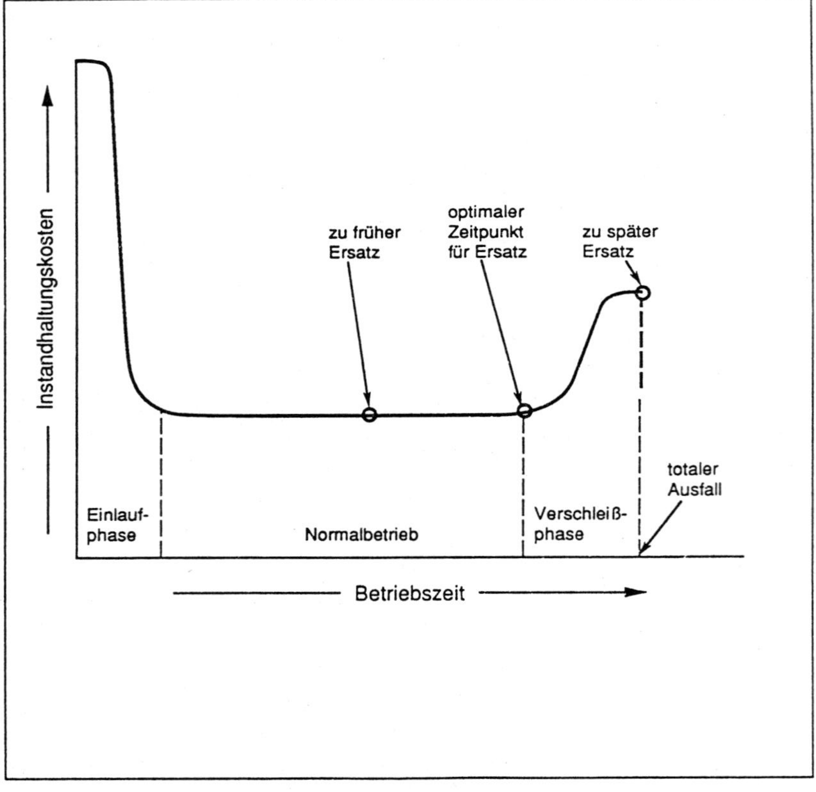

6.2 Überwachungssysteme

Zur Messung des Zustandes eines Ventilators gibt es keine globale Meßgröße, sondern er muß durch eine Reihe von verschiedenen Einzelmessungen und durch Ermittlung des Trends dieser Messungen über eine längere Zeiteinheit bestimmt werden. Dabei bieten sich folgende Meßgrößen an:

- absolute Lagerschwingung für Wälz- und Gleitlager
- relative Lagerschwingung für Gleitlager
- Stoßimpulsmessung für Wälzlager
- relative Wellenverlagerung für Gleitlager
- Temperaturen in Lagern und elektrischen Wicklungen

Wie man sieht, handelt es sich hierbei in erster Linie um eine Beurteilung der drehenden Teile des Ventilators bzw. seines Antriebsmotors, an denen ein aufkommender Schadensfall am ehesten entdeckt werden kann. Dabei muß die jeweilige Höhe der Meßwerte mit Grenzwerten verglichen werden. Diese Grenzwerte können entweder aus der Norm, aus den Angaben der Hersteller oder aus eigenen Erfahrungen bestehen. In jedem Fall ist Vorsicht geboten, wenn sich die Werte sprunghaft oder mit steilem Trend verändern. Auch Frequenzanalysen der Schwingungsmessungen können aufschlußreiche Informationen geben.

Die Überwachung kann

- durch sporadische Messungen
- durch den systematischen Einsatz von Datensammlern vor Ort und rechnergestützte Auswertung und Analyse
- durch laufende automatische Messungen, Analyse und Trendauswertungen

erfolgen. Für nähere Informationen zu diesem Thema möchte ich auf [13] - [15] verweisen.

Bei der Beurteilung von Meßwerten zur Überwachung sollte man sich sehr genau überlegen, welche Werte man dazu verwendet, ein automatisches Schutz-Aus der Anlage zu schalten. Wenn man die automatische Sicherheit nämlich zu hoch ansetzt, kann das dazu führen, daß immer wieder Ausfälle von Gebern oder Fehler in der elektronischen Verarbeitung zum Abschalten der Anlage und damit zu Betriebsunterbrechungen führen. In vielen Fällen ist es deshalb besser, bei Trends zu Verschlechterungen nur Warnungen an das Betriebspersonal zu geben, das dann die Ursachen zu ergründen hat. Nur solche Fehler, die ein sehr schnelles Eingreifen in den Betrieb erforderlich machen, wie z.B. der Anstieg der Lagertemperatur, sollten zu einem automatischen Abschalten verwendet werden. Bei diesen Meßgrößen ist dann allerdings zu empfehlen, mit einer 2 von 3 - Auswahl einen Geberausfall weitgehend zu kompensieren. Die Methode bietet dadurch mehr Sicherheit, daß 3 Meßwertgeber an der gleichen Meßstelle eingesetzt werden und so geschaltet sind, daß sie einen Geberausfall signalisieren, wenn ein Geber ein anderes Signal anzeigt, als die beiden anderen. Die Anlage reagiert aber auch während dieser Warnung nur auf die Meßgröße der beiden gleich anzeigenden Geber und damit auf das wahrscheinlich richtige Signal.

7. Garantien

Garantien für zugesicherte Leistungen sind notwendig, um dem Kunden bei der Prüfung eines Angebotes die Sicherheit für dessen Erfüllung zu geben. Dabei läßt sich die Erfüllung einer Garantie für den Liefertermin oder auch für einen schadlosen Betrieb über eine bestimmte Zeit noch relativ leicht nachweisen. Bei der Garantiezeit fängt allerdings schon die Schwierigkeit an, da hier inzwischen Zeiten gefordert werden, die vom ingenieurmäßigen Standpunkt kaum noch zu vertreten sind. Bei solchen, unseriösen Garantiezusagen muß der Kunde damit rechnen, daß im Schadensfall immer wieder versucht wird, den Schaden auf unsachgemäße Bedienung durch den Kunden zurückzuführen.

7.1 Pönale und Meßgenauigkeit

Im weiteren soll nur der Nachweis der aerodynamischen Leistungsdaten des Ventilators betrachtet werden, da er in den meisten Fällen der wichtigste Pönalepunkt ist. So werden heute im Kraftwerksbereich bei Antriebsleistungen von 2 - 5 MW Vertragsstrafen von bis zu 5000 DM pro kW Leistungsüberschreitung angesetzt. Umgerechnet ergäbe das Genauigkeiten von nur 0,2 bis 0,5 ‰. Hier gibt es naturgemäß eine große Diskrepanz zwischen dem, was im Vertrag angedroht wird und dem, was später gemessen werden kann. Man muß sich nämlich im klaren darüber sein, daß ein genauer Nachweis auch mit einem ungeheueren Aufwand verbunden ist, zu dem die Anlage nach Fertigstellung auch freigegeben werden muß. Dafür fehlt aber im allgemeinen nach Inbetriebsetzung bei allen Beteiligten die Zeit.

Hier muß noch darauf hingewiesen werden, daß sich die Pönale fairerweise nur auf bestimmte vereinbarte Betriebspunkte erstrecken sollte. Ein ganzes dem Angebot beigelegtes Kennfeld zu garantieren, ist äußerst gefährlich, da es an den Grenzen des Kennfeldes, vor allem im Bereich der Abreißgrenze, Punkte gibt, deren Reproduzierbarkeit sehr toleranzbehaftet ist.

7.2 Anlagenmessungen

Bei der Höhe der oben angeführten Pönalen sollte man die Meßgenauigkeit der Abnahmemessung so hoch ansetzen, wie es irgendwie wirtschaftlich noch vertretbar ist. Demgegenüber werden bei Kraftwerksventilatoren diese Messungen normalerweise direkt in der Anlage durchgeführt, wobei die Meßgenauigkeit einer Modellmessung am Prüfstand naturgemäß nicht erreicht werden kann.
Der Vorteil der Anlagenmessung liegt darin, daß gleichzeitig mit dem Kennfeldpunkt des Ventilators der

Betriebspunkt der Anlage gemessen wird. Damit kann auch kontrolliert werden, ob die Anlagen-Auslegung den Vorgaben entspricht.

Die größeren Ungenauigkeiten in einer Anlagenmessung haben folgende Gründe:

- der Volumenstrom muß durch eine Netzmessung, normalerweise direkt vor dem Laufrad, bestimmt werden und kann nicht über genormte Meßdüsen oder -blenden ermittelt werden. Damit muß noch zusätzlich der Fehler in der Flächenausmessung berücksichtigt werden.

- Meßfehler in der Druckerhöhung können dadurch auftreten, daß die notwendigen störungsfreien Abstände der Meßstellen zum Ventilator in einer Anlage nicht eingehalten werden können.

- Die elektrische Leistungsmessung des Antriebsmotors hat, vor allem, wenn sie auf Betriebsmeßgeräten abgelesen wird, größere Fehler als eine Messung mit Pendelmotor oder Drehmomenten-Meßnabe auf dem Prüfstand.

- Weiterhin muß ein Meßprotokoll für den Wirkungsgrad des Antriebsmotors vorliegen, das beim Motorlieferanten erstellt worden ist, da der Motorwirkungsgrad direkt in die Meßgenauigkeit des Ventilatorwirkungsgrades eingeht.

Anhaltspunkte für die Größen der Meßungenauigkeiten können aus VDI 2044 entnommen werden. Wenn man obige Fehlerquellen aber richtig abwägt, wird man sich im allgemeinen in den beschriebenen Großanlagen nach der Methode der Superposition der Meßungenauigkeiten für den Wirkungsgrad, auf den es letztendlich ankommt, kaum eine bessere Genauigkeit als 5% errechnen. Ich selbst habe es erlebt, daß eine anerkannte, unabhängige Stelle an einem unserer Ventilatoren einen Wirkungsgrad von über 100% ermittelt hat. Das steht natürlich in keinem Verhältnis zu der Genauigkeit, die Grundlage der Pönale ist.

Weiterhin ist in der VDI 2044 genau festgelegt, wie ermittelt wird, ob die Garantiebedingungen durch eine Messung im Rahmen der Meßgenauigkeit erfüllt ist oder nicht. Sollten die garantierten Werte des Ventilators nicht erreicht werden, so sind in der Richtlinie VDMA 24 166 zulässige Bautoleranzen für verschiedene Ventilator-Güteklassen angegeben, die für eine Vertragserfüllung zusätzlich zu beachten sind.

Im Gegensatz zu den bisher üblichen Messungen während des kompletten Kraftwerksbetriebes wird zur Verbesserung der Meßgenauigkeit vorgeschlagen, den Ventilator möglichst so zu messen, daß er allein und nicht im Regelverbund mit den anderen in der Anlage installierten Ventilatoren betrieben wird. Sonst kann wegen der ständigen Schaufelverstellung nur ein statistischer Mittelwert der Meßwerte erfaßt werden. Weiterhin sollten die Messungen mit normaler Luft und nicht mit Rauchgas durchgeführt werden. Auf die Weise sind die Einflüsse der anderen Ventilatoren und der Kesselfeuerung ausgeschaltet, und der Ventilator kann stationär auf einen Punkt eingestellt und gemessen werden. Auch die Ungenauigkeit, die durch die notwendige Rauchgasanalyse auftreten kann, wird hierbei ausgeschaltet.

Demgegenüber wurden im Bergbau, bedingt durch die Anforderungen der Bergbehörde, Meßmethoden entwickelt, mit denen man ein Höchstmaß an Genauigkeiten in Anlagenmessungen erreichen kann. Das bedeutet aber, daß bereits während der Konstruktion des Ventilators über Meßquerschnitte diskutiert wird und diese Anforderungen u.U. die Ventilator- und Anlagengestaltung, z.B. durch Verlängerung bestimmter Kanal- oder Gehäuseteile, beeinflussen.

7.3 Modellmessungen

Für die meisten Großventilatoren stehen allerdings bei den Lieferfirmen Modellventilatoren in kleinerem Maßstab zur Verfügung, die auf Firmenprüfständen gemessen werden können. Auf einem genormten Prüfstand, wie ihn DIN 24 163 beschreibt, können gegenüber einer Anlagenmessung größere Genauigkeiten mit etwa 2-3% Meßtoleranz erwartet werden. Mittels Modellgesetzen ist es möglich, die Ergebnisse sehr exakt auf die Großausführung hochzurechnen. Die Wirkungsgrade in der Großausführung sind im allgemeinen besser, als die bei der Modellmessung ermittelten. Für die Umrechnung der Wirkungsgrade gibt es in der VDI 2044 eine empirische Aufwertungsformel, die im Bereich des besten Wirkungsgrades angewandt werden kann. Weitere Untersuchungen auf diesem Gebiet werden zur Zeit im Auftrag der Forschungsvereinigung für Luft- und Trocknungstechnik (FLT) an der Technischen Universität Braunschweig durchgeführt.

Wird der Stand der Technik in der Aufwertung der Wirkungsgrade noch nicht als zuverlässig genug angesehen, so kann auch die Vertragserfüllung direkt an einem zugesagten Modellwirkungsgrad nachgewiesen werden und dieser dann pönalisiert werden. Dieses Verfahren wurde bereits häufig bei der Auftragsvergabe von Großventilatoren für Straßentunnel angewandt.

Eine Modellmessung hat weiterhin den Vorteil, daß sie bereits vor Fertigungsbeginn durchgeführt werden kann und daß bei Nichterreichen der Vertragsbedingungen noch die Möglichkeit einer Änderung an den Großventilatoren gegeben ist.

Der Nachteil der Modellmessung liegt darin, daß nachgewiesen werden muß, daß die geometrische Ähnlichkeiten, z.B. in Bezug auf Einbauten (Stützen) und Spaltweiten am Laufrad, beim Bau der Großausführung auch streng eingehalten sind. Hier liegt aber im Bereich des Wasserturbinenbaus, in dem dieses Verfahren schon längst Standard ist, bereits eine erhebliche Erfahrung vor, auf die man zurückgreifen kann.

Bei kleineren Ventilatoren muß man sich wegen ihres geringeren Anschaffungswertes über den Aufwand für eine Messung und das zu erwartende Ergebnis noch genauer Gedanken machen. Dabei ist auch hier eine Prüfstandsmessung immer dann vorzuziehen, wenn auf die Meßgenauigkeit großen Wert gelegt wird. Richtlinien für den Prüfstandsaufbau sind in der DIN 24 163 festgelegt. Anhaltswerte für Bautoleranzen können aus VDMA 24 166 entnommen werden.

Bei Serienventilatoren sollte zur Diskussion gestellt werden, daß Prototypkennlinien von einer unabhängigen Stelle überprüft und mit einem Zertifikat versehen werden, damit nicht immer wieder der gleiche Ventilator einem anderen Kunden vorgemessen werden muß.

8.Weiterentwicklungen und zukünftige Trends

Der Ventilator ist ein ausgereiftes und beinahe schon klassisches Maschinenbauprodukt, bei dem spektakuläre Entwicklungen im Hinblick auf seine Aerodynamik und Mechanik kaum noch vorstellbar sind. Das bedeutet nicht, daß im Detail nicht noch Weiterentwicklungen möglich sind. Hier ist vor allem die Tätigkeit der Forschungsvereinigung für Luft- und Trocknungstechnik (FLT) hervorzuheben, die gemeinschaftliche Weiterentwicklungen organisiert und finanziert. So wurden z.B. an der Technischen Universität Braunschweig Untersuchungen durchgeführt, um die Grenzen der aerodynamischen Belastbarkeit der Axialventilator-Beschaufelungen und damit die Druckerhöhung des Ventilators zu steigern mit dem Ziel, in Grenzfällen zweistufige Ventilatoren durch einstufige zu ersetzen [16]. Die dabei gefundenen neuen Gesichtspunkte haben bereits zu verschiedenen Neuauslegungen bei den Herstellern geführt.

Ebenso wurden Untersuchungen an der Technischen Universität Stuttgart durchgeführt mit dem Ziel, Aufschluß über die Festigkeitsbeanspruchung und die Frequenz der Schwingung an Axialventilator-Schaufeln beim Überschreiten der Abreißgrenze zu ermitteln [17].

Demgegenüber ist jedoch die Akustik der Ventilatoren noch ein erheblich jüngeres Forschungsgebiet. Hier liegen die Schwerpunkte an der Fachhochschule Düsseldorf [18], bei der DLR in Berlin [19] und der Technischen Universität Karlsruhe [20], an denen Methoden zur Vorausberechnung der Ventilatorgeräusche und deren Modellgesetze untersucht werden. Weiterhin werden dort auch Meßmethoden für eine Normung der Schalleistungs-Ermittlung untersucht.

Mit der zuverlässigen Vorausbestimmung der Schalleistung und vor allem auch der Frequenzverteilung der Ventilatoren ist eine bessere Abstimmung der Schalldämpfer auf die Ventilatoren und damit eine erhebliche Kostenreduzierung vorstellbar. Weiterhin sind auch noch Fortschritte bei der Optimierung der Schallentstehung an den Ventilatoren selbst vorstellbar.

In diesem Zusammenhang muß allerdings auch darauf hingewiesen werden, daß der Kunde derartige Entwicklungskosten auch mit entsprechenden Preisen honorieren muß. Die Methode, einen Auftrag nach dem günstigeren Preis zu vergeben, wenn er als "technisch gleichwertig" mit dem Wettbewerbsangebot bezeichnet wird, wird allgemein praktiziert. Die Frage ist nur, ob die Beurteilung "technisch gleichwertig" nicht oft sehr schnell und ohne die nötige Qualifikation getroffen wird. Auf keinen Fall fördert aber dieses Verhalten eine qualifizierte Entwicklungsarbeit.

Als zukünftiger Trend ist eine Entwicklung zu kleineren Ventilatoren und damit zu höherer Leistungsdichte zu verspüren. Dadurch wird es möglich, kostengünstigere Angebote zu unterbreiten. Hier ist aber wieder der Planer gefordert, der beurteilen muß, ob diese kleineren Ventilatoren ihm nicht dagegen höhere Betriebskosten bescheren. Wie bereits in Kap. 2.1.2 dargelegt, liefern diese Ventilatoren wegen ihrer vergleichbar kleineren Austrittsfläche einen sehr hohen Anteil an dynamischem Druck, der durch einen anschließenden Diffusor erst wieder in nutzbringenden statischen Druck umgewandelt werden muß.

Als weiterer Trend ist zu vermerken, daß immer größere Teile der Leittechnik und der Ventilator-Überwachung von den Ventilator-Herstellern angeboten werden. Das hat seine Ursache darin, daß die Schnittstelle zwischen dem Ventilator und der Leittechnik eine sehr schwierige ist. Der Elektroingenieur des Leittechnik-Herstellers, der neben seinem elektronischen und regelungstechnischen Know-how auch über ein großes Wissen über die Aerodynamik des Ventilators und über sein Zusammenwirken mit einer komplexen Anlage verfügen müßte, erfüllt diese Forderung im allgemeinen nicht. Das führt erfahrungsgemäß immer wieder zu Verständigungsschwierigkeiten mit dem Ergebnis, daß viele Ventilatoren und Anlagen nicht optimal oder erst nach langwierigen Nacharbeiten zufriedenstellend arbeiten. Andererseits entstehen in den großen Ventilatorfirmen schon entwicklungsbedingt Elektronik- oder Regelungsfachbereiche, die sich in Zusammenarbeit mit der Ventilatorentwicklung auf die jeweiligen Firmenprodukte spezialisieren können. Wenn somit der Bereich an Regelung und Überwachung, der mit dem Produkt selbst zusammenhängt, vom Ventilator-Lieferanten übernommen wird, so verschiebt sich die Schnittstelle auf ein Gebiet, bei dem Ventilator-Leittechniker sich mit Anlagen-Leittechnikern unterhalten können und dabei dieselbe Sprache sprechen.

9. Schlußbemerkung

Es wurde eine Anzahl von Problemkreisen angesprochen, die bei der Auslegung eines Ventilators und bei der Optimierung seiner Zusammenarbeit mit der Anlage auftreten können. Dabei wurde versucht, darzustellen, daß diese Probleme oft sehr vielschichtig sind und man nicht allgemeingültige optimale Lösungen anbieten kann. Deshalb ist es für den Ventilator-Hersteller sehr wichtig, wesentliche und qualifizierte Informationen über den Bedarf, die Anlage, die Regelung bis hin zu geplanten Betriebszeiten und Lebensdauererwartungen zu erhalten, um ein günstiges Angebot, eine optimale Auslegung und einen späteren reibungsfreien Betrieb gewährleisten zu können.

Literaturverzeichnis

[1] Marcinowski, H.
Nutzbare Druckerhöhung, Nutzleistung und Wirkungsgrad von Ventilatoren.
Mitteilungen des Institutes für Strömungslehre und Strömungsmaschinen der Universität Karlsruhe
Heft 19, Mai 1976, Verlag G.Braun, Karlsruhe

[2] Ventilatoren, Leistungsmessung, Normkennlinien.
DIN 24 163, Teil 1

[3] Banzhaf, H.-U.
Fechner, G.
Loos, C.-D.
Regelung von Volumenstrom und Druckerhöhung an Ventilatoren.
VDI-Berichte 594, März 1986

[4] Banzhaf, H.-U.
Anlagenspezifische Fragen bei Ventilatoren in Parallelschaltung.
BWK 41 (1989), Heft 1/2, S.45-50

[5] Banzhaf, H.-U.
Stabile und instabile Betriebszustände bei Axialventilatoren.
VDI-Berichte 594, März 1986

[6] Banzhaf, H.-U.
Anlagenspezifische Fragen bei Ventilatoren in Reihenschaltung.
BWK 41 (1989) Heft 3, S.82-86

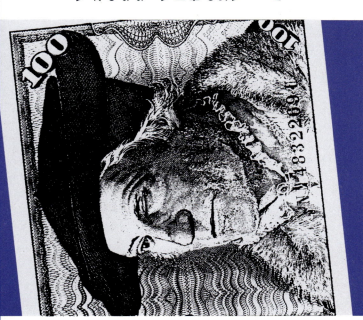

[7] Schiller, F.
Einfluß der Auslegungsbedingungen auf die aerodynamischen Entwicklungstendenzen im Axialventilatorenbau.
Vortrag auf dem VGB-Kongreß Kraftwerkskomponenten 1988
VGB-TB 106, VGB-Kraftwerkstechnik GmbH, Essen

[8] Schröder, C.
Einfluß von Verschmutzung und Verschleiß auf das Betriebsverhalten von Grubenventilatoren.
Glückauf-Forschungshefte 49 (1988), Nr.4, S.180-186

[9] Kolb, W.
Werkstoffauswahl und Konstruktion laufschaufelgeregelter Axialventilatoren für REA.
VDI Berichte 4 (1988), S.209-223

[10] Hupe, H.-R.
Förderung abrasiver Fluide.
Ventilatoren, Kontakt & Studium Maschinenbau Band 292
Expert Verlag, S.335-358, ISBN 3-8169-0426-2

[11] Grundmann, R.
Ähnlichkeitsgesetze.
Ventilatoren, Kontakt & Studium Maschinenbau Band 292
Expert Verlag, S.74-85, ISBN 3-8169-0426-2

[12] Boving, K.G.
Grundsätzliche Überlegungen der Instandhaltungsprinzipien von Anlagen und ihre Anwendung im Rahmen der unternehmerischen Möglichkeiten.
Der Maschinenschaden 60 (1987), Heft 1, S.24-28

MAURER SÖHNE
SEIT 1876
Stahlschornsteine
für Gewerbe, Industrie und Energiewirtschaft
Umwelttechnik
Trennvibratoren, Drehrohröfen, Turbulatoren,
Hochturbulenz-Reaktoren
Stahl
hochbau
RAL
Güte
zeichen
Mitglied des
Industrieverbandes
Stahlschornsteine
Stammhaus · 8000 München 40 · Frankfurter Ring 193 · Pf. 440145
Telefon (089) 3 23 94 - 0 · Telefax (089) 3 23 94-306 · Telex 5215258
Niederlassung in Dortmund · Zweigwerk Bernsdorf bei Dresden

[13] Hofmann, P.
Die Instandhaltung von Maschinen.
Maschinenschutzsysteme und Instandhaltungsmethoden
Kontakt & Studium Maschinenbau Band 329
Expert Verlag 1990, ISBN 3-8169-0665-6

[14] Geibel, W.
Hinweise zur vorbeugenden Instandhaltung von Ventilatoren.
Maschinenschutzsysteme und Instandhaltungsmethoden
Kontakt & Studium Maschinenbau Band 329
Expert Verlag 1990, ISBN 3-8169-0665-6

[15] Geibel, W.
Methoden und Geräte zur Maschinenbeurteilung.
Maschinenschutzsysteme und Instandhaltungsmethoden
Kontakt & Studium Maschinenbau Band 329
Expert Verlag 1990, ISBN 3-8169-0665-6

[16] Petermann, H.
Untersuchung des Betriebsverhaltens von Axialventilatoren mit sehr hoher Schaufelbelastung.
FLT 3/1/49/84 und FLT 3/1/55/84

[17] Zwiener, K.-P.
Messung von mechanischen Spannungen an Laufradschaufeln von Axialventilatoren, die im instabilen Gebiet arbeiten.
FLT 3/1/36/88 und FLT 3/1/65/89

[18] Bommes, L.
Weidemann, J.
Akustische Ähnlichkeitsgesetze und Geräuschmessungen bei Ventilatoren
FLT 3/1/73/85

[19] Neise, W.
Vergleich verschiedener Geräuschmeßverfahren für Ventilatoren.
FLT 3/1/31/87 und FLT 3/1/27/88

[20] Felsch, K.O.
Experimentelle und theoretische Bestimmung des Geräuschverhaltens von Axialventilatoren.
FLT 3/1/35/88

Bezeichnungen

Symbol	Dimension	Bezeichnung
A	m^2	durchströmte Fläche
a,b,c,d	m	Kanal-Seitenlänge
D	m	Durchmesser
E	kWh/a	Energieverbrauch
L_W	dB	Schalleistung
L_{Ws}	dB	spezifische Schalleistung
n	min^{-1}	Drehzahl
P	W	Leistung
p	Pa	Druck
R	J/kg	Gaskonstante (= 287.1 J/kg für Luft)
T	K	absolute Temperatur
t	°C	Temperatur
t	h/a	Betriebszeit
V	m^3/s	Volumenstrom
Y	m^2/s^2	spezifische Förderarbeit
z	-	Schaufelzahl
$\Delta\alpha_s$	°	Drallreglerstellung
$\Delta\beta_s$	°	Laufradschaufelwinkel
η	%	Wirkungsgrad
κ	-	Adiabatenexponent (= 1.4 für Luft)
ρ	kg/m^3	Dichte der Luft
η	-	Wirkungsgrad
η_D	-	Diffusor-Gütegrad

Indizes

Symbol	Bezeichnung
A,B,C	Anlagenteile
a,b	Ventilatoren a und b
a,b,c,d	Stellen in der Ventilator-Nabe
D	druckseitiger Anteil
D	Diffusor
d	dynamisch
fa	frei ausblasend
G	Getriebe
K	Klappe
L	Laufrad
M	Motor
m	mittel
N	Norm
fa	frei ausblasend
S	saugseitiger Anteil
st	statisch
T	Teillast
t	total
V	Ventilator
V	Vollast
0	Umgebung
1	Eintritt des Ventilators
2	Austritt des Ventilators oder des Diffusors je nach Lieferumfang

VDI BERICHTE 851

VEREIN DEUTSCHER INGENIEURE

VDI-GESELLSCHAFT ENERGIETECHNIK

REGENERATIVE ENERGIEN

Betriebserfahrungen und Wirtschaftlichkeitsanalysen der Anlagen in Deutschland

Tagung Kassel, 12. und 13. März 1991

Wissenschaftliche Tagungsleiter
Prof. Dr.-Ing. habil. W.H. Bloss VDI
Institut für Physikalische Elektronik, Universität Stuttgart
und
Prof. Dr.-Ing. W. Kleinkauf, Universität-GH Kassel

Inhalt

Einführung

Wind

Geothermie

Photovoltaik

B. Dietrich	Erfahrungen mit netzgekoppelten Photovoltaikprojekten
M. Fuchs	Photovoltaikanlage des Solar-Wasserstoff-Projekts Neunburg vorm Wald

Solarthermie (Solarstrahlung)

K. R. Schreitmüller	Solarkollektoren: Entwicklungsstand, Einsatzgebiete, Trends — Eine Bilanz nach 15 Jahren Solarenergieforschung
U. Luboschik	Sonnenbeheizte Freibäder, Realisierungen, Ergebnisse
F. A. Peuser und R. Croy	Warmwasserbereitung mit Sonnenkollektoranlagen

Umgebungswärme

H.-J. Laue	Wärmepumpen — Stand der Entwicklung und Anwendung
H. Strop	270 kW Flußwasser-/Elektrowärmepumpe für eine Gaststätte mit Sportheim — Bericht über 8 Jahre Betriebserfahrung
R. Maier	Hauswärmepumpen
R. Gottschalk	Sachs Erdgas- und Heizöl-Wärmepumpen, Betriebserfahrungen mit mehr als 100 Anlagen

Biomasse als Brennstoff — Bereitstellung und Verfeuerung

A. Strehler	Systemübersicht und Stand der Anwendung
B. Pauli	Verbrennung von Biostoffen in der Wirbelkomponentenfeuerung und Ausfiltration der darin enthaltenen brennstoffabhängigen Schadstoffe
A. K. Weidinger	Verheizen von Einjahresenergiepflanzen — Biomasse-Heizungsanlage in Grub
A. Kirchner	Holzheizkessel
B. A. Widmann	Pflanzenöl als Energieträger — Kraftstoffeigenschaften, Emissionen, Erfahrungen

● = Nachfolgend veröffentlichter Beitrag

Betriebserfahrungen mit Windenergie in Deutschland

Dipl.-Ing. **H. H. Möller,** Rendsburg

Sehr geehrte Damen und Herren,

ich bin gern der Einladung nachgekommen, hier über Betriebserfahrungen mit Windkraftanlagen in Deutschland zu berichten.

1. Einführung in das 100/200 MW-Programm der Bundesregierung

Die Bedeutung der regenerativen Energiequellen ist in letzter Zeit durch die weltweit diskutierten Maßnahmen zur Verminderung des Treibhauseffektes, insbesondere zur Reduzierung der CO_2-Emissionen, erheblich gewachsen. Dies hat u. a. dazu geführt, daß das Mitte 1989 verabschiedete 100 MW-Windprogramm der Bundesregierung, das mit zusätzlicher Unterstützung durch die Länder die Erforschung, Entwicklung und Erprobung von Windkraftanlagen von 1990 bis 1994 fördert, auf 200 MW aufgestockt werden soll. Das 100 MW-Programm umfaßte Bundesmittel in Höhe von 130 Mio. DM. Wie hoch die Förderungsmittel für die zweiten 100 MW sind, ist noch nicht entschieden worden. In der Diskussion ist, daß die Förderungsmittel erheblich reduziert werden sollen, weil durch das im Dezember 1990 verabschiedete

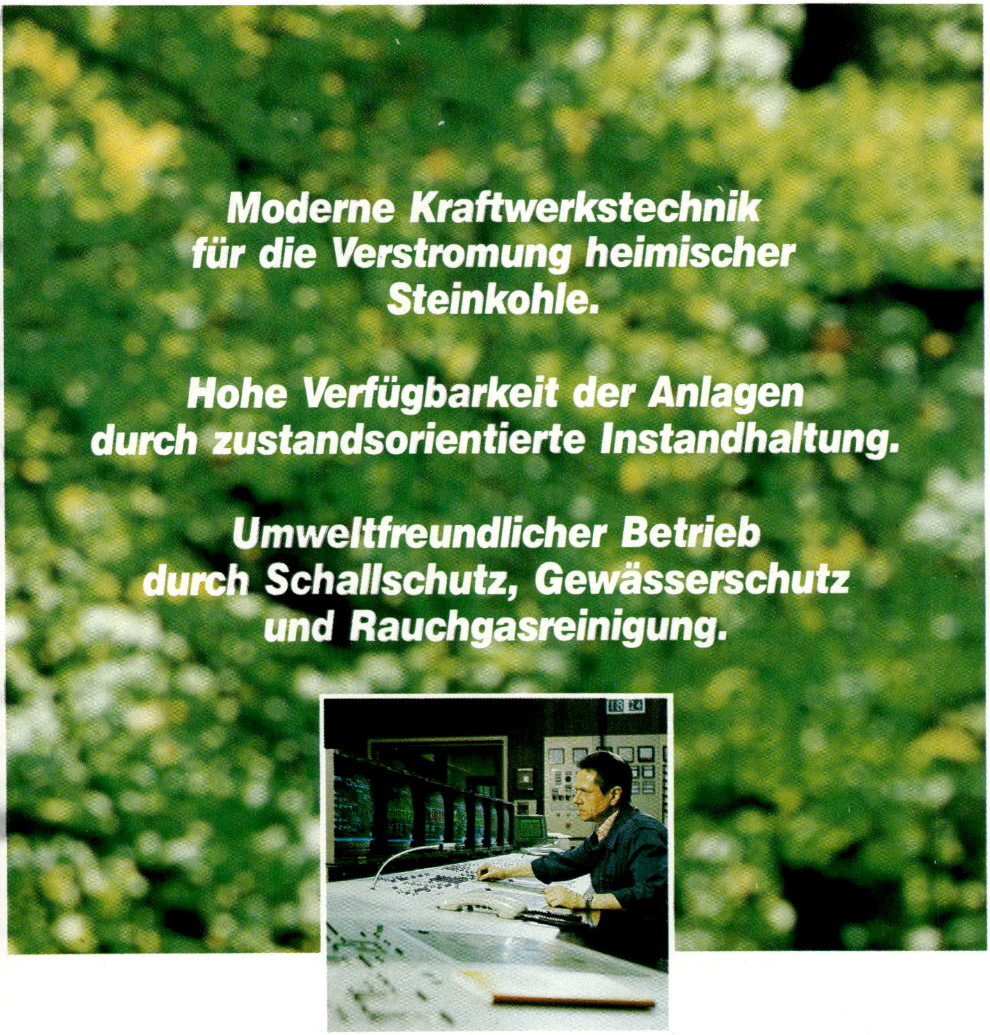

"Stromeinspeisungsgesetz" fast eine Verdopplung der bisher gezahlten Einspeisevergütungen ab 01.01.1991 bewirkt wurde.

Bis Ende November 1990 wurden beim BMFT 963 Förderanträge für 1.506 Windkraftanlagen mit einer Gesamtleistung von 157,9 MW gestellt. Bewilligt wurden 404 Windkraftanlagen mit einer Leistung von 36 MW. 412 Anträge für 719 Windkraftanlagen mit einer Leistung von 93 MW befinden sich in Bearbeitung. Die übrigen Anträge wurden zurückgenommen bzw. die Bearbeitung eingestellt. Von den bewilligten Anlagen sind 61 Anlagen mit einer Leistung von 5,9 MW bis November 1990 bereits in Betrieb genommen worden.

Nach der Verabschiedung des Stromeinspeisungsgesetzes am 7. Dezember 1990 ist die Zahl der Förderanträge schlagartig angestiegen. So liegen beispielsweise allein beim schleswig-holsteinischen Energieministerium bis Ende Dezember 1990 Förderanträge für Windkraftanlagen mit einer Gesamtleistung von 175 MW vor.

Bei der Vielzahl der Anträge ist es jetzt vordringliche Aufgabe der Gemeinden und der Kreise als Genehmigungsbehörden, zusammen mit der Landesplanung und den Energieversorgungsunternehmen einem planlosen Aufstellen in der Landschaft zuvorzukommen, nicht zuletzt auch, um die Anschlußkosten ans Netz so niedrig wie möglich zu halten. Es werden deshalb Pläne verfolgt, spezielle Flächen für Windparks großer Leistung auszuweisen.

2. Windgünstige Regionen in Deutschland

Entscheidend für den wirtschaftlichen Betrieb von Windkraftanlagen ist neben einer guten aerodynamischen Konstruktion und flexiblen Steuerung vor allen Dingen die Wahl eines windgünstigen Standortes. Denn die in der bewegten Luftströmung enthaltene kinetische Energie ändert sich mit der dritten Potenz seiner Geschwindigkeit, d. h. bei doppelter Windgeschwindigkeit steigt die Leistung um den Faktor acht.

Ein gutes Windangebot mit mittleren Windgeschwindigkeiten von 5 m/s und mehr weist Bild 1 für die Küstenregionen und einige Höhenlagen der Mittelgebirge aus.

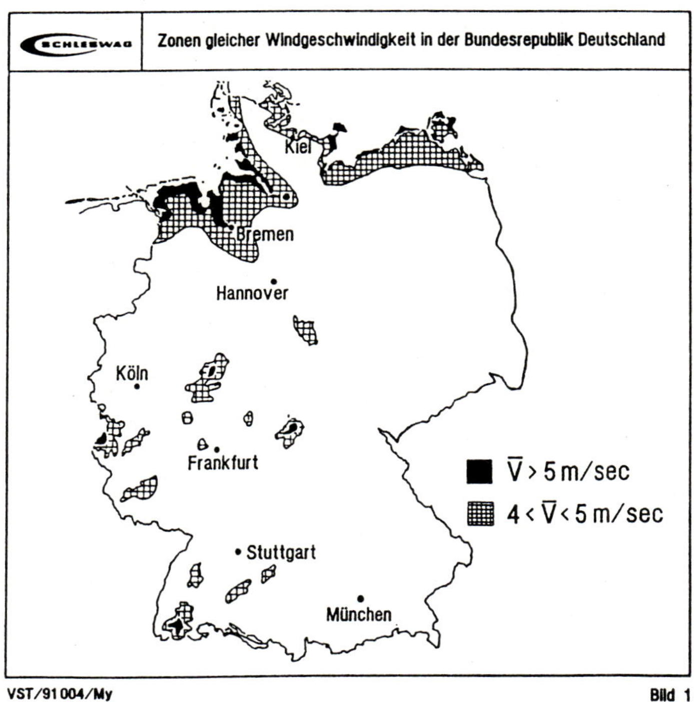

Bild 1

3. Betriebserfahrungen mit Windparks in Deutschland

In Deutschland sind bereits einige Windparks seit 1-4 Jahren in Betrieb.

So der Windpark Westküste (1,3 MW)
- der ÜNH-Windpark Cuxhaven in Nordholz (1 MW)
- der EWE-Windpark Krummhörn bei Pilsum (Ostfriesland) (3 MW)
- der Windpark Bredstedt (0,75 MW)
- die Windparks Norddeich (0,275 MW + 1,5 MW)

In diesen Windparks sind Windkraftanlagen der Größenklassen 25 kW bis 300 kW installiert.

Da sich Betriebserfahrungen und die aufgetretenen Probleme bei allen Windparks ähneln, möchte ich darüber am Beispiel des ersten deutschen Windparks "Windenergiepark Westküste" berichten, der 1987 in Betrieb gegangen ist. In diesem Windpark sind bislang 4 unterschiedliche Windkraftanlagen installiert worden mit einer Gesamtleistung von 1,33 MW:

20 Anlagen Aeroman	à 30 kW	
5 Anlagen Enercon	à 55 kW	
5 Anlagen elektromat	à 25 kW	
2 Anlagen Adler 25	à 165 kW	(Inbetriebnahme 1989)

Vollaststunden

Die Leistungsfähigkeit einer Anlage wird durch die Zahl der im Jahr erreichten Vollaststunden gut wiedergegeben. Sie ergibt sich aus dem Verhältnis der erzeugten Arbeit zur Nennleistung der Windkraftanlage. Angestrebt wird eine Vollaststundenzahl von 2.000 im Jahr.

Das Bild 2 zeigt, daß vor allem die Enercon-Anlagen diesem Anspruch gerecht geworden sind, insbesondere auch deswegen, weil sie eine hohe Zahl von Betriebsstunden aufweisen, in denen sie mit kleinerer Leistung als der Nennleistung Energie erzeugt haben.

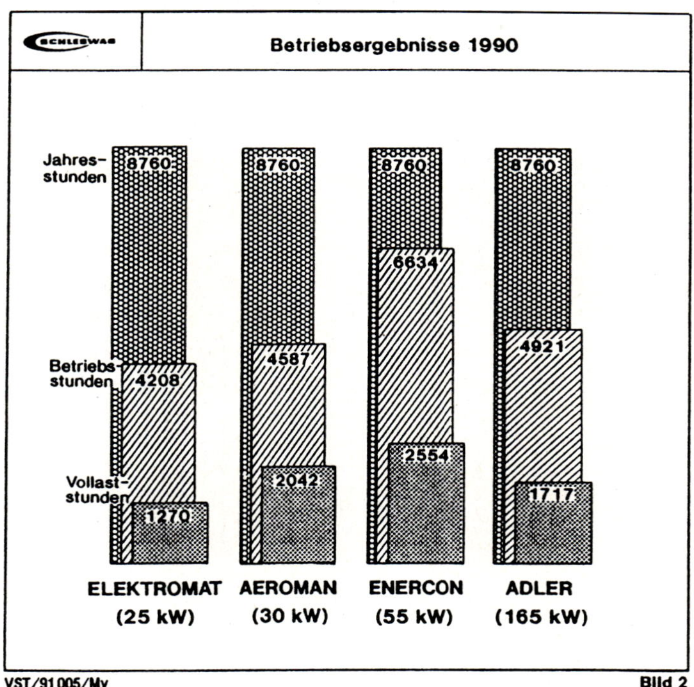

Bild 2

Gegenseitige Beeinflussung der Anlagen

Bei Aufstellung der Anlagen in Windparks tritt eine gegenseitige Beeinflussung der Windkraftanlagen auf. So zeigen gemäß Bild 3 die Anlagen bessere Ergebnisse auf, die in Hauptwindrichtung stehen und frei angeströmt werden, während die Anlagen, die im Windschatten anderer Anlagen stehen, deutlich schlechtere Ergebnisse liefern. Es müssen also bei der Geometrie der Windparks Mindestabstände eingehalten werden.

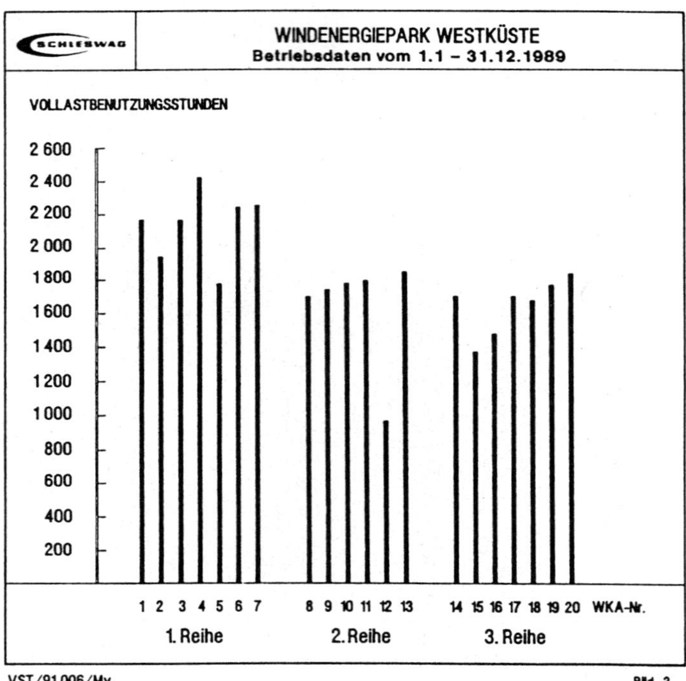

Verfügbarkeit der Windparknennleistung

Nur ca. 5 % der installierten Windparkleistung werden in verschiedenen Berichten als gesicherte Leistung angesehen, und nur in diesem Ausmaß erübrigt sich die Vorhaltung von konventioneller Ersatzkraftwerksleistung.

Das Bild 4 zeigt, daß 1990 beim Windenergiepark Westküste die gesicherte Leistung Null war, da bei 3 von 9 Bedarfsmaxima im SCHLESWAG-Netz die Windparkleistung Null war. Das gilt auch für 1989 (Leistung Null an 2 von 9 Maxima) und für 1988 (Leistung Null an 3 von 9 Maxima).

SCHLESWAG

Verfügbarer Leistungsanteil des Windenergieparks Westküste während SCHLESWAG-Maxima Oktober bis Dezember 1990

Zeitpunkt	verfügbarer Leistungsanteil des Windenergieparks Westküste* in kW	in % der inst. WEW-Leistung
Oktober 1990		
10.10.1990 18.30 Uhr	640 kW	48,12
29.10.1990 18.00 Uhr	1 024 kW	76,99
30.10.1990 18.00 Uhr	464 kW	34,89
November 1990		
05.11.1990 18.00 Uhr	0 kW	0
28.11.1990 18.00 Uhr	0 kW	0
27.11.1990 17.15 Uhr	7 kW	0,53
Dezember 1990		
11.12.1990 18.00 Uhr	0 kW	0
18.12.1990 18.00 Uhr	115 kW	8,65
19.12.1990 18.45 Uhr	37 kW	2,78

*(Installierte Leistung 1,33 MW)

VST/91007/My

Bild 4

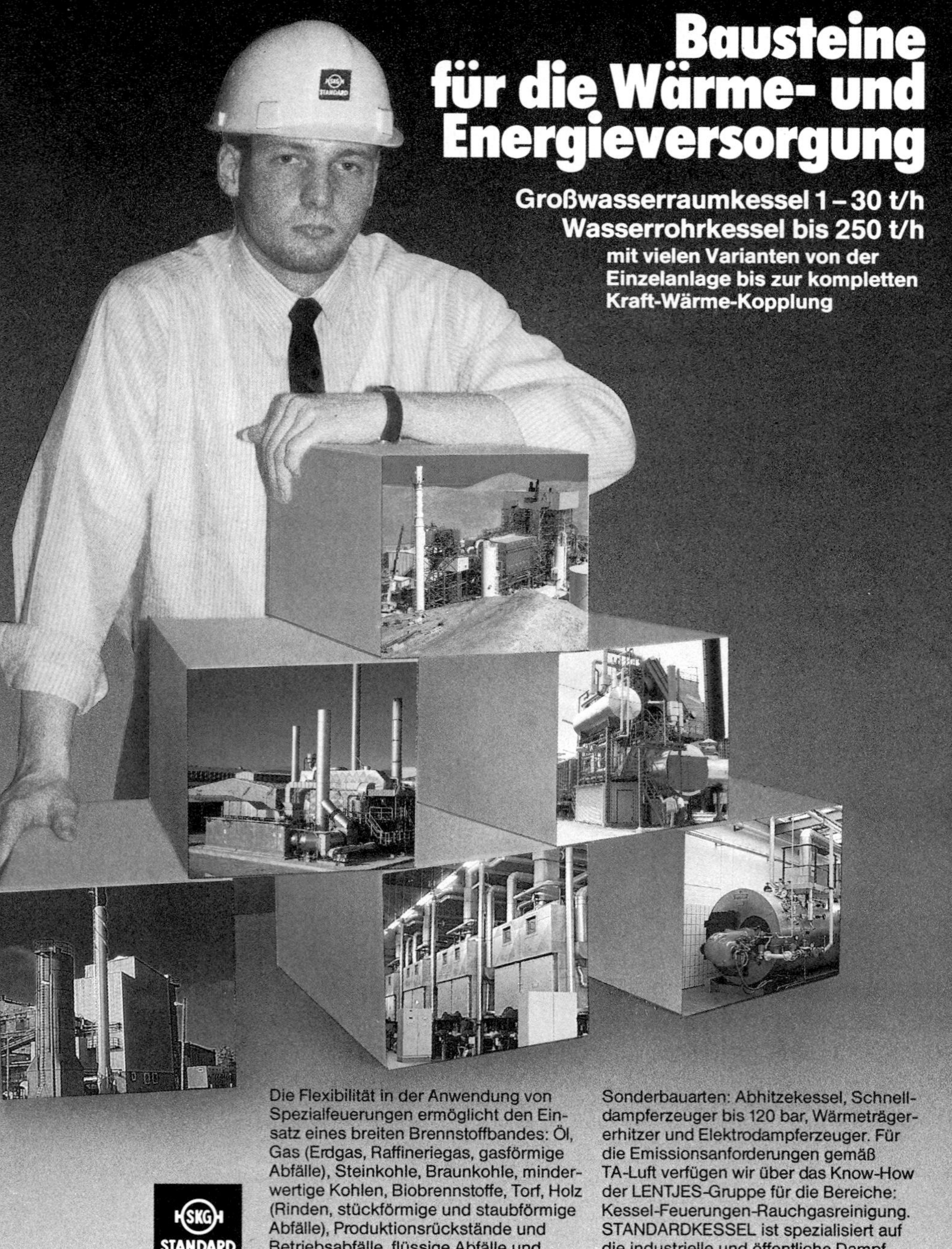
STANDARD

Netzrückwirkungen

Beim Anschluß von Windenergieanlagen an das öffentliche Netz muß geprüft werden, welche Leistung ohne negative Beeinflussung der Verbraucher zulässig ist. Hierzu wurden 1990 im Windenergiepark Westküste umfangreiche Messungen vorgenommen. Die Ergebnisse möchte ich kurz skizzieren.

Leistungsschwankungen

Die Böigkeit des Windes führt zu erheblichen kurzzeitigen Leistungsschwankungen.

Bild 5 zeigt zum einen den Verlauf der Wirkleistungsabgabe <u>einer</u> Windkraftanlage innerhalb von 60 Sekunden. Die eingespeiste Leistung schwankt zwischen 30 % und 100 % der Nennleistung.

Dagegen weist die Summenkurve von 19 Einzelanlagen einen verhältnismäßig ausgeglichenen Verlauf der Wirkleistungsabgabe auf. Der Betrieb von Windparks gibt offenbar günstigere Einspeiseverhältnisse als der einer Einzelanlage. Leistungsschwankungen in größeren Zeitabständen als den hier gezeigten müssen durch Regelung der Netzspannungen im Mittelspannungsnetz ausgeglichen werden.

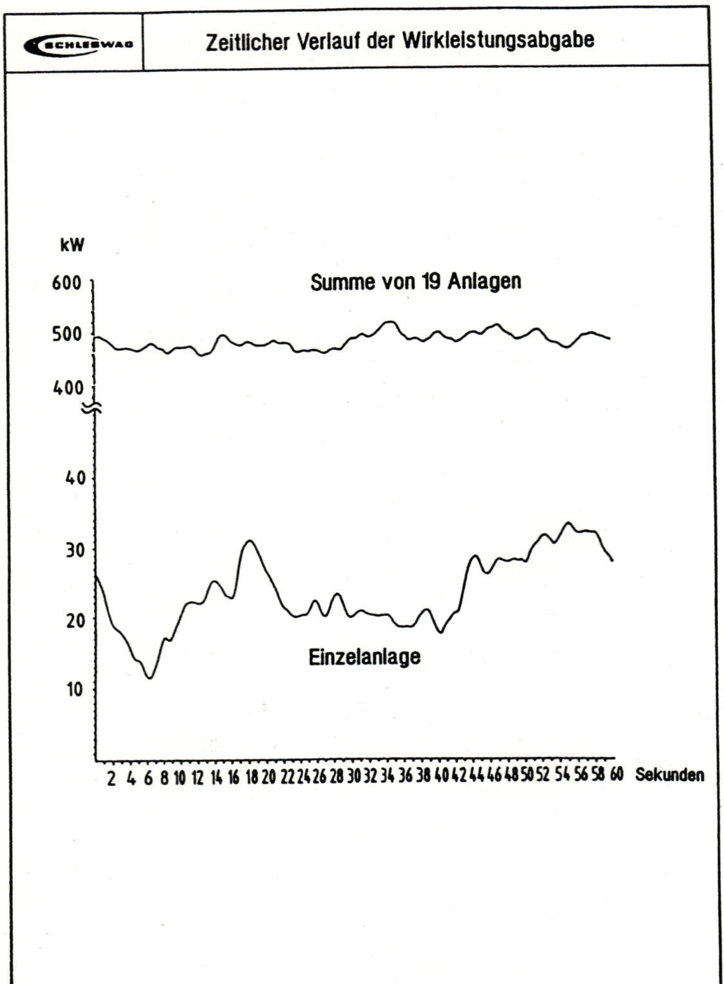
SCHLESWAG
Zeitlicher Verlauf der Wirkleistungsabgabe
kW
600
500
400
40
30
20
10
Summe von 19 Anlagen
Einzelanlage
2 4 6 8 10 12 14 16 18 20 22 24 26 28 30 32 34 36 38 40 42 44 46 48 50 52 54 56 58 60 Sekunden
VST/91 003/My
Bild 5

Netzflicker

Unter Netzflicker versteht man die durch Spannungsänderungen verursachten Schwankungen der Beleuchtungsstärke im Bereich der optischen Wahrnehmung durch den Menschen. Die Beurteilung des Netzflickers erfolgt auf der Grundlage einer Störgröße, die sowohl Höhe als auch Häufigkeit innerhalb einer festgelegten Zeitspanne beschreibt.

Aus den Messungen im Windpark ergeben sich folgende Verhältnisse von Kurzschlußleistung des Einspeisepunktes (P_{se}) zur Nennleistung der Generatoren (P_n), bei denen die Störgrenze nicht erreicht wird:

Aeroman	P_{se}/P_n	=	22
elektromat	P_{se}/P_n	=	46
Enercon	P_{se}/P_n	=	29
Adler	P_{se}/P_n	=	29

Der Einschaltstrom beim Anlaufen von Asynchrongeneratoren kann Netzflicker am Anschlußpunkt der Windkraftanlage verursachen. Hier kann eine Begrenzung des Einschaltstroms auf 2 x I_n störende Netzflicker verhindern.

Oberschwingungen

Oberschwingungen in der Netzspannung werden vorwiegend von Windkraftanlagen mit Synchrongenerator und Wechselrichter erzeugt. Die Oberschwingungsspannungen, die sich der 50 Hz-Netzspannung überlagern, können bei

Überschreiten der Störfestigkeit die Lebensdauer angeschlossener Betriebsmittel, z. B. Kondensatoren und Motoren, vermindern. Zwischenharmonische Spannungen können die Funktion von Rundsteueranlagen stören. Bei diesen Windkraftanlagen - so zeigen die Meßergebnisse - sollte die Anschlußleistung auf ein 250stel der Kurzschlußleistung des Anschlußpunktes begrenzt werden. Mit dieser Bedingung werden gleichzeitig störende Netzrückwirkungen durch Leistungsschwankungen und Netzflicker vermieden.

4. Spezifische Investitionskosten von Windkraftanlagen

Die spezifischen Lieferkosten ab Werk von Windkraftanlagen weisen eine deutliche Degression mit steigender Leistung bis 300 kW auf. Bei Serienfertigung werden für die Leistungsklasse 200-300 kW Lieferkosten ab Werk von rd. 2.000 DM/kW erreicht.

Bei höherer Leistung steigen die spezifischen Lieferkosten ab Werk stark an. So liegen sie beispielsweise für die 1,2 MW Anlage auf Helgoland bei rd. 8.000 DM/kW.

Neben den Lieferkosten ab Werk sind Kosten für Planung, Erschließung des Baugeländes (Infrastruktur und Netzanschluß) und Aufstellen der Anlagen (Fundamente, Montage) in Höhe von 25 % der Lieferkosten ab Werk einzukalkulieren. Die Höhe dieser Kosten wird im wesentlichen durch die Bedingungen vor Ort, wie z. B. die Bodenverhältnisse und die Länge und Stärke der Anschlußleitungen zum elektrischen Netz, bestimmt.

5. Wirtschaftlichkeit von Windkraftanlagen

Entscheidend für die Wirtschaftlichkeit von Windkraftanlagen sind neben den Investitionskosten und dem damit verbundenen Kapitaldienst insbesondere die Wahl eines windreichen Standortes bei gleichzeitig hoher Verfügbarkeit der Windkraftanlagen (Vollaststunden).

Bild 6 zeigt für eine 300 kW-Anlage die Abhängigkeit der spezifischen Erzeugungskosten von der Vollaststundenzahl.

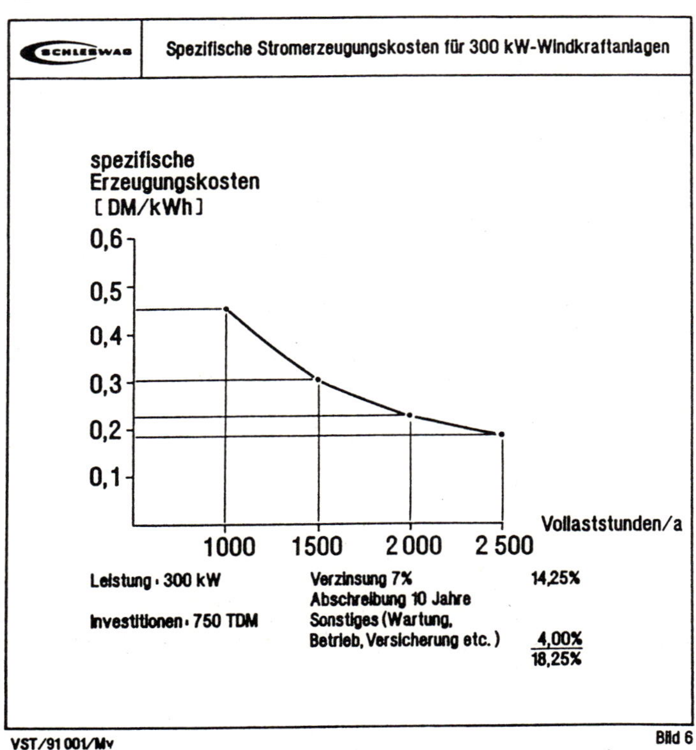

Bild 6

Für dieses Beispiel ergibt sich, daß mit der seit 1. Januar 1991 gesetzlich erhöhten Einspeisevergütung von 16,61 Pf/kWh (für 1991) zuzüglich der bisherigen Förderung nach dem 100 MW-Programm von 8 Pf/kWh, insgesamt also einer Kostenerstattung von 24,61 Pf/kWh, für private Einspeiser in das öffentliche Netz die Wirtschaftlichkeit schon ab einer Vollaststundenzahl von 1.854 gegeben ist. Wird die Förderung durch die Bundesregierung reduziert, so steigt die Wirtschaftlichkeitsschwelle auf höhere Vollaststundenzahlen an.

6. Ausblick

Es steht zu erwarten, daß aufgrund der erhöhten Einspeisevergütungen das 200 MW-Windprogramm früher als 1994 realisiert wird. Rechnet man für Schleswig-Holstein mit einem Anteil von 50 % an den 200 MW, so ergibt sich bei 2.000 Vollaststunden eine Produktion von 200 Mio. kWh aus Windenergie, was einem Anteil von rd. 2 % des derzeitigen Stromverbrauchs in Schleswig-Holstein entspricht.

Optimistische Schätzungen besagen, daß im Jahre 2005 im Bereich der alten Bundesländer bis zu 4 Mrd. kWh - das entspricht etwa einer Windkraftleistung von 2.000 MW - wirtschaftlich erzeugt werden können. Das wäre dann etwa 1 % des heutigen Stromverbrauchs in den alten Bundesländern. Hierfür müßten beispielsweise 8.000 Windmühlen à 250 kW installiert werden. Bei einer gesamten Nordseeküstenlänge von 500 km müßten je km 16 Mühlen gestaffelt in die Tiefe aufgestellt werden. Das wird kaum möglich sein. Es müssen deshalb auch Windkraftanlagen im MW-Bereich für eine solch große Erzeugung verfügbar sein.

VDI BERICHTE 884

VEREIN DEUTSCHER INGENIEURE

VDI-GESELLSCHAFT ENERGIETECHNIK

KERNENERGIE: HEUTE, MORGEN

Tagung Aachen, 18. und 19. März 1991

Wissenschaftlicher Tagungsleiter
Dr.-Ing. H. Bonnenberg VDI
Bonnenberg und Drescher Ingenieurgesellschaft mbH, Aldenhoven

Inhalt

W. A. Simon, J. D. Wistrom und B. H. Holm	Perspective of the Modular High-Temperature Gas-Cooled Reactor
R. C. Berglund und H. Steiner	U.S. Advanced Liquid Metal Reactor

● = Nachfolgend veröffentlichter Beitrag

Sicherheitstechnische Anforderungen an eine zukünftige Kerntechnik

Dr.-Ing. **F. Niehaus,** Wien/A

Abstract

Nuclear power has the potential to significantly contribute to the future energy supply. However, this requires continuous improvements in nuclear safety. Technological advancements and implementation of safety culture will achieve a safety level for future reactors of the present generation of a probability of core-melt of less than 10^{-5} per year, and less than 10^{-6} per year for large releases of radioactive materials. There are older reactors which do not comply with present safety thinking. The paper reviews findings of a recent design review of WWER 440/230 plants. Advanced evolutionary designs might be capable of reducing the probability of significant off-site releases to less than 10^{-7} per year. For such reactors there are inherent limitations to increase safety further due to the human element, complexity of design and capability of the containment function. Therefore, revolutionary designs are being explored with the aim of eliminating the potential for off-site releases. In this context it seems to be advisable to explore concepts where the ultimate safety barrier is the fuel itself.

Zusammenfassung

Kernenergie kann einen bedeutenden Beitrag zur zukuenftigen Energieversorgung leisten, unter der Voraussetzung einer andauernden Verbesserung der Sicherheit. Technischer Fortschritt und eine umfassende "Sicherheitskultur" ermoeglichen ein Sicherheitsniveau fuer zukuenftige Reaktoren der heutigen Generation mit einer Wahrscheinlichkeit von weniger als 10^{-5} Kernschmelzunfaellen und weniger als 10^{-6} Freisetzungen radioaktiver Substanzen pro Betriebsjahr. Es gibt jedoch alte Reaktoren, die in wesentlichen Punkten nicht dem heutigen Sicherheitsdenken entsprechen. Die Ergebnisse einer kuerzlich durchgefuehrten Untersuchung des Sicherheitskonzeptes der WWER 440/230 Reaktoren werden kurz zusammengefasst. Fortgeschrittene evolutionaere Konzepte bieten die Moeglichkeit, die Wahrscheinlichkeit radioaktiver Freisetzungen auf weniger als 10^{-7} pro Jahr zu verringern. Eine darueber hinausgehende Verbesserung der Sicherheit stoesst an prinzipielle Grenzen, die durch menschliches Verhalten, Kompliziertheit der Anlagen und die Kapazitaet des

Sicherheitseinschlusses gegeben sind. Es werden deshalb revolutionaere Konzeptentwicklungen verfolgt mit der Zielsetzung, die Moeglichkeit von radioaktiven Freisetzungen auszuschalten. In diesem Zusammenhang ist es angebracht, Konzepte zu untersuchen, in denen das Brennelement selbst eine unueberschreitbare Sicherheitsbarriere darstellt.

1. Introduction

Since publication of WASH 740 /1/ much research effort has been devoted to define "acceptable" levels of risk, mainly related to nuclear power. These 30 years of research have demonstrated that society has no general rules to determine acceptable risks /2, 3/. Rather, risks are at most "tolerated" according to needs, status of technology and trust in regulatory bodies to enforce safety. This includes an excellent safety record and expectations in continuous and significant safety improvements for the future.

Needs

Long predicted problems such as population growth, environmental degradation, climate change, increase in energy consumption (in particular electricity), debts of developing countries, global imbalance of economic growth, and new problems such as the needs of Eastern European countries and the Gulf war, demonstrate the necessity to reconsider the nuclear option.

Status of Technology

Advancements in nuclear technology and nuclear safety culture have significantly increased nuclear safety. It is of utmost importance to keep an excellent safety record and to promote new developments.

Trust in regulatory enforcement

Responsibility for safe operation of nuclear plants rests with the operator and the national authorities. Though internationally binding safety standards and inspections might be desirable, they are not feasible at present. However, operators and national authorities are accepting an increasing international presence through bodies such as the IAEA to harmonize nuclear safety.

By the end of 1990, 424 reactors were in operation and some 80 reactors under construction. Because of technological advancement some of the older reactors do not comply with present safety thinking. If nuclear power is to make a significant contribution to electricity production in the future (about 17% at present) and is to help in curbing CO_2 emissions, an increase to more than one thousand reactors will be necessary. This will require significant improvements in nuclear safety and might require basic changes in technology.

The paper will discuss safety requirements for present, older and new reactors for the future.

2. Reactors meeting current safety thinking

2.1 Safety principles for NPPs

In 1988 the IAEA published a report /4/ by the International Nuclear Safety Advisory Group (INSAG) on basic safety principles for nuclear power plants. The concepts are not new, rather the best current philosophy is put forward. The structure of the objectives and principles are given in Figure 1. The document introduces as a fundamental management principle the new phrase "safety culture", which recognizes the importance of creating an environment of safety consciousness, "an all pervading safety thinking, allowing an inherently questioning attitude, the prevention of complacency, a commitment for excellence, and the fostering of both personal accountability and corporate self-regulation in safety matters".

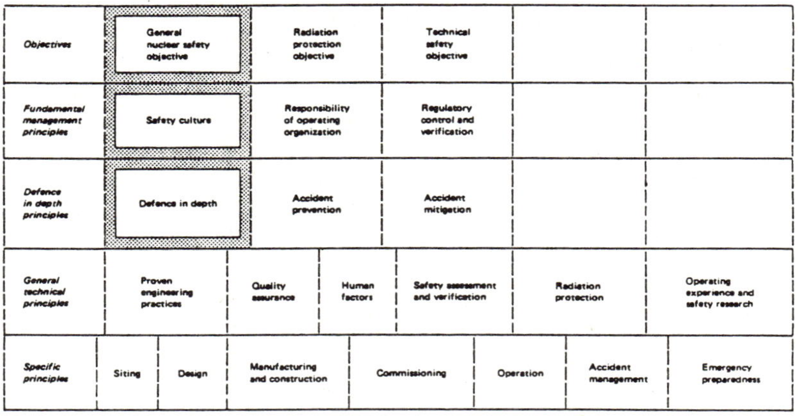

Fig. 1 INSAG Safety Objectives and Principles for Nuclear Power Plants /4/
INSAG Sicherheitsziele und Prinzipien fuer Kernkraftwerke /4/

The general nuclear safety objective also includes that it is important that quantitative targets, 'safety goals', are formulated. The document states that "the target for existing nuclear power plants consistent with the technical safety objective is a likelihood of occurrence of severe core damage that is below about 10^{-4} events per plant operating year. Implementation of all safety principles at future plants should lead to the achievement of an improved goal of not more than about 10^{-5} such events per plant operating year. Severe accident management and mitigation measures should reduce by a factor of at least ten the probability of large off-site releases requiring short term off-site response".

2.2 Use of PSA

Since the TMI accident the importance has been recognized of complementing the deterministic approach to nuclear safety by probabilistic safety assessments (PSA).

Over the past decade analytical techniques for safety analysis experienced a remarkable improvement. From the traditional discipline of reliability engineering, PSA developed as a structured method to identify accident sequences that can occur from a broad range of initiating events and to quantify their frequency of occurrence and consequences.

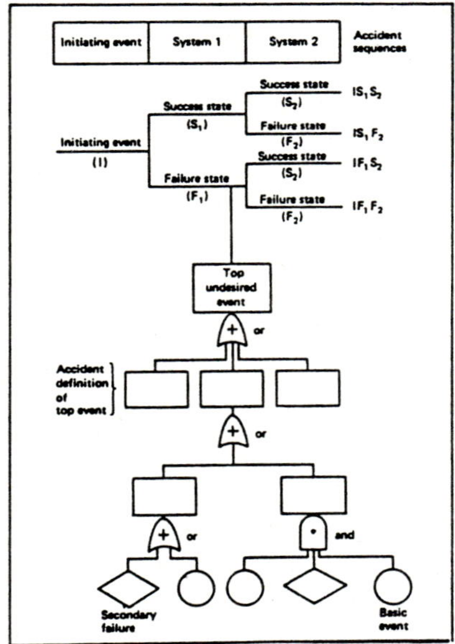

Fig. 2 Linking Fault and Event Trees in PSA

Verknuepfung von Ereignisablaufdiagramm und Fehlerbaum in PSA

There are three levels of performing a PSA. Level 1 addresses the identification of core melt scenarios, level 2 studies containment behavior following core melt and the categories of radioactive releases, and level 3 estimates consequences for human health and to the environment.

As depicted in Figure 2, PSAs use inductive (event tree) and deductive (fault tree) logic and plant specific as well as generic component failure rates and frequencies of initiating events. Plant specific test and maintenance schedules, human errors and common cause failures are also considered in the probabilistic models.

PSA is nowadays a fundamental tool that provides a more meaningful guide to safety related decision-making. By its very nature PSA recognizes the uncertainties associated with the logic models used to represent reality and quantifies the variability in the data of the parameters in the models.

The first PSA studies confirmed that the risks of nuclear power plants were comparatively low, however, they also provided many rather surprising results. For instance WASH-1400 /5/ drew attention to the rather large contribution of small LOCAs to the probability of core-melt. It also pointed to the problem of interfacing LOCAs. Surprising was also the large contribution (50% or more) of human error. Subsequent studies confirmed many of these findings. A recent study

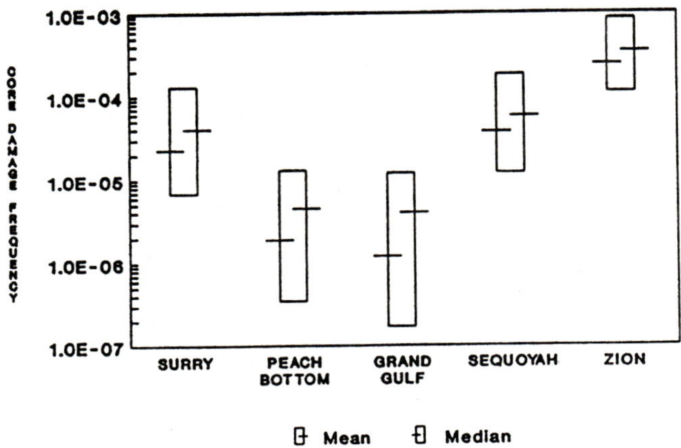

Fig. 3 Internal Core Damage Frequency Ranges (5th and 95th percentiles) /6/
Bandbreite der Kernschmelzwahrscheinlichkeiten durch anlageninterne Stoerfaelle /6/

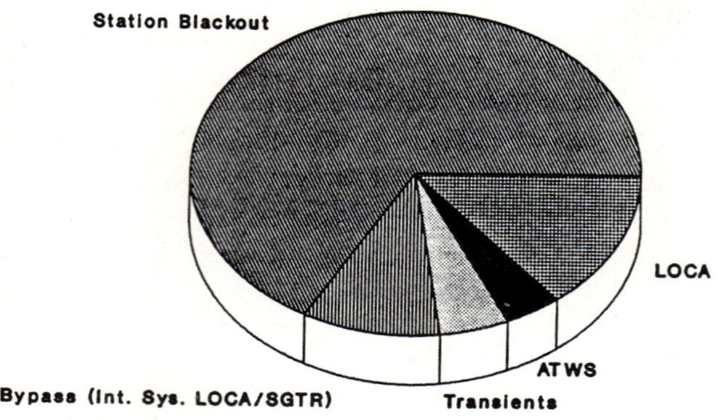

Fig. 4 Contributors to Mean Core Damage Frequency from Internal Events (Total 4.0E-5) /6/
Beitraege zum Mittelwert der Kernschmelzwahrscheinlichkeit durch anlageninterne Stoerfaelle /6/

Risk Measure	Target (point values*)	Comment
Individual Risk	10^{-6} /site year	prompt fatalities
large off-site release	10^{-6} /reactor year	has severe social implications
core damage	10^{-5} /reactor year	- no single accident sequence with significant contribution - includes external hazards

* mean values, if calculated, otherwise any other representative central value

Table 1 Probabilistic Safety Criteria for NPPs /7/
Tabelle 1 Probabilistische Sicherheitskriterien fuer KKWs /7/

/6/ compared PSAs for five US plants. A comparison of estimated core damage frequencies is given in Figure 3. Surprising are the large differences in these estimates between various plants. Figure 4 gives the contribution of different internal events to core damage frequency and demonstrates the vulnerability to station blackout for this particular plant. Recently PSAs are extended to include shutdown and refueling states of operation which were found to contribute significantly (one third to half) to core damage. Accident management procedures have the potential to significantly reduce core damage frequencies.

As a result it can be concluded that PSA is a useful tool to analyze plant weaknesses and to ensure a common level of safety. The probabilistic safety criteria listed in Table 1 have been suggested /7/ as goals or objectives for future plants of the present generation.

2.3 Monitoring Safety

Good design and construction has to be complemented by excellent performance. This includes continuous monitoring of the safety level of plants and feedback of operational experience. "Living" (i.e. continuously updated) PSAs on PCs can be used to monitor the safety level of plants under actual operating conditions. In addition to the overall safety level such as core damage probability, they provide the operator with information on the most likely accident sequences and the importance of safety equipment. "Living" PSAs can also be used to determine the impact on safety of planned actions, e.g. taking components out of service for maintenance. Several such computer codes exist /8, 9, 10/.

Safety indicators are used to trend operational experience with unavailability of components, trains or systems important to safety. Figure 5 gives an example of system unavailabilities for the auxiliary feedwater system at a particular NPP calculated quarterly based on operational data over a three year period /11/. The Figure shows that unavailability can deteriorate in a rather short time period by several orders of magnitude. It is important to early detect and correct such trends. Weighted by the probability of initiating events and accident sequences for which such systems will be needed, and combined with other indicators, it is possible to trend the level of overall safety. More general performance indicators as developed by INPO/UNIPEDE /12/ provide information on trends in the overall management of a plant.

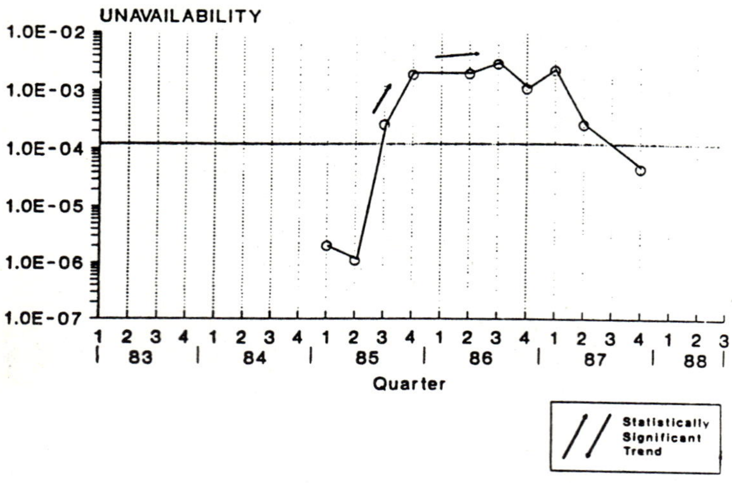

Fig. 5 Quarterly Aux-Feed System Unavailability (per train)**3/11/
Nichtverfuegbarkeit des Notspeisewassersystems pro Quartal (pro Strang)**3 /11/

In order to prevent accidents it is of utmost importance to avoid incidents as precursors of accidents. Recently an international 7 level scale to rate the safety significance of nuclear events has been developed (Figure 6, Table 2) /13/. Though the original objective was to provide a tool for prompt communication with the public, it is increasingly being used for technical assessments and as an indicator for monitoring safety. All events which do not fall below the scale are safety significant. Their root causes should by systematically analyzed and corrective actions taken. At the international level operational safety is promoted by the IAEA through the Operational Safety Review Teams (OSART) and Assessment of Safety Significant Events Teams (ASSET) services and through the Incident Reporting System (IRS).

On the hardware side of monitoring safety much progress has been made in monitoring and displaying safety parameters and in the use of early failure detection systems (noise, vibrations, displacement).

3. Older Reactors

At the end of 1990 there were 191 reactors in operation older than 10 years, 118 older than 15 years, 40 older than 20 years and 12 older than 25 years. It is obvious that, considering the

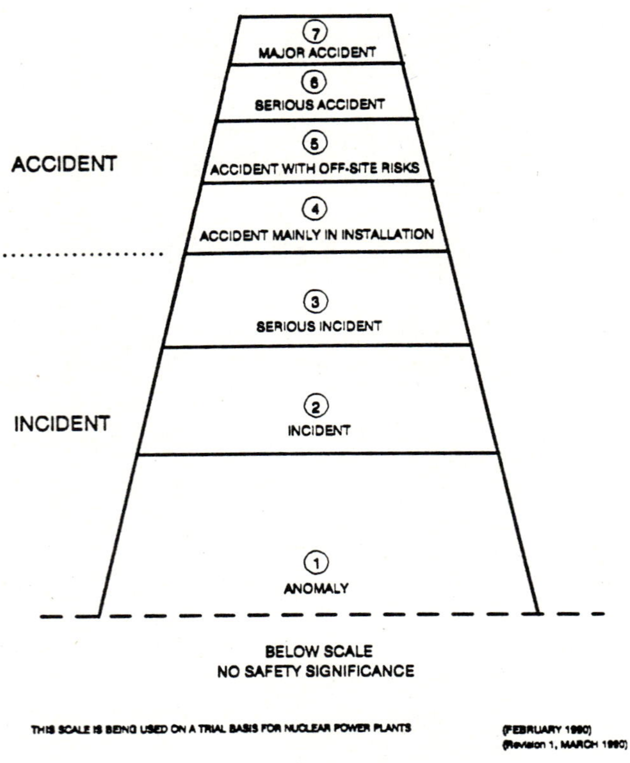

Fig. 6 The International Nuclear Event Scale (INES)
For prompt communication of safety significance /13/
Die Internationale Nukleare Ereignisskala (INES) zur sofortigen
Berichterstattung ueber Sicherheitsignifikanz

advance in nuclear safety described above, some of the older reactors do not comply with present safety thinking. Several countries have developed policies for systematic safety assessments of nuclear plants built to earlier safety standards. Because of requests to the Agency to assist in safety assessments and backfitting programmes for WWER 440/230 plants, the IAEA has established a programme on the safety of older reactors, initially concentrating on these plants. At present ten such reactors are in operation, four in the USSR, four in Bulgaria and two in

Level/ Descriptor	CRITERIA		
	Off-site impact	On-site impact	Defence-in-depth degradation
7 Major accident	Major release: Widespread health and environmental effects		
6 Serious accident	Significant release: Full implementation of local emergency plan		
5 Accident with off-site risks	Limited release: Partial implementation of local emergency actions	Severe core damage	
4 Accident mainly in installation	Minor release: Public exposure of the order of prescribed limits	Partial core damage Acute health effects to workers	
3 Serious incident	Very small release: Public exposure at a fraction of prescribed limits	Major contamination Overexposure of workers	Near accident Loss of defence-in-depth provisions
2 Incident			Incidents with potential safety consequences
1 Anomaly			Deviations from authorized functional domains
0 /Below scale			No safety significance

Tabelle 2 Criteria for Categorizing Events

Tabelle 2 Kriterien zu Einordnung von Ereignissen

Czechoslovakia. Recently the IAEA organized a design review meeting with the objective to perform a generic evaluation of the original design concept of WWER 440/230 NPPs and to provide a basis for plant specific design reviews to be performed during safety review missions to each of the sites during 1991. Six areas were reviewed and the following provides some of the review insights:

Core design

Operating experience with the low-power density core is good with some improvements made to the original design, including provision for horizontal flow of coolant between fuel assemblies and use of dummy assemblies in the periphery of the core to reduce neutron flux. In-core neutron flux measurement does not meet international practice.

System analysis

The basic design is conservative with regard to the selected design basis accidents (32 mm equivalent pipe break in primary loop). However, the capabilities of the confinement system including its leak tightness are very limited if compared with international practices. A PSA will help to address problems of heavy reliance on operator actions; and interconnections of fluid and electrical systems which could be a source of common cause failures but which, on the other hand also provides for flexibility in incident/accident mitigation. The large water volume and horizontal steam generators are a definite advantage.

Component integrity

The leak before break concept in the primary loops needs further study. The annealing process seems capable of restoring the original material properties. Steam generators have a good performance record.

Instrumentation and control

This area is of major concern compared to international practice. In particular it is necessary to address systematic independence and separation, redundancy, qualification of equipment, automation and interlocks, power supply and monitoring instrumentation.

Electric power

Reliability and qualification of equipment, and interconnection of systems (see above) need to be addressed on a plant specific basis.

Accident analysis

Accident analysis is restricted to a maximum LOCA size of 32 mm to prevent fuel damage. Analysis beyond this design base accident is necessary.

A combination of deterministic and probabilistic considerations is necessary for deciding on shut down, continued operation for a limited time period, or operation until the end of plant lifetime and the backfittings necessary in the last two cases. This has to include:

a) comparison with modern safety thinking
b) compliance with original safety standards
c) use of improved knowledge and modern computer codes
d) specific deterministic requirements
e) practicability
f) PSA and reliability analysis
g) evolution of operating experience.

The problem of old technology in general demonstrates that in the range between a minimum tolerable safety level and safety goals or objectives, safety is a compromise between what might be desirable and economic and practicability considerations. Striving for excellence in operational safety and conservative safety margins of operation are of key importance for the safety of older reactors.

4. Safety of future reactors

There seems to be a general consensus that the principles outlined in [4] and the developments described in section 2 will lead to comply with a safety objective of a probability of severe core damage of 10^{-5} per year. Thus one should expect only one such accident for a population of 1000 reactors in the world (more than twice the number of today) within a century, and an accident with significant off-site releases within 1000 years. Comparisons with other technologies demonstrates that such a safety level is unprecedented in the history of large-scale industrial developments and much higher than for potentially hazardous installations related to other energy systems. Adequately enforced this should provide a sound basis for the future development of nuclear power. However, it has to be noted that implementation of all safety principles at all stages of design, construction, operation and regulatory enforcement contains the human element. Based on experience with human errors in general and, in the nuclear industry, recalling the accidents at TMI and Chernobyl, the public might ask for a step change in nuclear safety, for a more operator friendly nuclear technology. In order to meet such demands more radical technological changes are being explored. In particular the following improvements are being pursued (see also /14, 15, 16/).

It is expected that all future nuclear plants will benefit from the following improvements:

- standardization with a large spectrum of benefits ranging from operator training to feedback of operational experience;
- higher degree of prefabrication to achieve better quality control (in particular for smaller plants);
- reduction of complexity with simpler layouts and elimination of unnecessary components to simplify operation, maintenance and emergency operating procedures;
- higher degree of automation to reduce human error, with the additional benefit of making PSAs more reliable and transparent;
- extension of the containment function to cope with a larger spectrum of severe accidents;
- elimination of risk dominating accident sequences or significant reduction of their probability;
- design against sabotage and conventional arms attack;
- increased use of passive safety features.

In addition, several countries are pursuing more radical design changes of an evolutionary or revolutionary type. Evolutionary changes have the advantage of making larger use of operating experience of the past and thus could be available in a shorter time period. For such designs the following features have been suggested:

- smaller (modular) units with lower power density;
- larger capacity of the pressurizer and secondary side to slow down reaction to power changes;
- reduction of neutron flux to the wall of the vessel;
- internal recirculation pumps to reduce need for large piping in BWRs;
- elimination of interfacing LOCA accidents;
- elimination of sequences initiated by loss of off-site power accident;
- core-melt proof containments (including core-catcher);
- no operator action necessary for several days after an accident.

It is claimed that such changes would reduce the probability of off-site releases of radioactive materials for which protective measures might be necessary to less than 10^{-7} per year. Such designs could be available in a rather short time period, i.e. in the mid 90s. However, there are inherent limitations to such an evolutionary development due to human factors, complexity of design (including computer hard and software) and limitations to the containment function. This has led to the exploration of revolutionary designs which might include the following concepts of inherent passive and transparent safety:

- impossibility of nuclear excursion through reduction of excess reactivity;
- passive removal of heat after shutdown without a dedicated final heat sink except the surrounding atmosphere;
- passive methods to cope with LOCAs or elimination of LOCAs through design;
- complete elimination of the necessity of operator action after an abnormal occurrence.

Such designs include the SIR, MHTGR, PRISM and PIUS reactor concepts.

In /17/ it has been proposed to establish the following criteria (summarized):

- no significant releases for any accident including intelligent sabotage and war, except atomic war;
- no unobservable diversion of weapons' grade material;
- safe long-term final disposal of nuclear waste.

It is claimed that the new modular HTGR pebble bed design would meet such criteria.
In particular, if reprocessing it not felt to be necessary (also because of concerns about non-proliferation), this provides additional incentives to pursue concepts where the ultimate safety barrier is the fuel element itself, and where final safe disposal of waste if built into the design of the fuel element.

5. Conclusions

Well operated modern nuclear plants are safe in comparison with other energy systems or potentially hazardous industrial installations in general.

Implementation of the principles outlined in /4/ and the promotion of safety culture should achieve a safety goal of a probability of core-melt less than 10^{-5} per year with another factor of 10 for significant releases of radioactive materials requiring counter measures.

Based on an internationally agreed methodology older reactors have to be assessed for backfitting measures on a case by case basis to reach an adequate level of safety in comparison to present safety thinking.

Future improvements to the design of present reactors will achieve a safety level of well below 10^{-5} core-melt probability per year.

New future evolutionary designs may have the potential to reduce the probability of major releases of radioactive materials to less than 10^{-7} per year, i.e. a value which if difficult to reliably quantify by PSAs.

New future revolutionary designs are aimed at eliminating the potential for significant off-site releases. The author is of the opinion that in this context it seems to be advisable to pursue concepts where the ultimate safety barrier is the fuel itself and where final safe waste disposal is built into the design of the fuel element (if reprocessing is not considered as an option).

References

/1/ US AEC "Theoretical Possibilities and Consequences of Major Accidents in Large Nuclear Power Plants", WASH 740, 1957.

/2/ Health and Safety Executive. Quantified Risk Assessment: Its Input to Decision Making. Her Majesty's Stationery Office, London, UK, 1989.

/3/ Niehaus, F.:, Versuche zur Definition einen Akzeptablen Risikos - Das Beispiel der Kernenergie. Paper presented at the Interdisziplinaere Arbeitstagung "Risiko und Sicherheit technischer Systeme", Ascona, Switzerland, 19-24 August 1990.

/4/ International Atomic Energy Agency, Safety Series No. 75 - INSAG-3, Vienna, 1988.

/5/ US NRC, Reactor Safety Study. "An Assessment of Accident Risks in US Commercial Nuclear Power Plants", USNRC, Washington, D.C., WASH-1400; Nuclear Regulatory Commission, Washington, D.C., NUREG-75/014, 1975.

/6/ "Severe Accident Risks: An Assessment for Five US NPPs", NUREG-1150, USNRC, June 1989.

/7/ International Atomic Energy Agency. The Role of Probabilistic Safety Assessment and Probabilistic Safety Criteria in Nuclear Power Plant Safety (Draft), Vienna, 1991.

/8/ Fussel, J.B.; Campbell, D.J.: PRISM - A computer program that makes PRA useful, IAEA-TECDOC-524, Status, Experience and Future Prospects for the Development of Probabilistic Safety Criteria, International Atomic Energy Agency, Vienna, 1989.

/9/ Users' Manuals for IRRAS (NUREG/CR-5111) and SARA (NUREG/CR-5022), Idaho National Engineering Laboratory, EG&G, Idaho, USA, 1988.

/10/ Lederman, L., Vallerga, H., & Bojadjiev, A.: "PSAPACK: A PC-Based Program for Using PSA as a Tool for Operational Safety Management, Second TUV - Workshop on Living PSA Applications, Hamburg, FRG, 7-8 May 1990.

/11/ "Development of Risk-Based Safety Indicators - System Unavailability Indicators, Report of a Consultants' Meeting organized by IAEA, Working Material, Vienna, 3-7 July 1989.

/12/ International Atomic Energy Agency. Numerical Indicators of Nuclear Power Plant Safety Performance", IAEA-TECDOC-600, Vienna, 1991.

/13/ International Atomic Energy Agency. Users' Manual for INES: The International Nuclear Event Scale, Vienna, 1990.

/14/ Maerkl, H.: Sicherheitstechnische Ziele und Entwicklungstendenzen fuer die naechste Generation von LWR-Kernkraftwerken, Paper presented at VDI-Gesellschaft Energietechnik, Perspektiven der Kernenergie und CO_2-Minderung, Aachen, Germany, 28-29 March 1990, VDI Berichte 822.

/15/ International Atomic Energy Agency, Report of International Nuclear Safety Advisory Group (INSAG) Safety of Nuclear Power, Draft 1991.

/16/ International Atomic Energy Agency, The Next Generation of Nuclear Power Plants, Draft report of Expert Working Group, 1991.

/17/ Schulten, R.; Bonnenberg, H.: Brennelement und Schutzziele, Paper presented at VDI-Gesellschaft Energietechnik, Perspektiven der Kernenergie und CO_2-Minderung, Aachen, Germany, 28-29 March 1990, VDI Berichte 822.

VDI BERICHTE 868

VEREIN DEUTSCHER INGENIEURE

VDI-GESELLSCHAFT ENERGIETECHNIK

Strömungsmaschinen:

ZUSTANDSDIAGNOSE UND EXPERTENSYSTEME

auf den Gebieten

- **Betriebskennwerte**
- **Schwingungen und**
- **Lebensdauer**

Tagung Aachen, 21. und 22. März 1991

Wissenschaftlicher Tagungsleiter
em.Prof. Dr.-Ing. G. Dibelius VDI
Lehrstuhl für Dampf- und Gasturbinen, RWTH Aachen

Inhalt

Einführung

Betriebskennwerte

Schwingungen

T. Chmielniak, G. Kosman, A. Rusin, T. Werbowski und M. Strozik	The examples of supervision and analysis of steam turbine operating conditions with life-time considered

Lebensdauer

H. Ziebarth und E. Gobrecht	Rechnergestützte Lebensdauerüberwachung von Dampfturbosätzen
J. Schmidt	Monitoring Modul Restlebensdauer Turbine
R. Frank, W. Erhard und D. Rist	Methode der Temperatur- und Spannungsberechnung hochbelasteter Gasturbinenbauteile zur Lebensdauerüberwachung
J. Broede	Pauschale und individuelle Überwachung des Lebensdauerverbrauchs an Flugtriebwerken

● = Nachfolgend veröffentlichter Beitrag

Thermodynamische Zustandsdiagnose an Strömungsmaschinen

Univ.-Prof. Dr.-Ing. **K. Fiedler** und
Univ.-Prof. Dr.-Ing. **R. Lunderstädt**, Hamburg

Zusammenfassung

Die Vorgehensweise bei der thermodynamischen Zustandsdiagnose an Strömungsmaschinen wird näher erläutert. Der prinzipielle Aufbau der Diagnosegleichungen wird aufgezeigt und für ein Beispiel auch formelmäßig angegeben. Da Fehler in den Meßwerten und Unklarheiten bei der Modellbildung die Diagnose sehr erschweren können, werden spezielle Algorithmen entwickelt, die diese Fehler unter gewissen Voraussetzungen beseitigen. Schließlich wird für eine Kraftwerksgasturbine die notwendige Instrumentierung für eine thermodynamische Zustandsdiagnose der einzelnen Komponenten dargelegt. An Hand der Messungen in größerem zeitlichen Abstand werden die Veränderungen der Strömungsmaschinen quantitativ gezeigt und die Folgerungen diskutiert.

1. Einführung

Insbesondere bei technischen Großsystemen ist man bestrebt, durch eine geeignete Fehlererkennung sowohl die Sicherheit zu erhöhen als auch über die dadurch gegebene höhere Verfügbarkeit die Kosten des laufenden Betriebes zu senken. Beinhaltet die Fehlererkennung über eine Ja/Nein–Entscheidung hinaus auch die Ermittlung der Fehlergröße und des Fehlerortes, so spricht man von (Fehler–)Diagnose. Diese wird unter anderem erreicht durch eine Vorhersage der Lebensdauer von wichtigen Funktionselementen bzw. der Angabe des jeweiligen Status dieser Elemente. Genau dann kann nämlich eine Wartung nach Bedarf durchgeführt werden, die ein kostenmäßiges Optimum bedeutet. Die geschilderte Aufgabe ist nicht leicht und in ihrer Allgemeinheit auch nicht lösbar.

Eine Diagnose kann grundsätzlich auf zwei verschiedenen Wegen erfolgen, nämlich

- modellbezogen

und/oder

- wissensbasiert.

Bei der modellbezogenen Diagnose wird das zu diagnostizierende System mathematisch modelliert. In das Modell gehen Eingangsgrößen (Meßgrößen) hinein, und es kommen Ausgangsgrößen (Zustandsgrößen) heraus. Aus den Ausgangsgrößen kann man Rückschlüsse auf den Zustand des Systems ziehen. Dies ist die Vorgehensweise, die beispielsweise bei der Diagnose von Turboflugtriebwerken mit Hilfe von Gas–Path–Analysis– Verfahren (GPA) genutzt wird [1,2].

Die wissensbasierte Diagnose arbeitet ohne explizites mathematisches Modell. Es wird vielmehr ein Expertensystem genutzt.Dieses verwendet sowohl bereichsspezifisches (menschliches) Expertenwissen als auch fachspezifisches Faktenwissen (aktuelle Daten: Meßwerte, Schadensfälle, ...). Über eine Problemlösungskomponente (Inferenzmaschine) werden aus dem vorhandenen Wissen logische Entscheidungen abgeleitet. Der Inferenzprozeß wird dabei durch heuristisches Wissen gesteuert. Das zuvor genannte mathematische Modell ist also implizit im Wissen des Experten enthalten [3].

Sowohl bei der modellbezogenen als auch bei der wissensbasierten Diagnose müssen unsichere Informationen verarbeitet werden. In einem Fall sind es fehlerbehaftete Meßwerte, im anderen Fall ist es unsicheres und fehlerbehaftetes Wissen. Da beides die Diagnose sehr nachhaltig beeinflußt, wird im folgenden auch hierauf eingegangen.

Der Ausgangspunkt der nachfolgenden Ausführungen wird dabei die modellbezogene, thermodynamische Zustandsdiagnose von Strömungsmaschinen sein; die Sonderheiten der wissensbasierten Diagnose werden in zwei weiteren Vorträgen behandelt.

2. Modellbildung

2.1 Grundsätzliches Vorgehen

Systemtheoretische Überlegungen zur Triebwerksdiagnose wurden erstmals in den frühen 70er Jahren eingebracht. Sie beruhen auf stationären Modellen für die Triebwerksdynamik, die aus Arbeitsprozeßrechnungen gewonnen werden. Besondere Verdienste hierzu hat sich Urban erworben, der als erster lauffähige Analyseprogramme entwickelt hat, die eine leistungsfähige Diagnose mittels Digitalrechner gestatten und die beispielsweise bei mehreren Fluggesellschaften erfolgreich eingesetzt werden [4,5].

Bei der Modellierung der Strömungsmaschinen bzw. der einzelnen Komponenten einer Gasturbine oder eines Strahltriebwerkes muß der Zustand dieser Komponenten durch Kenngrößen beschrieben werden, die im Sinne der Begriffe in der Regelungstechnik als Zustandsgrößen zu bezeichnen sind; für die Turbomaschinen sind dies der Wirkungsgrad und der Durchsatz. Diese Kenn– oder Zustandsgrößen sind nicht direkt meßbar, sondern sie müssen aus Meßgrößen berechnet werden. Diese Meßgrößen sind die Drücke und Temperaturen an Ein– und Austritt in die jeweilige Komponente, ferner die Drehzahlen der Turbomaschinen und der Kraftstoffdurchfluß. Falls Teile des Triebwerks eine veränderliche Geometrie besitzen, gehören die Positionsmelder, die die Änderung der Geometrie beschreiben, mit zu den Meßgrößen.

Der Zusammenhang zwischen den Meß– und Zustandsgrößen wird durch Beziehungen aus der Thermodynamik und den Kennfeldern der Komponenten mit Hilfe der Ähnlichkeitstheorie hergestellt. Diese Verknüpfungen sind im allgemeinen nichtlinear, und damit wären systemtheoretische Verfahren nicht anwendbar. Deshalb werden die beschreibenden Gleichungen in der Umgebung eines vorgegebenen Arbeitspunktes linearisiert und außerdem nur die Änderungen gegenüber dem Nominalzustand in diesem Arbeitspunkt betrachtet.

Ist eine Zustandsgröße X_i von m Meßgrößen Y_j abhängig, dann gilt für das totale Differential von X_i

$$dX_i = \left[\frac{\partial X_i}{\partial Y_1}\right]_0 \cdot dY_1 + \left[\frac{\partial X_i}{\partial Y_2}\right]_0 \cdot dY_2 + \ldots + \left[\frac{\partial X_i}{\partial Y_m}\right]_0 \cdot dY_m, \tag{1}$$

wobei $dY_j = Y_j - Y_{j0}$ und $dX_i = X_i - X_{i0}$ sind und der Nominalzustand durch den Index 0 gekennzeichnet ist.

Für die spätere Auswertung und auch zur Verallgemeinerung ist es von Vorteil, auf eine dimensionslose Schreibweise überzugehen, die dadurch erreicht wird, daß die Änderungen auf den Nominalzustand selbst bezogen werden. Gleichzeitig soll berücksichtigt werden, daß endliche Abweichungen Δ vom Nominalzustand zugelassen sind. Damit entsteht aus Gl. (1)

$$\Delta x_i = \frac{Y_{10}}{X_{i0}} \cdot \left[\frac{\partial X_i}{\partial Y_1}\right]_0 \cdot \Delta y_1 + \frac{Y_{20}}{X_{i0}} \cdot \left[\frac{\partial X_i}{\partial Y_2}\right]_0 \cdot \Delta y_2 + \ldots$$

$$+ \frac{Y_{m0}}{X_{i0}} \cdot \left[\frac{\partial X_i}{\partial Y_m}\right]_0 \cdot \Delta y_m, \tag{2}$$

wobei

$$\Delta y_j = \frac{Y_j - Y_{j0}}{Y_{j0}} \text{ und } \Delta x_i = \frac{X_i - X_{i0}}{X_{i0}}$$

bedeuten.

Bei den Verdichtern einer Gasturbine ist die Bestimmung der Koeffizienten

$$q_{ij} = \frac{Y_{j0}}{X_{i0}} \cdot \left[\frac{\partial X_i}{\partial Y_j}\right]_0$$

entsprechend dem Aufbau der Gl. (2) direkt möglich und für die Beschreibung ausreichend, wie im nachfolgenden Abschnitt am Beispiel des Verdichterwirkungsgrades gezeigt werden wird. Dies deshalb, weil alle notwendigen Meßgrößen am Ein– und Austritt eines Verdichters vorliegen.

Bei Turbinenteilen und gegebenenfalls auch bei einer Brennkammer werden meist nicht alle erforderlichen Meßgrößen realisiert. Dies gilt vor allem für die Turbineneintrittstemperaturen, bei denen eine Messung wegen eines radialen Tempera–

turprofils und der Mischungsvorgänge zwischen Hauptgasstrom und Kühlluftstrom in jedem Fall zweifelhafte Ergebnisse liefern muß. Über die Leistungsbilanz an den zugeordneten Wellen des Triebwerkes ist aber hier rechnerisch die Rückführung der nicht meßbaren Größen auf die meßbaren Werte im Verdichterteil möglich, wodurch allerdings der formelmäßige Zusammenhang etwas unübersichtlich wird.

2.2 Verdichterwirkungsgrad als Modellbeispiel

Die Anwendung der Gl. (2) und insbesondere die Berechnung deren Koeffizienten sei am Beispiel des Verdichterwirkungsgrades erläutert.

Der Wirkungsgrad η eines Verdichters, der vom Gesamtzustand 1 auf den Gesamtzustand 2 verdichtet, bestimmt sich unter Berücksichtigung der Veränderlichkeit der spezifischen Wärme c_p aus der Beziehung

$$\eta = \frac{c_{p1} \cdot T_1 \cdot \left[\left(\frac{p_2}{p_1} \right)^{R/c_{p1}} - 1 \right]}{h_2 - h_1} . \qquad (3)$$

In dieser Gleichung bedeuten p den Druck, T die absolute Temperatur, h die Enthalpie und R die Gaskonstante. Die Verknüpfung zwischen Temperatur und Enthalpie wird durch die spezifische Wärme

$$dh = c_p \cdot dT \qquad (4)$$

geliefert. Mit Gl. (4) ergibt die Anwendung von Gl. (2) auf Gl. (3)

$$\frac{d\eta}{\eta} = \frac{-\frac{R}{c_{p1}}}{1 - \left(\frac{p_1}{p_2} \right)^{R/c_{p1}}} \cdot \frac{dp_1}{p_1} + \left[1 + \frac{c_{p1} \cdot T_1}{h_2 - h_1} \right] \cdot \frac{dT_1}{T_1} +$$

$$+ \frac{\frac{R}{c_{p1}}}{1 - \left(\frac{p_1}{p_2} \right)^{R/c_{p1}}} \cdot \frac{dp_2}{p_2} - \frac{c_{p2} \cdot T_2}{h_2 - h_1} \cdot \frac{dT_2}{T_2} . \qquad (5)$$

Diese aus Messungen resultierende Wirkungsgradänderung muß nun mit der aus dem Kennfeld des Verdichters zu erwartenden verglichen werden. Dies ist erforderlich, da die Diagnose Fehler im Vergleich zu einem fehlerfreien Zustand aufzeigen soll und nicht Abweichungen gegenüber einem anderen Betriebspunkt [1]. Für den Vergleich muß der Wirkungsgrad η als Funktion von zwei Ähnlichkeitskenngrößen bekannt sein. Weit verbreitet ist eine Darstellung des Wirkungsgrades und des Druckverhältnisses als Funktion des reduzierten Durchsatzes. Diese Art der Auftragung ist aber für die hier vorgesehene Auswertung schlecht brauchbar, weil es in Anwendung der Gl. (2) erforderlich sein wird, diese Kennfeldgrößen zu differenzieren, wodurch bei den in modernen Triebwerken eingesetzten transsonischen Verdichtern mit senkrechten Kennlinien unendlich große Werte entstehen. Es wird deshalb der Wirkungsgrad als Funktion der Druckziffer ψ mit der Umfangsmachzahl M als Parameter dargestellt, womit die numerischen Werte für die Differentialquotienten $\partial\eta/\partial M$ eindeutig und endlich bleiben [6].

Unter Verwendung der Definitionsgleichungen für die beiden Ähnlichkeitsparameter

$$\psi = \frac{2 \cdot c_{p1} \cdot T_1 \cdot \left[\left(\frac{p_2}{p_1} \right)^{R/c_{p1}} - 1 \right]}{u^2} \tag{6}$$

und

$$M = u \cdot \sqrt{\frac{1 - R/c_{p1}}{R \cdot T_1}} \, , \tag{7}$$

mit u als Bezugsumfangsgeschwindigkeit, die proportional zur Drehzahl n ist, erhält man für den Unterschied zwischen dem durch Messung festgestellten und dem laut Kennfeld zu erwartenden Wirkungsgrad eines Verdichters in normierter Darstellung für endliche Differenzen

$$\frac{\Delta\eta}{\eta} = \frac{\frac{R}{c_{p1}}}{1-\left[\frac{p_1}{p_2}\right]^{R/c_{p1}}} \cdot \left[\frac{\psi}{\eta} \cdot \frac{\partial\eta}{\partial\psi} - 1\right] \cdot \frac{\Delta p_1}{p_1} +$$

$$+ \left[1 + \frac{c_{p1} \cdot T_1}{h_2 - h_1} - \frac{\psi}{\eta} \cdot \frac{\partial\eta}{\partial\psi} + \frac{1}{2} \cdot \frac{M}{\eta} \cdot \frac{\partial\eta}{\partial M}\right] \cdot \frac{\Delta T_1}{T_1} +$$

$$+ \frac{\frac{R}{c_{p1}}}{1-\left[\frac{p_1}{p_2}\right]^{R/c_{p1}}} \cdot \left[1 - \frac{\psi}{\eta} \cdot \frac{\partial\eta}{\partial\psi}\right] \cdot \frac{\Delta p_2}{p_2} +$$

$$+ \left[\frac{-c_{p2} \cdot T_2}{h_2 - h_1}\right] \cdot \frac{\Delta T_2}{T_2} + \left[2 \cdot \frac{\psi}{\eta} \cdot \frac{\partial\eta}{\partial\psi} - \frac{M}{\eta} \cdot \frac{\partial\eta}{\partial M}\right] \cdot \frac{\Delta n}{n} \; . \tag{8}$$

Setzt man nun $\Delta\eta/\eta = \Delta x_i$ und $\Delta p_1/p_1 = \Delta y_1, \ldots, \Delta n/n = \Delta y_5$, so entspricht Gl. (8) der allgemeinen Darstellung von Gl. (2), und der gesuchte Zusammenhang zwischen der Zustandsgröße Δx_i und den Meßgrößen Δy_j, hier $j = 1,\ldots,5$, ist hergestellt. Die Darstellung in der Form von Gl. (8) ist im übrigen für alle Zustandsgrößen eines Triebwerks ähnlich, meist jedoch im Aufbau wesentlich umfangreicher.

Allgemein erhält man also in Vektor– und Matrizenschreibweise die Beziehung

$$\Delta \underline{x} = \underline{Q} \cdot \Delta \underline{y}, \tag{9}$$

wobei $\underline{Q}$ die Systemmatrix mit den Elementen q_{ij} bedeutet und die Vektoren $\Delta\underline{x}$ und $\Delta\underline{y}$ die Zustandsgrößen Δx_i, $i = 1,\ldots, n$ bzw. die Meßgrößen Δy_j, $j = 1,\ldots, m$ enthalten.

2.3 Beschaffung der Kennfeldparameter

In die Koeffizienten q_{ij} der Matrix $\underline{Q}$ gehen außer den Gaseigenschaften (R und c_p) und dem Zustand des Arbeitsmediums vor und hinter den Komponenten ($p_1, T_1, p_2 T_2$) die aus dem Kennfeld zu entnehmenden Kennliniensteigungen, z.B. in Gl. (8) $\partial\eta/\partial\psi$ und $\partial\eta/\partial M$, ein. Die Beschaffung dieser Werte mit der notwendigen Genauigkeit bereitet manchmal gewisse Schwierigkeiten, deshalb seien an dieser Stelle noch einige Ausführungen dazu ergänzt.

Eine genauere Analyse der Matrixelemente zeigt, daß sie vom Typ

$$q_{ij} = a_{ij} + b_{ij} \cdot \rho_i + c_{ij} \cdot \epsilon_i \qquad (10)$$

sind. Dabei sind a_{ij}, b_{ij} und c_{ij} genau bekannte Zahlen und ρ_i und ϵ_i Abkürzungen für die Kennliniensteigungen (siehe Gl. (8)). Mit

$$a_i = \sum_{j=1}^{m} a_{ij} \cdot \Delta y_j,$$

$$b_i = \sum_{j=1}^{m} b_{ij} \cdot \Delta y_j, \qquad (11)$$

$$c_i = \sum_{j=1}^{m} c_{ij} \cdot \Delta y_j,$$

läßt sich dann Gl. (9) auch in der Form

$$\Delta x_i = a_i + b_i \cdot \rho_i + c_i \cdot \epsilon_i, \quad i = 1,\ldots, n \qquad (12)$$

schreiben. Setzt man nun fehlerfreie Messungen Δy_i voraus, dann gilt im Fall eines gesunden Triebwerks und exakt bekannten Kennfeldsteigungen $\rho_{i,0}$ und $\epsilon_{i,0}$

$$\Delta x_{i,0} = a_i + b_i \cdot \rho_{i,0} + c_i \cdot \epsilon_{i,0}. \qquad (13a)$$

Die Differenz von Gl. (12) und Gl. (13a) liefert

$$(\Delta x_i - \Delta x_{i,0}) = b_i \cdot (\rho_i - \rho_{i,0}) + c_i \cdot (\epsilon_i - \epsilon_{i,0}). \tag{13b}$$

Diese Gleichung ist der Einstieg in eine experimentelle Bestimmung bzw. in die iterative Verbesserung der im allgemeinen nicht genau bekannten Werte für ρ_i und ϵ_i.

Mit der linearen Approximation

$$\begin{aligned} \rho_{i,0} &= \rho_i + \Delta\rho_i, \\ \epsilon_{i,0} &= \epsilon_i + \Delta\epsilon_i, \end{aligned} \tag{14a}$$

sowie

$$\delta\Delta x_i = \Delta x_i - \Delta x_{i,0} \tag{14b}$$

folgt aus Gl. (13b) zunächst

$$\delta\Delta x_i = b_i \cdot \Delta\rho_i + c_i \cdot \Delta\epsilon_i. \tag{14c}$$

Nun werden an einem Modelltriebwerk k $\geqq$ 2 verschiedene (bekannte) Fehler simuliert. Dann geht Gl. (14c) in das aufgeschichtete Gleichungssystem

$$\Delta \underline{x}_i = \underline{Y}_i \cdot \begin{bmatrix} \Delta\rho_i \\ \cdots \\ \Delta\epsilon_i \end{bmatrix}, \tag{15}$$

über, mit $\Delta \underline{x}_i$ als einem (k,1)–dimensionalem Modelldefektvektor und $\underline{Y}_i$ als einer (k,2)–dimensionalen "Meß"–matrix. Für die Korrekturen $\Delta\rho_i$ und $\Delta\epsilon_i$ erhält man dann sofort aus Gl. (15)

$$\begin{bmatrix} \Delta\rho_i \\ \cdots \\ \Delta\epsilon_i \end{bmatrix} = (\underline{Y}_i^T \cdot \underline{Y}_i)^{-1} \cdot \underline{Y}_i^T \cdot \Delta \underline{x}_i. \tag{16}$$

Über Gl. (14a) lassen sich damit verbesserte Parameter $\rho_{i,0}$ und $\epsilon_{i,0}$ bestimmen und aus diesen wiederum folgen aus Gl. (10) verbesserte Elemente q_{ij} für die Systemmatrix $\underline{Q}$ in Gl. (9).

Das angewandte Verfahren der Nachbesserung der Systemmatrix $\underline{Q}$, d.h. die Lösung von Gl. (15), ist nichts anderes als ein Vorgehen im Sinne der Minimierung nach den kleinsten Fehlerquadraten. Zieht man hierzu die gewichtete Variante des Verfahrens heran, dann geht Gl. (16) über in

$$\begin{bmatrix}\Delta\rho_i\\ \cdots\\ \Delta\epsilon_i\end{bmatrix} = (\underline{Y}_i^T \cdot \underline{W}_i \cdot \underline{Y}_i)^{-1} \cdot \underline{Y}_i^T \cdot \underline{W}_i \cdot \Delta\underline{x}_i . \tag{17}$$

Hierbei ist $\underline{W}_i = \mathrm{diag}(w_{jj})_i$, $j = 1,\ldots,k$ eine (k,k)–dimensionale Gewichtsmatrix, über die die Ergebnisse derjenigen Fehlersimulationsläufe, die genauer als andere bekannt sind, stärker gewichtet werden können. Dies führt zu einer weiteren Steigerung der Modellgenauigkeit, d.h. zu noch qualifizierteren Systemmatrizen $\underline{Q}$. Ist dagegen die physikalische Ausgangsmodellierung so schlecht, daß die einmalige lineare Approximation der Gl. (14a) nicht ausreicht, dann kann Gl. (16) bzw. (17) auch iterativ genutzt werden, wobei im allgemeinen zwei Iterationen genügen, um eine Modellgenauigkeit besser als
± 1% zu erzielen.

3. Meßwerterfassung und Meßwertverarbeitung

Die modellbezogene Diagnose über Gl. (9) lebt von den zu ziehenden Meßgrößen Y_j, die in die normierten Meßgrößen Δy_j eingehen. Die Sensorik einer Strömungsmaschine einschließlich der gesamten Meßkette ist dabei im allgemeinen von analoger Technologie, so daß die Meßwerterfassungsanlage Einheitssignale von 4 bis 20 mA bzw. von 0 bis 10 V liefert. Ein umfassender Einstieg in die digitale Technologie ist für die nächsten Jahre zu erwarten, zum gegenwärtigen Zeitpunkt ist diese aber noch nicht vorherrschend.

Die gezogenen Meßwerte Y_j sind deutlich fehlerbehaftet, da sowohl Meßrauschen als auch vor allem Nullpunktsverschiebungen in der Meßkette auftreten. Bezeichnet man mit Y_{jw} die wahren (fehlerfreien) Meßwerte, dann gilt

$$Y_j = Y_{jw} + v_j + s_j \quad , \quad j = 1,\ldots, m \quad . \tag{18}$$

Dabei sind in Gl. (18) v_j das Meßrauschen und s_j die genannten Nullpunktsverschiebungen. Da die Meßfehler v_j und s_j über Gl. (18) direkt in die normierten Meßgrößen Δy_j eingehen, beeinflussen sie auch unmittelbar über Gl. (9) die Diagnose. Deshalb müssen sie beseitigt werden.

Die Diagnosegleichung (9) ist linear, ebenso sind die Meßfehler v_j und s_j in Gl. (18) linear enthalten. Wegen der Gültigkeit des Superpositionsprinzips kann deshalb die Elimination von v_j und s_j getrennt erfolgen.

3.1 Filterung

Bei dem Meßrauschen v_j handelt es sich um statistische (stochastische) Größen, die am einfachsten durch Filterung eliminiert werden. Da die Diagnose, d.h. die Auswertung der Gl. (9) auf einem Digitalrechner (PC oder Prozeßrechner) erfolgt, wird zweckmäßigerweise ein Filteralgorithmus verwendet, beispielsweise der Form

$$\Delta\hat{\underline{x}} = \Delta\underline{x}_0 + (\underline{N} + \sum_{\nu=1}^{r} \underline{G}_\nu)^{-1} \cdot \sum_{k=1}^{r} \underline{G}_k \cdot (\underline{Q} \cdot \Delta\underline{y}_k - \Delta\underline{x}_0) \qquad (19)$$

Dabei sind $\Delta\underline{y}_k$ zu fortlaufenden Zeiten t_k, $k = 1,\ldots, r$ gezogene normierte Meßwerte, $\underline{G}_k$ diagonale Gewichtsmatrizen zur entsprechenden Gewichtung der Messung k, und $\Delta\underline{x}_0$ ist eine gegebenenfalls vorhandene a priori Information für $\Delta\underline{x}$, die über die Gewichtsmatrix $\underline{N}$ in den Filteralgorithmus eingebracht wird. Im Sonderfall $\underline{N} = \underline{0}$ und $\underline{G}_k \equiv \underline{G}$ folgt aus (19) der einfache Mittelwertbildner

$$\Delta\hat{\underline{x}} = \frac{1}{r} \cdot \sum_{k=1}^{r} \underline{Q} \cdot \Delta\underline{y}_k \quad , \qquad (19a)$$

der die einfachste Form eines Filters darstellt, um für den Zustandsvektor $\Delta\underline{x}$ eine Schätzung $\Delta\underline{x}$ zu ermitteln. Wenn von dem Meßrauschen stochastische Eigenschaften bekannt sind, lassen sich über Gl. (19) hinaus noch leistungsfähigere Filter einsetzen, wenngleich in vielen Fällen bereits Gl. (19a) ausreicht. Näheres hierzu ist in [7] zusammenfassend dargestellt.

3.2 Kompensation

Während die Beseitigung des Meßrauschens v_j in Gl. (18) einfach und grundsätzlich immer möglich ist, sofern nur hinreichend viele Messungen vorgenommen werden, so ist die Kompensation der systematischen Meßfehler s_j schwierig und auch nicht immer realisierbar. Voraussetzung ist, daß die Diagnosegleichung (9) für verschiedene Last–(Betriebs–)punkte der Strömungsmaschine vorliegt und die Zusammenhänge zwischen den einzelnen Zuständen dieser Lastpunkte bekannt sind [8]. Bei Turboflugtriebwerken liegen beispielsweise meist drei solcher Lastpunkte mit Vollast, Teillast und Leerlauf vor. Allgemein sei also im weiteren

$$\Delta \underline{x}_\nu = \underline{Q}_\nu \cdot \Delta \underline{y}_\nu \quad ; \quad \nu = 1,\ldots, p \tag{20}$$

bekannt. Für die Meßvektoren $\Delta \underline{y}_\nu$ wird dabei vorausgesetzt, daß sie bereits die zuvor geschilderte Filterung durchlaufen haben und damit von statistischen Fehlern frei sind. Es wird nun ein Bezugszustand $\Delta \underline{x}_0$ gewählt, der über

$$\Delta \underline{x}_\nu = \underline{M}_\nu \cdot \Delta \underline{x}_0 \quad , \quad \nu = 1,\ldots, p \tag{21a}$$

mit den einzelnen Zuständen $\Delta \underline{x}_\nu$ verknüpft ist. Die Verknüpfungsmatrizen $\underline{M}_\nu$ seien bekannt. Desgleichen wird mit den zu (m,1)–Vektoren zusammengefaßten Meßfehlern $\underline{s}_\nu$ verfahren, so daß für diese

$$\underline{s}_\nu = \underline{N}_\nu \cdot \underline{s}_0 \tag{21b}$$

gilt. Hierbei sind jetzt die $\underline{N}_\nu$ die entsprechenden Verknüpfungsmatrizen. Da sicher nicht in allen m Sensoren Nullpunktsverschiebungen auftreten werden, empfiehlt sich die Selektion

$$\underline{s}_0 = \underline{\Gamma} \cdot \underline{\beta}_0 \quad , \tag{22}$$

mit dem jetzt $k \leq m$ dimensionalem Vektor $\underline{\beta}_0$, der nun die eigentlichen Meßfehler enthält, und der Selektionsmatrix $\underline{\Gamma}$, die diese aus $\underline{s}_0$ herausschält. Somit ergibt sich das Gleichungssystem

$$\underline{M}_\nu \cdot \Delta \underline{x}_0 + \underline{Q}_\nu \cdot \underline{N}_\nu \cdot \underline{\Gamma} \cdot \underline{\beta}_0 = \underline{Q}_\nu \cdot \Delta \underline{y}_\nu \quad , \quad \nu = 1,\ldots, p \; , \tag{23}$$

das für $p \geq 1 + k/n$ die Lösung

$$\begin{bmatrix} \Delta\underline{x}_0 \\ \cdots \\ \underline{\beta}_0 \end{bmatrix} = (\underline{\Pi}^T \cdot \underline{\Pi})^{-1} \cdot \underline{\Pi}^T \cdot \underline{\Omega} \qquad (24)$$

besitzt, mit

$$\underset{(p\cdot n,\, n+k)}{\underline{\Pi}} \begin{bmatrix} \underline{M}_1 & \vdots & \underline{Q}_1 \cdot \underline{N}_1 \cdot \underline{\Gamma} \\ \vdots & \vdots & \vdots \\ \underline{M}_p & \vdots & \underline{Q}_p \cdot \underline{N}_p \cdot \underline{\Gamma} \end{bmatrix} ; \quad \underset{(p\cdot n,\, p\cdot m)}{\underline{\Omega}} = \begin{bmatrix} \underline{Q}_1 \cdot \Delta\underline{y}_1 & & \underline{0} \\ & \ddots & \\ \underline{0} & & \underline{Q}_p \cdot \Delta\underline{y}_p \end{bmatrix} \qquad (24a)$$

Die Kompensation der systematischen Meßfehler erfolgt also durch Informationen aus verschiedenen Lastpunkten, für die dann quasi als Preis mit $\Delta\underline{x}_0$ nur noch ein einziges (mittleres) Diagnoseergebnis berechnet wird [8].

4. Anwendungsbeispiel

Die bisher erläuterten Überlegungen seien nun auf ein Beispiel in der Praxis angewendet und einige Ergebnisse dazu mitgeteilt. Als Anwendungsfall wird eine Gasturbine der Fa. Freudenberg, Hersteller Ruston, gewählt.

Es handelt sich um eine Einwellenanlage, die auf einen Generator arbeitet und mit der konstanten Drehzahl n umläuft. Der prinzipielle Aufbau der Gasturbine geht aus Bild 1 hervor. Sie saugt die atmosphärische Luft (Druck p_0, Temperatur T_0) an und verdichtet sie auf den Druck p_2 bei der Temperatur T_2. Beim Zwischenzustand 1 wird die Luftmenge $\dot{m}_L$ zur Kühlung der Lager und als Sperrluft entnommen. Hierdurch ergibt sich quasi eine Unterteilung in Niederdruck– und Hochdruckverdichter. Hinter dem Hochdruckverdichter wird die Kühlluftmenge $\dot{m}_K$ entnommen. In der Brennkammer wird die Brenngasmenge $\dot{m}_F$ verbrannt, wonach der Zustand 3 erreicht wird. Die Hochdruckturbine entspannt auf den Zustand 4. Hier wird die Kühlluftmenge $\dot{m}_M$ der Niederdruckturbine beigemischt und nimmt an der Energieumsetzung in dieser Stufe teil. Die Entspannung in dieser Turbine führt schließlich auf den Zustand 5.

Im Rahmen der Überwachung werden folgende, für die Diagnose relevanten Größen gemessen:

Eintrittsdruck	p_o
Eintrittstemperatur	T_o
Wirkdruck	q_o
Druck zwischen ND– und HD–Verdichter	p_1
Temperatur zwischen ND– und HD–Verdichter	T_1
Druck hinter HD–Verdichter	P_2
Temperatur hinter HD–Verdichter	T_2
Druck vor Niederdruck–turbine	p_4
Temperatur vor Niederdruck–turbine	T_4
Abgasdruck	p_5
Abgastemperatur	T_5
Brenngasmenge	$\dot{m}_F$
Elektrische Leistung	P

Da die Gasturbine über den Generator synchron und damit konstant mit der Netzfrequenz betrieben wird, ändert sich die Drehzahl nicht und braucht deshalb nicht als Meßgröße mitgeführt zu werden.

Um eine aussagefähige Diagnose zu liefern, müssen folgende Zustandsgrößen bestimmt werden:

Durchsatz und Wirkungsgrad des ND–Verdichters $\dot{m}_0$ und η_0

Durchsatz und Wirkungsgrad des HD–Verdichters $\dot{m}_1$ und η_1

Durchsatz und Wirkungsgrad der HD–Turbine $\dot{m}_3$ und η_3

Durchsatz und Wirkungsgrad der ND–Turbine $\dot{m}_4$ und η_4

Brennkammerausbrenngrad η_2

Bei dieser Zusammenstellung der Zustandsgrößen liegt die Überlegung zu Grunde, daß Veränderungen in den Turbomaschinen nicht notwendigerweise das Schluck–

vermögen und den Wirkungsgrad betreffen müssen, in einer der beiden Kenngrößen werden sie aber in jedem Fall sichtbar. Diese zweifache Beurteilung wäre bei der Brennkammer durch eine zusätzliche Beobachtung des Druckverlustes denkbar, muß aber hier leider unterbleiben, da dazu p_3 gemessen werden müßte, was bei der vorliegenden Anlage nicht getan wird.

In Bild 2 sind zwei typische Diagnoseergebnisse dargestellt. Als dicke Säulen sind Durchsatz und Wirkungsgrad der einzelnen Komponenten in Prozent–Abweichung vom Nennzustand aufgetragen; als zusätzliche Information über die Vertrauenswürdigkeit der Ergebnisse ist die Standardabweichung als dünner Balken mit angegeben.

Im oberen Bildteil wird die Diagnose nach Revision der Maschine gezeigt: Die Zustandsgrößen liegen praktisch alle unter 1%, ein gewisses Rauschen ist feststellbar, die Diagnose ist dabei jedoch hinreichend sicher.

Der untere Bildteil entstand 4 1/2 Monate später: Die gesamte Maschine bis auf die Brennkammer ist klar diagnostizierbar um 2 bis 4% schlechter geworden. Ein Aufdecken ist vom Standpunkt der Betriebssicherheit noch nicht notwendig; auch die Wirtschaftlichkeit, bei der die Revisionskosten und der Ausfall von kWh während der eventuellen Stillstandszeit gegen die Mehr–kWh nach Reinigung gerechnet werden, legt keine Überarbeitung nahe, die ja alle Turbomaschinen umfassen müßte. Tatsächlich wurde die Maschine bis zum Jahreswechsel weiter betrieben, wobei sie sich weiter verschlechterte.

5. Ausblick

Zunächst ist festzuhalten, daß die GPA einen hohen Stand erreicht hat und jetzt für die Praxis voll einsetzbar ist und auch eingesetzt wird. An der Verbindung von modellbasierter und wissensbasierter Diagnose wird intensiv gearbeitet; Fortschritte, insbesondere im militärischen Anwendungsbereich, ermuntern zu weiteren Bemühungen bei zivilen Anwendungen.

Die modellbezogene Diagnose gerät möglicherweise in Schwierigkeiten, wenn fehlerhafte Meßwerte verarbeitet werden müssen; für einige Anwendungsfälle wurden bereits Algorithmen zur Fehlerdetektion entwickelt. Weitere Verbesserungen sind durch Verbindungen mit Expertensystemen zu erwarten.

6. Schrifttum

[1] Roesnick, M.: Eine systemtheoretische Lösung des Fehlerdiagnose–problems am Beispiel eines Flugtriebwerkes. Dissertation, Fachbereich Maschinenbau der UniBw H, 1984.

[2] Fiedler, K.; Lunderstädt, R.: Zur systemtheoretischen Diagnose von Strahltriebwerken. Automatisierungstechnik at 33. Jahrgang, S. 272–279 und S. 313–317, 1985.

[3] Willan, U.: Integration von modellbezogener und wissensbasierter Diagnose am Beispiel eines Turboflugtriebwerkes. Dissertation, Fachbereich Maschinenbau der UniBw H, 1990.

[4] Urban, L.A.: Gas Path Analysis Applied Turbine Engine Condition Monitoring AIAA/SAE 8th Joint Propulsion Specialist Conference, New Orleans 1972, AIAA–Paper 72–1082.

[5] Urban, L.A.: Gas Path Analysis – A Tool For Engine Condition Monitoring 33rd Annual International Air Safety Seminar, Flight Safety Foundation Inc., Christchurch, New Zealand, 1980.

[6] Fiedler, K.; Lunderstädt, R.: Diagnoseverfahren für LARZAC–Triebwerk. 1. und 2. Teilbericht, Hochschule der Bundeswehr Hamburg 1983.

[7] Lunderstädt, R.: Zur Elimination von Sensorfehlern und Beseitigung von Modelldefekten. Automatisierungstechnik at 38. Jahrgang, S. 223–230, 1990.

[8] Lunderstädt, R.: Zur Kompensation systematischer Sensorfehler. Automatisierungstechnik at 36. Jahrgang, S. 282–289, 1988.

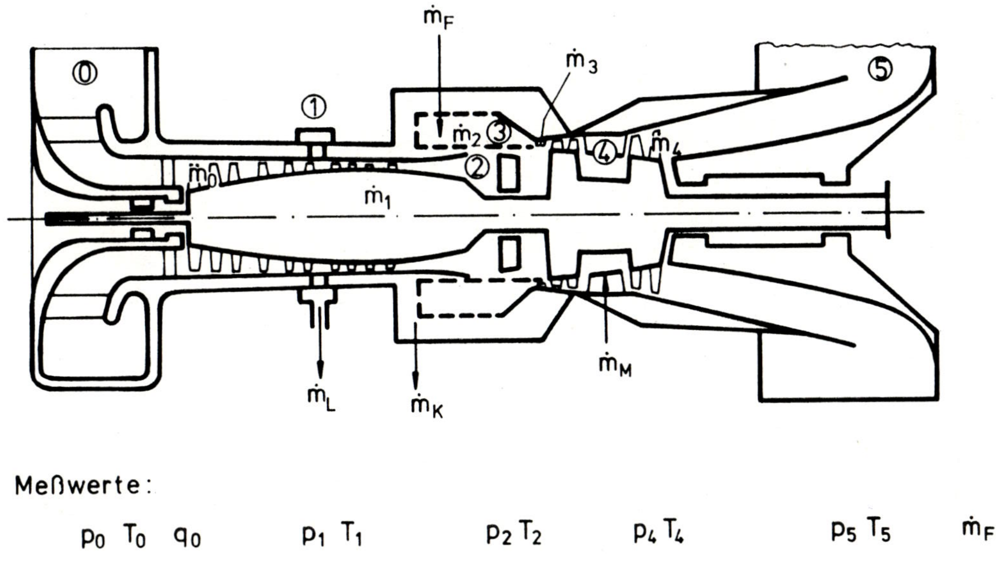

Meßwerte:

p_0 T_0 q_0 p_1 T_1 p_2 T_2 p_4 T_4 p_5 T_5 $\dot{m}_F$ P

BILD 1: MEßEBENEN, MEßGRÖßEN, BEZEICHNUNGEN

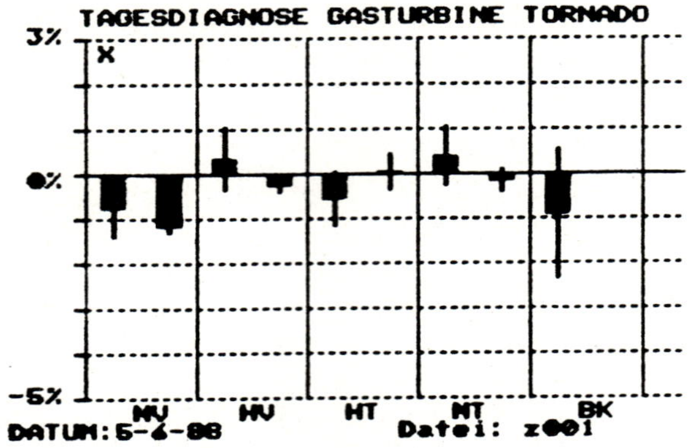

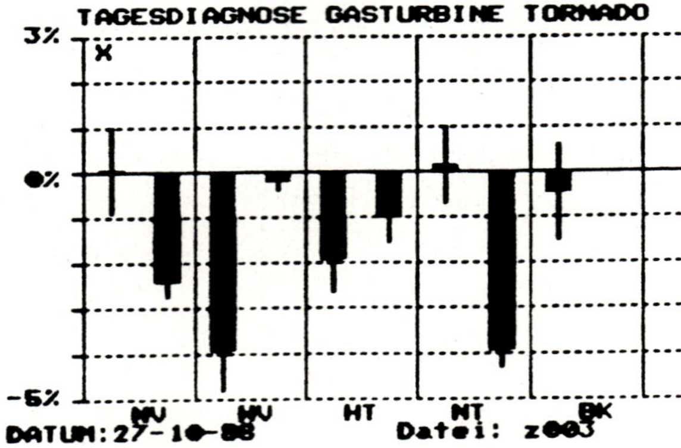

Bild 2: Diagnosen des Ausgangszustandes und 4 1/2 Monat später
NV Niederdruckverdichter HV Hochdruckverdichter
HT Hochdruckturbine NT Niederdruckturbine
BK Brennkammer
jeweils Schluckvermögen und Wirkungsgrad,
für BK nur Wirkungsgrad

VDI BERICHTE 887

VEREIN DEUTSCHER INGENIEURE

VDI-GESELLSCHAFT ENERGIETECHNIK

BLOCKHEIZKRAFTWERKE UND WÄRMEPUMPEN

Kraft-Wärme/Kälte-Kopplung in Industrie, Gewerbe und Dienstleistungsunternehmen

Tagung Essen, 4. und 5. Juni 1991
Conference Essen, 4 and 5 June 1991

Wissenschaftlicher Tagungsleiter
Prof. Dr.techn. F. Pischinger VDI
Lehrstuhl für Angewandte Thermodynamik, RWTH Aachen

Inhalt

Begrüßung und Einführung
Welcoming Address and Introduction

H. Pfeifer
Einbettung von Blockheizkraftwerken und Wärmepumpen (Planung und Betrieb) in die deutschen Gesetze, Vorschriften, Normen und Richtlinien
Embedment of cogeneration power and heat pump plants (planning and operational points of view) into the German governmental rules, regulations, technical standards and guidelines

K. Hattori
Normen, Richtlinien, Gesetze, Vorschriften, z. B. bezüglich Umweltschutz, beim Einsatz von BHKW und WP im Partnerland Japan
Technical standards and guidelines, governmental rules and regulations, e.g. concerning environmental protection, when utilizing cogeneration power plants and heat pumps in Japan

Umweltschutzaspekte
Environmental Aspects

F. Gruber
Stand der Emissionsminderung bei Gas- und Dieselmotoren
Status of the emission reduction in gas and diesel engines

H. Baas
Einsatz von Deponie- und Klärgas in Blockheizkraftwerken
Using of landfill gas and sewage gas in cogeneration power plants

Chr. Beckervordersandforth
Kraft-Wärme-Kopplung mit verstärktem Erdgaseinsatz unter Berücksichtigung des Treibhauseffektes
Cogeneration with increased use of natural gases with special regard to the greenhouse effect

E. Preisegger
Neue Kältemittel für Wärmepumpen
New refrigerants in heat pumps

F. Richartz und S. Kotzur
Technische Möglichkeiten der Nutzungsgradoptimierung
Technical options to raise the efficiency

Wärmepumpe mit Verbrennungsmotor
Heat Pumps with Internal Combustion Engines

H. Kobayashi
Stand der Wärmepumpentechnik mit Verbrennungsmotorenanlagen mit Anlagenbeispiel im Partnerland Japan

Status of the heat pump technology with internal combustion engines with an application example in Japan

H. Müller
Anwendungsbeispiel 1: Möglichkeiten und Probleme der Sanierung städtischer Wärmeversorgungssysteme unter Nutzung der Wärmepumpen- und Kraft/Wärmekopplungstechnik am Beispiel der Stadt Wismar

Example No 1: Possibilities and problems of reconstruction of heating systems under use of heat pumps- and thermal-power-coupling-technology shown by the example of the town Wismar

D. Brammer
Anwendungsbeispiel 2: 10 Jahre Betrieb einer Gasmotor-Wärmepumpe zur Raumklimatisierung eines Verwaltungsgebäudes — Rückblick und Ausblick

Example No 2: 10 Years of Operating a Gas Engine Driven Heat Pump as an Air-conditioning Application for an Office Building — Review and Forecast

N. Anderer
Anwendungsbeispiel 3: Kombination Eisbahn/Schwimmbad

Example No 3: Combination ice-skating stadium/swimming-pool

BHKW mit Verbrennungsmotor
Cogeneration Power Plants with Internal Combustion Engines

K. Fujino
Stand der BHKW-Technik mit Verbrennungsmotoren mit Anlagenbeispiel im Partnerland Japan

Status of the cogeneration technology with internal combustion engines with application examples in Japan

H. Drexler
Anwendungsbeispiel 4: Erdgas-Heizkraftanlage (HKA) kleiner Leistung in der Heizzentrale eines Querverbundunternehmens

Example No 4: Natural gas-fired power plant with a low capacity in the heating central of an integrated energy supply company

H.-U. Amberg
Anwendungsbeispiel 5: Verwaltungsgebäude — Kraft-Wärme/Kälte-Kopplung (KWKK)

Example No 5: Combined heat, cold and power production in an administration building

H. Wiesel
Anwendungsbeispiel 6: BHKW im Inselbetrieb für einen Unterglasgartenbaubetrieb

Example No 6: Cogeneration in greenhouses (isolated operation)

W. P. Mulder
Anwendungsbeispiel 7: BHKW bei der Energieversorgung von Krankenhäusern

Example No 7: Cogeneration in Hospitals

G. Dettweiler
Anwendungsbeispiel 8: Energieversorgung des neuen Flughafens München

Example No 8: Energy supply of the new Munich airport

● *B. Dahlhoff*
Anwendungsbeispiel 9: Entsorgung von Dämpfen mit Verbrennungsmotoren

Example No 9: Waste management of gaseous emissions with internal combustion engines

BHKW mit Gasturbine
Cogeneration Power Plants with Gas Turbines

Y. Omote
Stand der BHKW-Technik mit Gasturbinen mit Anlagenbeispiel im Partnerland Japan

Status of the Cogeneration Technology with Gas Turbines with Application Examples in Japan

E. Wienecke
Anwendungsbeispiel 10: Kraft-Wärme-Kälte-Kopplung in der Automobil-Zulieferindustrie

Example No 10: Combined heat, cold and power production in the automobile supply industry

P. Schmidt-Burr
Anwendungsbeispiel 11: Kraft-Wärme-Kopplung mit Gas-Turbinen in der Textil-Industrie unter Beachtung des Wärmenutzungsgebots

Example No 11: Combined Heat and Power Production with gasturbines in the textile-industry in view of the governmental rule "Wärmenutzungsgebot"

● = Nachfolgend veröffentlichter Beitrag

Anwendungsbeispiel 9: Entsorgung von Dämpfen mit Verbrennungsmotoren

Dr.-Ing. **B. Dahlhoff** VDI, Düren

Summary

In tank farms, due to material handling and atmospheric conditions, displacement air containing benzine hydrocarbon originates. This exhaust air is decontaminated according to state of the art in two-stage installations.
The amount of energy used for the second decontamination stage can generally be compared with or is even larger than the energy content in the released gases. Considering pollution of environment, such a process is not recommendable. A better sollution for secondary purification of the exhaust air from the tank farm is by installing gas engines, which, with a high conversion efficiency, use up the hydrocarbon residues for power generation.

Zusammenfassung

Bei Tanklagern entsteht witterungs- und umschlagsbedingt Verdrängungsluft, die mit Benzin-Kohlenwasserstoffen beladen ist. Diese Abluft wird nach dem Stand der Technik in zweistufigen Anlagen gereinigt.
Der Energieaufwand für die zweite Reinigungsstufe ist in der Regel vergleichbar oder sogar größer als der Energieinhalt der abgeschiedenen Dämpfe. Unter dem Gesichtspunkt der Umweltbelastung ist eine solche Maßnahme nicht sinnvoll. Eine bessere Lösung für die Feinreinigung der Tanklagerabluft ist der Einsatz von Gasmotoren, durch die der Restgehalt an Kohlenwasserstoffen mit hohem Wirkungsgrad zur Stromerzeugung genutzt wird.

1. Ausgangssituation

Die technische Anleitung zur Reinhaltung der Luft verpflichtet die Betreiber von Tanklägern, die mit Bezin-Kohlenwasserstoffen beladene Abluft der Anlagen - Bagatellmengen ausgenommen - bis auf Restkonzentrationen an Benzol von 5 mg/m³ und Gesamtkohlenwasserstoffen von 150 mg/m³ zu reinigen.

Die Emissionen von Tanklägern haben zwei Ursachen

- witterungsbedingte Emissionen entstehen dadurch, daß der Luftraum in den Lagertanks während der Tagesstunden durch Sonneneinstrahlung erwärmt wird und sich infolgedessen ausdehnt. Das Überschußvolumen wird über Atmungsarmaturen abgegeben. Während der Nachtstunden kühlt der Luftraum in den Lagertanks wieder ab und frische Luft wird eingesogen.
- verladebedingte Emissionen entstehen dadurch, daß beim Umschlag von Benzin-Kohlenwasserstoffen ein Zusatzvolumen durch Versprühen von Benzin-Kohlenwasserstoffen und durch Nachsättigen der Luft gebildet wird. Dieses Zusatzvolumen beträgt max. 10 % des umgeschlagenen Flüssigkeitsvolumens.

Sowohl die witterungsbedingten als auch die verladebedingten Zusatzvolumina fallen nicht gleichmäßig über den Tag an. Als Beispiel zeigt Abb. 1 die Tagesganglinie eines Tanklagers mittlerer Größe.

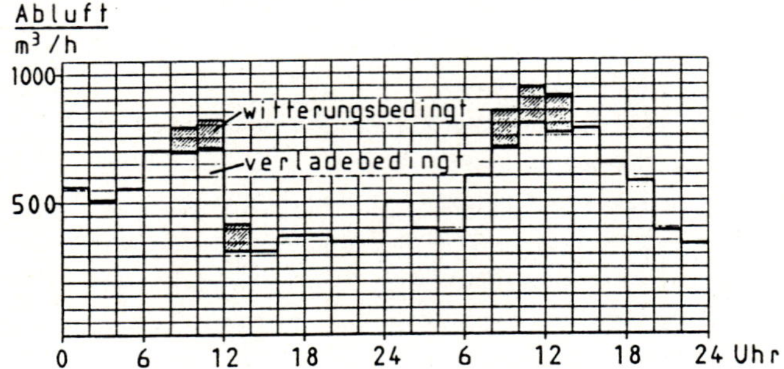

Abb. 1: Spektrum der Abluftmenge

Der Abluftstrom ist in dieser Darstellung durch Pendelung des Gasvolumens zwischen Lagertank und Fahrzeugtank deutlich reduziert worden. Dargestellt ist nur die Summe des witterungs- und verladebedingten Zusatzvolumens.

Die Beladung der Abluft mit Benzin-Kohlenwasserstoffen liegt dabei zwischen 500 und 1.500 g/m³.

2. Verfahrensvarianten

Grundsätzlich ist der TA-Luft-Wert für die Gesamtkohlenwasserstoffe von 150 mg/m³ - ausgenommen durch Verbrennung - nur durch ein zweistufiges Reinigungsverfahren zu erreichen.

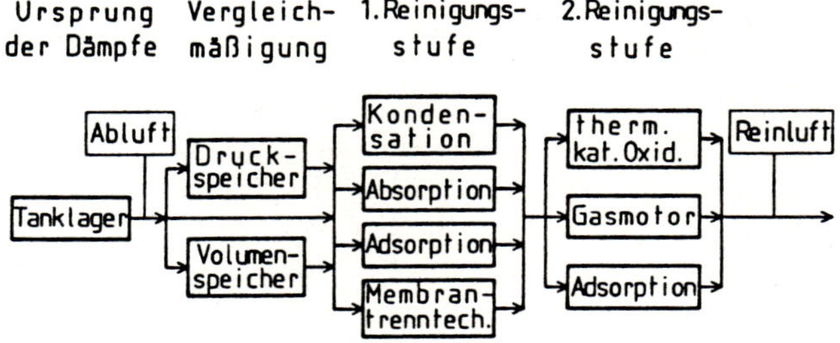

Abb. 2: Reinigungsverfahren

Als 1. Reinigungsstufe werden eingesetzt

- die Kondensation

  Bei diesem Verfahren wird die Abluft auf eine Temperatur von ca. - 40°C abgekühlt. Als Folge kondensieren die Benzin-Kohlenwasserstoffe ihrem Partialdruck entsprechend aus. Es verbleibt noch ein Restgehalt an Benzin-Kohlenwasserstoffen von ca. 30 g/m³ in der Abluft.

- die Absorption

  Als eine Kombination von Tiefkühlung und physikalischer Absorption werden sogenannte "Kalte Wäschen" eingesetzt. Dabei wird die absorbierende Flüssigkeit gleichzeitig als Kälteträger verwendet. Entsprechend der Gleichgewichtsbeladung der absorbierenden Flüssigkeit mit Benzin-Kohlenwasserstoffen muß ein Teilstrom ausgeschleust und aufgearbeitet werden.

- Adsorption

  Für die adsorptive Reinigung der Tanklager-Abluft wird vorwiegend Aktivkohle eingesetzt. Zu beachten ist hierbei, daß nur vorbeladene Aktivkohle in kurzen Adsorptions-/Desorptionszyklen eingesetzt werden darf, damit eine unerwünschte Erwärmung der Aktivkohle aufgrund der Adsorptionswärme vermieden wird.

- Membrantrenntechnik

  Die Membrantenntechnik nutzt dem Effekt, daß Benzin-Kohlenwasserstoffe Membranen geeigneter Struktur leichter passieren als Luft. Man erreicht so eine Anreicherung der Benzin-Kohlenwasserstoffe auf der Permeatseite.

Für die so in der Regel auf einen Gehalt an Kohlenwasserstoffen von 3 - 30 g/m^3 vorgereinigte Abluft ist nun eine Feinreinigung auf TA-Luft-Werte in einer zweiten Reinigungsstufe erforderlich.

Verfahren, die hier zur Auswahl stehen, sind

- die thermische oder katalytische Oxidation.

  Beide Verfahren brauchen eine Eingangsbeladung an Benzin-Kohlenwasserstoffen von ca. 1-5 g/m³, um autotherm ablaufen zu können. Für die thermische Oxidation verlangt die TA-Luft eine Mindesttemperatur von 800 °C. Bei der katalytischen Oxidation werden schon bei Temperaturen zwischen 250 und 400 °C hinreichende Umsetzungen erzielt.

- Adsorption

  Für die Adsorption wird wiederum Aktivkohle verwendet, die mit Dampf oder Heißluft regeneriert wird.

- Verbrennungsmotor

  Als Verbrennungsmotoren zur Endreinigung der Abluft werden fast ausschließlich Magergasmotoren eingesetzt. Sie arbeiten mit einer unterstöchiometrischen Verbrennung und erfordern eine einganseitige Beladung der Abluft mit Benzin-Kohlenwasserstoffen von ca. 70 g/m³.

4. Praktische Ausführung von Dämpfereduzierungsanlagen mit Gasmotoren

Gasmotoren sind hochentwickelte Aggregate, die empfindlich auf Schwankungen der Brennstoffversorgung reagieren. Optimal ist eine gleichmäßige Abluftbeladung beim Eintritt in den Gasmotor von ca. 70 g/m³ bei gleichmäßigem Volumenstrom. Es gibt zwei Möglichkeiten, diese Voraussetzungen zu schaffen:

- Vorschaltung eines Gasometers

Der ungleichmäßige Anfall der Tanklagerabluft kann durch einen Gasometer hinsichtlich des Mengenstroms <u>und</u> der Konzentration an Benzin-Kohlenwasserstoffen vergleichmäßigt werden.

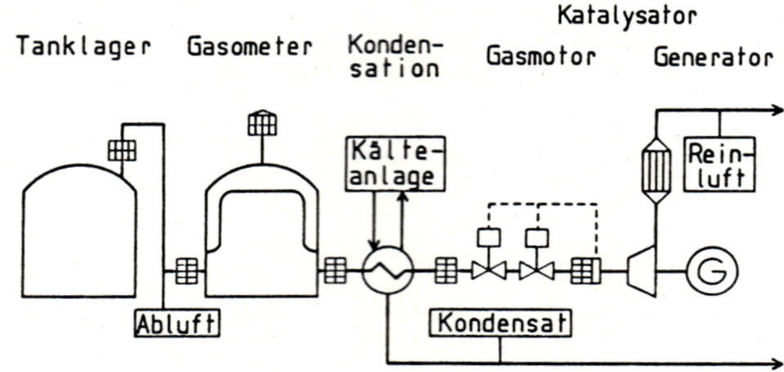

Abb.3: Gasmotor mit Gasometer

Der Gasometer wird zweckmäßig vor der 1.Reinigungsstufe angeordnet. Dadurch kann auch die 1. Stufe kleiner dimensioniert werden. Die gleichmäßige Beaufschlagung der 1. Stufe führt außerdem zu einer gleichmäßigen Konzentration am Eintritt in den Gasmotor.

- Beifeuern von Brennstoff

Die 2. Möglichkeit zum Ausgleich der Mengen- und Konzentrationsschwankungen der Abluft besteht im Beifeuern von Brennstoff.

Der Gasmotor wird für eine Leistung ausgelegt, die dem maximalen Abluftanfall entspricht. Die Eingangskonzentration an Benzin-Kohlenwasserstoffen wird in der ersten Reinigungsstufe auf ca. 60 g/m^3 eingestellt. Über eine λ -Sonde wird dann bleifreies Benzin oder rückgewonnener Brennstoff aus der 1. Reinigungsstufe zugesetzt, bis die Beladung an Benzin-Kohlenwasserstoffen den vorgegebenen Wert von 70 g/m^3 erreicht hat.

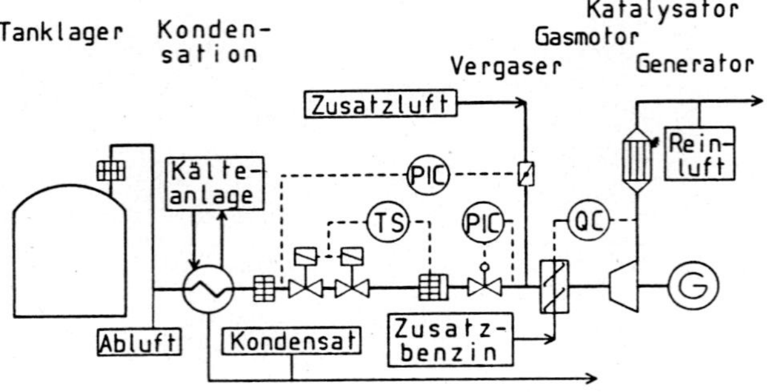

Abb. 4: Gasmotor mit Beifeuerung

Wenn die Abluftmenge den Auslegungswert unterschreitet, ist zunächt eine Anpassung über den Füllungsgrad des Motors möglich. Die Veränderung des Füllungsgrades erfolgt über die Drosselung des Ansaugquerschnitts. Der Regelbereich liegt zwischen 50 und 100 % des Auslegungsvolumenstromes. Die korrespondierenden Werte der abgegebenen mechanischen Leistung sind etwa 20 und 100 %.

Wird der genannte Regelbereich unterschritten oder ist die Leistungsschwankung nicht akzeptabel, so wird Frischluft angesaugt, die durch Zusatzbrennstoffe aufbereitet wird.

Verbrennungsmotorenanlagen unterliegen der TA-Luft Pkt. 3.3.1.4.1, soweit ihre Leistung 1 MW übersteigt. Magergasmotoren haben vom Prinzip her günstige Emissionswerte, so liegen die gemessenen Werte für die Reinluftkonzentration an Benzin-Kohlenwasserstoffen unter 150 mg/m^3.

Trotzdem werden die Motoren mit einem Oxidationskatalysator ausgerüstet. Die nachfolgende Tabelle zeigt gemessene Werte von Gasmotoren, wobei die Meßstelle hinter dem Oxidations-Katalysator lag.

Kohlenmonoxid	< 100
Stickoxide	< 2.000
Kohlenwasserstoffe	< 50

Angaben in mg/m^3

Abb. 5: Meßwerte von Gasmotoren

Die Aufstellung eines Gasmotors erfolgt in der Regel in einem Container, der auch die EMSR-technischen Geräte enthält. Die Abb. 6 zeigt einen Blick in einen solchen Container.

Abb. 6: Aufstellung eines Gasmotors in einem Container

5. Prozeßtechnische Anpassung Gasmotoren

Bei dem heutigen Einsatz von Gasmotoren für die Abluftreinigung richtet sich die gesamte Vorbehandlung der Abluft nach den Anforderungen des Gasmotors.

Unter rein prozeßtechnischen Gesichtspunkten würde ein optimales Verfahren wie folgt zu gestalten sein:

- Druckspeicher sind kleiner und kostengünstiger als Volumenspeicher. Druckspeicher haben aber einen hohen Verbrauch an Kompressionsenergie. Druckspeicher

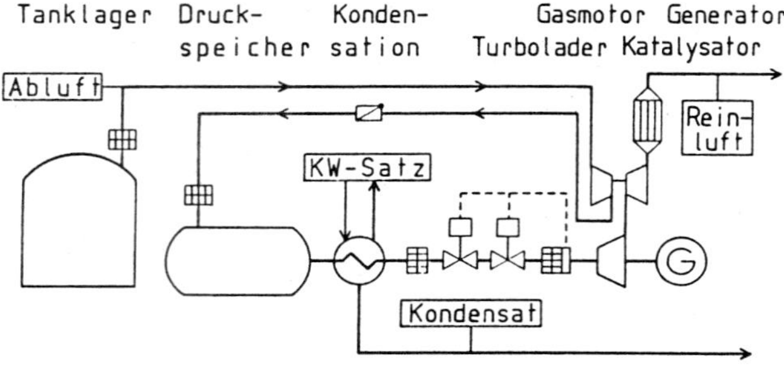

Abb. 7: Prozeßstechnisch optimales Verfahren

sind deshalb dort sinnvoll, wo die Kompressionsenergie wiedergewonnen werden kann.

- Die erste Reinigungsstufe läßt sich wesentlich einfacher gestalten, wenn der Systemdruck angehoben werden kann.

  So muß z. B. die Abluft in der ersten Reinigungsstufe auf ca. minus 35 °C gekühlt werden, um eine Konzentration an Benzin-Kohlenwasserstoffen von 60 g/m³ zu erreichen. Bei einem Systemdruck von 10 bar wäre nur noch eine Temperatur von plus 3 °C erforderlich, um den gleichen Effekt zu erzielen. Anstelle einer aufwendigen Tiefkühlanlage könnte ein einfacher Kaltwassersatz verwendet werden.

- Der Wirkungsgrad von aufgeladenen Motoren ist deutlich höher als der von Motoren mit atmosphärischer Ansaugung.

Der Realisierung eines solchen Konzeptes steht der enorme Aufwand für die Anpassung eines aufgeladenen Motors an die beschriebene Aufgabenstellung entgegen.

Als anregender Hinweis an die Motorenfachleute sei die Überlegung erlaubt.

Situation und Zukunftsperspektiven für Blockheizkraftwerke und Wärmepumpen in den fünf neuen Bundesländern

P. Albring, G. Heinrich, B. Reetz und F. Schaaf

1 BHKW und Wärmepumpen ermöglichen energetisch und ökologisch günstige Lösungen für Energie und Wärmeversorgung

Während in den westlichen Bundesländern die Blockheizkraftwerke, insbesondere auch im gekoppelten Einsatz mit Wärmepumpen, in den letzten Jahrzehnten einen deutlichen Aufschwung genommen haben, ist in den 5 neuen Bundesländern faktisch von einem Stand Null auszugehen. Das hat mehrere Ursachen, auf die hier nicht im Detail einzugehen ist. Fest steht damit, und das ist durch die Ergebnisse und Erkenntnisse in den alten Bundesländern belegt, daß dadurch energetische, ökologische und auch betriebswirtschaftliche Ressourcen nicht genutzt werden. Andererseits besteht nunmehr die Gelegenheit, die getätigten Erfahrungen ohne Umwege bei der Neugestaltung der energiewirtschaftlichen Versorgung - stimuliert durch die sich bereits jetzt verändernde Energieträgerstruktur, die Verfügbarkeit der apparatetechnischen Lösungen und die Umweltschutzgesetzgebung - zu nutzen. Mit dieser pauschalen Aussage soll nicht übersehen werden, daß natürlich in jedem Anwendungsfall richtig gerechnet werden muß.

Blockheizkraftwerke verkörpern moderne Technik zur Wärme- Kraft-Kälte-Kopplung. Ihre energiewirtschaftliche Bedeutung ergibt sich bekanntlich vor allem durch die mögliche Minimierung der Verlustanteile im gekoppelten Prozeß der Elektroenergie- und Wärmeerzeugung. Auf Grund der primären Erzeugung mechanischer Energie und Gewinnung der Wärme aus gestufter Abwärmenutzung sind Wirkungsgrade um 90 % erreichbar. Der Energieaufwand kann, differenziert im Einzelfall, um 30 % gesenkt werden.

Von Bedeutung für die Vielzahl der Anwendungsmöglichkeiten, und das sollte in den Versorgungskonzeptionen in den neuen Bundesländern von vornherein berücksichtigt werden, ist die Möglichkeit der Anwendung gekoppelter Erzeugung von Elektroenergie und Wärme schon bei kleinen Leistungen. Somit können mit dieser Technik wichtige Bedarfsfelder, z. B. im kommunalen Bereich, erschlossen werden.

Die zu erwartende Progressivität des Einsatzes von BHKW und Wärmepumpen leitet sich nach unserer Auffassung aber auch aus dem Nachholebedarf zur verstärkten Durchsetzung umweltverträglicher Lösungen der Energieumwandlung und -anwendung in Ostdeutschland

ab. Die Ablösung emissionsbeladener fester Brennstoffe, z. B. durch Erdgas, wird eine entscheidende Komponente bei der Verringerung des CO_2-Ausstoßes sein. In idealer Weise können in vielen Fällen Wirtschaftlichkeit, energetischer Nutzen und Umweltverträglichkeit beim Einsatz von BHKW und/oder Wärmepumpen verbunden sein, wenn sich die Nutzung von flüssigen oder gasförmigen Abfallprodukten anbietet.
Die thermodynamischen und ökologischen Vorteile der Kraft- Wärme-Kopplung und in ihrer Spezifik die der BHKW und Wärmepumpen, sind also unbestritten. Gleichermaßen muß aber immer wieder betont werden, daß der Nutzung dieser Vorteile im Einzelfall die genaue Betrachtung, z. B. der zu erwartenden Energie- und Anlagenkosten, der Anwendercharakteristik oder, in vielen Fällen besonders wichtig, der Möglichkeiten der Lieferung von Elektronergie und Wärme an Fremdabnehmer, vorangehen muß. Es ist also wichtig, die Vorzüge der BHKW und Wärmepumpen den potentiellen Nutzen exakt zu vermitteln, bei gleichzeitiger Einbeziehung der lokalen Spezifik in die Beratung. Die Bedarfsfelder in den neuen Bundesländern und die zu erwartende schrittweise Annäherung an Strukturen der alten Bundesländer lassen insgesamt eine schnelle Einführung der BHKW-Technik erwarten.

2 Die Energieträgerstruktur in den neuen Bundesländern

2.1 Die bisherige Energieträgerstruktur als ein Hemmnis zur Einführung der BHKW-Technik

In den neuen Bundesländern wurde bisher die Entwicklung der BHKW-Technik zwar verfolgt, jedoch in der Praxis nicht umgesetzt. Neben dem hemmenden Einfluß der Energieträger-Preisgestaltung und der Höhe der Investitionskosten war dafür insbesondere die Energieträgerstruktur mit der Dominanz der einheimischen Rohbraunkohle ausschlaggebend.

In einem kurzen Überblick soll deshalb zur Verdeutlichung dieser Aussage auf die bisherige Energieträgerstruktur und zugleich auf die daraus resultierenden Umweltprobleme eingegangen werden.

Im Vergleich der alten zu den neuen Bundesländern werden sowohl energetisch als auch ökologisch die Auswirkungen der Unterschiede in der Energieträgerstruktur deutlich. Durch den Anteil der einheimischen Rohbraunkohle von 65% an der Primärstruktur ergibt sich gegenüber den alten Bundesländern
spezifisch gesehen ein um 25% höherer Primärenergieverbrauch, eine um 80% höhere CO_2-Freisetzung und eine um 800% höhere SO_2-Emission.

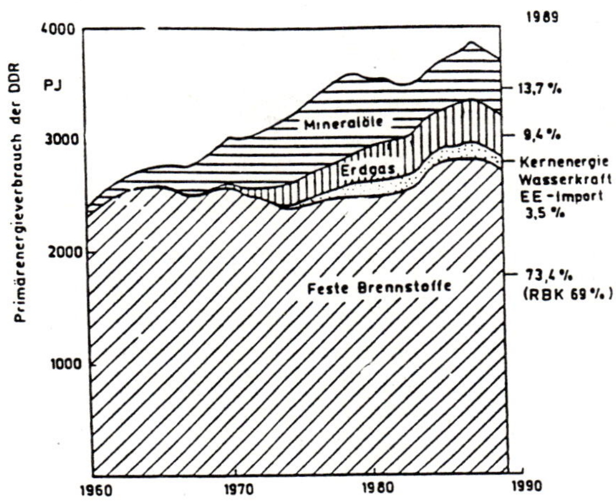

Bild 1: Primärenergieverbrauch in den neuen Bundesländern

	SO_2	NO_x	CO_2
ehemalige DDR	334	40	213
BRD (alt)	40	48	146
Frankreich	33	31	116
Großbritanien	63	30	89
Portugal	30	29	50
UdSSR	66	22	153
Polen	77	20	63
CSFR	178	88	67
Ungarn	117	23	49

Angaben für EG-Länder: 1985

Angaben für RGW-Länder: 1987

Bild 2: Schadstoffemissionen
kg pro Kopf der Bevölkerung

Diese abweichende Energiestrategie hat natürlich ihre Ursache in der unterschiedlichen Wirtschaftskraft in der damaligen BRD und DDR. Das zeigt sich besonders am Importanteil des Primärenergieaufkommens von ca. 29% in der ehemaligen DDR und von 73% in der BRD. Diese Orientierung auf die Rohbraunkohle als wichtigste Primärenergiequelle findet selbstverständlich auch ihren Niederschlag in der Gebrauchsenergiestruktur, mit dem hohen Anteil fester Brennstoffe, darunter 62% Braunkohlenbrikett.

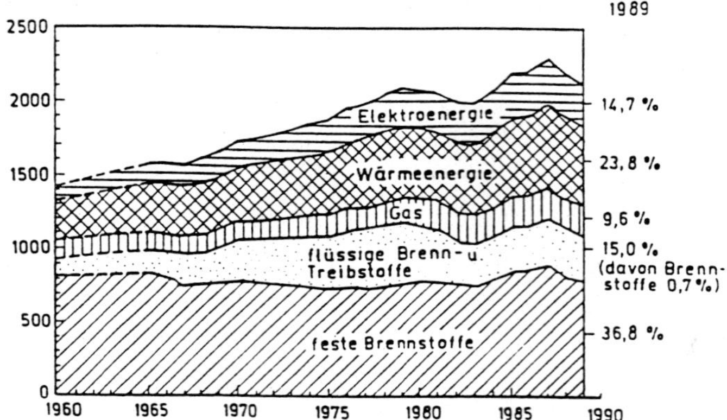

Bild 3: Gebrauchsenergiestruktur in den neuen Bundesländern

Aus dem hohen Anteil fester Brennstoffe als Gebrauchsenergie (in der BRD: Endenergie), also in einer Ebene stehend mit Elektroenergie oder Gas, resultiert die Vielzahl dezentraler Verbrennungsanlagen zur Raumheizung mit niedrigen Wirkungsgraden und hohen Schadstoffemissionen. So werden in den neuen Bundesländern gegenwärtig noch über 70% der Wohnungen mit festen Brennstoffen beheizt. Hinzu kommt ein solches Erscheinungsbild, daß zwar der Anteil fernwärmeversorgter Wohnungen mit 24% relativ groß ist, aber der Energieträgereinsatz zur Wärmeerzeugung ebenfalls überwiegend auf der Basis fester Brennstoffe erfolgte. Zudem ist der Wärmebedarf durch unzureichende Wärmedämmung, fehlende Meß- und Regeltechnik sowie verursacht durch die bisher nicht aufwandsgerechten Energieträgerpreise unverhältnismäßig hoch.

Die flächendeckend durchgesetzte Substitution von Heizöl durch Rohrbraunkohle und Braunkohlenbrikett hatte erhebliche Auswirkungen auf die Verschlechterung der Umwandlungswirkungsgrade. Namentlich im kommunalen Bereich mit kleineren und mittleren Kesselanlagen einschließlich Gliederkessel verschlechterten sich die energetische Effektivität und die Umweltbedingungen, obwohl, wenn auch im begrenzten Umfang, Alternativen mit dem Einsatz von

Braunkohlenstaub und der entsprechenden Entsorgungstechnik, gesucht und auch gefunden wurden.

Unter den der Energiestrategie geschuldeten Bedingungen war eine effiziente Nutzung der Vorzüge von BHKW nicht möglich. Die Kraft-Wärme-Kopplung beschränkt sich in den neuen Bundesländern überwiegend auf die Wärmeauskopplung aus Kraftwerken und das mit rückläufiger Tendenz.

Nunmehr kann jedoch davon ausgegangen werden, daß in den neuen Bundesländern prinzipiell bessere Chancen zur Einführung der BHKW-Technik bestehen, als das bei Einführung der Technik in den alten Ländern der Fall war. Das ist durch folgende Aspekte begründet:

- Die Einführung dieser Technik geht zeitlich einher mit der Veränderung der ET-Struktur und ist konzeptionelle von Beginn an in Übereinstimmuhng zu bringen.

- Der stärkere Zwang über die Umweltschutz-Gesetzgebung, insbesondere hinsichtlich der CO_2-Problematik, lag in den Aufschwungjahren der BHKW in den alten Bundesländern nicht vor.

- Mögliche Vermeidung von Fehlern der Entwicklung in den alten Bundesländern, etwa hinsichtlich der Gerätekonfiguration oder der nicht ausreichenden Beachtung der relativ starren Kopplung zwischen Wärme- und Elektroenergieerzeugung bei saisonal bedingter unterschiedlicher Wärmeabnahme.

Von besonderer Bedeutung für die neuen Bundesländer ist natürlich auch die Konzipierung einer solchen Entwicklung, die die neuen Länder nicht nur als Konsument, sondern auch als Produzent der BHKW-Technik versteht.

2.2 Die voraussichtliche Entwicklung der Energieträgerstruktur

Die energiewirtschaftliche und ökologische Situation in den neuen Bundesländern in Rechnung stellend, ist eine deutliche Veränderung der Primärenergiebasis unumgänglich. Die bisherigen Prognosen gehen davon aus, daß schon in den nächsten Jahren das Rohbraunkohle-Aufkommen von etwa 320Miot im Jahre 1989 auf 150Miot reduziert wird, d. h., als Bedarfsträger werden fast ausschließlich nur noch Kraftwerke verbleiben. Die Stadtgas- und Brikettproduktion sowie die BHT- Koks-Erzeugung werden gänzlich oder fast eingestellt. Damit wird sich auch die Gebrauchsenergiestruktur der alten Bundesländer annähern. Der einwohnerbezogene Endenergieverbrauch soll im Jahre 2000 mit ca. 35GJ/EW in den alten und neuen Bundesländern gleiches Niveau haben. Erreicht wird dies vor allem durch die bereits eingesetzte Entwicklung beim Erdgas-, Heizöl- und Flüssiggaseinsatz. Obwohl es gegenwärtig noch kein geschlossenes Energiekonzept gibt, sind aber solche Einschätzungen zum Erdgaseinsatz in den neuen Bundesländern mit ca. 22Mrdm^3/Jahr bis spätestens im Jahre 2000 realistisch. Damit und unter Beachtung verstärkter Nutzung von flüssigen und gasförmigen Abfallprodukten ist die objektive Basis für den Einsatz von Blockeheizkraftwerken gegeben.

Interessant wird es in diesem Zusammenhang sein, die Entwicklung der kostengünstigen Herstellung von Pflanzenöl zu verfolgen. Die Autoren sehen u.a. hierin eine zukunftsträchtige Komponente zugunsten der BHKW.

Besonders beschleunigt wird der Einsatz von BHKW in den neuen Bundesländern durch die Festlegung im Einigungsvertrag, daß die Rechtsnormen der BRD zur Begrenzung der CO_2-Emission, festgelegt im Energiewirtschaftsgesetz und im Bundes- Immissionsschutzgesetz, ab 01.01.91 in Kraft sind und bei einer Übergangsfrist von nur 4 Jahren ohne Einschränkung anzuwenden sind.

Nach Auffassung der Autoren soll zusätzlich dazu der Energieträger-Einsatz in BHKW, etwa nach dem Modell in Dänemark oder Schweden, über Steuern stimuliert werden, am angemessensten über eine CO_2-Steuer. Entsprechend der gegenwärtigen Entwicklung, mit Bezug auf die sich rasch entwickelnde Erdgasbereitstellung, gehen Untersuchungen der Gesellschaft für wirtschaftliche Energienutzung GmbH i. A. Leipzig von einer elektrischen Leistung aus BHKW im Jahr 2000 von 75 max. 100 MW im Land Thüringen, als mit Erdgas am ehesten erschlossenes Bundesland, aus.

3. Einsatzmöglichkeiten von Blockheizkraftwerken

3.1 Ausgangssituation

In den alten Bundesländern begannen seit der Mitte der 70er Jahre Blockheizkraftwerke mit Verbrennungsmotoren, im elektrischen Leistungsbereich von 50kW bis 2MW je Modul, in der Industrie, im öffentlichen Bereich und den Energieversorgungsunternehmen zunehmendes Interesse zu finden. Dieselmotoren auf Heizölbasis dominierten bisher mit einem Anteil von 45%, mit Erdgas betriebene Ottomotoren vertreten 32%. Biogas und Flüssiggas werden vorrangig in Ottomotoren eingesetzt./1/ Von den 1990 etwa 1050 betriebenen BHKW-Anlagen wurde eine elektrische Leistung von 513MW realisiert, eingesetzt waren 2350 Module. Die Stromkennzahl als Verhältnis der elektrischen zur Wärmeleistung ist abhängig von der Motorart und der Auslegung. Der Durchschnittswert der bisher betriebenen Blockheizkraftwerke in den alten Bundesländern liegt bei σ =0,67./2/ Diese Statistik verdeutlicht die energetischen Möglichkeiten von Blockheizkraftwerken, die gegenüber der Kraft-Wärme-Kopplung in Wasserdampfkreisprozessen durch höhere Stromkennzahlen geprägt sind. Damit verbunden sind die ökologischen Vorzüge:

- der hohen Primärenergieausnutzung,
- die den eingesetzten Energieträgern immanente, geringen Schadstoffemissionen einschließlich CO_2 (Katalysatoren dienen zudem der NO_x-Reduzierung in den Abgasen)
- der dezentralen, gekoppelten Stromerzeugung.

1990 wurde eine elektrische Modulleistung von etwa 6MW bei der Erweiterung eines Blockheizkraftwerkes in Peißenberg installiert. Für den gas- oder ölbetriebenen Dieselmotor wird ein elektrischer Wirkungsgrad von etwa 43%, ein thermischer Wirkungsgrad von 44% und damit ein energetischer Gesamtwirkungsgrad von etwa 87% bei einer Stromkennziffer σ = 0.98 für den Gasbetrieb angegeben. /3/

In den neuen Bundesländern konnten zumindest mit Prototypanlagen, mit auf Biogas und Stadtgas umgerüsteten Dieselmotoren zum Antrieb von Verdichtern von Wärmepumpen, Erfahrungen gesammelt werden /4/. Einer Popularisierung und Kommerzialisierung dieser resourcen- und umweltschonenden Energietechnik standen die Energieträger- und Anlagenverfügbarkeit sowie Energieträger- und Ausrüstungspreise entgegen.
Mit der Rekonstruktion und Erneuerung der Wärmeversorgung eröffnet sich besonders deshalb ein breites Feld für den Einsatz von Blockheizkraftwerken, weil einerseits durch die genannte, ökologisch notwendige Rohbraunkohlesubstitution ohnehin Heizöl und Erdgas Priorität erlangen werden und andererseits gute Voraussetzungen durch den relativ hohen Zentralisierungsgrad der Wärmeversorgung gegeben sind.

Erinnert sei an die Existenz von 140 Wärmeversorgungsgebieten, die von den 15 Energiekombinaten betrieben wurden und eine mittlere Wärmeleistung von 90MW aufwiesen. Bevorzugte Anlagen zur Erhöhung des Anteils der Kraft-Wärme-Kopplung werden Gasturbinen-Heizkraftwerke oder Gas- und Dampfturbinenanlagen mit Wärmeauskopplung sein. In den 1085 Wärmeversorgungs-gebieten des sogenannten nichtöffentlichen Bereiches, mit einer durchschnittlichen Wärmeabgabeleistung an Dritte von 13MW im Jahre 1989, sind Voraussetzungen für den Einsatz von Blockheizkraftwerken durch existierende, wenn auch teilweise zu rekonstruierende Fern- und Nahwärmenetze vorhanden. In diesen Wärmeversorgungsgebieten lag die Wärmeabgabeleistung 1989 bei 12300MW; im öffentlichen und nichtöffentlichen Bereich zusammen betrug die Wärmeabgabeleistung etwa 23900MW bei einer Anschlußleistung von 31200MW. /5/
Daneben wurden in der Industrie, aber auch im Bereich von Landwirtschaft und kommunalen Einrichtungen, Wärmeversorgungsanlagen für den Eigen- und Betriebsverbrauch vorrangig mit Dampferzeugern auf Rohbraunkohlebasis betrieben, deren Wärmeleistung insgesamt etwa der für den öffentlichen und nichtöffentlichen Bereich entsprach.

Ausgehend von dem genannten elektrischen Leistungsspektrum der Gas- und Dieselmotor-Module von 100kW bis 6MW und einer mittleren

Stromkennzahl, liegt der Bereich der thermischen Leistung eines Moduls zwischen etwa 150kW und 8MW.
Eine Analyse der allein im Zeitraum von 1981 bis 1985 in Heizwerken der DDR installierten Dampferzeuger mit Blockleistungen zwischen 0,8t/h und 10t/h, die diesem Bereich zuordenbar sind, ergab eine Gesamtzahl von mehr als 2300 bei einer Dampferzeugerleistung von etwa 13600t/h. Die durchschnittliche Blockleistung lag bei 5,8t/h (Wärmeleistung etwa 4MW). Diese Dampferzeuger wurden mit einem Anteil von 81% für Rohbraunkohle und 11% für Braunkohlenbrikett ausgelegt. Im Zeitraum 1986 bis 1990 wurden etwa 1000 Dampferzeuger im Leistungsbereich bis 10t/h bei einer durchschnittlichen Blockleistung von 5t/h für Heizzwecke geplant bzw. errichtet. Noch immer dominierte Rohbraunkohle mit einem Anteil von 82%. Für 1991 bis 1995 waren zum Zeitpunkt 1989 etwa 1300 Dampf-erzeuger im genannten Leistungsbereich geplant, wobei der Anteil von Rohbraunkohle zugunsten von Importerdgas (16%) auf 65% reduziert werden sollte.
Bild 4 zeigt die Verteilung der neu errichteten bzw. geplanten Dampferzeuger auf die Bereiche der Blockleistung in den 3 genannten Zeiträumen. Mehr als 1000 Dampferzeuger mit der Einheitsleistung von 3,2t/h wurden allein von 1981 bis 1985 installiert. Für 1991 bis 1995 waren etwa 600 Dampferzeuger dieser Leistung, vorrangig als Ersatz für verschlissene Anlagen geplant. Die Summe der daraus resultierenden Dampferzeugerleistung wurde in Bild 5 dargestellt. Betont werden soll, daß diese Kapazitäten jeweils in 5 Jahren errichtet wurden bzw. geplant waren. Die Dampferzeuger-leistung der außerdem betriebenen und in dem betrachteten Zeitraum nicht zu erneuernden Anlagen lag also weit darüber

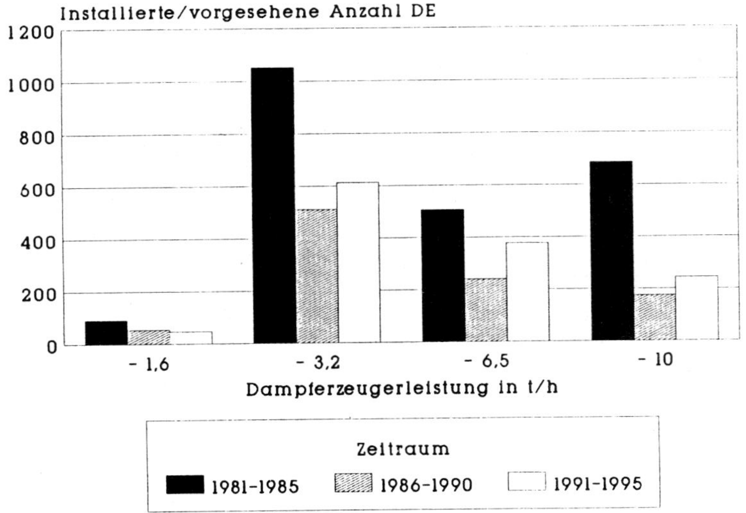

Bild 4: Zahl der neuinstallierten und geplanten Dampferzeuger in Heizwerken im Zeitraum 1981-1995

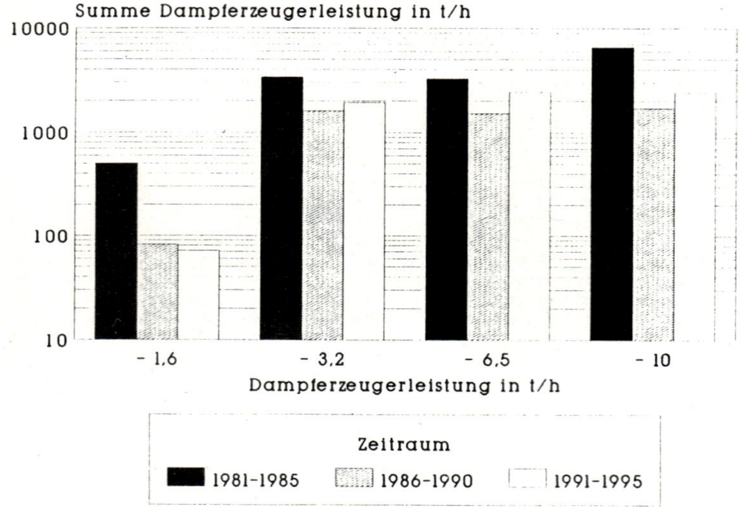

Bild 5: Neuinstallierte und geplante Dampferzeugerleistung für Heizwerke im Bereich bis zu 10t/h

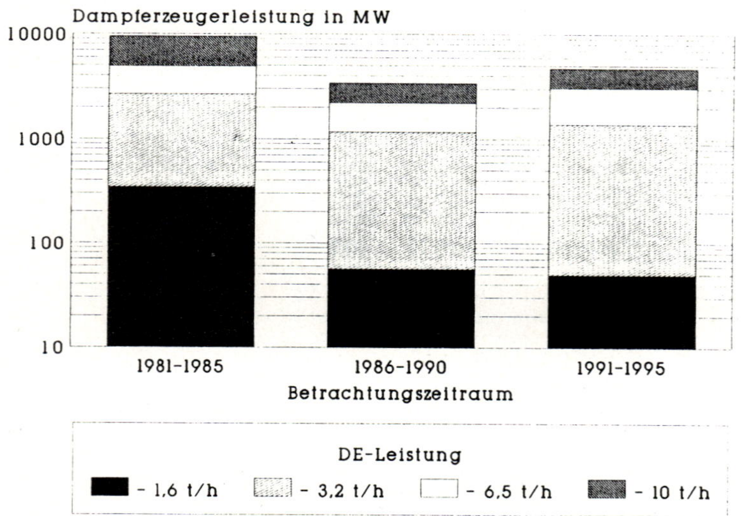

Bild 6: Wärmeleistung von Dampferzeugern als Ersatz und Neuinstallation in Heizwerken

Bild 6 soll mit der Darstellung der kumulativen Wärmeleistung der Dampferzeuger für Heizwerke im Bereich der Einheits-leistungen zwischen 0,8t/h und 10t/h nochmals das Potential verdeutlichen, das in der zentralen Wärmeversorgung der neuen Bundesländer für eine Kraft-Wärme-Kopplung "im Kleinen" ungenutzt blieb bzw. nicht zur Nutzung vorgesehen war.

3.2 Restriktionen und Einordnungsgrundsätze

Es wäre illusorisch und energiewirtschaftlich unvertretbar, von der Möglichkeit der Errichtung von Blockheizkraftwerken für vergleichbare thermischer Leistung in analogen Zeiträumen auszugehen. Konstatiert werden soll jedoch nochmals, daß eine Voraussetzung für den effektiven Einsatz von Blockheizkraftwerken - eine zentralisierte Wärmeversorgung mit vorhandenen Wärmetransport- und Verteilungsnetzen und Abnehmern unterschiedlicher Bedarfscharakteristik - in den neuen Bundesländern vielfach gegeben ist. Allerdings liegt das Temperaturniveau in den Netzen und Abnehmeranlagen häufig in einem Bereich, der die Nutzungsmöglichkeit der Kühlwasserwärme von Motor-BHKW mindert und den Anteil der Abgaswärme reduziert. Die Senkung der Vor- und Rücklauftemperaturen in den Fern- und Nahwärmesystemen ist eine Forderung, die nicht erst seit der internationalen Verbreitung der Blockheizkraftwerkstechnik steht. Sie führt bei jeder Konzeption der gekoppelten Kraft- und Wärmeerzeugung zur Verbesserung der Betriebsergebnisse durch ihre Beeinflussung der Stromkennzahl bzw. des Gesamtwirkungs -oder Nutzungsgrades der Brennstoffwärme. Zudem kann bei der notwendigen Rekonstruktion und Erweiterung der Wärmenetze auf die Kunststoff-Mantelrohr-Verlegung orientiert werden.,

Einschränkende Bedingungen bei der Abschätzung des Potentials von Blockheizkraftwerken in den neuen Bundesländern resultieren aus der Notwendigkeit und Möglichkeit, den spezifischen Wärmebedarf zu senken. Die Umstellung verfahrenstechnischer Prozesse, die Nutzung von Anlagen zur primären und sekundären Wärmerückgewinnung in der Industrie und die Verbesserung der Wärmedämmung in der Anlagen- und Gebäudetechnik werden drastisch niedrigere Wärmebedarfsanforderungen zur Folge haben. Durch die flächenhafte Stillegung von industriellen und landwirtschaftlichen Produktions- und Verarbeitungskapazitäten entfallen Verbraucher, deren Wärmeversorgungsanlagen bestenfalls als Keimzelle für neue industrielle und gewerbliche Strukturen dienen können. Wird jedoch berücksichtigt, daß die existierenden Wärmeversorgungsgebiete 1989 mit einem Anteil von durchschnittlich 34% ihrer Wärmeabgabe an "Dritte" für die Beheizung von Wohnungen sorgten, offenbart sich die Notwendigkeit der Rekonstruktion der Wärmeerzeuger zumindest zur Aufrechterhaltung der zentralen Wärmeversorgung der Bevölkerung.

Voraussetzung für die effektive Einordnung von Blockheizkraftwerken in existierende Wärmeversorgungsgebiete, neu zu schaffende Nahwärmesysteme und industrielle Wärmeversorgungsanlagen bildet immer eine detaillierte Analyse der Wärmebedarfsstruktur, der

Entwicklung der Wärmeanschlußwerte unter Berücksichtigung zu erwartender Reduzierungen durch verbesserte Wärmedämmung sowie Wärmerückgewinnung, der Änderung des Verbraucherverhaltens durch zunehmende regelungs- und meßtechnische Möglichkeiten. Für die Einordnung und den Betrieb von ausschlaggebender Bedeutung sind der Tages- und Jahresgang des Wärmebedarfes und die Randbedingungen der Stromeinspeisung in das Netz in Wechselwirkung zur Stromverbrauchscharakteristik innerhalb des Wärmeversorgungsgebietes.

Die Einordnungsbedingungen für Blockheizkraftwerke stellen sich aus unserer Sicht wie folgt dar:

1. Blockheizkraftwerke sind investitionsintensiv und mit ihrer Kostenstruktur typische Grundlastanlagen. Die Kombination mit Spitzenlastanlagen, d.h. Wärmeerzeugern bevorzugt auf gleicher Brennstoffbasis ist unabdingbar. Zudem muß die Anpassung an den Lastgang des Wärmebedarfes durch die Installation mehrerer Blockheizkraftwerks-Module gesichert werden können, deren In- und Außerbetriebnahme keinen internen Restriktionen unterliegt.

2. Optimale Grundlastanteile bei minimalen kapital-, verbrauchs- und betriebsgebundenen Kosten sind abhängig von der Wärmebedarfscharakteristik im System. Von bedeutendem Einfluß ist dabei die im Tages- und Jahresgang auftretende minimale Belastung.Bei ausschließlicher Raumheizung und Warmwasser-versorgung können außerhalb der Heizperiode Anteile an der Auslegungsleistung kleiner 10% auftreten. Für den Wärmevorrangbetrieb der BHKW wurden unter definierten ökonomischen Bedingungen optimale Grundlastanteile α zwischen 30% und 45% ermittelt. Ein Betrieb mit Elektroenergievorrang und günstigen Stromeinspeise- oder Nutzungsbedingungen kann den Wärme-Grundlastanteil α der BHKW zwischen 45%und 55% bevorzugen. Höhere minimale Belastungsgrade, d. h. eine größere konstante Wärmelast im System, ermöglicht die effektive Dimensionierung für höhere Grundlastanteile, jedoch nicht für die gesamte Auslegungsleistung der angeschlossenen Wärmeverbraucher. Bild 7 soll diese Zusammenhänge verdeutlichen./1/

3. Die Kombination der Blockheizkraftwerksmodule mit Wärmespeichern gestattet, im Tagesgang des Strombedarfes notwendige Bezüge aus dem Netz auf Niedertarifzeiten zu verlagern bzw. bei entsprechender Vergütung, Strom in Hochtarifzeiten in das Verbundnetz einzuspeisen. Grundsätzlich sollte der Betrieb einzelner BHKW-Module mit konstanter, maximaler Wärme - und damit elektrischer Leistung erfolgen. Der Einsatz von Wärmespeichern kommt auch dieser Forderung entgegen.

4. Eine bevorzugte Einsatzmöglichkeit stellen gasmotorische Antriebe mit Abwärmenutzung für offene und geschlossene Wärmepumpensysteme dar. Offene Wärmepumpen, wie Brüdenverdichter in Eindampfprozessen, die technologisch bedingt häufig eine hohe Betriebsstundenzahl bei konstanter Leistung aufweisen, bestimmen

die Dimensionierung des Antriebs. Die durch die Brüdenverdichtung mögliche primäre, interne Abwärmenutzung stellt ein energiewirtschaftlich effektives Verfahren dar, das in der Regel die Wärmeversorgung von außen erübrigt. Leistungszahlen des offenen Wärmepumpenprozesses zwischen 10 und 25 sind durch die geringen Druckverhältnisse bzw. Sattdampftemperaturerhöhungen bei der Brüdenverdichtung praktisch realisierbar. Der zugeordnete Primärenergieaufwand für die zuzuführenden Wärme von 0,31 bis 0,125 bei elektro-motorischem Antrieb (vorausgesetzter Kraftwerkswirkungsgrad η_{KW} = 0,32), kann durch den gasmotorischen Antrieb unter Berücksichtigung der Gutschrift für die Wärmenutzung nochmals auf etwa die Hälfte reduziert werden. Gegenüber einer konventionellen Eindampfung bedeutet das eine Einsparung an Primärenergie von 86% bis 90%. Die Wärme des Gasmotors kann innerbetrieblich zur Warmwasserbereitung bzw. für technologische Vor- und Aufwärmprozesse genutzt werden. Probleme der Elektroenergieeinspeisung treten nicht auf. Die gasmotorische Wärmeleistung sollte wiederum nur mit einer solchen Relation an der Wärmeversorgung des Betriebes teilhaben, daß eine ganzjährige Nutzung möglich ist (Bild 8). Eine Entschärfung dieser Randbedingung gewährleistet die Einspeisung innerbetrieblich nicht genutzter Wärme in ein Nahwärmesystem oder aber der Einsatz von Absorptionskälteanlagen außerhalb der Heizperiode. Auch in diesen Systemkombinationen ist der Einsatz von Wärmespeichern sinnvoll. Die im April diesen Jahres in der Stuttgarter Hofbräu AG in Betrieb genommene BHKW-Anlage mit integriertem Brüdenverdichter soll als ein Beispiel genannt werden. Die BHKW-Anlage wurde für eine höhere elektrische Leistung dimensioniert, als der Verdichterantriebsleistung entspricht. Sie kann durch einen Wärmespeicher stromgeführt betrieben werden. /7/

5. Die Vergütung der Elektroenergieeinspeisung in das Verbundnetz bzw. der Reservehaltung durch das Stromversorgungsunternehmen kann zu einem entscheidenden Kriterium für die Wirtschaftlichkeit von BHKW werden. Bevorzugt ist immer die Nutzung der erzeugten Elektroenergie für Eigen- und Betriebsverbrauch und damit die Möglichkeit, sowohl leistungs- als auch arbeitsgebundene Kosten für den Elektroenergiebezug zu vermeiden. In jedem Fall sind vertragliche Regelungen zwischen den Betreibern von Blockheizkraftwerken und den Energiever-sorgungsunternehmen erforderlich, die diese umwelt- und ressourcenschonende Möglichkeit der dezentralen Stromerzeugung fördern.

Würden, den genannten allgemeinen Einordnungsgrundsätzen folgend, an der Hälfte der für 1991-1995 vorgesehenen Standorte für Dampferzeuger kleiner Leistung Blockheizkraftwerke geplant, wären 200 bis 300 Blockheizkraftwerks-Module mit einer elektrischen Gesamtleistung von 240 MW zu errichten. Vorausgesetzt wurde die Reduzierung der wärmeseitigen Auslegungsleistung durch Maßnahmen der rationellen Wärmenutzung um 50% und die Beschränkung des Grundlastanteils α auf 30% .

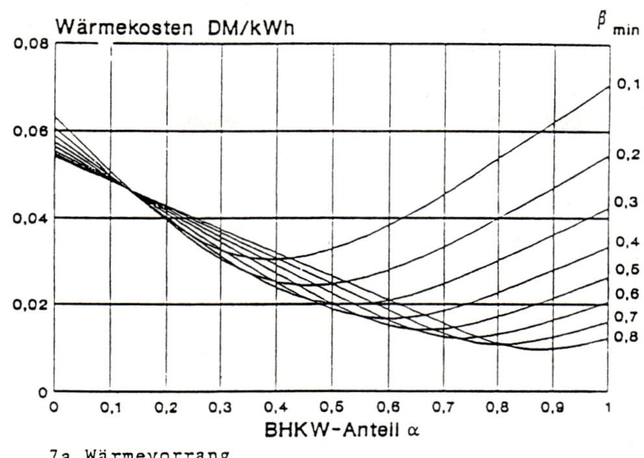

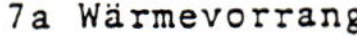
7a Wärmevorrang

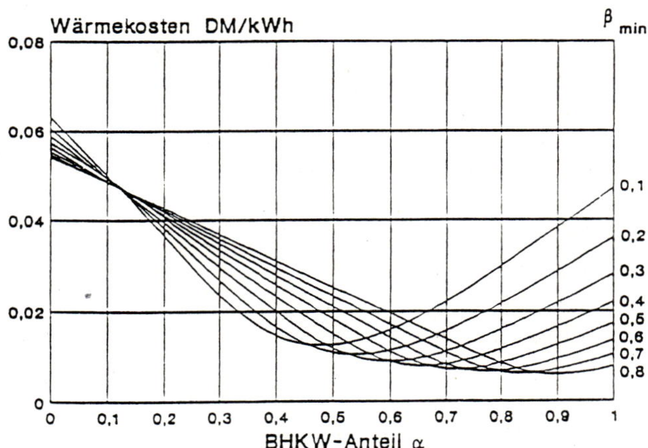

7b Elektroenergievorrang

Bild 7 Spezifische Wärmekosten k_Q bei Wärme- und Stromvorrangbetrieb von Blockheizkraftwerken

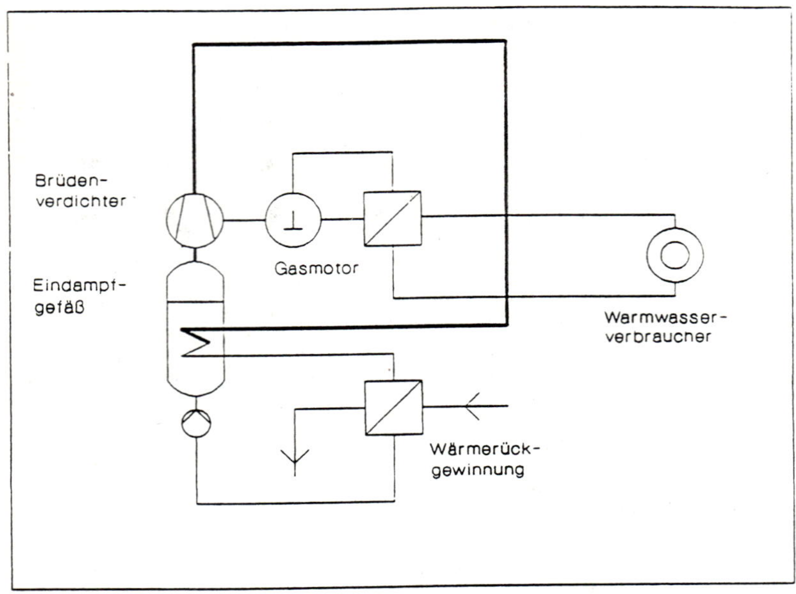

Bild 8: Eindampfprozess mit Brüdenverdichter und gasmotorischem Antrieb

Wichtig ist nicht so sehr dieser Umfang, der etwa einem Zehntel der Zahl Blockheizkraftwerksmodule bzw. der Hälfte der elektrischen Leistung in den alten Bundesländern entspricht. Von Bedeutung ist vielmehr, schnell nachahmenswerte Beispiele in den neuen Ländern zu schaffen, die auch die rechtlichen Rahmenbedingungen zugunsten der Betreiber regeln.

Leider wurde an einem Standort in Dresden gegen alle genannten Einordnungsgrundsätze verstoßen. 5 Module auf Heizölbasis mit einer elektrischen Leistung von insgesamt 1,5 MW bei einer Wärmeleistung von 1,875 MW wurden als vermeintliches "Geschenk" aus der Partnerstadt Hamburg in einem Gebiet installiert, für das sich ein künftiger Fernwärmeanschluß anbietet. Das Nahwärmesystem existierte bei der Installation der BHKW-Module noch nicht, die Anschlußleistung potentieller Abnhemer übersteigt in den nächsten Jahren kaum die Wärmeleistung des BHKWs, die Kopplung mit Spitzenlastanlagen ist derzeit nicht möglich. Eine Stromeinspeisung in das Netz wurde noch nicht realisiert. Sie verspricht auf Grund der bisher erwogenen ungünstigen Konditionen keine drastische Verbesserung der Wirtschaftlichkeit. Die nachträglich berechneten Wärmeerzeugungskosten sind nicht geeignet, Vorzüge der BHKW-Technik nachzuweisen und weitere Abnehmer zum Anschluß zu stimulieren. /8/

Eine längere Vorbereitungsphase und günstigere Randbedingungen für den BHKW-Einsatz an einem zweiten Dresdener Standort versprechen eine positive Bilanz. Begonnen wurde mit der Inbetriebnahme der künftig zur Spitzenlastdeckung vorgesehenen Heißwasserkessel. Die Abnehmerstruktur ist durch die kombinierte Versorgung von Hallenbad, Schule, Kindereinrichtung, Poliklinik und Wohnungen günstig. Wünschenwert ist die positive Entscheidung über eine beantragte Förderung durch die EG, um die 2. Baustufe, also das eigentliche Blockheizkraftwerk mit einem geplanten Grundlastanteil am Wärmebedarf von etwa 20% finanzieren zu können.
Weitere positive Beispiele sind gefragt. Verheißungsvoll sind die Untersuchungen zu einem Standort im Süden Berlins, über die im Rahmen der Utech 91 von Herrn Dr. Albrecht, IBU energie + umwelt GmbH in Berlin berichtet werden konnte /9/. Auch für diesen Standort sind Finanzierungsmodelle und -hilfen gefragt.

Die energetischen und ökologischen Vorzüge der Blockheizkraftwerke zu nutzen, ist dringend geboten. Sie sind nicht das Allheilmittel für ide Umgestaltung der Energiewirtschaft in den neuen Bundesländern, sondern müssen im Kontext mit anderen Maßnahmen der rationellen, ressourcen- und umweltschonenden Energienutzung gesehen werden. Vorbedingung für effektive Einordnungen und Betriebsweisen sind immer langfristig angelegte, standortbezogene Wärmekonzeptionen sowie flankierende, wohlwollende Regelungen mit den Stromverbundunternehmen. Diese Regelungen ähnlich der Vergütung der Stromeinspeisung aus regenerativen Energiequellen durch gesetzliche Festlegungen zu forcieren, erscheint bis zur absehbaren Verteuerung von Erdgas und Heizöl auf dem Weltmarkt angebracht.

4. Einsatzmöglichkeiten von Wärmepumpen

4.1 Ausgangssituation und Chancen

Anders als auf dem Gebiet der Blockheizkraftwerke gibt es auf dem Gebiet der Wärmepumpen und der Wärmepumpenanlagen einen gemeinsamen west-ost-deutschen Erfahrungsschatz, der in beiden Ländern gleichzeitig aber unabhängig voneinander entstand.
Ebenso wie in der Bundesrepublik erlebte die Wärmepumpe nach der zweiten Ölkrise auch in der DDR eine breite Förderung.

Ausgewählte Wärmepumpenanlagen im Gebiet der neuen Bundesländer.

Objekt	Datum	Q_{WP} [kW]	Quelle	Fahrweise
Sommerhaus Radebeul	1971	4	Außenluft	biv. parallel
Rauchgasentschwefelungsanlage Fremelsdorf	1977	300	Rauchgas aus Kohlekessel	monovalent
Experimentalbau ILK Dresden	1978	240	Grundwasser	biv. parallel mit Speicher
Brauerei Sangerhausen	1978	200	Bier, Limonade	monovalent
Wärmepumpenanlage Taubenheim	1979	223	Grundwasser	kombiniert mit RZ-System
Obstkühllagerhaus Dresden-Borthen	1979	245	Abwärme-Kälteanlage	monovalent
Schwimmbad Freyburg/Unstrut	1979	120	Solarkollektoren	monovalent
Solarhaus Halle-Motzlich	1979	10	Solarabsorber	monovalent
Geflügel-Aufzuchtanlage Süplingen	1980	140		
Sportzentrum Berlin	1980	2398	Kälte-Wärme-Kopplung	Speicher
Kaufhalle Dresden/Prohlis	1980		Abwärme-Kälteanlagen	
Milchviehanlage Melanne	1981	260	Stallfortluft	biv. alternativ
300 Milchkühlanlagen zur Warmwasserbereitung	1981–1986	50–100	Milch	biv. parallel
Sanatorium Bad Colberg	1983	870	Thermalwasser	monovalent
Wohngebiet Dresden Lommatscher Straße	1981	1600	Elbwasser-Uferfiltrat	biv. parallel, Speicher
Trockenluft Filmproduktion Berlin	1984	857	Feuchte Abluft	monovalent
Geothermische Heizzentrale Waren-Müritz	1984	2000	Geothermisches Tiefenwasser	biv. parallel
Hotel Bellevue Dresden	1985	500	Kälte-Wärme-Kopplung	Speicher
Gewächshäuser Feigentreu	1985	10000	Grundwasser Gießwasserspeicher	monovalent
Semperoper Dresden	1985	2280	Elbwasser-Uferfiltrat, wechselseitige Kälte-Wärme-Kopplung	biv. parallel
Entfeuchtungswärmepumpe Saalbau Grögis	1986	135	Feuchtes Getreide	biv. parallel
Gasmotor-Wärmepumpe TH Zwickau	1987	640	Abwasser	monovalent
Mikroelektronik Erfurt	1987	1870	Gleichzeitige Kälte-Wärme-Kopplung	Speicher
Heizzentrale Oranienburg	1987	5500	Kühlwasser von Stahlwalzwerk	biv. parallel
Geothermische Heizzentrale Neubrandenburg	1988	10000	Geothermisches Tiefenwasser	monovalent
Krankenhaus Röbel	1988	520	Erdreich	biv. parallel

Tabelle (1): Ausgewählte Wärmepumpenanlagen auf dem Gebiet der neuen Bundesländer.

Aber ebensowenig konnte sich das Konzept, einen nennenswerten Anteil an der Wärmeversorgung von Wohngebäuden mit Kleinwärmepumpen zu realisieren durchsetzen. Waren in der alten Bundesrepublik die drastisch sinkenden Energiepreise, ungünstige Anlagenlösungen und eine gewisse Rufschädigung durch eine Vielzahl von teilweise inkompetenten Wärmepumpenanbietern mit unausgereiftem Gerät die wesentlichen Gründe für das vorläufige scheitern der Wärmepumpe, so spielte in der DDR das Fehlen einer vom Verbraucher bezahlbaren Kleinwärmepumpe eine große Rolle.

Wesentlich erfolgreicher gestalteten sich Wärmepumpenprojekte größerer Leistung für industrielle und gewerbliche Anwendungen.

In der Tabelle (1) ist eine Auswahl von installierten Wärmepumpenanlagen auf dem Gebiet der DDR, geordnet nach dem Jahr der Inbetriebnahme, aufgeschrieben. Diese Auswahl erhebt keinen Anspruch auf Vollständigkeit, da keine statistischen Daten zugrunde liegen. Die Informationen stehen durch die an der Planung und Ausführung beteiligten Institutionen, das Institut für Luft- und Kältetechnik Dresden, das Institut für Energieversorgung Dresden und die Technische Universität Dresden, zur Verfügung.

Einige dieser Anlagen arbeiten sehr erfolgreich, aber der Weg, mit Wärmepumpen einen zählbaren Beitrag zur Nutzung regenerativer Energiequellen oder zur Abwärmenutzung zu leisten, ist bisher auch in den neuen Bundesländern kaum begangen.

Die Wärmepumpe steht zu Unrecht im Schatten von Solarenergie, Wind- oder Fließwasserenergie, wenn nach Möglichkeiten der Ausbeutung regenerativer Energiequellen gesucht wird. Auch die im Grundwasser, im Uferfiltrat im Erdboden vorhandene Energie ist gespeicherte Sonnenenergie, auf einem Temperaturniveau, daß den Wärmepumpeneinsatz bei der Nutzung dieser Wärmequellen erfordert.Ein besonderer Vorteil erd- und wassergebundener Umweltwärme ist das Fehlen großer jahreszeitlicher Schwankungen. Auf aufwendige Speichersysteme kann verzichtet werden.

Damit kann mit Wärmepumpen aus Umweltenergie, bei geeigneten Voraussetzungen auch ohne wesentliche Förderung, wirtschaftlich Heizenergie bereitgestellt werden.

In den alten Bundesländern hatte der Absatz von Kleinwärmepumpen im Jahr 1990 seinen tiefsten Stand. Trotz dieser ernüchternden Marktsituation sind die Autoren der Ansicht, daß gerade die Neuen Bundesländer einen Beitrag zum verbreiteteren Einsatz der Wärmepumpen leisten können. Die Chancen der Wärmepumpe bestehen u. a. in folgendem:

Mit der immer lauter werdenen CO_2-Disskussion geht in Ostdeutschland ein ungeheurer Sanierungs- und Energieträgerumstellungsbedarf für Raumheizungsanlagen einher.Die dafür ohnehin fälligen Investitionen könnten zur Errichtung von Wärmepumpenanlagen genutzt werden, die die CO_2 - Emission gegenüber Erdgasheizungen erheblich senken .

An dieser Stelle muß auch eine weise Förderpolitik der öffentlichen Hand gefordert werden, damit die Förderung auch wirklich in Richtung der stratgisch notwendigen Primär-energieeinsparung wirkt. Wenn dem Einsatz regenerativer Energie zur Wärmeversorgung geholfen werden soll, dann muß die in den Investitionen teurere Wärmepumpe deutlicher gefördert werden als die Umrüstung einer Kohleheizung auf einen Öl- oder Gaskessel in einer Heizungsanlage.

Ein weiterer Grund für erhöhte Chancen des Wärmepumpeneinsatzes in Ostdeutschland, sehen wir in der vorhandenen Wohnungs-struktur in Vielfamiliehäusern, die geeignet ist für die Errichtung neuer, kostengünstiger Nahwärmekonzepte und in dem großen Anteil fernwärmeversorgter Wohnungen. Die Bedeutung der Wärmepumpe zur Nutzung von regenerativen Energiequellen und Abwärmequellen wird dann zunehmen, wenn bei der Gestaltung von Wärmeversorgungskonzepten die Gesamtanlage mit den Komponenten

-regenerative Wärmequelle

-Wärmetransportsystem

-Wärmepumpe

-Konvetionelle- oder Abwärmequelle

-Wärmesenke (Gebäude und Heizungssystem)

verbindend untersucht und nach ökologischen, energetischen und wirtschaftlichen Gesichtspunbkten ausgelegt wird.Daraus ergibt sich die Aufgabe, die in Deutschland vorhandenen Umweltwärmequellen (Niedertemperaturquellen) technisch, mit vertretbaren Kosten zu erschließen, die Wärmequellen in Wärmequell-Verteilsystemen dem Wärmepumpenstandort zuzuführen (Kalte Fernwärme), und Heizwarme auf einem möglichst geringen Temperaturniveau zu erzeugen.

Durch gemeinschaftliche Nutzung von Wärmequellen mit dem System der kalten Fernwärme werden mit konventionellen Heizsystemen (Gas- oder Ölheizung) vergleichbare Wärmekosten erreicht, auch bei den z.Zt. geltenden, eher "wärmepumpenunfreundlichen", niedrigen Energiepreisen. Geeignete, natürliche Wärmequellen sind u.a.

-Uferfiltrat

-Grundwasser

-Tagebauwasser

-Geothermisches Wasser aus geringer Tiefe mit Temperaturen unter 25°C.

Ein Kaltes Fernwärmesystem, welches eine dieser Wärmequellen erschließt und einer größeren Zahl von Verbrauchern zugänglich macht, ist gleichzeitig Abwärmesammler. Das prinzipielle Schema eines Kalten Fernwärmesystems ist in Bild (9) zu sehen.

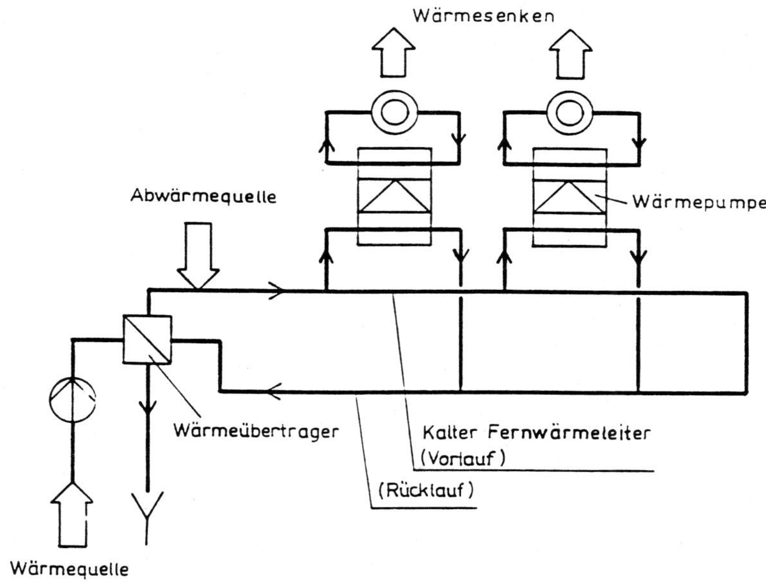

Bild (9): Prinzipdarstellung eines kalten Fernwärmesystems

Die Wärmequelle für dieses System kann auch eine Abwärmequelle sein. Abhängig von der chemischen und physikalischen Qualität des Wärmequellenwassers, wird ein Wärmetausch durchgeführt. Der kalte

Fernwärmeleiter und die Wärmepumpengeräte, von denen nur zwei, stellvertretend für eine Vielzahl gezeichnet sind, kommen dann nicht unmittelbar mit der Wärmequelle in Kontakt. Eine Temperatur von 10°C im kalten Fernwärmesystem vorausgesetzt, kann Abwärme bis zu Temperaturen unter 20°C in das kalte Fernwärmenetz eingekoppelt werden. Der Nutzen entsteht sowohl bei den Wärmepumpen durch höheres Temperaturnivea der kalten Fernwärme, als auch für den Abwärmeproduzenten, für den die Wärmeabgabe bei niedrigemn Temperaturen häufig mit energetischen Vorteilen verbunden ist.

Dieses integrierte Anlagenkonzept ermöglicht das Errichten von nichtkonventionellen Wärmeversorgungskonzepten mit durchaus konkurrenzfähigen Wärmepreisen. Für eine Reihe von Standorten mit unterschiedlichen Wärmequellen konnte das in einer vom Bundesminister für Forschung und Technologie geförderten Untersuchung des Institus für Luft- und Kältetechnik Dresden gezeigt werden/10/.

4.2 Neue Entwicklungsbedingungen für Wärmepumpen

Die Chancen und Perspektiven der Wärmepumpen hängen von einer Reihe äußerer und innerer Umstände in und um Wärmepumpenanlagen ab. Die wesentlichen Einflüsse werden in den folgenden Thesen zusammengefasst.

1. Die Effektivität von Wärmepumpen wird größer, je niedriger die Ausgangstemperatur des Heizwasserstromes aus dem Kondensator ist.Deshalb sind Heizungssysteme mit niedrigsten Vorlauftemperaturen anzustreben.

2. Durch die Anwendung der Wärmeschutzverordnungen hat sich im letzten Jahrzehnt die spezifische Heizlast um 30% bis 40% verringert,so daß der Wärmebedarf mit Niedertemperaturheizungen gedeckt werden kann.

3. Mit der 3. Wärmeschutzverordnung werden spezifische Heizlasten von 40 bis 60 W/m² oder 0,3 bis 0,5 W/m³K realisierbar.

4. Durch die höhere Wärmedämmung im Ergebnis der Wärmeschutzverordnungen haben die Vorlauftemperaturen von Nieder- temperaturheizung von 45°C bis 50°C auf 35°C bis 40°C verschoben, so daß man von einer zweiten Generation der Niedertemperaturheizung sprechen kann.

5. Die Heizkörper (Luftheizgeräte, Flachheizkörper, raumgestaltende Heizelemente, Fußbodenheizung, Wand- und Decken- heizungen) haben einen Entwicklungsstand erreicht, der es erlaubt,unter den Bedingungen der geringeren spezifischen Heizlasten, mit maximalen Vorlauftemperaturen von 35°C bis 40 °C, entsprechend der 2. Generation der Niedertemperatur-heizung, zu arbeiten.

6. Wärmepumpenanlagen zur Grundlastversorgung ermöglichen durch eine hohe Benutzungsdauer die besten wirtschaftlichen Bedingungen.

7. Nicht die Wärmepumpe muß dem Heizsystem, sondern das Heizsystem muß der Wärmepumpenanlage angepaßt werden.

8. Mit der zweckmäßigen Einordnung der Wärmepumpen in Heiznetze durch bivalente Schaltungsvarianten (bivalent parallel, bivalent alternativ, bivalent parallel alternativ oder bivalent parallel hybrid) ist es möglich, eine Fahrweise mit hoher Leistungszahl und hoher Benutzungsdauer zu schaffen.

9. Umweltenergie ist als Wärmequelle mit Wärmepumpen gut nutzbar, wenn die Quelltemperatur höher als 5°C liegt.

10. Für Kleinwärmepumpen mit separaten Wärmequellenquellanlagen (außer bei Luft als Wärmequelle) sind die anteiligen Kosten der Quellanlage, gemessen an den Gesamtkosten des Heizsystems, sehr hoch

11. Abwärmeströme mit Temperaturen im Bereich von 20°C bis 35°C sind bevorzugt mit Hilfe von Wärmepumpen zu nutzen.

12. Abwärmeströme mit Temperaturen über 35°C sollten 2-stufig genutzt werden. In der ersten Stufe mit Wärmeübertragern und in der zweiten Stufe mit Wärmepumpen, weil dadurch eine weitgehenden Ausnutzung der Abwärmeenergie möglich ist.

13. Zentrale Wärmequellenanlagen (Umweltenergie oder Abwärme) großer Leistung dienen dazu, mit geringeren spezifischen Investitionskosten unter geringen Wärmeverlusten, mit einem Wärmequell-Verteilungsnetz (kalte Fernwärme), Umweltenergie an dezentrale Wärmepumpen zu liefern. Damit kann häufig wirtschaftlicher Wärme erzeugt werden als in Wärmepumpenanlagen direkt neben der Wärmequelle und anschließender Wärmeverteilung in einem Fernwärmenetz auf hohem Temperaturniveau.

14. Heiznetze und/oder Wärmequellen mit einem anteiligem Temperaturband durch die Wärmepumpen größer als 5K, sollten als Reihenschaltungsanlagen zur Annäherung an den energetisch effektiveren Lorenzprozeß ausgeführt werden.

15. Große Wärmepumpen zur Versorgung von Niedertemperaturheizungen der 2.Generation (Vorlauftemperatur 35°C bis 40°C), mit entsprechender Kondensationstemperatur, können mit dem Kältemittel NH_3, zur Ablösung des hallogenierten Fluor-Kohlenwasserstoffes R22 (H-FCKW), unter Beibehaltung hoher Leistungszahlen betrieben werden.

16. Großwärmepumpen mit Wasser als Kältemittel (R 718) ermöglichen 30%-70% höhere Leistungszahlen, als mit FCKW, insbesondere auch durch die geringeren Irreversibilitäten im Verdampfer und Kondensator.

17. Kleinwärmepumpen im Bereich von 5 - 100kW lassen sich ohne Einsatz von R 22, unter Verwendung von 2-Stoffgemischen auf der Basis von Fluor-Kohlenwasserstoffen (FKW) und halogenierten Fluor-Kohlenwasserstoffen (H-FKW) und deren 2-Stoffgemischen so modifizieren, daß gleichwertige und höhere Leistungszahlen gegenüber herkömmlichen Kältemitteln erreicht werden.

18. Großwärmepumpenanlagen ermöglichen wirtschaftlichere Nutzungsbedingungen durch geringere spezifische Investitionskosten.

19. Aus ökologischer Sicht sind Wärmepumpenanlagen immer dann gerechtfertigt, wenn der Primär-Ausnutzungsgrad größer als 105% ist, wenn man davon ausgeht, daß Gasheizkessel mit Brennwertnutzung einen maximalen Primärenergieaus-nutzungsgrad von 105 % erreichen.

20. Mit jedem Kalvin niedrigerer Austrittstemperatur des Heizwasserstromes aus dem Kondensator, höherer Austritts-temperatur des Wärmequellenstromes aus dem Verdampfer einer Wärmepumpe und entsprechend niedriger bzw. höherer Kältemitteltemperatur im Kondensator bzw. Verdampfer, verbessert sich die Leistungszahl der Wärmepumpe um den Absolutwert der Leistungszahl von rund 0,09 bis 0,11.

21. Durch die 2. Generation der Niedertemperaturheizung, die bessere Nutzung von Wärmequellen und weiterentwickelte Wärmepumpen, sind neue Bedingungen für einen breiteren Einsatz von Wärmepumpen herangereift.

22. Die Anwendung der neuen Erkenntnissse für Wärmepumpenanlagen ermöglichen in einem Bereich des maximalen Temperaturhubes von 30K bis 10K, Leistungszahlen von 4,0 bis 6,0 und damit Primärenergieausnutzungsgrade von 140% bis 210% mit elektrisch angetriebenen Wärmepumpen.

---

*)Autoren:Dr.**F.Schaaf**, Ges. f.wirtschaftl.Energienutzung,Leipzig;
Prof.Dr.**B.Reetz**, TUDresden;
Prof.Dr.**G.Heinrich**, Institut f.Luft-u.Kältetechnik;
Dr.-Ing.**P.Albring**, Institut f.Luft-u.Kältetechnik, Dresden;

Literatur

/1/ **Kretschmer, R.**: Blockheizkraftwerke in der industriellen Energiewirtschaft.Energieanwendung 40 (1991) H.5, S. 141-145

/2/ **Klien, J., Gabler, W.**: Datenbank Blockheizkraftwerke. Institut Wohnen und Umwelt Darmstadt, 1990

/3/ **Manhardt, W.**: Motorheizkraftwerk 2 in Peißenberg. Fernwärme international 20 (1991) H. 1/2 S. 99 - 103

/4/ **Gläser, P.;Sadovski, U.**: Konzipierung, Entwicklung, Aufbau, Erprobung, betriebstechnische und ökonomische Bewertung, einer gasmotorisch angetriebenen Wärmepumpe mit einer Heizleistung von 1MW

/5/ **Schroeder, K.-H. und Kollektiv:** Kurzfassung zur Abrechnung der Wärmeenergiebilanzen in der DDR für 1989. Ingenieurbetrieb der Energieversorgung Berlin 1990

/6/ **Kirschke, J.**: Langfristige Kapazitätsplanung Wärme. Wärmeanlagenbau Berlin 1989.

/7/ BHKW mit Brüdenverdichter für Brauerei. BWK 43 (1991) Nr. 7/8, S. 349

/8/ **Tilgner, H.**: Lösungskonzeption zur Wärmeversorgung für die Äußere Neustadt Dresden. Anlage 8: Ökonomische Untersuchungen. Im Auftrag der Dresdner Wärmeversorgung GmbH angefertigte Untersuchung des Instituts für Energie einsparung und Umweltentlastung e. V. Dresden, Juni 1991

/9/ **Albrecht, V.**: Konzept für die Umstellung der getrennten Wärme- und Elektroenergieversorgung mit Rohbraunkohle auf dezentrale Kraft-Wärme-Kopplung. Energieanwendung 40 (1991) H. 5, S. 151-155

/10/ **BMFT-Fördervorhaben** 30E200803, "Abwärmeenergienutzung mit Kältemaschienen", im Institut für Luft-und Kältetechnik Dresden

VDI BERICHTE 895

VEREIN DEUTSCHER INGENIEURE

VDI-GESELLSCHAFT ENERGIETECHNIK

PROZESSFÜHRUNG UND VERFAHRENSTECHNIK DER MÜLLVERBRENNUNG

Tagung Essen, 18. und 19. Juni 1991

Wissenschaftlicher Tagungsleiter
Prof. Dr.-Ing. R. Scholz VDI
Institut für Energieverfahrenstechnik, TU Clausthal-Zellerfeld

Inhalt

Inhalt

● = Nachfolgend veröffentlichter Beitrag

Entscheidungsstrukturen in der Abfallwirtschaft und ihre Beeinflussung

Dr.-Ing. **H. Bonnenberg** VDI, Aldenhoven

Zusammenfassung

Die sogenannte Müllverbrennung ist ein außerordentlich bedeutsamer, die Umwelt schützender Schritt in der Technikkette der Versorgung und Entsorgung unserer Leistungs- und Wohlstandsgesellschaft. Die Kritik an dieser Technik wird oft als Hebel zur umfänglichen Änderung unserer Gesellschaft benutzt; Glaubwürdigkeit und Funktionstüchtigkeit von Verwaltung, Politik und Industrie werden in Frage gestellt. Vielerorts wird die Angst vor Gesundheits- und Vermögensschäden durch diese Technik geschürt - oft genug mit sachlich falschen Darstellungen -, um die Entscheidungsstrukturen entsprechend zu beeinflussen. Sachverstand, Zivilcourage und Toleranz sind im Gespräch mit den Bürgern, den Entscheidungsträgern und den Gegnern gefragt. Letztlich allerdings bleibt die Überzeugung, daß zu einer reichen Demokratie mit hoher Informationstransparenz durchaus das Palaver gehört - selbst wenn es manchmal stört -, daß aber am Ende die sachlich fundierte Entscheidung obsiegt.

Vortrag

Unsere Tagung befaßt sich dankenswerterweise mit der sogenannten Müllverbrennung. Deshalb will ich diese Technik auch in den Mittelpunkt meiner Ausführungen stellen.

Mir als Ingenieur liegt das Wort Müllverbrennung nicht. Es betont zu sehr das Behandeln des Abfalls durch Verbrennen und allzu wenig das zusätzliche Behandeln der gasförmigen und festen Verbrennungsprodukte durch eine Vielzahl zusätzlicher verfahrenstechnischer Einrichtungen in den Anlagen. Auch weckt das Wort Müllverbrennung unterschwellig die Erinnerung an die Verbrennung von Abfällen irgendwo im Garten, die da qualmt, stinkt und obendrein verboten ist und deshalb nur mit schlechtem Gewissen und mit der Angst vor dem Nachbarn und der Polizei erfolgt. Müllverbrennung ist heute eine hochkarätige Technik, von gleicher Qualität wie diejenigen Techniken, die zur Herstellung der für unsere Art von Leben gewünschten und erforderlichen Produkte eingesetzt werden.

Müllverbrennung ist ein verfahrenstechnischer Schritt des Behandelns von Abfall, und zwar ein Schritt neben vielen anderen Schritten im Stoffstrom unserer freiheitlichen Leistungs- und Wohlstandsgesellschaft. Wir nehmen einerseits die für unsere Art von Gesellschaft charakteristischen Verbrauchsgegenstände auf und wir geben andererseits den für unsere Art von Gesellschaft charakteristischen Abfall ab. Unsere Versorgung mit Produkten und unsere Entsorgung von Abfällen haben gleichermaßen in einer Form zu geschehen, daß Mensch, Natur und Sachen nicht belastet, nicht gefährdet und nicht geschädigt werden. Um das zu gewährleisten, verfügen wir über ein umfassendes Umweltrecht mit vielfältigen Gesetzen, Durchführungsverordnungen, Verwaltungsvorschriften und mit mannigfachen Verästelungen in andere Gesetzesbereiche. Unser Umweltrecht spiegelt unser Verständnis von Umweltschutz wider bis hinein in die gezielte Umsetzung von Umweltschutzmaßnahmen und die fühlbaren Sanktionen bei ihrer Nicht-Erfüllung. Der Staat, d.h. unsere Volksgemeinschaft, gibt Zielwerte für Umweltschutz und Rahmenbedingungen für ihre Umsetzung vor; das ökologische Element wird somit in unser marktwirtschaftliches System mit der für sein Gelingen so unabdingbar erforderlichen Informationstransparenz eingebaut.

Auch die Müllverbrennung unterliegt diesen Spielregeln unserer Gesellschaft. Sie ist ein wesentlicher Beitrag für die Entsorgung so wie z.B. eine Chemiefabrik ein wesentlicher Beitrag für die Versorgung ist. Beide Anlagen, die für die Versorgung wie auch die für die Entsorgung unterliegen unseren umweltrechtlichen Vorgaben. Diese umweltrechtlichen Vorgaben sind die Vorgaben einer Gesellschaft, die charakterisiert ist

- durch sehr hohen Lebensstandard,
- durch sehr hohe räumliche Besiedlungs- und Nutzungsdichte,
- durch hohe Lebenserwartung,
- durch sehr umfänglichen Naturschutz und
- durch weltweit exemplarische Bürgerfreiheiten.

Wir können dankbar und stolz sein, daß es uns gelungen ist, ein Gesellschaftsmodell gefunden zu haben, in dem die Ziele Freiheit und Schutz gleichermaßen intensiv verwirklicht werden können unter Berücksichtigung des häufigen Widerspruchs zwischen diesen Zielen mit den sich daraus ergebenden Unvollkommenheiten.

Die thermische Behandlung von Abfall, die sogenannte Müllverbrennung, ist ein essentieller Schritt in der Kette der Schritte zur Entsorgung der Abfälle in unserer Gesellschaft. Sie zerstört die im Abfall tatsächlich und potentiell vorhandenen Krankheitserreger; sie unterbindet umweltgefährdende Faulprozesse; sie "fängt" und bindet metallische und andere anorganische für die Umwelt bedenkliche Schadstoffe im Abfall; sie trägt zur stofflichen und energetischen Verwertung von Abfallbestandteilen bei; sie reduziert die endzulagernden Abfallmengen sowohl quantitativ als auch - was sehr viel bedeutender ist - qualitativ bezüglich der Umweltschadstoffe.

Die Müllverbrennung ist eine Technik mit industriellen Maßstäben. Im Rahmen der übergreifenden Bedingungen des Umweltrechts finden auch auf sie die marktwirtschaftlichen Gesetze, insbesondere der betriebswirtschaftlichen Optimierung Anwendung. Das führt dazu, daß wegen der Berücksichtigung der Größendegression größere Anlageneinheiten sinnvoll sind, daß der Standort auch transportkostenoptimal gewählt werden muß und daß entsprechend qualifiziertes Betriebs- und Managementpersonal kostenoptimal strukturiert und ausgestattet ist. Die Anlage muß Risiko und Nutzen würdigend sowohl umweltverträglich als auch wirtschaftlichkeitsverträglich sein.

Die Entscheidungen über derartige wichtige, große und fachmännisch zu betreibende Anlagen fallen nach Abfallgesetz und weiteren Gesetzen in staatlichen und kommunalen Strukturen bei den jeweils zuständigen Körperschaften des öffentlichen Rechts. Hier sind auch die Betreiber, die Mitbetreiber oder die Erfüllungsbeauftragenden von solchen Anlagen angesiedelt, § 3 Abfallgesetz. Räte und Verwaltungen in Gemeinden und Kreisen müssen über Anlagen von 100, 200 oder mehr Millionen Mark entscheiden, deren Betrieb industrielles Know-how verlangt. Die entsprechenden Kosten zur Finanzierung und dem Betrieb solcher Anlagen müssen dem Bürger als Gebühren abverlangt werden, wobei es oft genug sinnvoll wäre, zur Minimierung der Kosten die Zusammenarbeit zwischen benachbarten Kreisen - oft genug allerdings verschiedener politischer Couleur - zu suchen. Die sehr bürgernahen und deshalb politisch so brisanten Facetten des ganzen Vorgangs sind unübersehbar. Industriewirtschaftliche Notwendigkeiten einerseits und kommunalpolitische Zwänge andererseits stehen gegeneinander.

In dieses Dilemma nun stoßen Gruppen unserer Gesellschaft, die glauben, daß sich unsere Gesellschaft sehr, sehr wesentlich verändern muß. Sie nutzen bei ihrer Einflußnahme das oben geschilderte Spannungsfeld, insbesondere die Abhängigkeit der kommunalen Politik vom Wähler. Die Sendung dieser Gruppen ist der Aufruf, unseren Lebensstandard zu reduzieren, um dadurch die Schöpfung zu respektieren, die Gesundheit der Menschen zu fördern, Bescheidenheit zu üben, Natur und Umwelt zu schonen, die Bedürfnisse der Dritten

Welt zu berücksichtigen; alles das sind Forderungen, Visionen, Bilder und Wünsche, die jeder von uns in diesem Saal bereit ist zu unterschreiben und an denen sich auch unsere Gesellschaft insgesamt orientiert. Sie gehören zu unseren Grundwerten.

Wie immer im Leben - so auch hier - gibt es aber Gruppen in unserer Gesellschaft, denen die Umsetzung dieser Forderungen nicht umfänglich und nicht stringend genug ist. Sie glauben sich in der Politik nicht genügend vertreten; missionarisches Eifern läßt sie dabei die Entscheidungsstrukturen unseres Staatswesens vom Grunde her in Frage stellen.

Die Ingenieure, Manager, Arbeiter und Gutachter tuen ihre Arbeit, sei es bei der Versorgung, sei es bei der Entsorgung; sie tuen sie auch als Bürger und mit voller Verantwortung. Ihnen gegenüber stehen Gruppen, die oft genug von der Sache nichts verstehen, sich aber - natürlich auch als Bürger - anmaßen, den Fachleuten ihre fachliche und vor allen Dingen auch moralische Inkompetenz nachzuweisen. Und dazwischen stehen die verunsicherten Bürger mit ihren Politikern in den Räten und den dazu gehörenden Verwaltungen, die es nun einmal allen Bürgern offensichtlich recht machen müssen.

Der Hebel der Weltverbesserer ist die Bewußtseinsmachung des Bürgers, wogegen gar nichts einzuwenden ist; aber eben nur so lange nichts einzuwenden ist, wie sie nicht zur unsachgemäßen und unbegründeten Verängstigung des Bürgers führt, die zur Grundlage übergeordneter Fehlentscheidungen führen könnte. Gegen Müllverbrennung zu entscheiden ist eine solche Fehlentscheidung; sie ist eine Umweltschutz fördernde Technik, die zukünftig einen sehr wesentlichen Beitrag in der Versorgungs-Entsorgungs-Kette unserer Gesellschaft in unserer hochbesiedelten Region darstellt. Wer Angst gegen die Müllverbrennung schürt, will eine solche Fehlentscheidung herbeiführen. Er schürt sie, um die dafür zuständigen kommunalen Entscheidungsstrukturen zu überfordern und im Sinne der Verwirklichung seines Weltbildes zu lenken. Drei Eingriffsmöglichkeiten sind erkennbar:

1. während der Erstellung der Abfallwirtschaftskonzepte durch die für die Entsorgung zuständigen Körperschaften des öffentlichen Rechts,

2. während des Planfeststellungsverfahrens mit seiner Offenlegung der Planunterlagen und dem Erörterungstermin im gesetzlich verankerten Anhörungsverfahren und

3. nach Vorlage des Planfeststellungsbeschlusses.

Die Vorgehensweise der Kritiker während des Planfeststellungsverfahrens und nach Vorlage des Planfeststellungsbeschlusses sind als Handlungsanweisungen von H. Hettler /1/ und R. Geulen /2/ ausführlich und für jedermann nachvollziehbar beschrieben. H. Hettler nennt als für das Planfeststellungsverfahren wichtige Instrumente zur breiten Mobilisierung gegen das Objekt: Protestveranstaltungen, Demos, Infostände an den Brennpunkten der Stadt, Unterschriftslisten in Kneipen, Buchläden, Schulen, Betrieben, bei gewerkschaftlichen, kirchlichen, kulturellen oder politischen Veranstaltungen, Flugblätter und vorformulierte Sammeleinwendungen mit entsprechender Organisation der Verteilung und des Rücklaufs und nicht zuletzt die Inanspruchnahme der GRÜNE Kommunalfraktion und der Umweltschutzorganisationen (z.B. BUND).

Weiterhin empfiehlt er Aktionsbündnisse mit

- Städten, Gemeinden und Landkreisen, die aus spezifischen lokalen, aus umwelt-, abfall-, planungs- und kommunalpolitischen Gründen die MVA als einen Eingriff in ihr Selbstverwaltungsrecht ablehnen und bekämpfen und

- Gewerbe- oder Handelsbetriebe, Wohnungsbaugesellschaften, Kranken- oder Pflegeheime, Kur- und Freizeiteinrichtungen, Gastronomie- oder Sportbetriebe, die sich durch Ansiedlung einer MVA in ihrem Geschäftsziel beeinträchtigt sehen.

Darüber hinaus stellt er fest, daß lebensnahe Schilderungen und Sachbeiträge von Betroffenen, z.B. von Eltern Pseudo-Krupp-kranker Kinder große Wirkung bei den Behörden und in den Medien hervorrufen, und er empfiehlt eine systematische, kontinuierliche Presse- und Öffentlichkeitsarbeit als unentbehrlich.

Sämtliche genannten Instrumentarien kommen bereits auch schon in der ersten Phase, d.h. während der Erstellung der Abfallwirtschaftskonzepte zum Einsatz. Hierbei spielen ganz besonders auch Kirchenvertreter /z.B. 3, 4/ und einzelne Ärzte /z.B. 5/ eine wichtige Rolle.

Die Angst vor einer umwelt- und gesundheitszerstörenden Technik wird als eine der wesentlichen Treibriemen für Gesellschaftsänderungen benutzt. Insofern kommt den ärztlichen Vertretern in der Diskussion eine sehr bedeutende Rolle zu. An dieser Stelle möchte ich ausdrücklich festhalten, um keine Mißverständnisse aufkommen zu lassen, daß ich keineswegs gegen begründete und ausgewogene Kritik bin. Wir alle aber sind gegen Horrorszenarien, berufliche und klientelorientierte Opportunismen, fachliche Fehldarstellungen aus welchen Gründen auch immer.

Besonders gravierendes Beispiel für derartige Entgleisungen ist der Bericht des Arztes A. Hellmann /5/. Dieser Bericht umfaßt 178 Literaturstellen zitierend fast 200 Seiten und gipfelt in den

> "10 Gründen, warum wir Ärzte gegen die Müllverbrennung sind".

Diese 10 Gründe, auf folgender Seite abgedruckt, werden in einem pseudowissenschaftlichen Bericht "untermauert", wobei sich umfänglicher Fehlinterpretationen und Fehldarstellungen - offenbar auch gezielt - bedient wird. Dieser Bericht befleißigt sich der Methode der breiten, allgemeinverständlichen, von jedermann akzeptierbaren und sachlich belegten Darstellung, gemischt aber dann mit nicht nachvollziehbaren und falschen Argumentationsketten, die zu polemischen und teilweise falschen Aussagen führen. Für einen Außenstehenden ist diese Vorgehensweise wegen seiner Unkenntnis der Materie nicht nachvollziehbar. Er wird in weiten Teilen des Berichts, die für die Beurteilung der behandelten Technik von Bedeutung sind, unter Ausnutzung des Vertrauensvorsprungs der Ärzte schlichtweg falsch informiert. Weitere Kreise der Ärzte und Apotheker übernehmen diese 10 Gründe, oft genug wahrscheinlich ungeprüft; indem sie diese 10 Gründe in ihren Praxen und Geschäften aushängen und sich mit ihnen vorschnell identifizieren, werden sie in eine unehrliche Argumentation mit einbezogen.

Besonders beachtlich ist, daß Dr. Hellmann sich in seinen 10 Gründen gegen die Müllverbrennung ausspricht, daß er aber auf Seite 172 seines Berichts durchaus die Verbrennung von Abfall als Bestandteil eines zukünftigen Entsorgungskonzeptes fordert. Wer aber liest schon den ganzen Bericht? Wer von den vielen stark in Anspruch genommenen Arztkollegen tut das? Ich habe mich der Mühe unterzogen, das Agitationspapier von A. Hellmann zu sichten und zu kommentieren /6/; daran waren Studenten der Rheinisch-Westfälischen Technischen Hochschule Aachen und der Fachhochschule Jülich beteiligt; auch sie waren über die vielen Ungereimtheiten und Unwahrheiten in diesem Bericht erschüttert.

Diese im vorliegenden Ärztepapier deutlich werdende Vorgehensweise der Mischung von Wahrheiten und Unwahrheiten findet sich in vielen Papieren der Gegner der Müllverbrennung /z.B. 7/, das durch H.-P. Drescher /8/ entsprechend richtigstellend kommentiert wurde.

1 0 G r ü n d e
warum die Ärzte gegen die Müllverbrennung sind

10 - Technische Richtlinien, z.B. die TA-Luft werden daran orientiert, was Technik zu leisten vermag. Sie garantieren aber **nicht die gesundheitliche Unbedenklichkeit** von technischen Anlagen, die nach diesen Richtlinien geprüft wurden.

1 - Bei der Müllverbrennung entsteht eine **Vielzahl neuer Stoffe**, nur einige davon sind bisher bekannt - darunter auch Giftstoffe.

2 - Der Müll wird zu Gasen verbrannt, die tonnenweise **über das Land verteilt** werden. Weder Boden und Wasser noch Pflanzen und Tiere bleiben verschont. Der Mensch braucht Luft und Wasser, er ernährt sich von Pflanzen und Tieren. Damit ist es das Endglied der Nahrungskette und gehört schließlich zu den höchstbelasteten Lebewesen.

3 - Durch die Müllverbrennung wird **unsere Atemluft als Deponie für Abgase** noch mehr mißbraucht.

4 - Der Mensch atmet pro Tag eta 20 000 Liter Luft. Unsere Luft ist bereits heute durch die Abgase aus Verkehr, Industrie und Hausbrand übermäßig mit Schadstoffen belastet. Wir akzeptieren **keine weitere Luftverschmutzung**, wir brauchen eine reinere Luft.

5 - Die Anreicherung von Kohlendioxid in der Atmosphäre ist Hauptursache für den **Treibhauseffekt**, dessen Folgen wir bereits zu spüren beginnen. Aus einer Tonne brennbaren Mülls entstehen etwa 1,2 Tonnen Kohlendioxid.

6 - Bei der Müllverbrennung entstehen die Ultragifte **Dioxin und Furane**, das ist bei der Zusammensetzung unseres Müll unvermeidbar.

7 - Bereits heute werden **Atemwegserkrankungen, Allergien und die Minderung der körpereigenen Abwehrkräfte** auf Luftschadstoffbelastungen zurückgeführt. Die Wissenschaft ist bemüht, derartige Zusammenhäge aufzuklären, insbesondere die Möglichkeit **krebserregender und erbgutveränderter** Wirkungen der bei der Müllverbrennung entstehenden Stoffe.

8 - Gifte aus der Müllverbrennung bleiben jahrelang in unserer Umwelt. **Wir produzieren heute die Gifte, die unsere Kinder auch noch morgen belasten werden.**

9 - Die **Müllverbrennung kommt ohne Deponien nicht aus.** Die Schlacken müssen gelagert werden, die giftigen Filterstäube erfordern eine Sondermülldeponie.

Augsburg **April 1990**

Es handelt sich immer wieder um Papiere, die wie von Experten geschrieben aufgemacht sind, die aber in Wirklichkeit nur zur Meinungsmache und Meinungsbeeinflussung dienen.

Solchen und anderen Agitationen und der damit gewollten Verängstigung der Bevölkerung und Verunsicherung der Politik und der Entscheidungsträger kann nur begegnet werden

- durch die breite Sachdiskussion über die Technik und ihre Bedeutung und

- durch das konsequente und direkte Eintreten von Personen für diese Technik am Ort des Geschehens.

Sachverstand und Zivilcourage sind gefragt in der Hoffnung auf die Wirksamkeit der Informationstransparenz unserer Gesellschaft und der Erkenntnis, daß es offenbar bei uns in unserer reichen Demokratie nicht mehr ohne langwieriges Palaver abgeht.

Wenn ich meine vielen Sach- und "Kampf"-Gespräche Revue passieren lasse, so komme ich zu folgenden Ergebnissen:

- Die Kirchen sind gesprächsbereit, wenn akzeptiert wird, daß sie sich um Randgruppen unserer Gesellschaft kümmern müssen.

- Die Ärzteschaft ist gesprächsbereit, wenn akzeptiert wird, daß sie sich auch präventiv-denkend äußern muß.

- Die Medien sind gesprächsbereit, wenn akzeptiert wird, daß sie alle Meinungs- und auch Angstströmungen in unserer Gesellschaft widerspiegeln müssen.

- Die Politiker sind gesprächsbereit, wenn akzeptiert wird, daß es zu den Grundverständnissen unserer Demokratie gehört zu wählen, aber auch gewählt zu werden.

- Die Öko-Experten sind gesprächsbereit, wenn akzeptiert wird, daß auch verängstigte Bürger und Politiker einen sie würdigenden Sachverstand zur Unterstützung brauchen.

Bei uns Ingenieuren gibt es schwarze Schafe; solche gibt es auch in den Kirchen, der Ärzteschaft, den Medien und der Politik. Die meisten aber verbindet die Verantwortung für unsere Gesellschaft. Das ständige sachkompetente und couragierte Gespräch als Grundlage für sachkompetentes und couragiertes Handeln ist immer wieder von uns allen auf's Neue gefragt. Hier liegt der Reiz unserer Demokratie; wir sollten ihn uns von niemandem vermiesen lassen, auch nicht von vereinzelten Kirchenmännern, Ärzten und sonstigen Elitären.

Schließlich und endlich ist es für alle Beteiligten ermutigend, daß die sehr vordergründige Diskussion über Sinn und Machbarkeit der sogenannten Müllverbrennung zunehmend einer sachorientierten Diskussion weicht, über die zukünftige Gestaltung der Stoffkreisläufe in unserer Ausprägung von Gesellschaft bei gleichzeitigem Erhalt oder gar Steigerung unseres Wohlstandes, durchaus und notwendigerweise unter Verwendung der sogenannten Müllverbrennung. Lahl u.a. /9/ haben dazu eine ausgezeichnete und lesenswerte Arbeit vorgelegt. Ich bin sicher, diese Betrachtungsweise wird Schule machen und der Müllverbrennung ihren ihr gebührenden Platz zuweisen. Wichtig ist natürlich, daß wir die Technik der Müllverbrennung zu unser aller Nutzen weitertreiben und daß die die Diskussion so belastenden alten Anlagen so bald wie möglich abstellen oder auf den zeitgemäßen Stand von Technik bringen. Die neuen, scharfen Grenzwerte für Emissionen aus sogenannten Müllverbrennungsanlagen sind ein Ansporn für alle Ingenieure und Techniker, im Rahmen dieser umweltrechtlichen Vorgaben eine kostenoptimale Technik zu finden. In diesem Sinne halte ich unsere Tagung für eine wichtige Tagung. Sie kann guter Beitrag dafür sein, daß auch die Entscheidungsstrukturen mit sachbezogenem Material für ihre Entscheidungen versehen werden.

Literatur

/1/ H. Hettler: Wir kippen eine Müllverbrennungsanlage, aus: Ein Spiel mit dem Feuer, AJZ Alternative Kommunalpolitik, Bielefeld 1989, ISBN3-921680-86-7

/2/ Reiner Geulen: Wie kann man gegen Müllverbrennungsanlagen mit juristischen Mitteln vorgehen?, aus: Ein Spiel mit dem Feuer, AJZ Alternative Kommunalpolitik, Bielefeld 1989, ISBN3-921680-86-7

/3/ Ohne Autor: Müll ist keine Naturkatastrophe sondern Menschen gemacht, aus: Schaukasten des BDKJ Diözesanverband Aachen, 4/90

/4/ J. Fliege: Müllverbrennungsanlage Siersdorf, aus: Gemeindebrief der Evangelischen Kirchengemeinden Aldenhoven, Jülich, Linnich und Randerath, September 1988

/5/ A. Hellmann: Müllverbrennung Augsburg - Eine Bewertung aus medizinischer und toxikologischer Sicht, Ärztlicher Kreisverband Augsburg - Ausschuß "Umwelt und Gesundheit" -, April 1990

/6/ H. Bonnenberg: Kommentar zu A. Hellmann "Müllverbrennung Augsburg - Eine Bewertung aus medizinischer und toxikologischer Sicht, Ärztlicher Kreisverband Augsburg - Ausschuß 'Umwelt und Gesundheit'-, April 1990", Aldenhoven, Dezember 1990

/7/ H. Friedrich: Argumente: Die Müllverbrennung eine ökologisch verantwortbare Technologie?, Die Grünen im Bundestag - Regionalbüro Ostwestfalen Lippe, Minden, September 1988

/8/ H.-P. Drescher: Kommentar zu H. Friedrich, Argumente: Die Müllverbrennung eine ökologisch verantwortbare Technologie?, Aldenhoven, Dezember 1988

/9/ U. Lahl, B. Zeschmar-Lahl: Facette der Chlorchemie, Müllmagazin, 3/1990 und 4/1990

VDI BERICHTE 922

VEREIN DEUTSCHER INGENIEURE

VDI-GESELLSCHAFT ENERGIETECHNIK

VERBRENNUNG UND FEUERUNGEN

15. DEUTSCHER FLAMMENTAG

Tagung Bochum, 17. und 18. September 1991

Wissenschaftlicher Tagungsleiter
Prof. Dr.-Ing. R. Jeschar VDI
Institut für Energieverfahrenstechnik, TU Clausthal-Zellerfeld

Inhalt

H. Bockhorn, *Ch. Chevalier,* *J. Warnatz und* *V. Weyrauch*	Bildung von NO in Kohlenwasserstoff-Luft und Methanol-Luft Flammen
U. Maas und *J. Warnatz*	Mathematische Modellierung zweidimensionaler Zündprozesse unter Verwendung detaillierter Reaktionsmechanismen
B. Luers-Jongen, *G. Rudolph und* *H. Jander*	Über die Rußbildung in vorgemischten C_2H_4-Luft-Flammen zu höherem Druck
R. Starke, *D. Woiki und* *P. Roth*	Pyrolyse von Propan im Wirbelbett
B. Kaimann, *H. Meier zu Köcker,* *M. Kluwe und* *K. E. Lorber*	Emissionen chlorierter Kohlenwasserstoffe bei der Verbrennung von Deponiegasen in Fackeln
K. Steinebrunner, *R. Becker,* *H. Seifert,* *R. Scholz und* *J. Sternberg*	Untersuchungen zur thermischen Entsorgung von NO-haltigen Ablüften
R. Knümann, *M. Schleussner und* *H. Bockhorn*	Untersuchungen zur Pyrolyse von PVC und anderen Polymeren
W. Brunner und *M. Pröll*	Der Wamsler Thermo-Prozessor: Ein zukunftssicherer Weg zur schadstoffarmen Verbrennung
A. Kurtz und *G. Holl*	NO-Reduktion bei der Vernichtung von Explosivstoffen durch Verbrennen
Ch. Malek, *R. Jeschar und* *R. Scholz*	Verfahrenstechnik zur schadstoffarmen Verbrennung von Erdölrückständen
O. Carlowitz, *St. Jauns und* *M. Jäger*	Einsatz von Regeneratoren zur Erzeugung hoher Abluftvorwärmetemperaturen in thermischen Nachverbrennungsanlagen
H. Barklage-Hilgefort	Reduktion der NO_x-Emission von Glasschmelzöfen durch Primärmaßnahmen
M. Flamme und *J. Wünning*	Stand der NO_x-Minderungstechnik bei der Prozeßwärmeerzeugung mit Erdgas und hochvorgewärmter Luft
B. Mundus und *H. Kremer*	Zum Einfluß der Drallerzeugerkonstruktion auf das Strömungs- und Reaktionsfeld verdrallter Diffusionsflammen

K. W. Stanzel	ETA — Eine neue Einrichtung zur meßtechnischen Optimierung von Biomassefeuerungen
St. Gleis, W. Rau und D. Vortmeyer	Beruhigung von Verbrennungsschwingungen im Prozeßgaserhitzer einer Claus-Abgasreinigungsanlage — Eine Fallstudie
F. Eisfeld	Der Einfluß von Last und Drallstärke auf die Schadstoffemission eines Drallbrenners
K.-J. Baumgärtner und H. Köhne	Quantifizierung und Analyse der Partikelemissionen aus kleinen Ölfeuerungsanlagen
B. Lenze und P. Jansohn	Bildungsmechanismen und Möglichkeiten der Minderung von Stickstoffoxiden in mit Vormischbrennern betriebenen Feuerungen
D. Pfannstiel und R. Isemann	Selbsteinstellende Verbrennungsregelung für eine Ölfeuerung mit kleiner Leistung
A. Meggyes und E. Boschan	Schadstoffbildung von teilweise vorgemischten Flammen bei gegenseitiger Beeinflussung
H.-A. Kohlmann, F. Borgmann und J. Tenhumberg	Der atmosphärische Brenner: Ein Verbrennungsprinzip mit Zukunft
D. Brüggemann, B. Wies, M. Dzubiella, X. X. Zhang, F. Kruse und H. Minkenberg	Vergleich experimenteller und theoretischer Untersuchungen an einem ölgefeuerten Haushaltsbrenner
R. Koch, H.-J. Mohr, H.-J. Feld und S. Wittig	Optische Rußmessung in einer Gasturbinen-Brennkammer
K.-P. Schindler, W. Hentschel, H. Hötger, A. Leipertz, K. U. Münch und H. Voges	Untersuchung der Verbrennung im Dieselmotor: Vergleich der spektralen Emissionslichtverlaufsanalyse mit 2-dimensionalen Lasertechniken
H. Büchner und W. Leuckel	Experimentelle Untersuchungen zum dynamischen Reaktionsverhalten pulsierter Vormischflammen
S. Hoffmann, M. Philipp, B. Lenze und H. Eickhoff	Experimentelle und numerische Untersuchungen zum Stabilitätsverhalten freibrennender Vormisch-Drallflammen

H.-J. Klingen und P. Roth	Zeitaufgelöste Messungen der Größenparameter von Partikeln am Auslaßventil eines Dieselmotors
M. Wirth und N. Peters	Untersuchung turbulenter Flammenstrukturen im VW-Transparentmotor
H. Ciezki und G. Adomeit	Vergleich des Selbstzündverhaltens von n-Heptan/Luft- und Benzol/Luft-Gemischen unter motorisch relevanten Randbedingungen
A. Lehmann, G. Lepperhoff, F. Pischinger, P. Wefels und H. Wilhelmi	Verbesserung des ottomotorischen Verbrennungsprozesses durch ein weiterentwickeltes Plasmastrahl-Zündsystem
J. König, A. Meschgbiz und K. Hein	Untersuchungen zur Emission von gasförmigen Stickstoffverbindungen bei der Verfeuerung von Braunkohlen
W. Derichs, J. König und V. Dewenter	Die Schallpyrometrie — Möglichkeiten und Grenzen eines Meßverfahrens zur Bestimmung der Temperaturverteilung in Kesselfeuerungen
J. W. F. Janssen und W. A. Larmoyeur	Emission and heat transfer characteristics of NO_x reduction techniques in gasfired boilers
U. Fritz und R. Meyer-Pittroff	Die Messung der N_2O- und NH_3-Emissionen von Feuerungsanlagen mit SNCR-Entstickung
H. Maier, R. Spiegelhalder, A. Kicherer, H. Spliethoff und I. Hägele	Luftstufungstechniken am Brenner und im Feuerraum zur Minderung von NO_x-Emissionen in Kohlenstaubflammen
H. Schettler und U. Gade	Beitrag zur reaktionskinetischen und verbrennungstechnischen Eigenschaften von Pyrit in ostdeutschen Braunkohlen sowie die Bewertung von Möglichkeiten zur Pyritaushaltung aus Mühlen-Sichter-Systemen von Ventilatormühlen
J. Arthkamp und H. Kremer	Experimentelle Untersuchungen zur N_2O-Bildung bei der Kohleverbrennung
H. v. Raczek, J. Werther und M. Wischniewski	Untersuchungen zur Stickoxidemission bei der Klärschlammverbrennung in einer Wirbelschichtfeuerung
A. Braun und U. Renz	Vergleichende Untersuchungen der Emissionen von Stickoxiden aus stationären Wirbelschichtfeuerungen
K. Brinkmann, R. J. Heitmüller und U. Dietz	Distickstoffoxid (N_2O) — Messungen an CIRCOFLUID-Wirbelschichtfeuerungen
B. Bonn und H. Baumann	Kenntnisstand der N_2O-Bildung in verschiedenen Feuerungsanlagen
E. A. Bramer und M. Valk	The emissions of nitrous and nitric oxide by coal combustion in a fluidized bed
P. Käferstein und B. Sankol	Die Nutzung des strömungstechnischen Verhaltens von Wirbelschichten zur Anordnung von fest in die Wirbelschicht eintauchenden Heizflächen

● = Nachfolgend veröffentlichter Beitrag

Vergleich experimenteller und theoretischer Untersuchungen an einem ölgefeuerten Haushaltsbrenner

Dr.-Ing. **D. Brüggemann,** Dipl.-Phys. **B. Wies,**
Dipl.-Ing. **M. Dzubiella,**
Dipl.-Ing. **X. X. Zhang,** Dipl.-Ing. **F. Kruse** und
Dr.-Ing. **H. Minkenberg,** Aachen

Zusammenfassung

Das im Flammrohr eines ölgefeuerten Haushaltsbrenners gemessene Temperaturfeld wird mit Computer-Simulationen verglichen, wobei verschiedene Verbrennungsmodelle getestet werden. Die Vorzüge von Laser-Meßtechniken zur Thermometrie in realen Verbrennungssystemen werden am Beispiel der kohärenten anti-Stokes Raman-Spektroskopie (CARS) deutlich. Ergebnisse von Konzentrationsmessungen in der Startphase des Brenners zeigen die besondere Möglichkeit auf, auch instationäre Vorgänge verfolgen zu können.

1 Einleitung

Bei ölgefeuerten Kleinbrenneranlagen der haushaltsüblichen Leistungsklasse werden charakteristische Eigenschaften wie Mischungsverhältnisse, Wärmefreisetzung, Flammenstabilität und Schadstoffentstehung im wesentlichen von der Luftführung in der Mischeinrichtung und der Brennstoffzerstäubung beeinflußt. Die Schadstoffbildung hängt stark von der Aufenthaltszeit der einzelnen Komponenten im Brennraum, der Mischungszeit sowie der Temperaturverteilung ab.
Konstruktive Maßnahmen zur weiteren Reduzierung der Schadstoffe können durch die Anwendung zuverlässiger Rechenmodelle erheblich unterstützt werden. Diese befinden sich heute in einem Stadium, in dem die grundlegenden physikalischen und chemischen Zusammenhänge nicht nur besser verstanden sondern auch rechentechnisch umgesetzt werden können. Um zu entscheiden welche Näherungen angewendet werden dürfen, müssen die verschiedenen Modellansätze untereinander und vor allem mit experimentellen Daten verglichen werden. Letztere werden in stärker werdendem Maße durch den Einsatz von Lasermeßverfahren erzielt.

2 Versuchsobjekt

Gegenstand der Untersuchungen ist ein handelsüblicher Ölgebläsebrenner vom Typ Buderus BDE1 mit einer thermischen Leistung von 17 kW bei einem Heizöldurchsatz von 1,55 kg/h. Der Brennraum wird durch ein Prüfflammrohr (gemäß DIN 4787) simuliert, welches eine Länge von 250 mm und einen Innendurchmesser von 200 mm aufweist. Das Heizöl (HEL) wird vor der Brennerdüse auf 70 °C erwärmt, durch eine Düse zerstäubt und in den Brennraum eingespritzt. Hinter der Mischeinrichtung wird das zerstäubte Öl mit Luft turbulent vermischt und bei einem Luftverhältnis von 1,17 in einer drallstabilisierten Flamme verbrannt. Ein Kühlkreislauf sorgt für die Abführung der im Brennraum enstehenden Wärme. Die in Abb. 1 dargestellte Versuchsanlage und ihr Betrieb ist an anderer Stelle [1,2] ausführlicher beschrieben. Der optische Zugang wird durch zwei sich gegenüberliegende 30 cm × 5 cm große Quarzglasfenster gewährleistet. Der gesamte Brenner mit Prüfrohr ist durch eine Traversiervorrichtung in Quer- und Längsrichtung verschiebbar. Das im folgenden verwendete Koordinatensystem ist aus Abb. 2 ersichtlich.

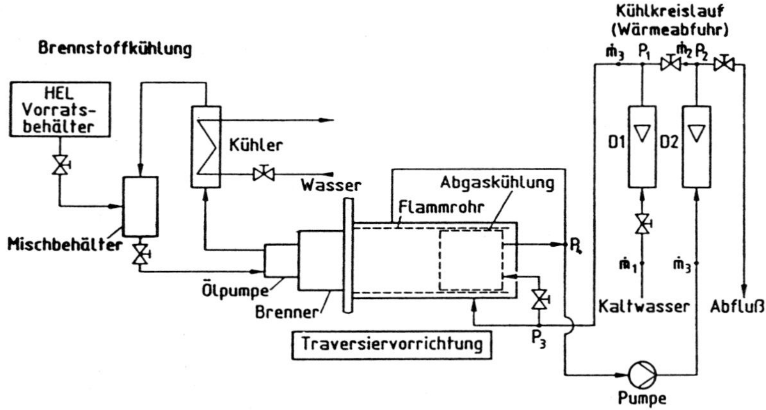

Abbildung 1: Versuchsanlage

3 Optischer Aufbau

Um örtliche Temperaturen und Konzentrationen sowie ihre zeitlichen Schwankungen messen zu können, wurde die kohärente anti-Stokes Raman-Spektroskopie (CARS) [3] eingesetzt. Dieses Meßverfahren ist verschiedentlich bereits zur Untersuchung schwierig zu beobachtender Verbrennungsvorgänge z. B. an Motoren [3,4,5,6] und Verbrennungsanlagen [3,7,8] angewendet worden. Ein wesentlicher Vorteil von CARS gegenüber anderen optischen Meßtechniken liegt im ausgezeichneten Signal-zu-Rausch-Verhältnis. Es erlaubt, auch aus stark leuchtenden Flammen oder bei erheblicher Streustrahlung innerhalb von wenigen Nanosekunden genügend Signalintensität zu erzeugen, um diese spektral zerlegen und hinsichtlich Temperatur oder Konzentration quantitativ auswerten zu können.
Nachteilig stehen diesem Punktmeßverfahren der erhebliche Geräteaufwand (u.a. bestehend aus Pulslaser, Polychromator, intensivierte Kamera) sowie die erforderliche komplexe Auswertetechnik gegenüber.

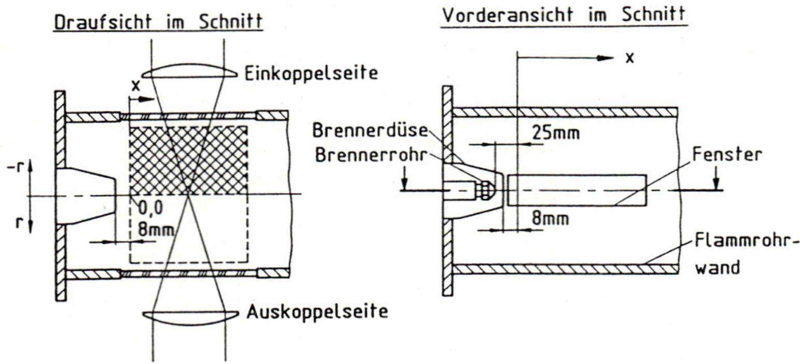

Abbildung 2: Ölgebläsebrenner mit Flammrohr

Die hier beschriebenen Messungen basieren daher auf einigen Vorarbeiten und Erfahrungen, welche insbesondere bei der Erforschung der motorischen Verbrennung gewonnen worden sind. Einzelheiten zum Meß- und Auswerteverfahren sowie dem verwendeten Versuchsaufbau sind an anderer Stelle beschrieben [1,4,6].

4 Vergleich von Thermoelement- und CARS-Messungen

In Anbetracht des mit der Laserspektroskopie meist verbundenen Aufwands soll zunächst die Frage erörtert werden, welche zusätzlichen Informationen auf diesem Weg gewonnen werden können, die nicht einfacher und preiswerter mit herkömmlichen Meßgeräten zu erhalten sind. Für den Fall der Temperaturmessung stellen insbesondere Thermoelemente eine Standardlösung dar. Beide Verfahren werden im folgenden miteinander verglichen. Wie Abb. 3 exemplarisch für die Brennraumachse zeigt, stimmen die im Flammrohr mit CARS gemessenen Temperaturen in weiten Bereichen mit den aus den kalibrierten Spannungen des 0,1 mm dicken PtRh10/Pt-Thermoelements abgelesenen Werten grob überein. Die an einigen Punkten festzustellenden größeren Unterschiede von bis zu 400 K können auf verschiedene Ursachen zurückgeführt werden:

- Strahlungsverluste: Da die Wand eine wesentlich niedrigere Temperatur aufweist als die Thermoelement-Spitze in der Flamme, sind dort Wärmeverluste durch Strahlung zu erwarten. Die Bedeutung einer solchen Korrektur ist aus Abb. 4 zu ersehen, welche den Thermoelement-Messungen an vier Punkten auf der Brennraumachse die simultan mit CARS bestimmten Werte gegenüberstellt.

- Temperaturfluktuationen: Auch nach Berücksichtigung des Strahlungstransports verbleiben Diskrepanzen insbesondere im Bereich des stärksten Temperaturgradi-

enten (um $x = 6$ cm). Nähere Untersuchungen zeigen, daß eine wichtige Ursache in der physikalisch unterschiedlichen Bedeutung der dargestellten Mittelwerte zu sehen ist. Gerade in dem genannten Bereich kann man das instationäre Verhalten der Flammen beobachten: Unverbranntes und gerade verbranntes Gemisch wechseln sich hier in kurzen zeitlichen Abständen ab. Der durch ein Thermoelement angezeigte zeitliche Mittelwert entspricht im allgemeinen nicht dem arithmetisch gemittelten Wert aus einer Reihe von CARS-Einzelpulsen, welche den jeweils herrschenden momentanen Zustand beschreiben.
Auch wenn bei der Auswertung einzelner Spektren Unsicherheiten von typischerweise $\pm$ 30 – 60 K nicht vermieden werden können, liefert CARS als Pulslaser-Meßtechnik in fluktuierenden Medien zusätzliche Information über die Schwankung der Temperatur an einem Ort. Dies wird auch in den Histogrammen der Abb. 5 deutlich. Sie zeigen die Unterschiede in der Häufigkeitsverteilung der Temperatur auf der Brennraumachse in verschiedenen Abständen von der Düse.

- katalytische Effekte: Durch chemische Prozesse an der Oberfläche des Thermoelements können Meßfehler auftreten, deren Ausmaß von einer Reihe von Parametern bestimmt wird. Eine zuverlässige Korrektur der katalytischen Effekte ist nicht einfach und wird an dieser Stelle nicht versucht.

Zusammenfassend kann festgehalten werden, daß CARS gegenüber Thermoelement-Messungen trotz des größeren Aufwands mehrere Vorteile aufweist:

- die Möglichkeit der zeitlichen Verfolgung instationärer Vorgänge durch Verwendung von Pulslasern,
- die Unabhängigkeit von Einflüssen der Wärmestrahlung und häufig vorhandener Hintergrund- oder Streustrahlung,
- die bei den berührungslosen optischen Meßtechniken entfallende Gefahr der Beeinflussung oder Zerstörung durch die am Meßort herrschenden physikalischen und chemischen Bedingungen.

5 Theoretische Modellierung

Auf dem Gebiet der numerischen Simulation von Strömung und Verbrennung sind in den letzten Jahren erhebliche Fortschritte zu verzeichnen [9]. Wesentliche Ursachen hierfür sind die inzwischen verfügbaren Rechenkapazitäten, das wachsende grundlegende Verständnis der Reaktionsabläufe und die heute vorhandenen Meßverfahren zur Kontrolle der Rechnung.
Die erzielten Meßergebnisse werden im folgenden mit den Vorhersagen von auf der Basis verschiedener Modellansätze durchgeführten Computer-Berechnungen verglichen. An dieser Stelle können die verwendeten Modelle nur in groben Zügen beschrieben werden; Einzelheiten dazu finden sich in [10] und den dort zitierten Literaturstellen.
Die Strömung enthält ein äußeres Rezirkulationsgebiet. Die elliptischen Erhaltungsgleichungen für die Strömungsgrößen werden mit einem Finite-Differenzen-Verfahren auf der Grundlage des TEACH-Codes [11] gelöst.

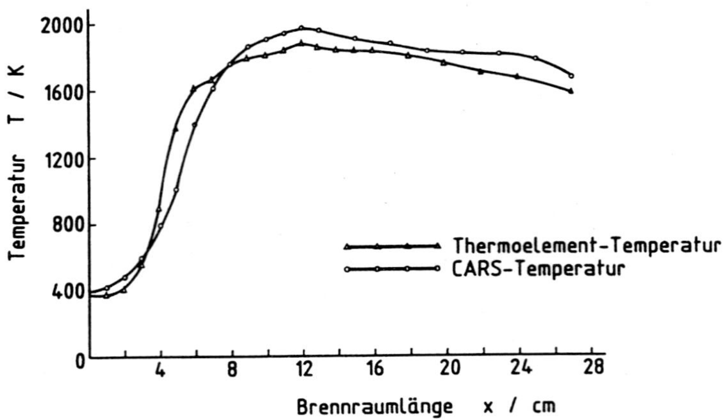

Abbildung 3: Temperaturmessungen auf der Brennraumachse

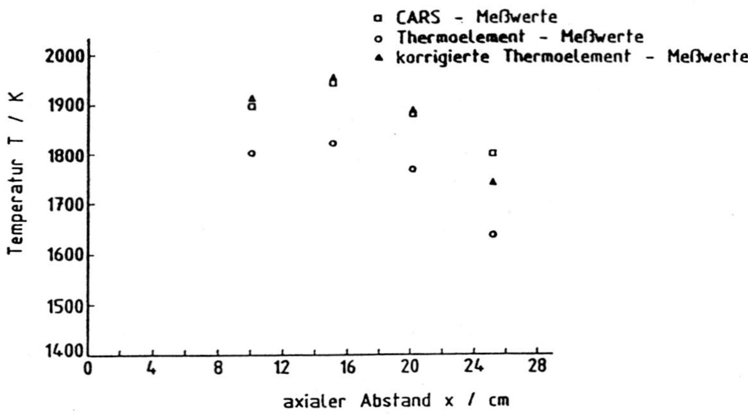

Abbildung 4: Simultanmessungen mit CARS und Thermoelement

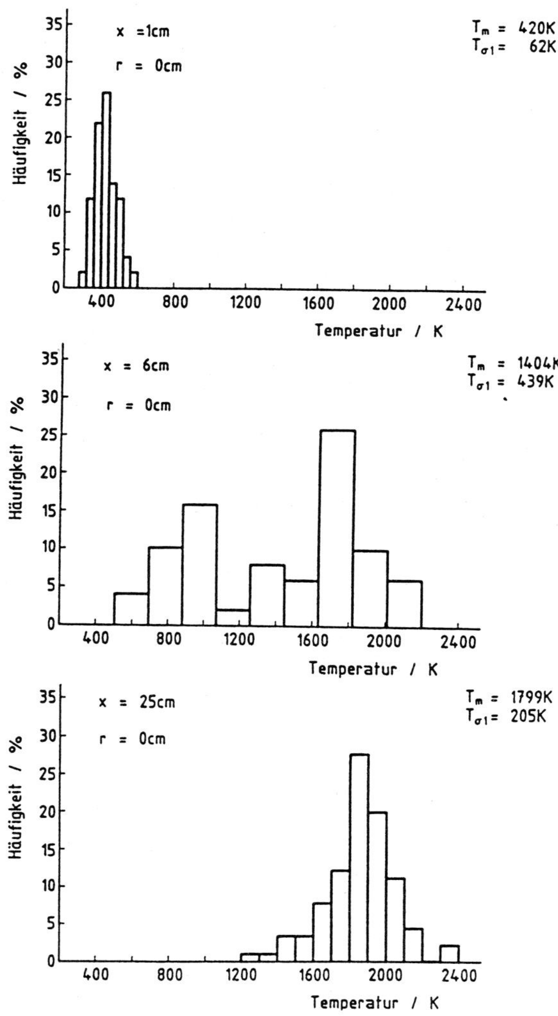

Abbildung 5: Histogramme momentaner Temperaturen

- Turbulenzmodell: Die Beschreibung der Turbulenz erfolgt mit dem bekannten $k-\varepsilon-$Modell [12] über die Lösung der Erhaltungsgleichungen für die Turbulenzenergie k und die Dissipationsgröße ε.

- Tröpfchenmodell: Die Öltropfen werden mit einem kontinuierlichen Modell beschrieben [14], wobei ihre Geschwindigkeit relativ zum Gas vernachlässigt wird. Inzwischen sind am gleichen Versuchsobjekt auch Rechnungen mit einem diskreten Tropfenmodell durchgeführt worden [15].

- Strahlungsmodell: Der Strahlungseinfluß wird durch ein spezielles Flußmodell, die "diskrete-Ordinaten-Methode" [16,17], berücksichtigt.

- Verbrennungsmodelle: Um die Vielzahl der bei der Verbrennung von Heizöl auftretenden Reaktionen nicht einbeziehen zu müssen, werden gerade hier vereinfachende Annahmen getroffen. Es werden verschiedene Modelle benutzt und miteinander verglichen: Um die Berücksichtigung von Reaktionsraten zu umgehen, wird zum einen ein "gemischt gleich verbrannt"-Ansatz mit einer unendlich schnellen, einstufigen Reaktion gewählt. Dieser beschreibt Temperatur, Dichte und Konzentrationen als Funktion des Mischungsgrads f. Eine Erweiterung dieses "single delta function"-Modells (SDF) stellt die Einführung der Varianz g dar, welche auch die örtlichen Fluktuationen der Konzentration und die der damit verknüpften Enthalpien berücksichtigt. Die Wahrscheinlichkeitsdichtefunktion wird vereinfacht durch eine "double delta function" (DDF) beschrieben. Als drittes Reaktionsmodell wird das "eddy dissipation concept" (EDC) [18] benutzt, welches eine endliche Reaktionsrate und die Wechselwirkung zwischen Turbulenz und Verbrennung einbezieht.

6 Vergleich experimenteller und theoretischer Ergebnisse

Im folgenden werden die mit CARS erhaltenen Ergebnisse mit den Vorhersagen der Modelle SDF, DDF und EDC verglichen. Die in der ersten Meßebene ($x = 0$) bestimmten Temperaturen sowie die mit Laser-Doppler-Anemometrie (LDA) ermittelten Geschwindigkeiten [19] von bis zu 17 m/s (axial) und 6 m/s (tangential) fließen als Anfangsbedingungen in die Rechnung ein. Die numerische Simulationen basieren auf einem nicht-äquidistanten 30 × 32-Punkte-Gitter. Ausreichende Konvergenz verlangt typischerweise 300 Iterationen.

In Abb. 6 sind beispielhaft radiale Temperaturprofile in verschiedenen Abständen von der Mischeinrichtung dargestellt. Unmittelbar hinter der Düse ist aufgrund der dort vorhandenen Tröpfchen eine niedrige Temperatur von etwa 500 K zu beobachten. Sowohl Rechnung wie auch Messung zeigen einen Anstieg bei etwa 2 cm Abstand zur Mittelachse. Bei $x = 5$ cm zeigen sich größere Abweichungen zwischen Messungen und den Vorhersagen aller Modelle, wobei insbesondere EDC deutlich zu niedrige Temperaturen liefert. Am Brennraumende, bei $x = 25$ cm, stimmen die drei Modelle sowohl untereinander wie auch mit den CARS-Ergebnissen in weiten Bereichen überein.

Um einen Gesamteindruck von der Temperaturverteilung zu bekommen, sind in Abb. 7 (oben) alle Meßergebnisse in einem Isothermen-Bild dargestellt, wobei eine mit

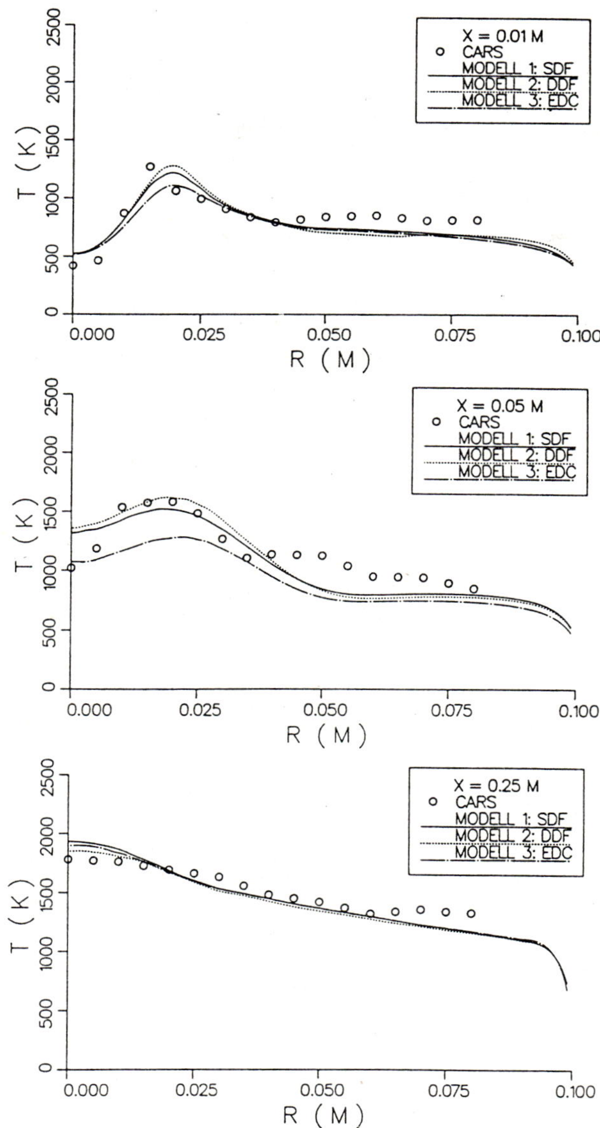

Abbildung 6: Radiale Temperaturprofile

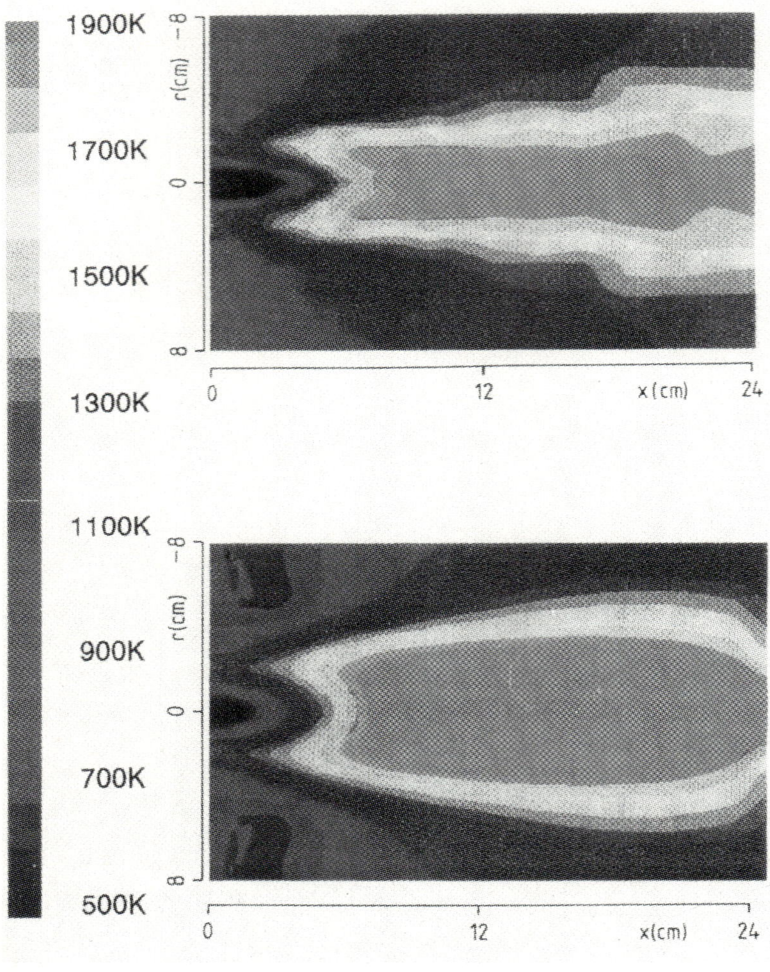

Abbildung 7: Isothermen-Darstellung; oben: CARS-Daten, unten: Modell DDF

CARS exemplarisch überprüfte Radialsymmetrie der Temperaturverteilung vorausgesetzt ist. Ein Vergleich mit der darunter abgebildeten theoretischen Verteilung, welche sich aus dem Modell DDF ergibt, zeigt eine in der großräumigen Verteilung insgesamt zufriedenstellende Übereinstimmung. Abweichungen sind insbesondere in der Länge der kalten Tröpfchenzone sowie der radialen Ausdehnung des heißen Bereichs festzustellen.

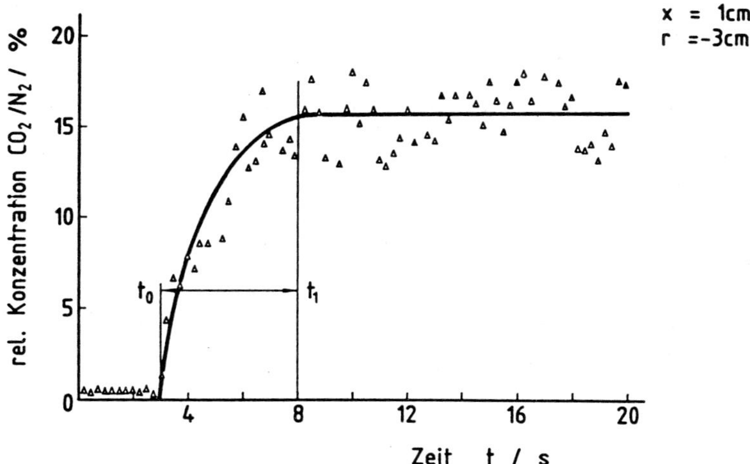

Abbildung 8: Kohlendioxid-Konzentrationen in der Startphase

7 Instationäres Betriebsverhalten

Um die Möglichkeiten aufzuzeigen, mit optischen Meßtechniken auch instationäre Vorgänge beobachten zu können, wird das Startverhalten des Brenners untersucht. Als zeitabhängige Meßgröße wird hier beispielhaft die relative Konzentration des Kohlendioxids an einem Meßort ($x = 1$ cm, $r = 3$ cm) präsentiert. Als Meßtechnik wird eine sog. 3-Farben-CARS-Variante eingesetzt, welche auf der quadratischen Abhängigkeit der CARS-Signalintensität von der angeregten Molekülzahl beruht.

Deutlich zeigt Abb. 8 die sich über 5 s erstreckende Startphase, bis der stationäre Wert von etwa 16 % bezogen auf Stickstoff, umgerechnet etwa 12 Vol.%, erreicht ist. Da der Zeitabstand zwischen aufeinanderfolgenden CARS-Messungen im Bereich von Zehntelsekunden (hier 0,25 s) liegt, können Emissionsspitzen wesentlich präziser als mit

Meßtechniken festgestellt werden, welche mit größerer zeitlicher Trägheit reagieren. Dies kann insbesondere bei der Beurteilung von Emissionsspitzen von Bedeutung sein.
Das hier gezeigte Beispiel der Kohlendioxid-Messung läßt sich problemlos auf andere Hauptkomponenten eines Gasgemischs übertragen. Die Messung von geringen Konzentrationen, z.B. im ppm-Bereich, erfordert jedoch eine Variation der Meßtechnik, deren Anwendbarkeit im Einzelfall geprüft werden muß.

8 Schlußfolgerungen und Ausblick

Die bisher erzielten Ergebnisse lassen mehrerer Schlüsse zu:
Lasermeßtechniken ermöglichen es, in handelsüblichen Brennern örtliche Temperaturen und Konzentrationen zuverlässig zu bestimmen. Ihr Vorteil gegenüber konventionellen Meßtechniken wie die Benutzung von Thermoelementen oder Sonden ist unter anderem in ihrer hohen zeitlichen Auflösung begründet. Sie erlaubt die Beobachtung sowohl der zeitlichen Schwankungen um den Mittelwert wie auch der Entwicklung während instationärer Betriebsphasen z.B. beim An- und Abschalten.
Parallel zu der beschriebenen Punktmeßtechnik CARS werden auch Laser-Lichtschnitt-Verfahren angewendet, welche (zumindest qualitativ) einen augenblicklichen Eindruck der 2-dimensionalen Verteilung der Meßgröße geben. Insbesondere die Kombination der laserinduzierten Fluoreszenz (LIF) mit einer quantitativen Punktmeßtechnik wie CARS wird in Zukunft neue Einblicke in den Ablauf der technischen Verbrennungsprozesse erlauben.
Weitere Verbesserungen sind auch bei der theoretischen Simulation möglich. Alle verwendeten Modelle zur Beschreibung der turbulenten Strömung, der Tröpfchen, der Strahlung und der chemischen Reaktionen beinhalten Vereinfachungen, welche nur als Kompromiß in Hinblick auf den Rechenaufwand zu verstehen sind.
Neben der grundlegenden Verbrennungsforschung und der weiteren Meßtechnik-Entwicklung wird zukünftig die kombinierte Anwendung beider Bereiche an realen Verbrennungssystemen wachsende Bedeutung gewinnen.

Die Arbeit wurde durch die Deutsche Forschungsgemeinschaft (DFG) im Rahmen des Forschungsvorhabens "Simulation der Strömung und Verbrennung in Kleinfeuerungsanlagen" finanziert. X.X. Zhang bedankt sich für ein Stipendium der Heinrich-Hertz-Stiftung, D. Brüggemann für die Unterstützung durch den Bennigsen-Foerder-Preis des Landes Nordrhein-Westfalen.

9 Literatur

[1] Zhang, X.X.: *Anwendung der CARS-Meßtechnik zur Verbrennungsdiagnose in einem Ölgebläsebrenner*, Dissert. RWTH Aachen (1991)

[2] Dzubiella, M., Wies, B., Minkenberg, H.: *CARS-Messungen im Brennraum eines stationären Ölgebläsebrenners*, Diplomarbeit RWTH Aachen (1990)

[3] Greenhalgh, D.A.: *Quantitative CARS Spectroscopy*, in: *Advances in Non-Linear Spectroscopy*, Wiley, London (1990)

[4] Hassel, E.: *CARS-Untersuchungen an einem Otto-Motor*, Dissert. RWTH Aachen (1987)

[5] Brüggemann, D., Wies, B., Zhang, X.X.: *CARS-Messungen in einem klopfenden Ottomotor bei gleichzeitiger Beobachtung der Flammenausbreitung*, VDI-Ber. **765**, 493 (1989)

[6] Brüggemann, D.:*Entwicklung der CARS-Spektroskopie zur Untersuchung der Verbrennung im Otto-Motor*, Dissert. RWTH Aachen, Augustinus, Aachen (1990)

[7] Aldén, M., Wallin, S.: *CARS experiments in a full-scale (10 × 10 m) industrial coal furnace*, Appl. Opt.**24**, 3434 (1985)

[8] Kreutner, W., Plath, I., Meier, W., Stricker, W.: *Einsatz einer mobilen CARS-Apparatur für die Temperaturmessung in technischen Flammen*, 5. TECFLAM-Seminar, Stuttgart, Okt. 1989

[9] Wagner, H.G.: *Stand der aktuellen Probleme der Verbrennungsforschung*, Erdöl Erdgas Erdkohle, **105**, 175 (1989)

[10] Minkenberg, J.: *Ölgefeuerte Kleinbrenner: Berechnung und Vermessung der Flammen*, Dissert. RWTH Aachen, Augustinus, Aachen (1991)

[11] Patankar, S.V., Spalding, D.B.: *A Computer Model for Three-Dimensional Flow in Furnaces*, Proceedings 14th Symp. (Int.) on Combustion (1972)

[12] Jones, W.P., Launder, B.E.: *The Calculation of Low-Reynolds-Number Phenomena with a Two-Equation Model for Turbulence*, Int. J. Heat Mass Transfer,**16**, 1119 (1973)

[13] Stopford, P.J., Lever, D.A.: *Comparision of Continuous and Discrete Spray Combustion Model Predictions with Experiment*, AERE-Harwell Report AERE-R 11806 (1985)

[14] Gosmann, A.D., Ioannides, E., Lever, D.A., Cliffe, K.A.: *A Comparision of Continuum and Discrete Droplet Finite-Difference Models Used in the Calculation of Spray Combustion in Swirling, Turbulent Flows*, AERE-Harwell Report AERE-TP 865, HTFS RS 308 (1980)

[15] Foli, K.A.: *Impuls- und Energieaustausch in Kleinfeuerungen*, Dissert. RWTH Aachen, Augustinus, Aachen (1991)

[16] Truelove J.S.: *Evaluation of a Multi-Flux Model for Radiative Heat Transfer in Cylindrical Furnaces*, AERE-Harwell Report AERE-R 9100 (1978)

[17] Hyde, D.J., Truelove, J.S.: *The Discrete Ordinate Approximation for Multidimensional Radiant Heat Transfer in Furnaces*, AERE-Harwell Report AERE-R 8502 (1977)

[18] Magnussen, B.F.: *On the Structure of Turbulence and a Generalized Eddy Dissipation Concept for Chemical Reaction in Turbulent Flow*, 19th AIAA-Meeting, St.Louis (1981)

[19] Dewenter, V., Kruse, F., Minkenberg, H.: *Vermessen eines Strömungsfeldes mit einem Laser-Doppler-Anemometer an einer Versuchsbrennkammer*, (unveröff.) Studienarbeit RWTH Aachen (1990)

Entwicklung und Test einer monovalenten Absorptionswärmepumpe für Hausheizungssysteme

Dr.-Ing. **L. Mardorf** VDI, Hardthausen

In diesem Beitrag werden die Entwicklungsschritte ausgehend von den besonderen Anforderungen eines Heizungssystems über die mathematische Simulation des Absorptionswärmepumpen-Prozesses mit dem Stoffpaar Ammoniak-Wasser bis zu besonderen Lösungen für einige Komponenten aufgezeigt. Über den Vergleich der Untersuchungsergebnisse mit konkurrierenden Absorptionswärmepumpen - Entwicklungen hinaus wird ein Ausblick auf weiterführende Arbeiten gegeben.

Einleitung

Wärmepumpen haben aufgrund des seit langem in der Kältetechnik bekannten Kaltdampfprinzips von Kältemitteln die Möglichkeit, Wärme aus der Umwelt aufzunehmen und diese zusammen mit der aufzuwendenden Antriebsenergie an das Heizungssystem abzugeben. Somit wird mehr Wärme an das Heizungssystem abgegeben als über die Antriebsenergie zugeführt. Dabei haben Absorptionswärmepumpen gegenüber den Elektrokompressionswärmepumpen den Vorteil, die Antriebsenergie ohne die verlustreiche Umwandlung bei der Stromerzeugung direkt durch Primärenergie in Form von Heizöl oder Erdgas über einen Brenner einzubringen.

Werden Absorptionswärmepumpen speziell für die Einbindung in Hausheizungssysteme entwickelt, können sie in der Zukunft einen bedeutenden Beitrag zur Senkung der CO_2-Emission leisten, da Haushalte und Kleinverbraucher mit ca. 44% den größten Verbrauch an Endenergie erreichen.

Stoffsystem

Die Auswahl eines Stoffsystems erfolgte für den Einsatz in einer Absorptionswärmepumpe, welche ihre Verdampfungsenergie über die Umgebungsluft aufnimmt und die erzeugte Wärme an das Heizwasser eines Heizsystems abgeben soll. Zwar wurden in den letzten Jahren eine Reihe von Stoffpaaruntersuchungen durchgeführt, aber die hohe Verdampfungsenthalpie, die bekannten Werkstoffverträglichkeiten und die bestehenden Stoffdatensammlungen des Stoffsystems Ammoniak-Wasser überwogen bei dieser Entscheidung den konstruktiven Nachteil, Drücke bis 20 bar, in Kauf zu nehmen.

Die Verminderung des bei diesem Stoffsystem notwendigen Rektifikationsaufwandes wurde aufbauend auf den Untersuchungen von Alefeld und Radermacher [1] an dem tertiären Stoffsystem Ammoniak- Wasser-Lithiumbromid untersucht. Zwar führte die Zugabe von Lithiumbromid zu einer Dampfdruckerniedrigung bzw. Siedepunkterhöhung für das tertiäre System, aber die experimentellen Untersuchungen zeigten ein Ansteigen der Lösungspumpenleistung um ca. 10 % und eine Verminderung des Wärmeübergangs bei turbulenter Strömung um fast 50 % gegenüber dem ursprünglich gewählten Stoffsystem Ammoniak / Wasser.

Thermodynamische Randbedingungen

Für ein Heizungssystem mit einer Vorlauf-/Rücklauftemperatur von 55/45 °C (bei -15 °C Außenlufttemperatur) soll mit fallender Außenlufttemperatur bis -3 °C ein Wärmepumpenbetrieb durchgeführt werden, d.h. mit der Anergie der zugeführten Luft das Kältemittel, ca. 99,8 %-iges Ammoniak, verdampft werden. Mit einer verfahrenstechnisch bedingten minimalen Überhitzung von 2 K und der Berücksichtigung des Druckverlustes in der Ammoniakdampfleitung zwischen Verdampfer und Absorber sowie eines Absorberwirkungsgrades nahe 1 wird eine maximale Konzentration von 39 % festgelegt.

Unterhalb der Außenlufttemperatur von -3 °C, bei der keine Verdampfung des Kältemittels mehr durchgeführt werden kann, wird der Kältemitteldampf nach dem Rektifikator direkt nach einer

Drosselung auf Absorberdruck dem Absorber zugeführt (**Bild 1**). Greift man die Vorschläge von Altenkirch [2] auf, eine Annäherung an die Reversibilität bei der Wärmeübertragung zwischen der reichen und armen Lösung zu erreichen, bietet sich insbesondere für die thermodynamischen Randbedingungen dieser Absorptionswärmepumpe eine Verlegung dieser Wärmeübertragung in den Austreiberteil (bestehend aus Kocher und Rektifikator) an. Dabei wird die Entgasungsbreite soweit gesteigert, d.h. bei der oben festgelegten Konzentration der reichen Lösung die Konzentration der armen Lösung so weit gesenkt, daß auf den sogenannten Temperaturwechsler verzichtet werden kann.

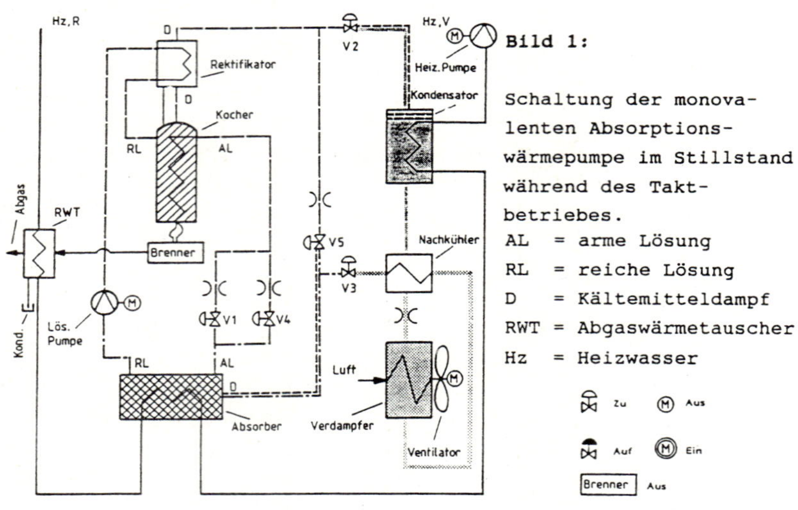

Bild 1:

Schaltung der monovalenten Absorptionswärmepumpe im Stillstand während des Taktbetriebes.

AL = arme Lösung
RL = reiche Lösung
D = Kältemitteldampf
RWT = Abgaswärmetauscher
Hz = Heizwasser

Wird die verfahrenstechnische Prozeßführung eines Kochers mit der dafür notwendigen integrierten Lösungsrückführung so ausgeführt, daß sich ein ausgeprägtes nahezu lineares Temperaturprofil über der Höhe im Kocher und damit eine Konzentrationsschichtung aufbaut, wird eine stärkere Rektifikation des aufsteigenden Dampfes im Kocher durch die eintretende kältere reiche Lösung erreicht. Der spezifische Dampfmassenstrom erhöht sich durch die Verlegung der Wärmeübertragung zwischen reicher und armen Lösung in den Austreiberteil.

Mathematische Simulation und Prozeß-Untersuchungen

Unter Verwendung der Zustandsgleichungen von Ziegler [3] wurde mit einem Rechenprogramm diese Schaltung ohne den sogenannten Temperaturwechsler untersucht. Mit der Annahme eines Gleichgewichtes zwischen der Konzentration der reichen Lösung und der Dampfkonzentration am Kocherkopf zeigt sich der erwartete Anstieg der theoretischen Leistungszahl aus dem sonst verlustfrei gerechneten Absorptionswärmepumpenprozeß mit größer werdender Entgasungsbreite. Während die Leistungszahl mit kleiner werdender Temperaturdifferenz an der Lösungsrückführung steigt, wird der Einfluß der Entgasungsbreite auf die Leistungszahl immer geringer (**Bild 2**). Beide Vorgänge bewirken also die oben angesprochene Erhöhung des spezifischen Dampfmassenstromes. Der dazu notwendigerweise zu übertragene Wärmestrom an der Lösungsrückführung sinkt mit der angezielten Vergrößerung der Entgasungsbreite. Hierbei macht sich der mit wachsender Entgasungsbreite sinkende Massenstrom der armen Lösung stärker bemerkbar als die ansteigende Enthalpiedifferenz durch die auseinanderlaufenden Isothermen im H-x Diagramm.

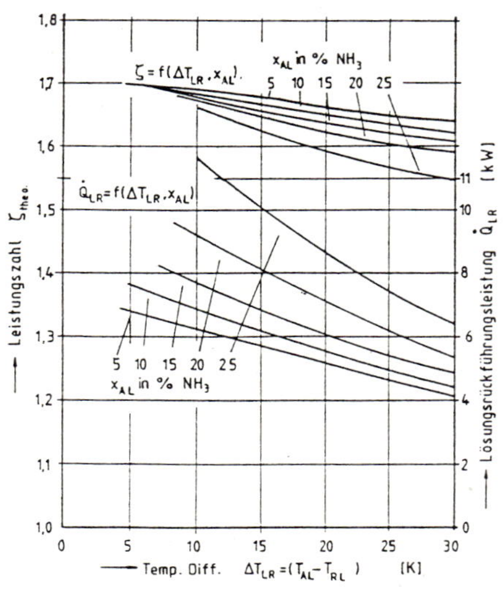

Bild 2:

Parameterstudie mit Verlagerung der Wärmeübertragung zwischen armer und reicher Lösung in den Kocher mit Lösungsrückführung.

x_{AL} = Konzentration der armen Lösung

ΔT_{LR} = Temperaturdifferenz zwischen armer und reicher Lösung am Kocherkopf

Während sich der Anstieg der Temperaturdifferenz zwischen den austretenden Strömen von armer Lösung und Dampf auf die Leistungszahl nur gering auswirkt, macht sich eine Verkleinerung der Temperaturdifferenz an der Lösungsrückführung und der Temperaturdifferenz zwischen armer Lösung und Dampf auf die Verbesserung der Dampfkonzentration am Kocherkopf stärker bemerkbar (**Bild 3**). Verständlicherweise fällt die Rektifikatorleistung (im Rücklaufkühler mit Teilkondensation) mit steigender Dampfkonzentration.

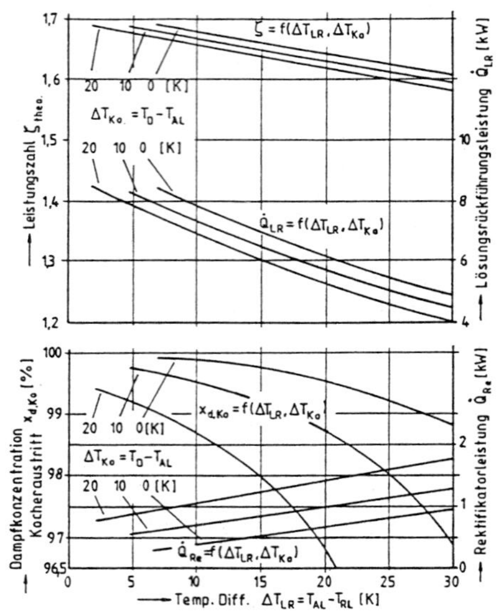

Bild 3:

Parameterstudie mit Einfluß der Temperaturdifferenz zwischen armer und reicher Lösung auf die Dampfkonzentration am Kocherkopf bei konstanter Entgasungsbreite von 24 %.

T_{AL} = Temperatur der armen Lösung

T_D = Dampftemperatur am Kocherkopf

Der Rektifikatorwirkungsgrad hat dagegen auf die Leistungszahl mit kleiner werdender Temperaturdifferenz an der Lösungsrückführung einen immer schwächeren Einfluß.

Aufbauend auf diese Parameterstudie für einen Absorptionswärmepumpenprozeß ohne den sogenannten Temperaturwechsler wurde ein Kocher mit einer Lösungsrückführung konzipiert. Aufgrund seiner Direktbeheizung mit einem Heizöl- Gebläsebrenner wurde der Lösungsraum ringspaltförmig um die Brennkammer ausgeführt. Dieser Lösungsraum wird sowohl von der Innen- als auch von der Außenseite durch die Rauchgase beheizt. Der Lösungsraum selbst ist in eine beheizte und in eine unbeheizte Zone aufgeteilt und enthält eine Rohrwendel als Lösungsrückführung (**Bild 4**). Die experimentellen Untersuchungen dieses Kochers im Prototypen 1 zeigten, daß das in der oben beschriebenen Parameterstudie angenommene Gleichgewicht zwischen der Konzentration der reichen Lösung und der Dampfkonzentration am Kocherkopf erreicht wurde und sich entsprechend der niedrigen Eintrittstemperatur der reichen Lösung eine hohe Dampfkonzentration einstellte. Dagegen konnte die geforderte kleine Temperaturdifferenz zwischen der reichen und der armen Lösung mit dieser ersten Version nicht verwirklicht werden.

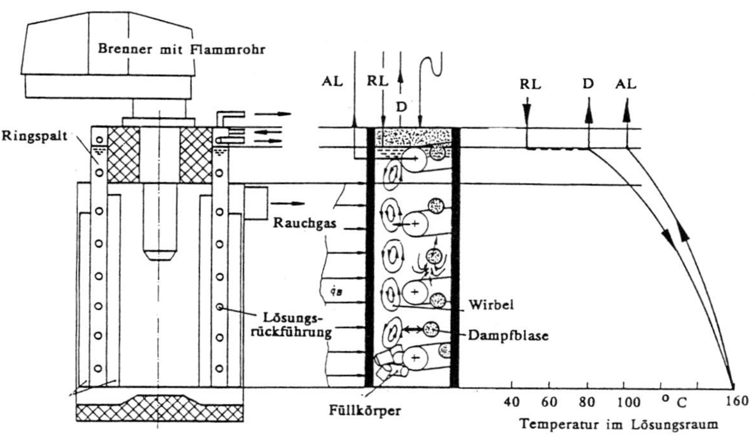

Bild 4: Kocher mit Lösungsrückführung

Dieser Vorgang kann mit der Rückvermischung im Lösungsraum erklärt werden, wodurch der gemessene Temperatursprung der reichen Lösung am Lösungspegel entsteht. Zur Beurteilung der Einflüsse auf die Rückvermischung wurde eine mathematische Simulation des Kocherprozesses mit einem Rechenprogramm durchgeführt. Der in diesem Rechenprogramm enthaltene Dispersionskoeffizient δ_{mix} wurde iterativ variiert, bis die Meßgrößen des Kochers im Absorptionswärmepumpenprozeß mit den Rechengrößen genügend genau übereinstimmten. Für eine auf den Dispersionskoeffizienten δ_{mix} bezogene Pecletzahl Pe^* konnte für diese

Kocherbauart eine Korrelation in Abhängigkeit des über den Brenner zugeführten Wärmestromes $\dot{Q}_{Ko}$ und der Eintrittskonzentration der reichen Lösung gefunden werden.

$$Pe^* = 0{,}361 \cdot 10^{-5} \, (D_{RR}/mm)^{-4,4} \left(\frac{Re}{\dot{Q}_{Ko}/kW}\right)^{11/3} x_{RL}^{2} \qquad \text{mit} \qquad Pe^* = \frac{w_{Ds}\, D_{RR}}{\delta_{mix}}$$

Darin ist w_{Ds} die lokale Leerrohrgeschwindigkeit des Dampfes, Re die Reynoldszahl und der Raschigringdurchmesser D_{RR}=5 mm.

Die Pecletzahlen, die aus den Meßgrößen abgeleitet wurden und die Pecletzahlen, die diesen gemessenen Prozeß beschreiben, zeigen für die Brennerleistungen zwischen 9 und 25 kW eine gute Übereinstimmung. Mit der aufgestellten Korrelation der Pecletzahl wurde mit dem Rechenprogramm eine Parameterstudie durchgeführt. Dabei zeigte sich, daß die Rückvermischung nahezu vermieden wird, wenn ein Teil der Wärmeübertragung zwischen der reichen und armen Lösung zusammen mit der Teilkondensation des Dampfes in den Rektifikator (Rücklaufkühler) verlegt wird (**Bild 5**).

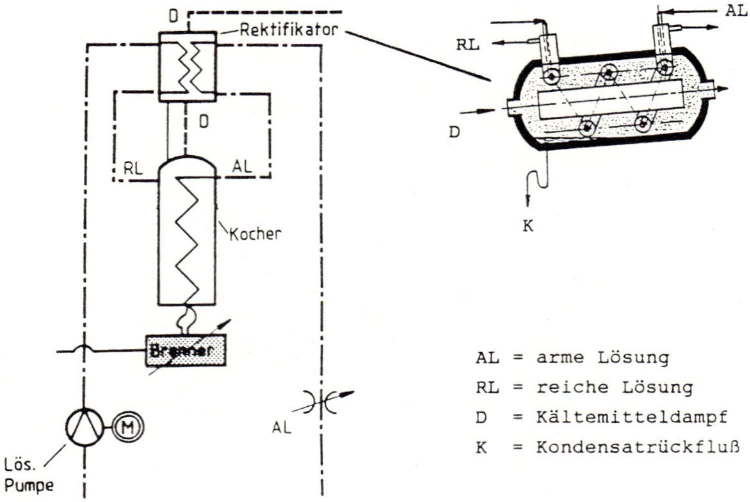

Bild 5: Austreibersystem mit Lösungsrückführung im Kocher und Lösungswärmeübertragung im Rektifikator

Dies scheint zwar im ersten Moment eine Wiedereinführung des sogenannten Temperaturwechsels zu sein, unterscheidet sich aber im wesentlichen dadurch, daß die Wärmekapazitäten des wärmeaufnehmenden Stromes der Summe der Wärmekapazitäten von armer Lösung und Dampf nahezu entspricht. Dadurch kann die reiche Lösung im realen Kocher auf ca. 10 K unter dem Siedepunkt vorgewärmt werden. Eine Verkleinerung der Spaltbreite des Lösungsraumes verringert zusätzlich die Rückvermischung.

Stationäre Leistungszahlen

In experimentellen Untersuchungen mit einem danach ausgeführten Kocher / Rektifikator- System im Prototypen 2 konnten die mit der mathematischen Simulation vorhergesagten Werte erreicht werden, wobei in der beheizten Zone des Lösungsraumes ein nahezu lineares Konzentrationsprofil vorliegt (**Bild 6**). Die Dampfkonzentration, die mit der eintretenden reichen Lösung im Gleichgewicht liegt, hat sich gegenüber der vorherigen Schaltung um ca. 3 Prozentpunkte entsprechend der höheren Temperatur der eintretenden reichen Lösung verringert.

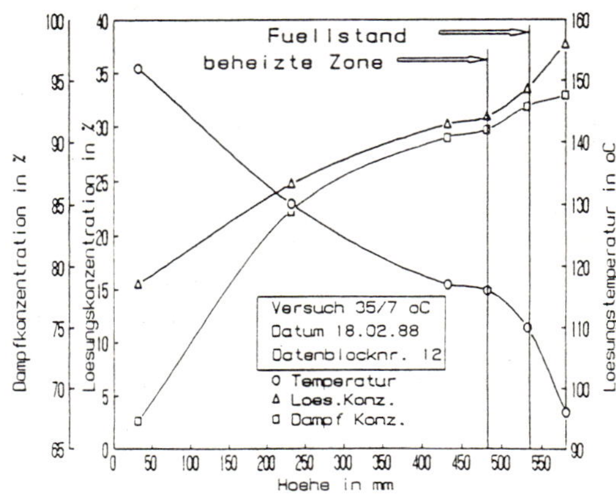

Bild 6: Temperatur- und Konzentrationsprofil im Kocher mit vorgeschalteter Wärmeübertragung im Rektifikator

Als hervorstechendes Ergebnis konnte die brennstoffbezogene Leistungszahl um ca. 10 % gegenüber dem Prototypen 1 erhöht werden. Vergleicht man die gemessenen brennstoffbezogenen stationären Leistungszahlen der Prototypen 1 und 2 mit Marktgeräten und mit konkurrierenden Entwicklungen, zeigt sich, daß die Leistungszahl nicht nur im ganzen Außenlufttemperaturbereich höher liegt, sondern auch mit fallender Außenlufttemperatur nur einen leicht abnehmenden Leistungszahlverlauf hat. Im Gegensatz zu den verglichenen Absorptionswärmepumpen und zu Elektrokompressionswärmepumpen, die einen luftbeaufschlagten Verdampfer haben, benötigt dieser Prototyp keinen zusätzlichen Kessel.

Einbindung in den Heizkreis und dynamische Untersuchungen

Untersuchungen an Wohnhäusern ergaben einen fast linearen Anstieg des Tagesmittel-Wärmebedarfes mit sinkender Außenlufttemperatur. Zur Bedarfsdeckung eines 25 kW-Hauses arbeitet diese monovalente Absorptionswärmepumpe oberhalb einer Außenlufttemperatur von -3°C mit einer Brennerleistung von ca. 10 kW im Wärmepumpenbetrieb und gibt dabei nahezu über den gesamten Außenlufttemperaturbereich eine Heizleistung von ca. 15 kW ab. Im sogenannten Kesselbetrieb, unterhalb einer Außenlufttemperatur von 0 °C, wird der Brenner auf eine Leistung von 23,5 kW umgeschaltet, wobei durch die integrierte Brennwerttechnik eine Heizleistung von ca. 25 kW abgegeben wird (**Bild 7**).

Um diese aufgezeigte Diskrepanz zwischen dem Wärmeerzeuger und dem Wärmeverbraucher aufzufangen und damit die Taktzahlen der Absorptionswärmepumpe zu verringern, wird parallel zu dem Heizkreis bestehend aus Mischer und Heizkörper (Verbraucher) ein Heizwasserpuffer geschaltet (**Bild 8**). Hat die Heizwassertemperatur "Puffer, unter" einen Maximalwert erreicht, schaltet die Absorptionswärmepumpe aus, und der Heizkreis wird aus diesem Heizwasserpuffer versorgt, solange bis die Heizwassertemperatur "Puffer, oben" einen Minimalwert erreicht hat.

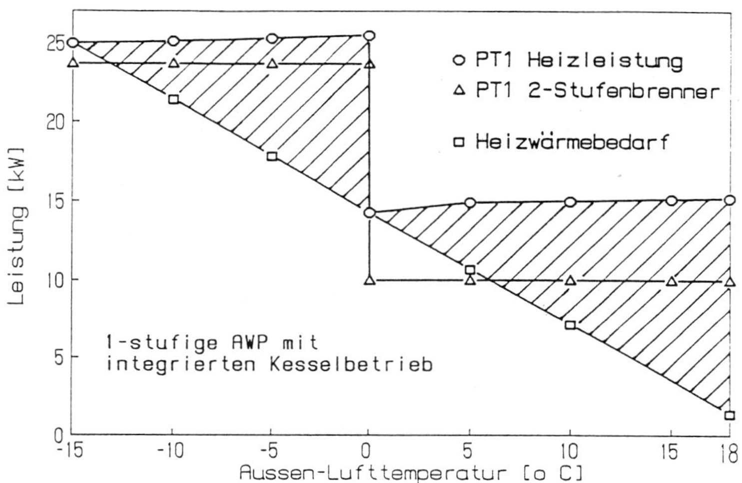

Bild 7: Deckung des Wärmebedarfs eines 25 kW - Hauses
mit Prototyp 1

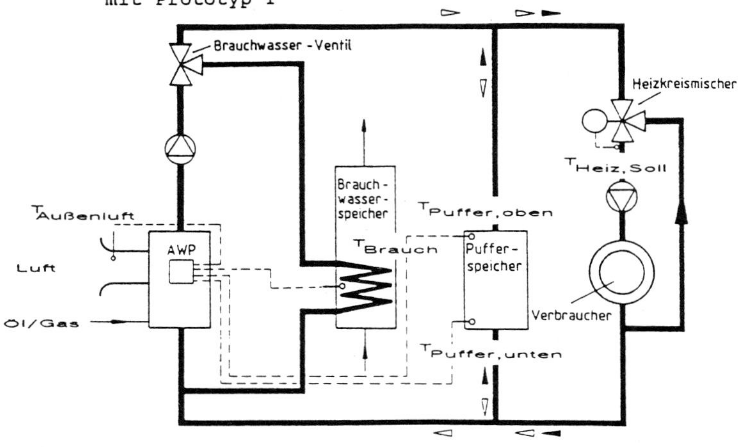

Bild 8: Einbindung der monovalenten Absortionswärmepumpe in den Heizkreis

Beim Abschalten in dem beschriebenen Taktbetrieb werden in beiden Betriebsmodi alle Ventile (V1 bis V5) geschlossen (**Bild 1**). Der Brenner, die Lösungspumpe und der Ventilator sind ausgeschaltet. Dadurch, daß keine Wärme abgeführt wird, sorgt die vorhandene Wärmekapazität im Kocher für einen Anstieg des Hochdruckes. Wird ein Maximalwert erreicht, öffnet das Ventil V2 kurzfristig bis der Hochdruck auf den Betriebszustand abgefallen ist. Dabei wird geringfügig Kältemitteldampf dem Kondensator zugeführt. Da bei dieser Betriebsart die Zustände (Druck, Temperatur, Konzentration) der Lösungen im Kocher und Absorber über einen langen Zeitraum nahezu konstant bleiben, wird der stationäre Zustand des Absorptionswärmepumpen-Prozesses nach dem Wiederanfahren kurzfristig wieder erreicht.

In einer Heizkreissimulation zur Beheizung eines Laborgebäudes wurde mit dem Ab- und Zuschalten von Heizkörpergruppen das Heizverhalten von Hausbewohnern simuliert. Während eines leicht schwankenden Temperaturganges der Außenluft mit einer Tagesmitteltemperatur von 3 °C konnte in einer 24 Stunden- Bilanz ein Tagesmittelnutzungsgrad (dynamische Leistungszahl) von 1,417 erreicht werden (**Bild 9**). Das entspricht einem instationären Wirkungsgrad von 95,2 %. Dabei wurde die Absorptionswärmepumpe im Tagbetrieb 25 mal getaktet, mit Laufzeiten zwischen 5 und 115 Minuten und Stillstandzeiten zwischen 10 und 35 Minuten.

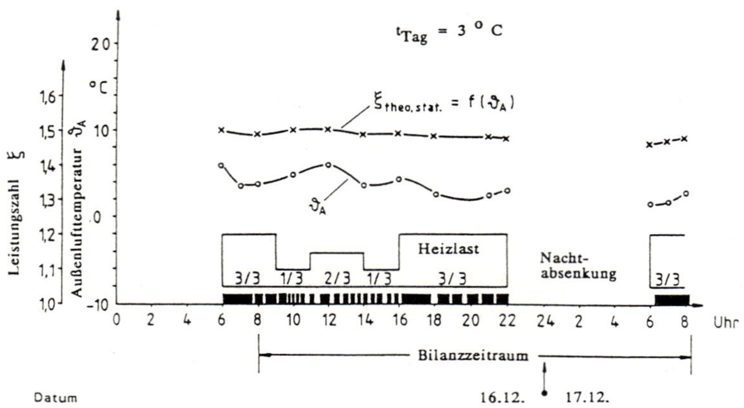

Bild 9: Tagesbilanz der Heizkreissimulation mit Prototyp 1

Ausblick

Aufgrund der umfangreichen experimentellen Untersuchungen mit dem bisher entwickelten Prototypen konnten für die einzelnen Komponenten prozeßbeschreibende Gleichungen für das Betriebsverhalten abgeleitet werden. Diese Korrelationsgleichungen sind die Grundlagen für ein Rechenprogramm, mit dem die Zustände des teillastgeregelten Absorptionswärmepumpen - Prozesses simuliert werden können. Eine Parameterstudie mit diesem Rechenprogramm zeigte, daß ein optimaler Leistungszahlverlauf in Abhängigkeit des geforderten Betriebszustandes (Außenlufttemperatur, Vorlauftemperatur) erreicht wird, wenn die Konzentrationen der armen und reichen Lösung dementsprechend verändert werden. Die mathematische Simulation ergab einen Leistungszahlverlauf, der dieses System von den bisherigen Entwicklungen weit abhebt. So konnte gezeigt werden, daß im Auslegungspunkt bei 7 ° C, dem Außenlufttemperatur-Bereich mit der höchsten Jahresmittelhäufigkeit, eine Leistungszahl von ca. 1,67 erreicht werden kann. Während die Leistungszahl bei -10 ° C noch einen Wert von 1,48 erreicht, steigt sie mit wachsender Außenlufttemperatur bis zu einem Wert knapp unterhalb 1,70 (**Bild 10**).

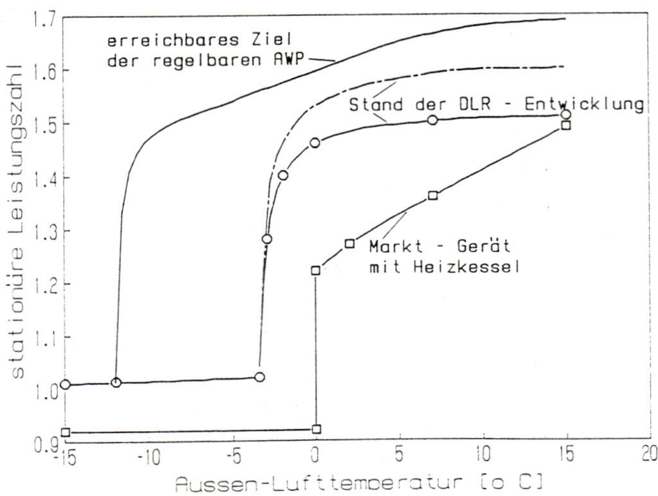

Bild 10: Stationäre Leistungszahlen ohne elektrischen Verbrauch

Ein regelbarer Gas- oder Heizöl-Brenner läßt dabei die Anlage in mehr als 80% des Betriebes in Anpassung an den vorhandenen Heizbedarf des Wohnhauses ohne Takten durchlaufen. Mit heutigen leistungsfähigen Mikroprozessoren und steuerbaren Ventilen ist die Entwicklung einer geeigneten Regelung / Steuerung Stand der Technik. Mit dem zukünftigen Konzept einer teillastgeregelten Absorptionswärmepumpe läßt sich gegenüber einem heute üblichen Heizkessel mit einem Jahresnutzungsgrad von 85 % bei gleichem Brennstoff eine CO_2- Verminderung bis zu 45 % erreichen [4].

Literatur

[1] Alefeld, G. Radermacher, R.: Lithiumbromid-Wasser-Lösung als Absorber für Ammoniak und Methylamin. Brennstoff-Wärme-Kraft 34 (1982) Nr.1.

[2] Altenkirch, E.: Absorptionskältemaschine. VEB Verlag Technik Berlin 1954.

[3] Ziegler, B.: Zustandsgleichung für das System Ammoniak-Wasser. Mitteilung des Instituts für Verfahrens- und Kältetechnik an der ETH Zürich 1980. Erweiterung der Zustandsgleichung von Schulz für Ammoniak-Wasser-Gemisch'' . Vortrag Thermodynamik-Kolloquium Bad Mergentheim 10/1980.

[4] Mardorf, L.: Absorptionswärmepumpen - Ein Beitrag zur Minderung der CO_2-Emission. DLR-Nachrichten Heft 65 (November 1991).

VDI BERICHTE 923

VEREIN DEUTSCHER INGENIEURE

VDI-GESELLSCHAFT ENERGIETECHNIK

MÖGLICHKEITEN UND GRENZEN DER KRAFT-WÄRME-KOPPLUNG

Tagung Würzburg, 29. und 30. Oktober 1991

Wissenschaftlicher Tagungsleiter
Prof. Dr.-Ing. R. Pruschek VDI
Universität GH Essen

Inhalt

● = Nachfolgend veröffentlichter Beitrag

Energieeinsparung durch Kraft-Wärme-Kopplung – Potentiale und Grenzen

Prof. Dr.-Ing. **R. Pruschek** VDI und Dr.-Ing. **J. Bock** VDI, Essen

1 Einleitung

Kraft–Wärme–Kopplung (KWK) ist eine effiziente, praktisch erprobte und bewährte Energiespartechnik. Man versteht darunter die gleichzeitige Erzeugung von mechanischer oder elektrischer Arbeit und Nutzwärme in einer Anlage. Alle Wärmekraft- und Verbrennungskraftmaschinen sind daher für die KWK geeignet. Aber auch zukünftige Brennstoffzellen–Stromerzeugungsanlagen, die je nach Zellentyp Abwärme bei niedrigerer oder auch höherer Temperatur abgeben, können als KWK- Anlagen eingesetzt werden.

In der öffentlichen Diskussion und energiepolitischen Debatte hat die KWK im Zusammenhang mit Ressourcen- und Umweltschonung einen hohen Stellenwert, und auch für die Gestaltung der zukünftigen Energieversorgung in den neuen Bundesländern spielt der Ausbau der KWK eine bedeutende Rolle. Über den erreichbaren Beitrag zur Energieeinsparung im gesamten Versorgungssystem bestehen allerdings häufig überzogene Vorstellungen.

Der Energiespareffekt der KWK beruht auf der Ausnutzung der bei der Umwandlung von innerer Energie in Arbeit anfallenden Abwärme bzw. auf der Verminderung von Exergieverlusten bei der getrennten Erzeugung von Heizwärme und Prozeßdampf. Leider ist Wärme bzw. thermische Energie selbst über relativ kurze Zeiträume nur mit größerem Aufwand, Elektrizität in Form von Drehstrom praktisch überhaupt nicht speicherbar. Die gleichzeitige Erzeugung der beiden Sekundär–Energieströme erfordert daher deren synchrone Nutzung, wenn die potentielle Energieeinsparung erzielt werden soll.

Bei der Abschätzung des Energie–Einsparpotentials ist daher – wie auch in anderen Bereichen – sorgfältig zu unterscheiden zwischen

- physikalischem
- technischem und
- wirtschaftlichem Potential.

Unter dem physikalischen Einsparpotential ist in diesem Zusammenhang diejenige Energieeinsparung zu verstehen, die sich im gesamten Versorgungssystem durch Extrapolation auf der Basis von Kenndaten einer Einzelanlage im Auslegungspunkt errechnen läßt. Dies führt naturgemäß zu einer Überschätzung des Machbaren.

Das technische Potential berücksichtigt demgegenüber versorgungstechnische Zwänge infolge des zeitlich unterschiedlichen Leistungsbedarfs von Strom und Wärme und des Teillastverhaltens von KWK-Anlagen.

Betriebs- und volkswirtschaftliche Rahmenbedingungen schränken die Anwendungsmöglichkeiten weiter ein (wirtschaftliches Potential).

Im allgemeinen ist bei Potentialabschätzungen auch die Durchsetzbarkeit oder Akzeptanz zu beachten. Von dieser Seite hat die KWK keine Abstriche zu erwarten.

Ausgehend vom Stand der Technik befassen sich die nachfolgenden Ausführungen mit Überlegungen zur Abschätzung der möglichen Energieeinsparung durch KWK und der Einordnung in zukünftige Entwicklungen.

2 Stand der Kraft-Wärme-Kopplung in der Bundesrepublik Deutschland

2.1 Energieversorgungsstruktur

In Bild 1 ist die Struktur der Energieversorgung in den alten und neuen Bundesländern dargestellt. Während in den neuen Bundesländern 68 % des Primärenergieverbrauchs auf die Braunkohle entfallen, liegt in der BRD in den Grenzen vor den 3.10.1990 eine wesentlich ausgeglichenere Energieversorgungsstruktur vor. Ebenso unterschiedlich ist auch die Endenergieverbrauchsstruktur in den Verbrauchssektoren Industrie, Verkehr, Haushalte und Kleinverbraucher [1].

Bemerkenswert ist der hohe Fernwärmeanteil im Verbrauchssektor Haushalt. Mit Fernwärme werden 23 % aller Wohnungen versorgt, während in den alten Bundesländern dieser Anteil bei 9 % liegt. Andererseits erfolgt die Beheizung von rund 65 % aller Wohnungen in der ehemaligen DDR immer noch durch brikettgefeuerte Einzelöfen [1].

2.2 Kraft–Wärme–Kopplung in den alten Bundesländern

Die Kraft–Wärme–Kopplung wird sowohl in der öffentlichen Energieversorgung wie auch in der Industrie angewendet.

Öffentliche Versorgung:
Im Jahre 1988 verfügten von 143 öffentlichen Fernwärmeversorgungs–Unternehmen, die in der AGFW*) vertreten sind, 86 Unternehmen über wenigstens eine KWK–Anlage. Die in KWK–Anlagen der öffentlichen Versorgung installierte elektrische Nennleistung betrug im Jahre 1989 7080 MW_{el}. Dies entspricht 7,9 % der in den Kraftwerken der öffentlichen Elektrizitätsversorgung installierten elektrischen Brutto–Engpaßleistung. Der Deckungsbeitrag der durch KWK erzeugten elektrischen Arbeit an der Jahres–Bruttostromerzeugung lag bei 3,6 % [2].
Die Wärmeengpaßleistung der Kraft–Wärme–Kopplung in der öffentlichen Versorgung betrug 20785 MW_{th} und die Fernwärmenetzeinspeisung lag bei 151,74 PJ/a, was einem Deckungsanteil an der Jahres–Fernwärmearbeit von 73 % entspricht [3].
Bereits heute werden darüber hinaus in vielen Bereichen Blockheizkraftwerke eingesetzt. Die VDEW–Statistik [4] weist aus, daß 886 Anlagen am Ende des Jahres 1989 in Betrieb waren. Davon haben nur 79 Blockheizkraftwerke eine elektrische Gesamtleistung von mehr als 1 MW_{el}. Anlagen mit einer elektrischen Gesamtleistung von bis zu 400 kW_{el} sind im Durchschnitt mit 1 bis 2 Verbrennungsmotoren ausgerüstet, während Anlagen größerer Leistung bis zu 5 Motoren aufweisen. Die in Blockheizkraftwerken insgesamt installierte elektrische Nennleistung liegt bei rund 390 MW_{el}.

Industrielle Kraft–Wärme–Wirtschaft:
Mit der in Eigenerzeugungsanlagen installierten elektrischen KWK–Leistung von rund 8480 MW_{el} wurden 1989 30836 GWh/a elektrische Arbeit erzeugt [5]. Dabei sind Anlagen kleiner 1000 kVA nicht mitgerechnet. Die Dampfkraftwerke mit Entnahmekondensationsturbinen des Steinkohlebergbaus sind ebenfalls der Kraft–Wärme–Kopplung zugeordnet. Damit ergibt sich eine insgesamt vorhandene elektrische KWK–Leistung von 15557 MW_{el}, entsprechend 14,9 % der gesamten installierten elektrischen Brutto–Engpaßleistung.
Der Deckungsbeitrag der KWK an der Gesamt–Jahres–Bruttostromerzeugung in der öffentlichen Versorgung und Industrie beträgt 10,1 %.

---

*) Arbeitsgemeinschaft Fernwärme e.V.

2.3 Kraft–Wärme–Kopplung in den neuen Bundesländern:

Die Fernwärmeversorgung in der ehemaligen DDR unterteilt sich in die öffentliche (Energiekombinate) und in die nicht öffentliche Fernwärmeversorgung (Industriebetriebe und Einrichtungen, die nicht zu den Energiekombinaten zählen) [6]. Dabei werden über 70 % der gesamten Fernwärmeversorgung durch die öffentliche Wärmeversorgung gedeckt. Die in der öffentlichen Versorgung installierte elektrische KWK–Nennleistung betrug 1988 1440 MW_{el}, was 6 % der in den neuen Bundesländern installierten Kraftwerksleistung entspricht. Die Wärmeengpaßleistung der Kraft–Wärme–Kopplung in der öffentlichen Fernwärmeversorgung liegt bei 8349 MW_{th}, wobei die Fernwärmenetzeinspeisung 85,4 PJ/a betrug [6]. Der Deckungsanteil an der Jahres–Fernwärmearbeit durch Kraft–Wärme–Kopplung beträgt nur 59 %.
Detaillierte Angaben über die Struktur der KWK–Technik im Bereich der nicht–öffentlichen Fernwärmeversorgung liegen nicht vor.

2.4 Energieeinsparung durch KWK

Die Durchschnitts–Stromkennzahl, definiert als Quotient aus elektrischer Nennleistung und Wärmeengpaßleistung der Kraft–Wärme–Kopplung, berechnet sich für die alten Bundesländer zu $\sigma = 0{,}34$ und für die neuen Bundesländer zu $\sigma = 0{,}17$. Anhand dieser Stromkennzahlen, einem angenommenen Nutzungsfaktor der KWK von $\omega = 0{,}8$ und einem mittlerern Nutzungsgrad der reinen Stromerzeugung von $\nu_s = 0{,}32$ für die alten Bundesländer und $\nu_s = 0{,}28$ für die neuen Bundesländer sowie einem mittleren Nutzungsgrad der reinen Heizwärmeerzeugung von $\nu_H = 0{,}85$, läßt sich beim gegenwärtigen Ausbau der Kraft–Wärme–Kopplung in der öffentlichen Versorgung gegenüber einer gedachten getrennten Erzeugung eine Einsparung

$$\Delta W_{Br} = \left[\sigma \cdot \left[\frac{1}{\nu_s} - \frac{1}{\omega}\right] - \left[\frac{1}{\omega} - \frac{1}{\nu_H}\right]\right] \cdot Q_{H,KWK}$$

von

- 2,92 Mio t SKE in den alten Bundesländern und
- 0,94 Mio t SKE in den neuen Bundesländern

berechnen (verwendete Formelzeichen siehe Tabelle 1).

Unter Voraussetzung gleicher Kennzahlen ergäbe sich für den Industriesektor der alten Bundesländer eine Energieeinsparung durch KWK im Jahr 1989 von 6,28 Mio t SKE.

Allein durch die Sanierung der in den neuen Bundesländern bestehenden öffentlichen Fernwärmeversorgung auf das Niveau der alten Bundesländer, d.h. Erhöhung des Deckungsbeitrags durch Kraft–Wärme–Kopplung an der Fernwärme–Jahresarbeit von derzeit rund 60 % auf 75 % und Verbesserung der mittleren Stromkennzahl auf σ = 0,34, ließe sich die Energieeinsparung auf 2,09 Mio t SKE anheben. Desweiteren muß aber berücksichtigt werden, daß der spezifische Heizwärmeverbrauch mit rund 220 kWh/m^2·a gegenüber dem Wert in den alten Bundesländern (z.B. Häuser nach Wärmeschutzverordnung von 1984 153 kWh/m^2·a) wesentlich zu hoch ist [7]. Daher wäre es sinnvoll, zuerst alle Möglichkeiten zur Reduzierung des Wärmebedarfs auszuschöpfen. Nimmt man an, daß die 1,157 Millionen Wohnungen in den neuen Bundesländern, die an die öffentliche Fernwärmeversorgung angeschlossenen sind (Durchschnitts–Wohnfläche 62 m^2), ihren spezifischen Wärmeverbrauch auf 150 kWh/m^2·a senken werden, dann resultiert daraus eine Minderung der in KWK–Anlagen bereitzustellenden Fernwärme–Jahresarbeit. Dies bedeutet, daß sich bei Angleichung des technischen Standards eine Energieeinsparung durch den Einsatz der Kraft–Wärme–Kopplung in der öffentlichen Fernwärmeversorgung der neuen Bundesländer von 1,78 Mio t SKE erzielen ließe.

Insgesamt beträgt die Energieeinsparung durch Anwendung der KWK in der öffentlichen Energieversorgung und in der Industrie in den alten und neuen Bundesländern also heute rund 10 Mio t SKE, wobei die industrielle Kraft–Wärme–Kopplung in den neuen Bundesländern noch nicht berücksichtigt ist.

3 Technik und Kennzahlen

Für die Kraft–Wärme–Kopplung stehen folgende Technologien zur Verfügung:

- Dampfkraftwerk mit Gegendruck–, Entnahme– oder Zweigturbine in verschiedenen Schaltungsvarianten
- Gasturbine mit Abhitzenutzung (evt. mit Nachfeuerung im Abhitzekessel)
- Verbrennungsmotor mit Kühlwasser– und Abgaswärmeaustauscher (Blockheizkraftwerk)
- Gas–/Dampfturbinen Kombikraftwerk mit entsprechender Gestaltung der Dampfturbine
- Brennstoffzellen–Anlage mit Abwärmenutzung, insbesondere von phosphorsauren Zellen und Hochtemperatur–Brennstoffzellen.

Das **Dampfkraftwerk** mit Gegendruckturbine ist dadurch gekennzeichnet, daß Strom– und Nutzwärmeerzeugung zwangsläufig miteinander gekoppelt sind. Abgesehen von Fällen, in denen Wärmespeicher eingesetzt werden, kann diese Anlagenvariante nur bei zeitgleichem Bedarf beider Produktenergieströme eingesetzt werden. Die gleichen Verhältnisse liegen auch bei Gasturbinen mit reiner Abhitzenutzung, Blockheizkraftwerken und Brennstoffzellen–Anlagen vor. Piller und Rudolph [8] sprechen von Anlagen mit einem Freiheitsgrad.
Die andere Variante der Kraft–Wärme–Kopplung stellt das Entnahme–Gegendruck– oder Entnahme–Kondensationskraftwerk dar. Hier kann das Verhältnis von Strom– und Wärmeerzeugung in gewissen Grenzen frei gewählt werden (zwei Freiheitsgrade). Bei entsprechender Auslegung der Turbine und des Kondensators bieten diese Anlagen auch die Möglichkeit, den gesamten Frischdampfmassenstrom auf Kondensatordruck zu entspannen.
Bei allen KWK–Varianten mit Dampfturbinen ist die Wärmeauskopplung mit einer Verringerung der Stromerzeugung im Vergleich zu einem Kondensationskraftwerk mit gleichen Frischdampfparametern verbunden.

Bei Gasturbinen mit Abhitzenutzung, Blockheizkraftwerken und Brennstoffzellen ist dies nicht der Fall.

Moderne **Gasturbinen** weisen Abgastemperaturen von 500 bis fast 600 °C auf. Durch die hohen Abgastemperaturen ist nicht nur die Erzeugung von Heizwasser, sondern auch von Dampf möglich. Als Gasturbinenbrennstoffe werden verschiedene Heizgase und leichtes Heizöl eingesetzt. Im Zusammenhang mit der Weiterentwicklung des Kohle-Kombikraftwerks mit integrierter Kohlevergasung könnte auch Kohlegas zum Einsatz kommen.

Zukünftig ist auch ein verstärkter Zubau von **Kombikraftwerken** mit Gas-/ Dampfturbinen zu erwarten. Sie weisen gegenüber dem Dampfkraftwerk oder der einfachen Gasturbinenanlage höhere Stromausbeuten auf. Dies führt zu ähnlich hohen Stromkennzahlen wie sie für Blockheizkraftwerke kennzeichnend sind.

Blockheizkraftwerke sind KWK-Anlagen auf der Basis von Verbrennungskraftmaschinen (Gas- oder Dieselmotor). Sie werden neuerdings auch als Motorheizkraftwerke bezeichnet [9]. Bei einem Blockheizkraftwerk steht für die Wärmeerzeugung die Abgaswärme mit Temperaturen bis zu 600 °C und die Kühlwasserwärme (Zylinder- und Ölkühlung) mit einem Temperaturniveau um die 90 °C zur Verfügung. Durch Trennung der Abwärmequellen (Abgas und Kühlwasser) ist auch hier die Möglichkeit der Dampferzeugung gegeben. Ein Vorteil dieser Anlagen besteht darin, daß die Aufstellung in unmittelbarer Nähe des zu versorgenden Verbrauchers möglich ist, und somit die Anwendung der Kraft-Wärme-Kopplung auch im Bereich der Nahwärmeversorgung bzw. der Einzelobjekt-Versorgung erfolgen kann. Dies ist z.B. bei Krankenhäusern, Freizeitzentren mit Hallenbädern, Kaufhäusern, kleineren Siedlungen und Industriebetrieben der Fall. Als Kraftstoffe kommen hauptsächlich Dieselöl und Erdgas in Betracht. Blockheizkraftwerke und Gasturbinen bieten auch die Möglichkeit, Klär-, Deponie-, Bio- und Holzgas als Brennstoff zu verwenden.

Längerfristig ist anzunehmen, daß auch Brennstoffzellen als weitere Option für die Kraft-Wärme-Kopplung zur Verfügung stehen könnten. Dafür besonders geeignet erscheinen die phosphorsauren Brennstoffzellen und Hochtemperatur-Brennstoffzellen [10, 11]. Sie werden von allen vorgestellten Kraft-Wärme-Kopplungsvarianten voraussichtlich die höchsten Stromausbeuten und dadurch auch die größten Stromkennzahlen erreichen. Dies bedeutet, daß bei annähernd gleichem Nutzungsfaktor, wie er auch von anderen KWK-Anlagen erreicht wird, die Wärmeausbeute entsprechend klein ausfallen muß. Als Vorzüge gelten neben dem hohen elektrischen Wirkungsgrad das gute Teillastverhalten, das schnelle Laständerungsverhalten und die niedrigen Schadstoffemissionen. Allerdings befindet sich die Entwicklung speziell der Hochtemperatur-Brennstoffzelle erst am Anfang, und diese Art der Stromerzeugung ist daher nicht Stand der Technik.

3.1 Kennzahlen zur Beurteilung der thermodynamischen Güte

Kennzahlen, die zur Charakterisierung der Güte von KWK–Anlagen am häufigsten herangezogen werden, sind die Stromkennzahl σ, die Stromausbeute β*) und der Nutzungsfaktor ω. Die Definitionen gehen aus Tabelle 2 hervor. Desweiteren enthält diese Tabelle einen Überblick über die Kennzahlen typischer Kraft–Wärme–Kopplungsanlagen.

Bild 2 zeigt den funktionalen Zusammenhang zwischen der Stromkennzahl σ, dem Nutzungsfaktor ω und der Stromausbeute β (als Parameter). Danach wird deutlich, daß die Stromkennzahl keine thermodynamische Güteziffer ist. So beträgt die Stromkennzahl $\sigma = 0{,}8$ bei einem Nutzungsfaktor $\omega = 0{,}9$, während Sie bei gleicher Stromausbeute β, aber einem niedrigeren Nutzungsfaktor von z.B. $\omega = 0{,}6$, d.h. bei insgesamt schlechterer Ausnutzung der eingesetzten Brennstoffenergie, auf $\sigma = 2{,}0$ ansteigt.

Die thermodynamische Vorteilhaftigkeit der Kraft–Wärme–Kopplung läßt sich nur durch einen Vergleich des Brennstoffeinsatzes für die getrennte und gekoppelte Erzeugung von Strom und Wärme aufzeigen. Bild 3 enthält eine solche Gegenüberstellung. Bei dem gewählten Zahlenbeispiel werden durch Kraft–Wärme–Kopplung rund 16 % Brennstoff im Vergleich zur getrennten Erzeugung von Strom und Wärme eingespart. Es sind durchaus höhere Energieeinsparungen möglich, insbesondere können mit Blockheizkraftwerken relative Einsparungen bis fast 50 % erreicht werden. Das Beispiel macht aber auch deutlich, daß die Ausnutzung der Exergie in einer KWK– Anlage nicht besser ist als in einem Kondensationskraftwerk!

Neben einer Vielzahl von Wirkungsgraddefinitionen für die Kraft–Wärme–Kopplung, die im Schrifttum vorgeschlagen werden, und die einen Vergleich mit reinen Strom– bzw. Heizwärmeerzeugungsanlagen ermöglichen sollen, ist vor allem die Heizzahl eine geeignete Größe für die Kennzeichnung der Güte der Wärmeerzeugung in einer KWK–Anlage. Die Heizzahl ζ ist im Fall der KWK der Quotient aus ausgekoppelter Heizwärme (nutzbare Prozeßdampf–Enthalpie) dividiert durch den Primärenergiemehrbedarf (Brennstoffmehrbedarf). Letzterer ergibt sich aus der Differenz des Brennstoffbedarfs für die KWK–Anlage gegenüber dem Brennstoffbedarf eines Kondensationskraftwerks bei gleicher Stromerzeugung mit dem elektrischen Wirkungsgrad η_{el}^{Ref}. Bild 4 zeigt den Zusammenhang zwischen Heiz–

---

*) das ist der elektrische Wirkungsgrad der KWK–Anlagen ohne Berücksichtigung der Nutzwärme

zahl und Referenzwirkungsgrad bei verschiedenen Stromkennzahlen σ und Stromausbeuten β. Hierbei ist der in Bild 2 angegebene Zusammenhang zwischen den Kennzahlen zu beachten. Eine Erhöhung der Stromkennzahl σ sollte nur aus einer Verbesserung der Stromausbeute β resultieren. Andernfalls führt dies zu einer Herabsetzung des Nutzungsfaktors ω.
Die vorstehenden Betrachtungen zeigen, daß mit KWK-Anlagen beachtliche Energieeinsparungen zu erreichen sind. Sie erlauben aber keinerlei Rückschlüsse auf das eventuell vorhandene Potential bzw. auf die Energieeinsparung durch Ausweitung dieser Technik. Nutzen und Grenzen der Kraft-Wärme-Kopplung können nur analysiert und aufgezeigt werden, wenn das Gesamtsystem und der zeitliche Verlauf der Lastgänge von Strom und Wärme Berücksichtigung finden.

4. Potentiale und Grenzen der Kraft-Wärme-Kopplung:

4.1 Veröffentliche Studien

Aufgrund der nachweisbaren Energieeinsparung und der erprobten Technik sollte die Anwendung der Kraft-Wärme-Kopplung forciert werden. Unter diesem Blickwinkel sind in den vergangenen Jahren zahlreiche Untersuchungen zur technischen und wirtschaftlichen Machbarkeit sowie zur energie- und umweltpolitischen Bedeutung der Kraft-Wärme-Kopplung erarbeitet worden. So liegt z.B. aus dem Jahr 1983 eine Untersuchung vor, in welcher unter definierten wirtschaftlichen Rahmenbedingungen das Potential der industriellen Kraft-Wärme-Kopplung in der damaligen Bundesrepublik Deutschland abgeschätzt wird [12]. Danach ergab sich ein zusätzliches elektrisches Potential aus Kraft-Wärme-Kopplungs-Anlagen von maximal 27 TWh/a. Neuere Abschätzungen des industriellen KWK-Potentials sind im Zusammenhang mit dem Bericht der Enquete-Kommission "Vorsorge zum Schutz der Erdatmosphäre" publiziert worden [13]. Dort wird unterschieden zwischen einem Erwartungspotential von 15 TWh/a und einem technisch-wirtschaftlichen Maximum von 54 TWh/a bis zum Jahre 2005 (vergl. hierzu die Nettojahresarbeit der öffentlichen Elektrizitätsversorgung von 354,8 TWh und die Nettoarbeit in den industriellen Eigenanlagen von 53,3 TWh im Jahre 1989).
Bergschneider und Schmitt [14] setzten sich mit dem möglichen Einsatzspektrum von Blockheizkraftwerken unter wirtschaftlichen Gesichtspunkten in einem Leistungsbereich von einigen hundert kW_{el} bis zu sieben MW_{el} auseinander. Dabei

wird speziell auf die Einsatzbereiche eingegangen, in denen diese Technik heute schon vielfältige Anwendung findet (vgl. Abschnitt 3).

Der mögliche KWK-Beitrag an der öffentlichen Energieversorgung ist hingegen immer noch Gegenstand kontrovers geführter Diskussionen. Dies hängt nicht zuletzt damit zusammen, daß aus den Kenndaten der Einzelanlagen in unzulässiger Weise auf die Energieeinsparung des Gesamtsystems extrapoliert wird, ohne dabei energiewirtschaftliche Restriktionen zu beachten. Die Ausweitung der Kraft-Wärme-Kopplung führt nicht nur zu einer Energieeinsparung, sondern sie verändert auch die Struktur des Kraftwerksparks. Speziell im Bereich der Raumwärmeversorgung bestehen über den möglichen Deckungsbeitrag sehr unterschiedliche Auffassungen. Vereinzelt wird sogar gefordert, die Raumheizung aller Verbraucher nur noch durch Kraft-Wärme-Kopplung zu decken. Andere vertreten den Standpunkt, daß durch eine verstärkte Nutzung der Kraft-Wärme-Kopplung die gesamte elektrische Arbeit zu erzeugen sei, so daß Kondensationskraftwerke überflüssig werden.

4.2 Bestimmung der Obergrenze im Raumwärmesektor

Eine Obergrenze läßt sich wie folgt abschätzen:
Die Energieeinsparung wird als Differenz des eingesetzten Brennstoffs (der erforderlichen Primärenergie) für eine getrennte Versorgung durch Kondensationskraftwerke und Heizwerke gegenüber dem Brennstoffeinsatz für die Deckung des gleichen Bedarfs eines Versorgungssystems, bestehend aus KWK-Anlagen, Kondensationskraft- und Heizwerken berechnet. Für diese Energieeinsparung gilt (Erklärung der Größen siehe Tab. 3)

$$\Delta W_{Br} = W_{Br,Ko} + W_{Br,H} - (W_{Br,KWK} + W^*_{Br,Ko} + W^*_{Br,H}).$$

Werden alle KWK-Anlagen für die Wärmehöchstlast ausgelegt, so müßten sie aufgrund des Wärmelastganges unter realen Bedingungen überwiegend im Teillastbereich betrieben werden.
Infolge des Teillastverhaltens ergibt sich im allgemeinen eine Verschlechterung der Energieausnutzung (Lastabhängigkeit der Kennzahlen). Durch Einsatz eines Spitzenlastkessels kann eine KWK-Anlage grundlastorientiert betrieben werden.

Das Maximum der Energieeinsparung tritt dann bei einer thermischen KWK–Nennleistung auf, die kleiner als die Wärmehöchlast ist. Die so erreichbare Energieeinsparung sei als technisches Potential bezeichnet. Es ist deutlich kleiner als das physikalische Potential. Dies konnte am Beispiel eines bivalenten Heizsystems, bestehend aus einem Klein–Blockheizkraftwerk (KBHKW) und Spitzenheizkessel, experimentell aufgezeigt werden [15]. Die Anpassung der KBHKW–Heizleistung an den Wärmebedarf erfolgte in der zitierten Arbeit durch EIN/AUS–Betrieb ("Takten") oder wahlweise durch eine kontinuierliche Regelung. Bild 5 zeigt die mit einem solchen bivalenten Heizsystem erzielbare Jahres–Heizzahl in Abhängigkeit der installierten thermischen KBHKW–Nennleistung (bezogen auf die Wärmehöchstlast) für die verschiedenen Betriebsweisen.
Infolge des begrenzten Regelbereichs zwischen ca. 40 und 100 % der Nenn–Heizleistung ist bei kontinuierlichem Betrieb der Deckungsbeitrag des Klein–Blockheizkraftwerks an der Jahresheizwärme in diesem Fallbeispiel um 12 % geringer als beim EIN/AUS–Betrieb.
Untersucht man desweiteren die Wirtschaftlichkeit, dann ergibt sich ein noch kleineres KWK–Potential. Denn während unter den heute in der öffentlichen Fernwärmeversorgung und in der industriellen Kraft–Wärme–Wirtschaft geltenden Bedingungen der Deckungsanteil an der Jahreswärme–Erzeugung 70 bis 80 % beträgt, ist dies mit kleineren KWK–Systemen für die Raumwärme und Warmwassererzeugung nicht möglich. Hier läßt sich für Einzel–Anwendungsfälle ein Deckungsanteil von nur 40 bis 50 % an der Jahreswärme erreichen [15].

In Ergänzung zu den bereits bekannten Ausführungen [15, 16, 17] wird nachfolgend für das vereinigte Deutschland eine erste Abschätzung der möglichen Energieeinsparung durch Kraft–Wärme–Kopplung in der öffentlichen Wärmeversorgung zur Deckung der Niedertemperaturwärme vorgenommen.
Hierzu ist die Kenntnis der Jahres–Lastganglinien für Strom und Wärme erforderlich. Während für den elektrischen Lastgang auf veröffentlichte Monatsmittelwerte sowohl aus den alten wie auch aus den neuen Bundesländern im Jahre 1988 zurückgegriffen werden kann [18, 19], ist für den Bedarf der Raumwärme eine Jahresganglinie zu entwickeln. Dabei ist entscheidend, daß die stark unterschiedlichen Sommer–/Winterlastverhältnisse Berücksichtigung finden, um realitätsnahe Ergebnisse zu erhalten.

Der in Bild 6 dargestellte Lastgang des Wärmebedarfs (Haushalt und Kleinverbraucher) gründet sich auf Daten aus Tabelle 4 und auf folgenden Annahmen:

- der Niedertemperaturwärmebedarf sinkt im Sommer auf 10 % des Maximalwertes im Winter
- der maximale Monatsmittelwert der Wärmeleistung tritt im Monat mit der höchsten Gradtagszahl auf (Februar 1988)
- zwischen den Extremwerten im Winter und Sommer ist ein stetiger Lastverlauf in den Übergangszeiten angenommen.

Bild 6 zeigt neben den Strom– und Wärme–Jahres–Lastganglinien (Monatsmittelwerte der alten und neuen Bundesländer für 1988, addiert) für die vereinigte Bundesrepublik Deutschland den möglichen Deckungsbeitrag der Kraft–Wärme–Kopplung an der elektrischen Arbeit der öffentlichen Stromversorgung. Tabelle 5 enthält die unter den vorausgesetzten Kennwerten (vgl. Tab. 4) berechnete Energieeinsparung, sowie die dazu erforderlichen Kraftwerksleistungen.
Die wichtigsten Ergebnisse lassen sich folgendermaßen zusammenfassen:

1. Das physikalische Potential der erzielbaren Energieeinsparung bei der Raumwärme (alle Wohnungen durch Fernwärme oder KBHKW versorgt) berechnet sich zu rund 38 Mio t SKE. Das sind etwas mehr als 7 % des Primärenergieeinsatzes in den alten und neuen Bundesländern im Jahre 1988.
2. Der Deckungsbeitrag der Kraft–Wärme–Kopplung an der gesamten elektrischen Arbeit der öffentlichen Stromversorgung beträgt unter den genannten Voraussetzungen rund 39 %.
3. Der Ausbau der KWK führt zu einer Erhöhung der installierten Kraftwerkskapazität (Tab. 5: Überschußleistung ΔP_{el}). Da die Ergebnisse auf Monatsmittelwerten beruhen, ergäbe sich unter Beachtung von Tagesganglinien eine höhere Leistung der reinen Stromerzeugungsanlagen und der relative KWK–Anteil würde dadurch kleiner ausfallen.
4. Die in Anspruch genommene maximale elektrische Leistung der reinen Stromerzeugungsanlagen tritt in Bild 6 nicht mehr im Dezember sondern im Oktober auf. Bei dieser Modellrechnung müßten im Jahre 1988 bei getrennter Erzeugung $P^{B}_{el,max} = 60{,}5$ GW durch reine Stromerzeugungsanlagen abgedeckt werden, während bei Ausbau der KWK eine reine Stromerzeugungsleistung im September von $P^{*}_{el,max} = 48{,}6$ GW erforderlich wäre. Die reine Stromerzeugungsleistung verringert sich somit um 20 % (ohne Reserveleistung). Die in Kraft–Wärme–Kopplung zu installierende elektrische Leistung beträgt dann $P^{KWK}_{el,max} = 54{,}1$ GW und die installierte Überschußleistung ergibt sich zu $\Delta P_{el} = P^{*}_{el,max} + P^{KWK}_{el,max} - P^{B}_{el,max} = 42{,}2$ GW.

Diese Ergebnisse erhält man bei uneingeschränkter Nutzung der Kraft–Wärme–Kopplung zur Deckung des Wärmebedarfs in den Sektoren Haushalt und Kleinverbraucher.
Die erzielbare Energieeinsparung ist erheblich geringer, wenn man teillastabhängige Wirkungsgrade und wirtschaftliche Bedingungen berücksichtigt.
Obwohl hier eine Pauschalierung nicht möglich ist, so hat sich bisher doch erwiesen, daß KWK–Anlagen in der Fernwärmeversorgung unter Beachtung wirtschaftlicher Gesichtspunkte nur für eine Leistung von 30 % bis im Einzelfall 50 % der Wärmehöchstlast zu bemessen sind. Dies führt zu einem KWK–Anteil von 75 % an der Jahreswärmearbeit der öffentlichen Fernwärmeversorgung. Klein–Blockheizkraftwerke für die Raumwärmeversorgung von Einzelobjekten sollten demgegenüber nur für 20 % der Wärmehöchstlast ausgelegt werden [15].
Auf der Basis der Energieversorgungsdaten des Jahres 1988 und der angenommenen Zusammenhänge folgt, daß die Einsparung durch KWK im Bereich der Raumwärme im vereinigten Deutschland selbst dann auf weniger als 20 Mio t SKE begrenzt wäre, wenn alle Wohnungen mittels KWK versorgt würden (≈ 4 % des Primärenergieverbrauchs 1988).

4.3 Ausblick auf Entwicklungen

Die bisherigen Betrachtungen und dargestellten Ergebnisse beruhen auf dem derzeit vorliegenden Bedarf an elektrischer Energie und Wärme. Im Zusammenhang mit dem Potential der KWK muß aber auch die angestrebte weitere Reduzierung des Raumwärmebedarfs gesehen werden. So wird von der Enquete–Komission "Vorsorge zum Schutz der Erdatmosphäre" das technische Einsparpotential zur Reduzierung des Wärmebedarfs mit 71 % (bezogen auf 1987) beziffert und als ein Beitrag angesehen, die erforderliche Minderung der CO_2–Emissionen von 25 % bis zum Jahre 2005 zu erreichen [13]. Jede Herabsetzung des Wärmebedarfs bedingt eine Reduzierung des Potentials der Kraft–Wärme–Kopplung, sofern die Stromerzeugung nicht auch rückläufig ist. Dies ist jedoch nicht zu erwarten.
Man kann auch davon ausgehen, daß die Umwandlungsverluste bei der reinen Stromerzeugung in der Zukunft noch weiter gesenkt werden können. Bei steigendem Nutzungsgrad der elektrischen Energieversorgung und unbeschränktem Einsatz der KWK ergeben sich die in Bild 7 dargestellten Zusammenhänge für die potentielle Energieeinsparung (physikalisches Potential). Der Basisfall (7,3 % Einsparung, ν_s = 0,32) kennzeichnet den Ist–Stand. Bei höheren Nutzungsgraden der Stromerzeugung ist die elektrische Wärmepumpe überlegen, wenn nicht gleichzei-

tig die Stromkennzahl (und damit die Stromausbeute) der KWK gesteigert wird. Ausbau der Kraft–Wärme–Kopplung und Weiter–Entwicklung der Stromerzeugung sind daher keine sich ausschließenden Alternativen.

Zusammenfassung

Kraft–Wärme–Kopplung ist heute die wirksamste Energiespartechnik im Energie–Erzeugungsbereich.
Im Gesamtversorgungssystem ist die Anwendung der Kraft–Wärme–Kopplung begrenzt durch die zeitlich unterschiedlichen Lastgänge von Strom und Wärme. Innerhalb der aufgezeigten Grenzen gibt es noch ein erhebliches Ausbaupotential für die Niedertemperatur–Wärmeversorgung, ebenso in der industriellen Kraft–Wärme–Wirtschaft. Die Ausschöpfung dieser Potentiale wird durch wirtschaftliche Rahmenbedingungen eingeschränkt.
Da es sich um langfristige Investitionen handelt, sind sorgfältige Untersuchungen angebracht. Nicht nur die Einschätzung der Brennstoffpreisentwicklung spielt eine Rolle, sondern auch Fragen der Kostenbewertung der Koppelprodukte Strom und Wärme, die Energiepoltik, Tarifgestaltung, Steuern und Abgaben. Hierbei sollte man sich jedoch nicht von der These leiten lassen: Energie zu verteuern, damit jede Art von Energieeinsparung konkurenzfähig wird. Rationelle Energienutzung und Wirtschaftlichkeit dürfen sich nicht ausschließen.
Die nachfolgenden Referenten werden sowohl den Stand der Technik genauer erläutern sowie erfolgreiche Projekte beschreiben.

Literatur

[1] Riesner, W. : DDR und Bundesrepublik im energiewirtschaftlichen Vergleich, Energiewirtschaftliche Tagesfragen, 40 Jg. (1990), Heft 4, S. 198/205

[2] Die Elektrizitätswirtschaft in der Bundesrepublik Deutschland im Jahre 1989, Elektrizitätswirtschaft, Jg. 89 (1990), Heft 21, S. 1111/95

[3] Kröhner, P.; Ruppert, K.: Hauptbericht der Fernwärmeversorgung 1989, Fernwärme international – FWI, Jg. 20 (1991), Heft 3, S. 191/99

[4] Nitschke, J.: Kraft–Wärme–Kopplung mit Verbrennungskraftmaschinen und Nutzung von Abfällen zur Stromerzeugung Entwicklungsstand in der Bundesrepublik Deutschland 1989, Elektrizitätswirtschaft, Jg. 88 (1989), Heft 24, S. 1728/39

[5] Statistik der Energiewirtschaft 1989/90, Vereinigung Industrielle Kraftwirtschaft, Verlag Energieberatung GmbH, Essen 1990

[6] Dobrzinski, H.; Kuhfeld, E.; Schöbel, G.: Die gegenwärtige Struktur der Fernwärmeversorgung in der DDR und die künftigen technischen und wirtschaftlichen Aufgaben, Fernwärme international – FWI, Jg. 19 (1990), Sonderausgabe, S. 5/9

[7] Altenburger, K.; Kretschmer, R.; Reetz, B.: Wärmeversorgung in den neuen Bundesländern, Energiewirtschaftliche Tagesfragen, Jg. 41 (1991), Heft 6

[8] Piller, W.; Rudolph, M.: Kraft–Wärme–Kopplung – Zur Theorie und Praxis der Kostenrechnung –, VWEW, Frankfurt, 1984

[9] Klien, J.; Gabler, W.: Dokumentation Blockheizkraftwerke, Band 2, Verlag C. F. Müller, 1991

[10] Wendt, H.; Jenseit, W.; Fischer, M.; Schnurnberger, W.: Brennstoffzellen – Stand der Technik, Entwicklungslinien, Märkte und Entwicklungschancen der Hochtemperaturbrennstoffzellen, VDI–Berichte 725, Tagung: Wasserstoffenergietechnik II, März 1989, Stuttgart

[11] Drenckhahn, W.; Lezno, A.; Reiter, K.: Technische und wirtschaftliche Aspekte des Brennstoffzelleneinsatzes in Kraft–Wärme–Kopplungsanlagen, VGB Kraftwerkstechnik 71 (1991), Heft 4, S. 332/5

[12] Hutter, F.; Maier, W.; Thinius, D.; Suttor, K.–H.: Elektrisches Potential und Wirtschaftlichkeit der gekoppelten Kraft– und Wärmewirtschaft in Industrie und Gewerbe, Bundesministerium für Forschung und Technologie, Bonn, 1984, Technischer Verlag Resch KG

[13] Internationale Konvention zum Schutz der Erdatmosphäre sowie Vermeidung und Reduktion energiebedingter klimarelevanter Spurengase, Enquete Komission "Vorsorge zum Schutz der Erdatmosphäre", Energieeinsparung sowie rationelle Energienutzung und –umwandlung, Band 2, Economica Verlag, Bonn, Verlag C. F. Müller, Karlsruhe, 1990

[14] Bergschneider, C.; Schmitt, D.: Dezentrale Kraft–Wärme–Kopplung, Schriftenreihe des Energiewirtschaftlichen Instituts, Band 34, R. Oldenbourg Verlag, 1988

[15] Bock, J.: Thermo–ökonomische Analyse der Kraft–Wärme–Kopplung mit Klein–Blockheizkraftwerken für die dezentrale Wärmeversorgung, Fortschritt–Berichte, Reihe 6, Energieerzeugung, Nr. 259, VDI–Verlag, 1991

[16] Pruschek, R.: Technische Gestaltungsmöglichkeiten der örtlichen Energieversorgung, VDI–Berichte 764, Tagung: Gestaltung der örtlichen Energieversorgung, Baden–Baden, 1989

[17] Pruschek, R.; Renz, U.; Weber, E.: Kohlekraftwerk der Zukunft, Studie des MWMT NRW, März, 1990

[18] Muschick, E.: Deutsch–deutscher Stromverbund aus Sicht der DDR, Energiewirtschaftliche Tagesfragen, Jg. 40 (1990), Heft 9, S. 620/5

[19] Die Elektrizitätswirtschaft in der Bundesrepublik Deutschland im Jahre 1988, Elektrizitätswirtschaft, Jg. 88 (1989), Heft 21, S. 1357/467

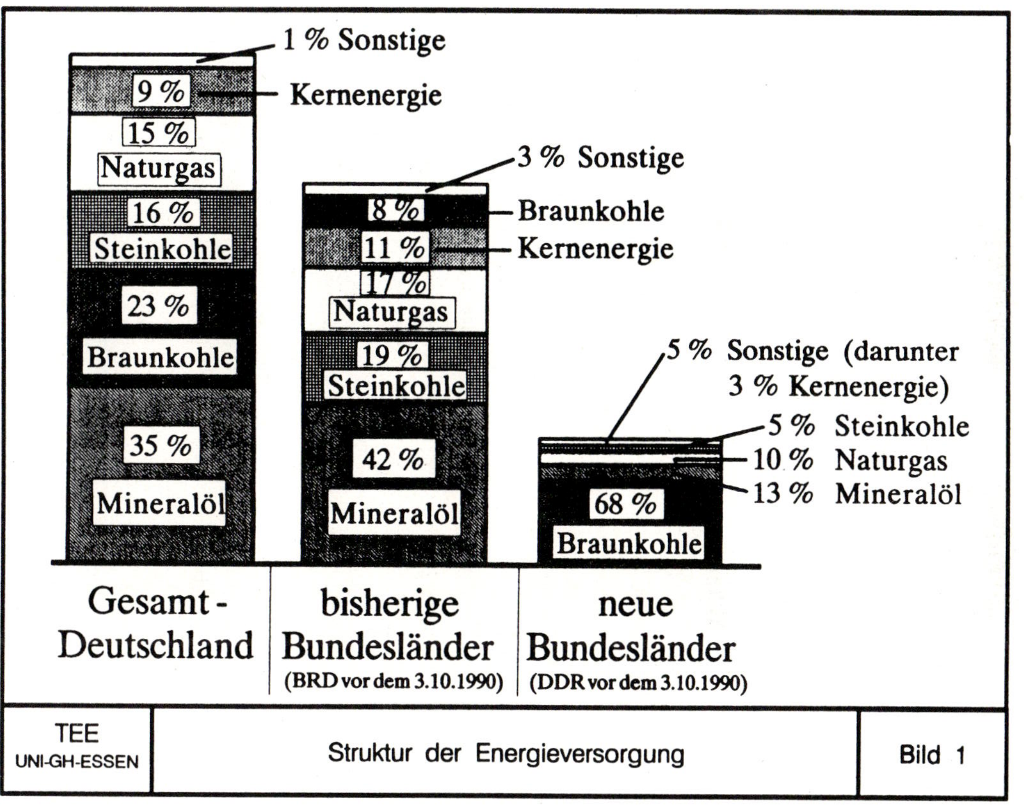
1 % Sonstige
9 %
Kernenergie
15 %
Naturgas
16 %
Steinkohle
23 %
Braunkohle
35 %
Mineralöl
3 % Sonstige
8 %
Braunkohle
11 %
Kernenergie
17 %
Naturgas
19 %
Steinkohle
42 %
Mineralöl
5 % Sonstige (darunter
3 % Kernenergie)
5 % Steinkohle
10 % Naturgas
13 % Mineralöl
68 %
Braunkohle
Gesamt-Deutschland
bisherige Bundesländer
(BRD vor dem 3.10.1990)
neue Bundesländer
(DDR vor dem 3.10.1990)
TEE
UNI-GH-ESSEN
Bild 1
Struktur der Energieversorgung

P_{el}	= elektrische Nutzleistung
$\dot{Q}_H$	= Nutzwärmestrom
$\dot{W}_{Br}$	= Brennstoffenergie (Primärenergie) je Zeiteinheit
σ	= Stromkennzahl
β	= Stromausbeute
ω	= Nutzungsfaktor
η	= Wirkungsgrad
ν	= Nutzungsgrad
ϵ_{Br}	= Brennstoff–Exergiefaktor = Brennstoffexergie/Brennstoffenergie
ϵ_Q	= Wärme–Exergiefaktor = $1 - T_U/T_{m,H}$
T_U	= Umgebungstemperatur
$T_{m,H}$	= thermodynamische Mitteltemperatur (bei der Wärmeübertragung)
ξ	= exergetischer Wirkungsgrad = Nutzexergie/Exergieaufwand
ζ	= Heizzahl

TEE UNI-GH-ESSEN	verwendete Formelzeichen	Tab. 1

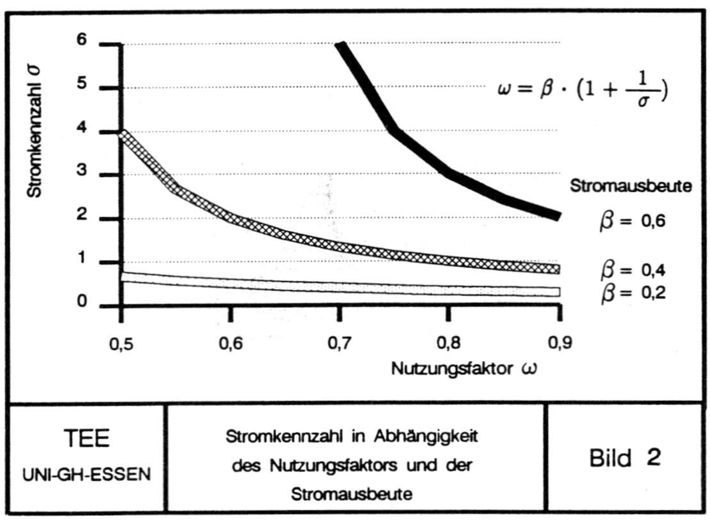

TEE UNI-GH-ESSEN	Stromkennzahl in Abhängigkeit des Nutzungsfaktors und der Stromausbeute	Bild 2

KWK-Anlage	Stromkennzahl $\sigma = \frac{P_{el}}{\dot{Q}_H}$	Stromausbeute $\beta = \frac{P_{el}}{\dot{W}_{Br}}$	Nutzungsfaktor $\omega = \frac{P_{el} + \dot{Q}_H}{\dot{W}_{Br}}$
Blockheizkraftwerk			
- Gasmotor	0,3 - 0,8	0,25 - 0,35	0,8 - 0,95
- Dieselmotor	0,6 - 1,2	0,4 - 0,45	0,85 - 0,98
Gasturbine mit Abhitzenutzung	0,3 - 0,7	0,15 - 0,33	0,7 - 0,85
Dampfkraftwerk			
- Gegendruckturbine	0,3 - 0,6	0,2 - 0,33	0,82 - 0,9
- Entnahme-Kondensationsturbine *)	0,8 - 2,5	0,32 - 0,36	0,55 - 0,65
GuD-Kraftwerk			
- Gegendruckturbine	0,7 - 0,85	0,35 - 0,4	0,8 - 0,89
- Entnahme-Kondensationsturbine *)	1,5 - 2,7	0,35 - 0,42	0,6 - 0,75
Brennstoffzellen	1,5 - 6,0	0,4 - 0,6	0,75 - 0,83

*) Werte gelten für maximale Heizleistungsentnahme

TEE UNI-GH-ESSEN	Kennzahlen verschiedener Kraft-Wärme-Kopplungsanlagen	Tab. 2

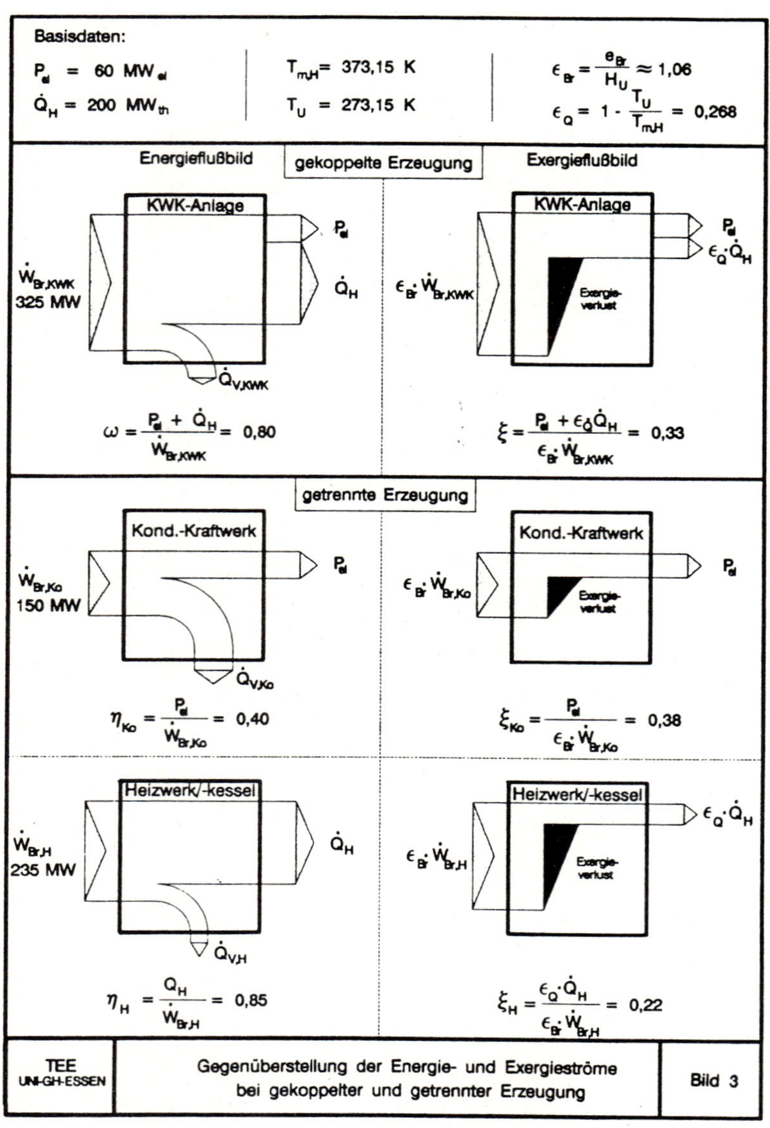

Basisdaten:
P_el = 60 MW_el
Q̇_H = 200 MW_th
T_m,H = 373,15 K
T_U = 273,15 K
ε_Br = e_Br / H_U ≈ 1,06
ε_Q = 1 - T_U / T_m,H = 0,268
Energieflußbild
gekoppelte Erzeugung
Exergieflußbild
KWK-Anlage
Ẇ_Br,KWK
325 MW
P_el
Q̇_H
Q̇_V,KWK
ω = (P_el + Q̇_H) / Ẇ_Br,KWK = 0,80
KWK-Anlage
ε_Br · Ẇ_Br,KWK
ε_Q · Q̇_H
Exergie-verlust
ξ = (P_el + ε_Q Q̇_H) / (ε_Br · Ẇ_Br,KWK) = 0,33
getrennte Erzeugung
Kond.-Kraftwerk
Ẇ_Br,Ko
150 MW
P_el
Q̇_V,Ko
η_Ko = P_el / Ẇ_Br,Ko = 0,40
Kond.-Kraftwerk
ε_Br · Ẇ_Br,Ko
P_el
Exergie-verlust
ξ_Ko = P_el / (ε_Br · Ẇ_Br,Ko) = 0,38
Heizwerk/-kessel
Ẇ_Br,H
235 MW
Q̇_H
Q̇_V,H
η_H = Q_H / Ẇ_Br,H = 0,85
Heizwerk/-kessel
ε_Br · Ẇ_Br,H
ε_Q · Q̇_H
Exergie-verlust
ξ_H = ε_Q · Q̇_H / (ε_Br · Ẇ_Br,H) = 0,22
TEE
UNI-GH-ESSEN
Gegenüberstellung der Energie- und Exergieströme
bei gekoppelter und getrennter Erzeugung
Bild 3

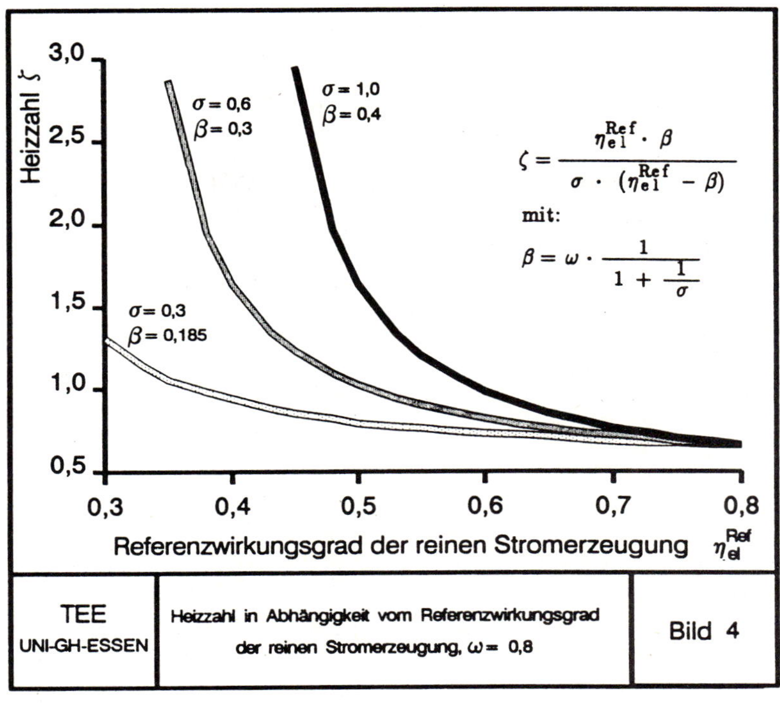

TEE UNI-GH-ESSEN	Heizzahl in Abhängigkeit vom Referenzwirkungsgrad der reinen Stromerzeugung, ω = 0,8	Bild 4

– Jahresbrennstoffenergieeinsatz W^{I}_{Br} zur Deckung des Strom– und Wärmebedarfs durch Kondensationskraft– und Heizwerke über eine Betriebsperiode t_B:

$$W^{I}_{Br} = W_{Br,Ko} + W_{Br,H}$$

mit

$$W_{Br,Ko} = \int^{t_B} \frac{P_{el}(t)}{\nu_S} dt$$

$$W_{Br,H} = \int^{t_B} \frac{\dot{Q}_{HW}(t)}{\nu_H} dt$$

$W_{Br,Ko}$ ≡ Jahresbrennstoffenergieeinsatz in Kondensationskraftwerke

$W_{Br,H}$ ≡ Jahresbrennstoffenergieeinsatz in Heizwerke

– Jahresbrennstoffenergieeinsatz W^{II}_{Br} bei Deckung des gleichen Strom– und Wärmebedarfs durch Kondensationskraftwerke, KWK–Anlagen und Heizwerke/Heizkessel über eine Betriebsperiode t_B:

$$W^{II}_{Br} = W_{Br,KWK} + W^{*}_{Br,Ko} + W^{*}_{Br,H}$$

mit

$$W_{Br,KWK} = \int^{t_B} \frac{1 + \sigma}{\omega} \cdot \dot{Q}^{KWK}_{HW}(t)\, dt$$

$$W^{*}_{Br,Ko} = \int^{t_B} \frac{P^{*}_{el}(t)}{\nu_S} dt$$

$$P^{*}_{el}(t) = P_{el}(t) - P^{KWK}_{el}(t)$$

$$W^{*}_{Br,H} = \int^{t_B} \frac{\dot{Q}^{*}_{HW}(t)}{\nu_H} dt$$

$$\dot{Q}^{*}_{HW}(t) = \dot{Q}_{HW}(t) - \dot{Q}^{KWK}_{HW}(t)$$

$W_{Br,KWK}$ ≡ Jahresbrennstoffenergieeinsatz in KWK–Anlagen

$W^{*}_{Br,Ko}$ ≡ Jahresbrennstoffenergieeinsatz in Kondensationskraftwerke nach Abzug der Stromerzeugung durch KWK

$W^{*}_{Br,H}$ ≡ Jahresbrennstoffenergieeinsatz in Heizwerken/Heizkesseln nach Abzug der Wärmeerzeugung durch KWK

Die Energieeinsparung ΔW_{Br} ergibt sich aus

$$\Delta W_{Br} = W^{I}_{Br} - W^{II}_{Br}$$

$$\Delta W_{Br} = W_{Br,Ko} + W_{Br,H} - (W_{Br,KWK} + W^{*}_{Br,Ko} + W^{*}_{Br,H})$$

TEE UNI-GH-ESSEN	Erklärung der Formelzeichen	Tab. 3

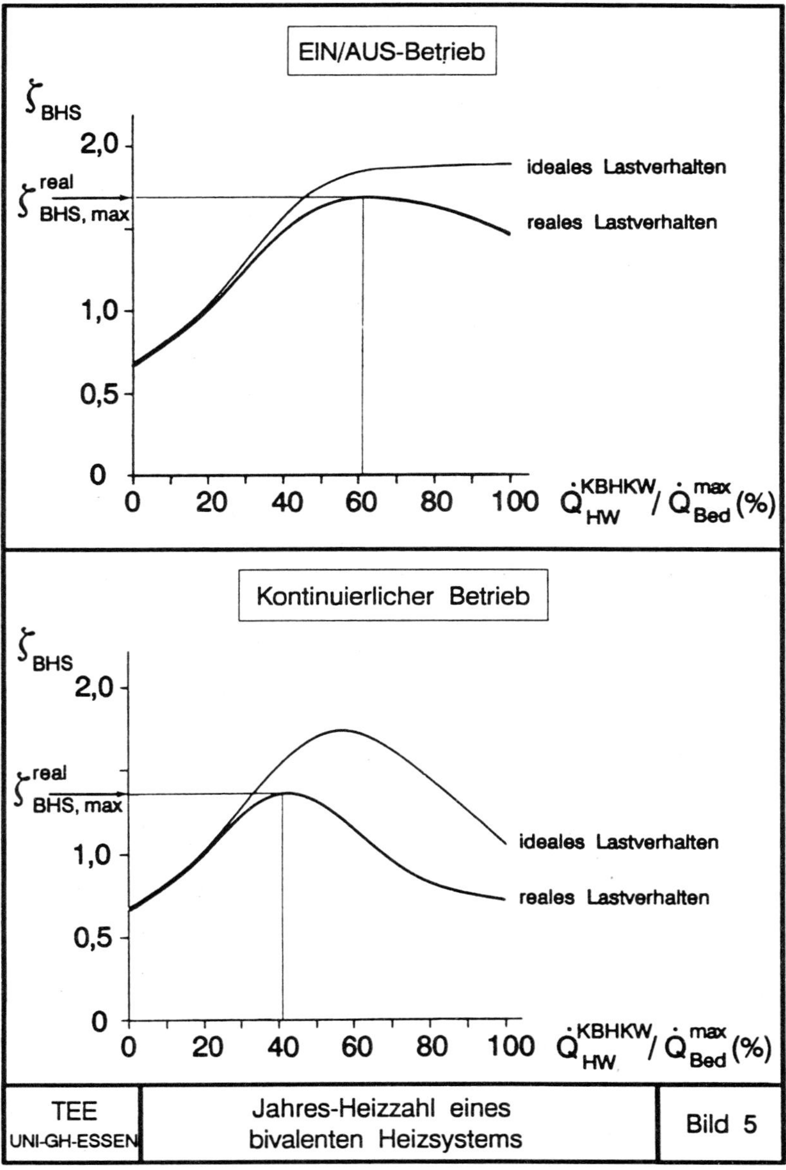

TEE UNI-GH-ESSEN	Jahres-Heizzahl eines bivalenten Heizsystems	Bild 5

Basisdaten	Einheit	alte Bundesländer	neue Bundesländer	gesamte BRD
Referenzjahr 1988				
Anzahl der Wohnungen	Mio	26,279	7,002	33,281
Durchschnittsfläche je Wohnung	m^2	84	62	–
Strom:				
Höchstlast	GW	58,2	17,9	–
Brutto-Stromerzeugung	TWh/a	367,3	118,3	485,6
Raumwärme: (Haushalt + Kleinverbraucher)				
spez. Wärmebedarf/a	kWh/m^2	153	220	–
Anschlußwert	GJ/s	174	83	257
Höchstlast (GEZ = 0,7)	GJ/s	122	58	180
Nutzenergie	PJ/a	1504*1)	438*2)	1942

Kennwerte: $\sigma = 0{,}34$ $\omega = 0{,}8$ $\nu_S = 0{,}32$ $\nu_H = 0{,}85$

*1) Energieflußbild der BRD 1988 RWE-Anwendungstechnik

*2) mit geschätztem Kleinverbraucher-Anteil

TEE UNI-GH-ESSEN	Basisdaten für die Abschätzung des physikalischen KWK-Potentials der öffentlichen Versorgung	Tab. 4

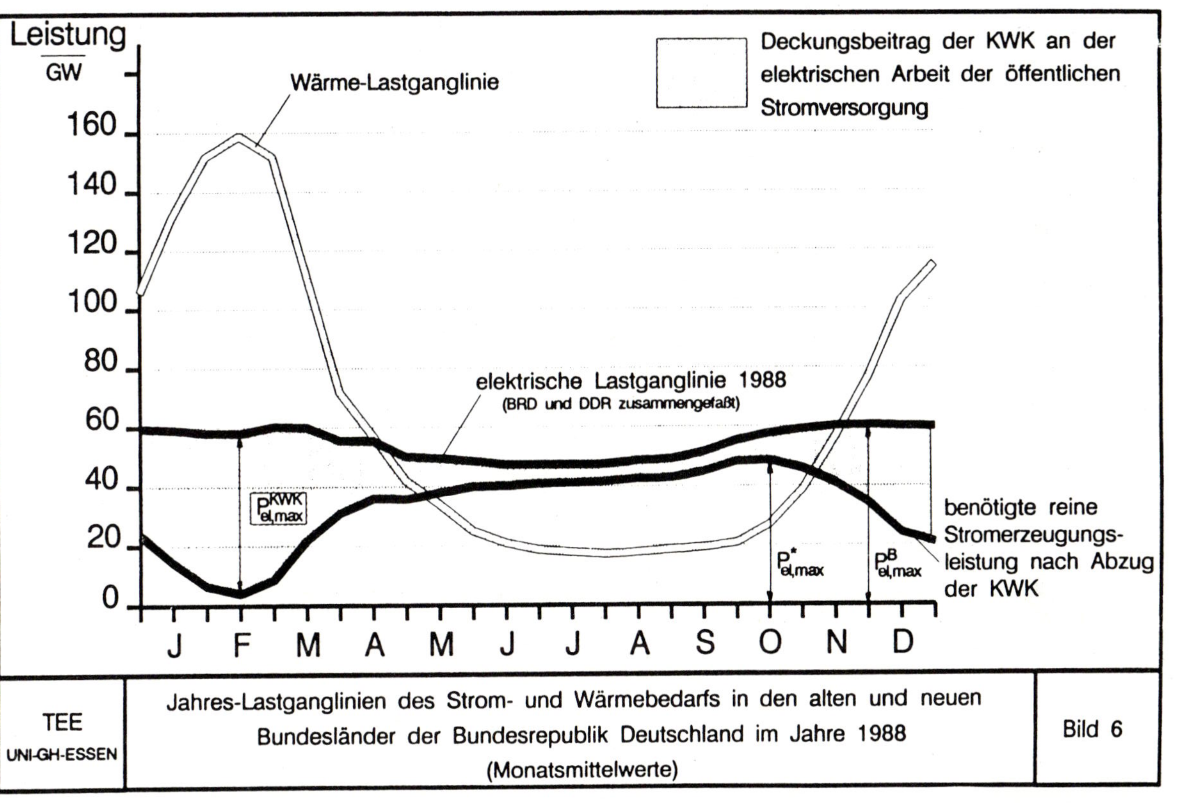

Leistung / GW
160
140
120
100
80
60
40
20
0
J F M A M J J A S O N D
Deckungsbeitrag der KWK an der elektrischen Arbeit der öffentlichen Stromversorgung
Wärme-Lastganglinie
elektrische Lastganglinie 1988
(BRD und DDR zusammengefaßt)
benötigte reine Stromerzeugungsleistung nach Abzug der KWK
$P^{KWK}_{el,max}$
$P^{*}_{el,max}$
$P^{B}_{el,max}$
TEE
UNI-GH-ESSEN
Jahres-Lastganglinien des Strom- und Wärmebedarfs in den alten und neuen Bundesländer der Bundesrepublik Deutschland im Jahre 1988
(Monatsmittelwerte)
Bild 6

Brennstoffenergie $W_{Br}^{I} = W_{Br,Ko} + W_{Br,H}$ $W_{Br}^{II} = W_{Br,KWK} + W_{Br,Ko}^{*} + W_{Br,H}^{*}$	 PJ/a PJ/a	 7748 6653
Energieeinsparung ΔW_{Br} absolut bezogen auf PEV (alte und neue BL 1988)	 Mio t SKE %	 37,4 7,33
zu installierende - reine Stromerzeugungs-Leistung (ohne Reserve) $P_{el,max}^{*}$	GW	48,6
- KWK-Leistung (elektrisch) $P_{el,max}^{KWK}$	GW	54,1
- Überschußleistung P_{el} $\Delta P_{el} = P_{el,max}^{*} + P_{el,max}^{KWK} - P_{el,max}^{B}$ ($P_{el,max}^{B} = 60,5$ GW)	GW	42,2

TEE UNI-GH-ESSEN	Ergebnisse der Modellrechnung zur Abschätzung des physikalischen KWK-Potentials der öffentlichen Versorgung	Tab. 5

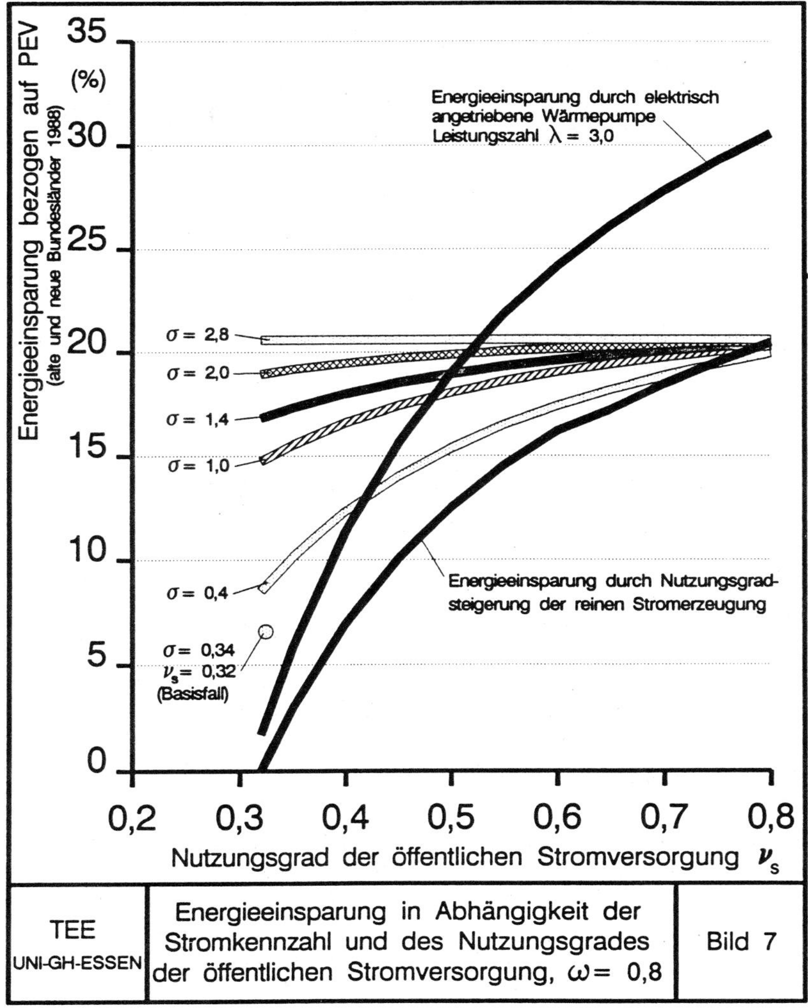

TEE UNI-GH-ESSEN	Energieeinsparung in Abhängigkeit der Stromkennzahl und des Nutzungsgrades der öffentlichen Stromversorgung, $\omega = 0,8$	Bild 7

VDI BERICHTE 927

VEREIN DEUTSCHER INGENIEURE

VDI-GESELLSCHAFT ENERGIETECHNIK

SOZIALE KOSTEN DER ENERGIENUTZUNG

Externe Kosten heute — Betriebskosten morgen

Tagung Mannheim, 5. und 6. November 1991

Wissenschaftlicher Tagungsleiter
Dr.-Ing. H.-J. Wagner VDI/VDE
Leiter der Programmgruppe Systemforschung und Technologische Entwicklung, Forschungszentrum Jülich GmbH (KFA)

Inhalt

● = Nachfolgend veröffentlichter Beitrag

Umweltkosten im öffentlichen Bewußtsein

Dipl.-Kfm. **W. Tacke,** Bielefeld

1. Bewußtsein und Kosten

Den Begriff Kosten zu klären, dürfte nicht schwer fallen. In der Betriebswirtschaftslehre ist folgende Definition unbestritten: "Bewerteter Verzehr von Produktionsfaktoren und Dienstleistungen (einschl. öffentlicher Abgaben), der zur Erstellung und zum Absatz der betrieblichen Leistungen sowie zur Aufrechterhaltung der Betriebsbereitschaft (Kapazität) erforderlich ist." /1/

Und über "soziale oder externale Kosten" sprechen Volkswirte auch seit langem. Soziale oder externale Kosten werden nicht kalkuliert, weil "Nachteile und Schäden, welche die Wirtschaft infolge von privaten (öffentlichen) Produktionsaktivitäten erleidet" /2/ nicht in die Kosten eingehen.

Zunehmend wird aber von der Internalisierung der **sozialen Kosten** gesprochen, d.h. "die als Folge unternehmerischer Tätigkeit verursachten Schäden werden nicht mehr allein von Dritten (der Gesellschaft insgesamt) getragen (externalisiert), sondern als einzelwirtschaftliche Kosten dem Verursacher zugerechnet." /3/

Auch die Produkthaftung ist in diesen Zusammenhang mit einzubeziehen. Die auf ihr beruhende Produktfolgenabschätzung gibt nämlich Anlaß zu der Frage: "Wie wird was, wofür und mit welchen Folgen produziert?" /4/

Erst gerade ist ein Urteil des Frankfurter Oberlandesgerichtes rechtskräftig geworden, wonach eine bekannte Herstellerin von Kindertee gegen die Produktbeobachtungspflicht verstoßen hat und möglicherweise wegen aufgetretener Zahnschädigungen bei Kindern schadensersatzpflichtig gemacht werden könnte.

Schon schwieriger dürfte es sein, über "Umweltkosten im öffentlichen Bewußtsein" begreifbare Aussagen zu machen.

Was heißt in diesem Zusammenhang Bewußtsein?

Zunächst ist Bewußtsein, und das läßt sich gar nicht so gut an, eines "der traditionsreichsten und zugleich vieldeutigsten Begriffe der Philosophie und der Wissenschaften vom Menschen, insbesondere der Psychologie und Soziologie". /5/

Im Sinne des Tagungsthemas könnte man den bekannten Soziologen Durkheim zitieren, der unter dem Kollektivbewußtsein - und damit haben wir es in diesem Zusammenhang zu tun - jene "geistige Einheit einer Gesellschaft oder gesellschaftlichen Systems bezeichnet, die sich in Sprache und Schrift, Moral und Recht, Brauch und Gewohnheit, Wissenbestand und Gewissen u.ä. ausdrückt." /6/

Nun kann man Moral, Gewissen, Brauch, Recht usw. nicht als etwas bezeichnen, das unumstößlich ist. Dafür sorgt schon der Zeitgeist und der mit ihm verschwisterte Wertewandel.

Allein diese gewichtigen Aussagen deuten darauf hin, daß man **Umweltbewußtsein** nicht predigenderweise abhandeln kann, sondern mit Hilfe der empirischen Forschung die **unverfälschte Bewußtseinslage** bloß zu legen versuchen muß.

Und dies nicht nur im Wege einer einzigen Momentaufnahme, sondern durch regelmäßige Untersuchungen, um auf diesem Wege **Trends** aufzeichnen zu können.

Und noch eines kommt hinzu! Verhaltensverschiebungen in unserer Wertewelt sind Bewußtseinsänderungen vorhergegangen. Sie schaffen jeden Tag neue Standpunkte, sich wandelnde Einstellungen und Verhaltensweisen.

Und nichts kennzeichnet die heutige immer mehr meinungsgedrillte und weniger faktenorientierte Situation besser, als dieser Ausspruch: " Risiko ist, was die Bürger zum Risiko erklären." /7/ Das Wort Risiko kann man beliebig durch andere ersetzen.

2. Umweltbetroffenheit

Dieses Allerweltswort kann man auch durch folgende Ausdrücke ersetzen: in Mitleidenschaft ziehen, besorgt sein um etwas oder bestürzt sein über etwas.

Wie weit ist nun im **öffentlichen Bewußtsein** die Umweltthematik festgemacht?

Seit 1976 untersucht das EMNID-Institut unter der Überschrift "Zukunftsverhalten und Zukunftserwartungen" /8/ das Umweltbewußtsein der Bundesbürger.

Die achte Trenduntersuchung, durchgeführt Ende 1990, ist dadurch gekennzeichnet, daß erstmalig auch in den **Neuen Bundesländern** die gleichen Fragen gestellt wurden, wie mehrere Male bereits vorher in Westdeutschland.

Zukunftsthemen

Wie sieht nun die Rangfolge der "Themen der Zukunft" im Vergleich zwischen den Alten und den Neuen Bundesländern aus? (Graphik 1)

Während in den **Alten Bundesländern** zwei Umweltthemen (1. Stelle = Boden- und Wasserverseuchung, 4. Stelle =

Luftverschmutzung) ganz vorn standen, sind dies in den **Neuen Bundesländern** Themen wie die **Gesundheitsversorgung**, die **Altersversorgung**, die **persönliche Sicherheit** und die **Arbeitslosigkeit**.

Gefährdungen der menschlichen Zukunft

Nachdem ein möglicher **Krieg zwischen den Großmächten** durch die Änderung der weltpolitischen Großwetterlage an Schrecken verloren hat, drängen sich jetzt wieder die Umweltgefährdungen in den Vordergrund des öffentlichen Bewußtseins in Gesamtdeutschland.

Es sind insbesondere folgende konkreten Umweltgefährdungen, die seit der ersten Messung in 1980 ständig zugenommen haben: **Radioaktive und atomare Verseuchung** (leicht nachlassend), **Umweltvergiftung, Naturzerstörung, Trinkwasserverseuchung und Luftverschmutzung.**(Graphik 2 u.3)

Vermeintliche Ursachen körperlicher Beschwerden

Wesentlich aussagefähiger und im Hinblick auf das **Umweltkostenbewußtsein** wirksamer sind vermeintliche Ursachen körperlicher Beschwerden. Wenn sie dann auch noch ärztlich bestätigt werden, dann kann ein regelrechter Leidensdruck durch Umwelteinflüsse entstehen.

Und seit 1980 beschuldigen die befragten Bundesbürger in den **Alten Bundesländern** ungeniert **Umwelteinflüsse** als die nicht nur vermeintliche Ursache Nr. 1 körperlicher Beschwerden.

Unterdessen sind es fast 60 % der Westdeutschen, die eine solche Ansicht vertreten. In der ehemaligen DDR sind es um die 50 %.

Wenn nicht mehr **Bewegungsmangel, Ernährungsfolgen, Streß und Berufsbelastung** die dominierenden Ursachen körperlicher Beschwerden sind, sondern eben **Umwelteinflüsse**, dann kommt mit diesen Einstellungen zum Ausdruck, daß das **Umweltbewußtsein** immer höherrangig einzuordnen ist, und damit auch das **Kostenbewußtsein** bezogen auf die Umwelt.

Entwicklung der Umweltqualität (Graphiken 4 und 5)

Auf dem Hintergrund der weiter oben geschilderten Einstellungen zur Umweltgefährdung sind die Antworten auf die Frage nach der **Entwicklung der Umweltqualität** zu beurteilen.

Innerhalb von 10 Jahren haben die Bundesbürger in den **Alten Bundesländern** ihre Meinung über diesen Sachverhalt nur geringfügig in positiver Richtung verändert.

In der ehemaligen DDR, die durch einen prozentual größeren Anteil von Meinungslosen bei dieser Frage gekennzeichnet ist, wird ein günstigeres Bild der Umweltentwicklung von der Bevölkerung gezeichnet, als in den westlichen Bundesländern.

Ungeachtet dieser gerade geschilderten Trendentwicklung werden die Maßnahmen zum Umweltschutz in beharrlich steigendem Umfange als **unzureichend** bezeichnet.

Dies gilt besonders für die Bevölkerungsmeinung in der ehemaligen DDR.

Obwohl Deutschland dafür bekannt ist, mit die schärfste Umweltgesetzgebung sein eigen nennen zu können, und täglich kommen neue Verordnungen und Gesetze zum Schutz der Umwelt hinzu, reicht es den Bürgern in Ost und West noch lange nicht.

Ein gut bereiteter Boden für ein notwendig gewordenes Kostenbewußtsein.

3. Manager und Umweltbewußtsein

Häufiger kann man hören oder lesen, ohne die genaue Herkunft solcher Äußerungen lokalisieren zu können, daß Manager aller Art und Güte ein gestörtes Verhältnis zu Fragen der Umwelt hätten.

Folgende Bemerkungen sollen diese Behauptung nicht verstärken, sondern sollen dazu dienen, sachaufklärend einem vielleicht vorhandenen Vorurteil den Garaus zu machen, falls ein solches vorhanden sein sollte.

Bis in die Gegenwart hinein kann man beobachten, daß Unternehmen aller Branchen und Größenordnungen ein relativ isoliertes Dasein, wenn man von den belieferten Märkten einmal absieht, geführt haben.

Externe Störfaktoren, die nicht unmittelbar mit der unternehmerischen Aufgabenstellung und Orientierung zusammenhingen, wurden entweder weggeschoben oder man wetterte gegen sie.

So wurden ein lange Zeit auch die dynamischen Entwicklungen in der gesellschaftlichen Umwelt nicht mit dem gebührenden Ernst betrachtet.

Nur nicht in der Öffentlichkeit auffallen, hieß vielfach und für lange Zeit die Devise und heißt sie auch heute noch häufig genug.

Die Öffentlichkeit dachte indes anders. Viele Umweltunfälle (Tschernobyl, Rheinvergiftung, Nematoden in Fischen, gedopte Kälber usw.) hatte die Bevölkerung sensibilisiert und sie hellwach gemacht.

Inzwischen gibt es einen gegenläufigen Trend. Die Unternehmen passen sich den inzwischen eingetretenen Meinungstrends an.

Begriffe wie **Public Relations, Corporate Identity, Unternehmenskultur** und neuerdings auch **Kommunikations-Management** bestimmen zunehmend das Feld der Diskussion in den Unternehmen.

Dadurch erhielten viele bisherige betriebswirtschaftliche Gegenstandsbereiche, auch das viel gepriesene Marketing, neue Dimensionen.

Die Ökologie wird zunehmend als **Hausforderung** an die Unternehmensführung verstanden, wie es Hopfenbeck /9/ formuliert hat.

Wie denken Manager unter diesen aufgezeigten Aspekten über Umweltprobleme?

Dazu nur einige kurze Anmerkungen, wie sie aus einer Managerbefragung der Düsseldorfer Messegesellschaft in Zusammenarbeit mit dem EMNID-Institut /10/ durchgeführt wurde.

- Weniger das "höhere Preisbewußtsein oder der "stärkere Kostendruck" als vielmehr die "stärkere Umweltfreundlichkeit", d.h. die Vermeidung von "sozialen Kosten" und ein "höherer Qualitätsanspruch" sind die prägenden Marktkriterien der Zukunft. (Tabelle 6)

- Manager sind vor allem der Meinung, daß moderne Techniken in einigen Jahren die meisten Umweltprobleme lösen werden. (Tabelle 7)

- Weniger ausgeprägt ist die Auffassung, daß Umweltgesetze die Existenz vieler Unternehmer gefährde. (Tabelle 7)

- 60 % aller befragten Manager sagen, daß der Umweltschutz in entscheidendem Ausmaß bei der Produktionsgestaltung berücksichtigt würde.

- Was die Umweltschutzvorschriften angeht, gibt es, bezogen auf verschiedene Betriebsbereiche, noch einige Probleme. (Tabelle 8)

4. Bevölkerung und Umweltbewußtsein

War bislang von der Zielgruppe der Manager die Rede, so soll nachfolgend die Bevölkerung intensiv zu Worte kommen.

Seit 1985 gibt es die Trenduntersuchung **Privater Umweltschutz** des EMNID-Institutes, das nach analogen Befragungen in den Jahren 1985, 1987 und in 1990 eine abermalige Bestandsaufnahme zum Thema Umweltschutz der **bundesrepublikanischen** Bevölkerung vorlegt. Einige Trendfragen gehen sogar bis in das Jahr 1974 zurück.

Zwischen den einzelnen Meßpunkten wurde mit gleichen Fragenwortlauten gearbeitet, um einen exakten Meinungsverlauf in Sachen Umwelteinstellungen und -verhalten nachzeichnen zu können.

Die Ergebnisse der bisher durchgeführten Studien beruhen auf repräsentativen Befragungen von jeweils ungefähr 1000 Bundesbürgern (einschließlich Berlin/West).

Die vorzutragenden Ergebnisse können nur einen Ausschnitt aus den umfangreichen Einzelstudien abbilden.

- Der Stellenwert des Umweltschutzes wird nach Ansicht der befragten Manager im Wirtschaftsraum der EG das "größte Wachstum" aufweisen. (Tabelle 9)

- Der Trend zum Kauf umweltfreundlicher Produkte hat von 1981 bis 1990 von 57 % auf 81 % zugenommen. (Tabelle 10)

- Die Informiertheit über Abgasregelungen im Kfz-Bereich hat sich im Vergleich der Studien von 1987 und 1990 nur leicht verbessert. (Tabelle 11)

- Bezogen auf die Verkehrsmittel der Zukunft gibt es einen deutlichen Trend in Richtung auf die **Straßenbahn**, das **Fahrrad**, den **Omnibus**, die **U-Bahn** und die **Bundesbahn**.

- In Zukunft wollen die Bundesbürger weniger **schöne und bequeme**, als vielmehr **freundliche und müllgerechte** Verpakkungen verwenden.

- Immer intensiver achten die Bundesbürger auf die Umweltverträglichkeit von **Textilreinigungsmitteln** und **Produkten zur Körperpflege**. (Tabelle 12)

- Es ist ein kontinuierliche Zunahme von solchen Befragten zu finden, die ständig **Altpapier, Textilien, Altglas, Aluminium oder Eisen** sammeln. (Tabelle 13)

- Zwar dominiert die Meinung eindeutig, daß **Energieeinsparungen** immer ein Teil guter Haushaltsführung seien und auch eine Schonung der Umwelt bedeuteten, aber es gibt auch Anzeichen für die Haltung, Energieeinsparungen seien nicht der Rede wert. (Tabelle 14)

- Die am häufigsten durchgeführte Energiesparmaßnahme ist der Einbau von **isolierten Türen und Fenstern**. (Tabelle 15)

- Und eine zu **geringe staatliche Hilfe** wird als das Haupthindernis für Energiesparmaßnahmen angesehen. (Tabelle 16)

- Der Anteil unter den Bundesbürgern, die es für richtig halten, in Haus und Garten Wasser zu einzusparen, ist von 38 % (1985) auf 57 % (1990) gestiegen und auf gut drei Viertel der befragten Bundesbürger ist der prozentuale

Anteil hoch gegangen, die zukünftig auf den Wasserverbrauch mehr oder weniger achten wollen. (Tabellen 17 und 18)

5. Die Europäer und ihre Umwelt

Die "Commission of the European Communities" hat 1982, 1986 und 1988 im Rahmen des **Eurobarometers** Fragen zum Thema Umwelt gestellt, deren wichtigste Ergebnisse nachfolgend stichwortartig vorgestellt werden sollen.

- Alles in allem kann man sagen, daß sich die EG-Bewohner im Schnitt nicht allzuviel über umweltbedingte Schäden beklagen.

- Die Ergebnisse dieser EG-Trenduntersuchungen lassen deutlich eine wachsende Sensibilität gegenüber nationalen und weltweiten Umweltproblemen erkennen.

- Insgesamt sehen die EG-Bewohner den Umweltschutz als ein sehr dringendes Problem an.

- **Rauchende Schornsteine**, die den Anschein erwecken, durch sie würden gefährliche chemische Stoffe in die Luft geblasen, stehen an der ersten Stelle der Schadenverursacher der Umwelt.

- Die Umweltschäden werden von den Bewohnern der EG zuallererst deswegen so ernsthaft gesehen, weil sie entweder die Gesundheit der Menschen bedrohen, negative Konsequenzen für die zukünftigen Generationen haben oder weil die natürlichen Lebensgrundlagen wie Wasser, Luft und Grund und Boden gefährdet sind.

- Neun von zehn in den EG-Staaten wohnenden Europäern wünschen besser über alles das informiert zu werden, was mit Umwelt zu tun hat.

- Die EG-Bevölkerung handelt nach den eigen Aussagen bereits sehr **umweltbewußt** und damit "soziale Kosten" vermeidend.

So werfen 80 % keinen Müll oder Papier auf die Straße oder sonst irgendwohin, und 52 % nehmen sich bei der Lärmverursachung in acht.

Der Boden für eine sensible Betrachtung von "sozialen Kosten" insbesondere in der Energietechnik ist in Deutschland und in den EG-Staaten mehr oder weniger bereitet.

Nun kommt es darauf an, ihn weiter zu beackern.

Literaturverzeichnis:

/1/ Hrsg. E. Dichtl, O. Issing, Vahlens Großes Wirtschaftslexikon, München 1987, Bd. 3, S. 1080

/2/ W. Hopfenbeck, Allgemeine Betriebswirtschafts- und Managementlehre, Landsberg am Lech 1989, S. 864

/3/ W. Hopfenbeck, Allgemeine Betriebswirtschafts- und Managementlehre, a.a.O. S. 864

/4/ W. Hopfenbeck, Allgemeine Betriebswirtschafts- und Managementlehre, a.a.O. S. 892

/5/ Hrsg. W. Fuchs, R. Klima, R. Lautmann, O. Rammstedt, H. Wienold, Lexikon zur Soziologie, Hamburg 1975, Bd. 1, S. 95

/6/ Hrsg. W. Fuchs, R. Klima, R. Lautmann, O. Rammstedt, H. Wienold, Lexikon zur Soziologie, a.a.O., Bd. 1, S. 345

/7/ H. Ch,. Röglin, Kommunikation zwischen Verständigung und Verwirrung, gdi-impuls 1/90, Rüschlikon 1990, S.18

/8/ EMNID-Untersuchung, Zukunftsverhalten und -erwartungen, Bielefeld 1976 ff.

/9/ W. Hopfenbeck, Allgemeine Betriebswirtschafts- und Managementlehre, a.a.O., S. 85 ff

/10/ Klaus Peter Schöppner, Exportchancen für Umwelttechnik, in: Umwelt und Markt von A - Z, 1988/89, S. 10ff 1989

Graphik 1

Rangfolge von 'Themen der Zukunft' Vergleich zwischen alten und neuen Bundesländern

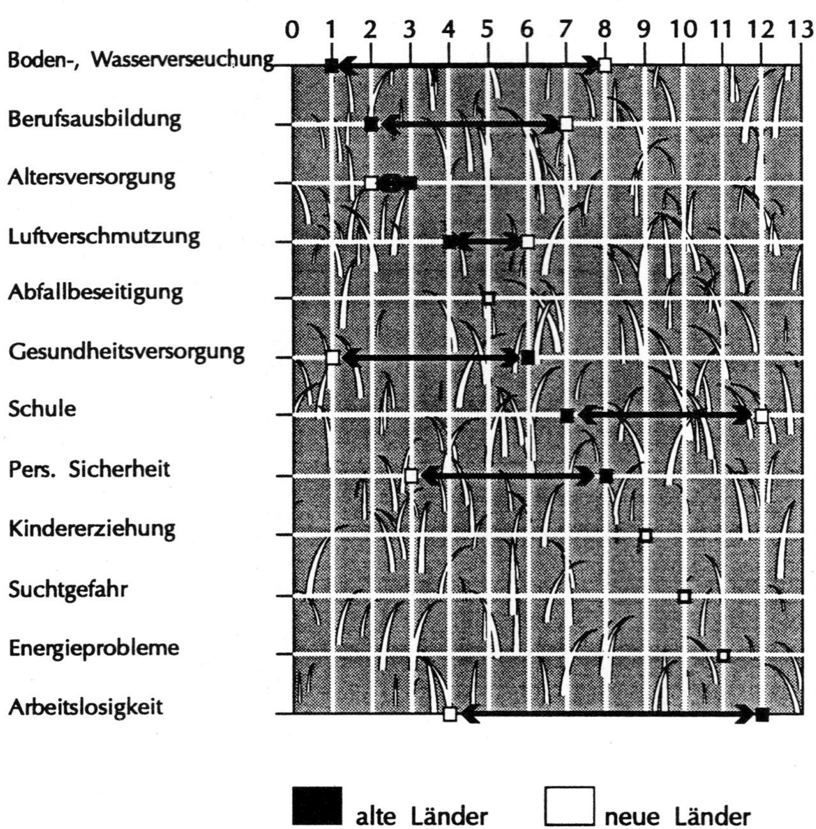

Graphik 2

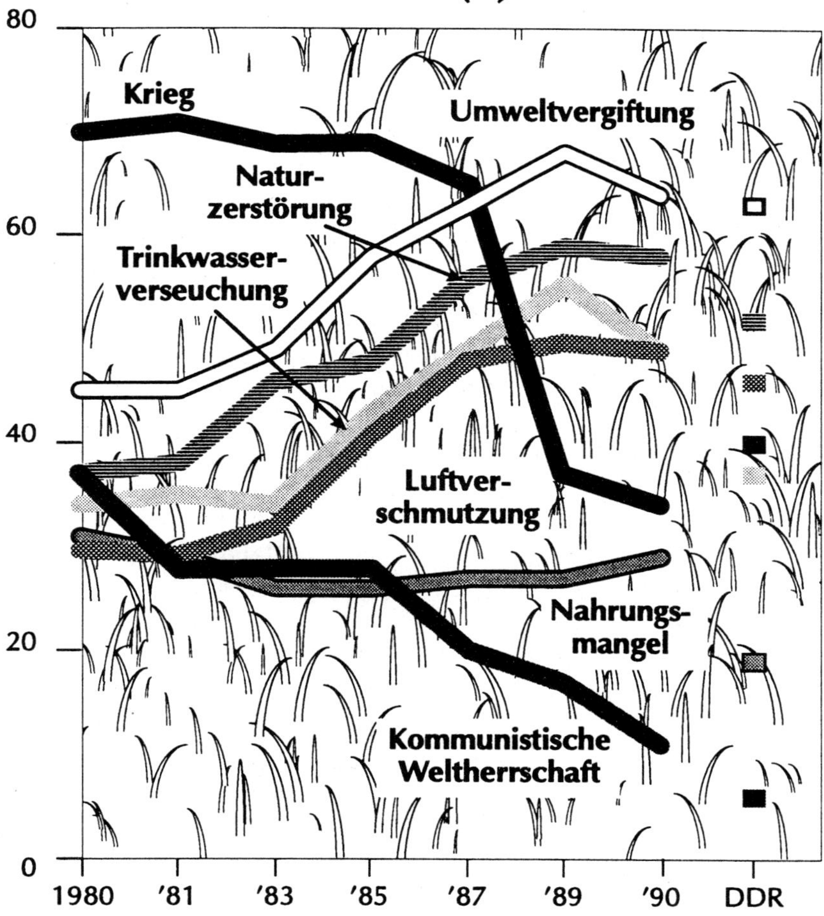
Gefährdung der menschlichen Zukunft (1)
80
60
40
20
0
Krieg
Umweltvergiftung
Natur-
zerstörung
Trinkwasser-
verseuchung
Luftver-
schmutzung
Nahrungs-
mangel
Kommunistische
Weltherrschaft
1980
'81
'83
'85
'87
'89
'90
DDR

Gefährdung der menschlichen Zukunft (2)

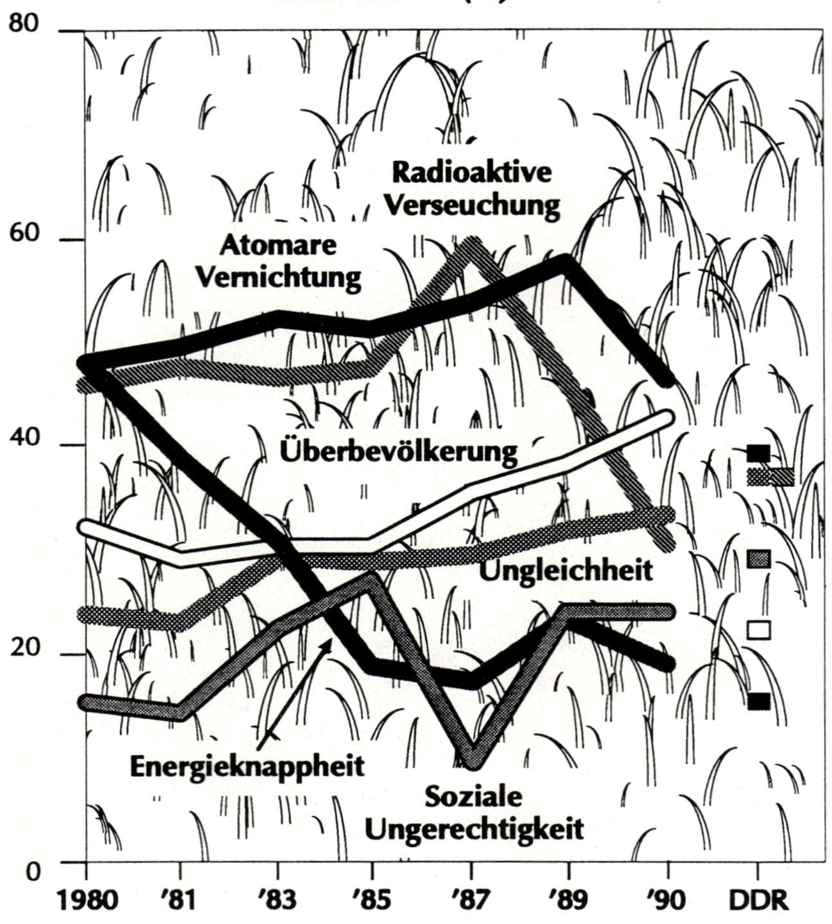

Graphik 4

Beurteilung der Maßnahmen zum Umweltschutz

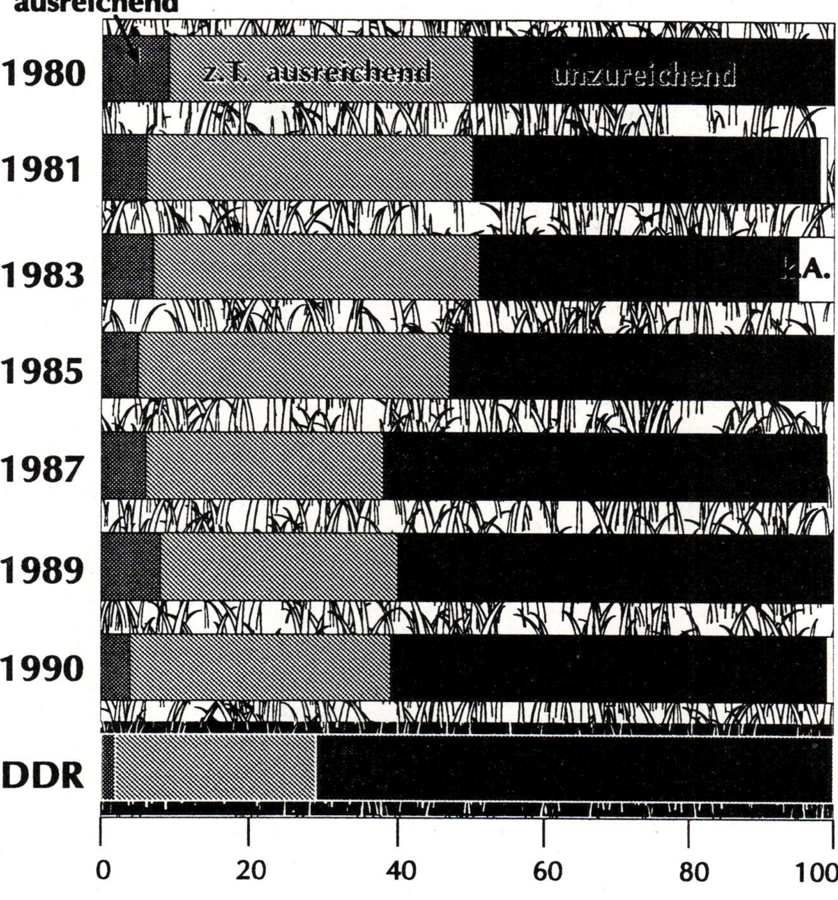

Graphik 5

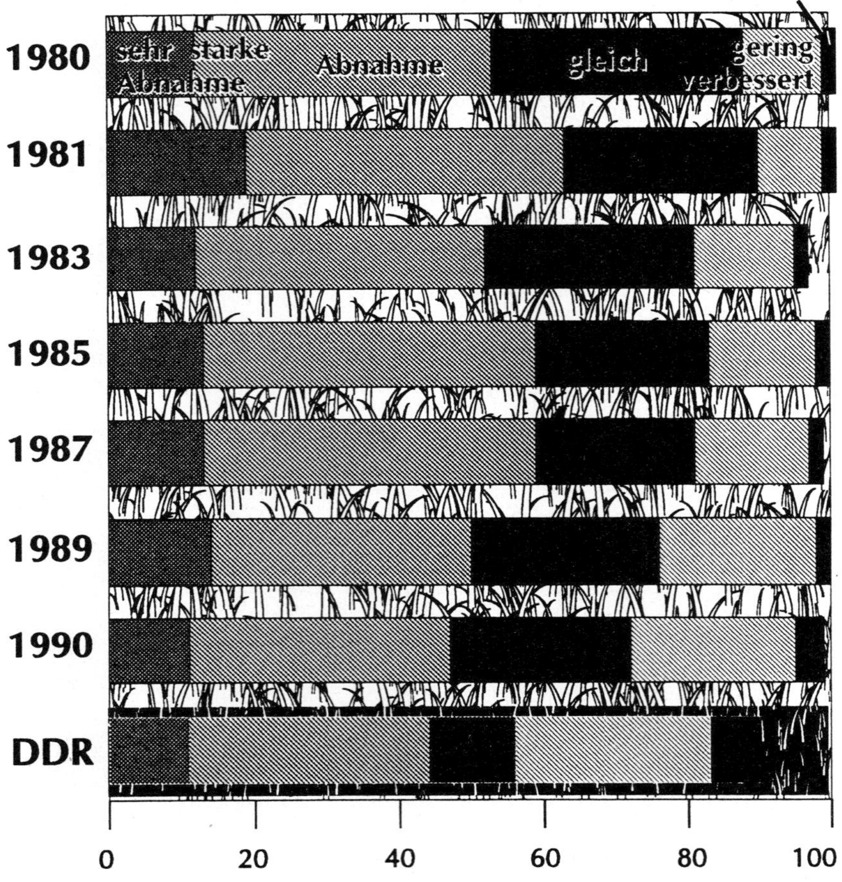
Entwicklung der Umweltqualität
sehr viel verbessert
1980
sehr starke Abnahme
Abnahme
gleich
gering verbessert
1981
1983
1985
1987
1989
1990
DDR
0
20
40
60
80
100

Tabelle 6

Zukünftige Marktkriterien
Manager und Umweltschutz

Höherer Qualitätsanspruch	89 %
Stärkere Umweltfreundlichkeit	85 %
Stärkerer Kostendruck	80 %
Höheres Preisbewußtsein	64 %

"sehr und ziemlich wahrscheinlich"

Tabelle 7

Einstellungen Umweltschutz
Manager und Umweltschutz

Moderne Techniken werden in einigen Jahren die meisten Umweltprobleme lösen können	2.36
Umweltschutzvorschriften gefährden die internationale Wettbewerbsfähigkeit vieler deutscher Unternehmen	2.67
Presse, Funk und Fernsehen übertreiben in der Regel bei der Berichterstattung über Umweltprobleme	2.98
Zusätzliche Umweltschutzgesetze gefährden die Existenz vieler Unternehmen	3.19
Die deutsche Umweltschutzgesetzgebung bereitet ausländischen Unternehmen Schwierigkeiten, in der Bundesrepublik Fuß zu fassen	2.88
Die Behörden gehen beim Umweltschutz häufig willkürlich vor	2.88

1 = stimme voll zu, 4 = stimme überhaupt nicht zu

Tabelle 8

Problembereiche mit Umweltschutzvorschriften
Manager und Umweltschutz

Abstimmung von Vorschriften (int.)	33 %
Vorschriften /Gesetze in der BRD	26 %
Abfallbeseitung/Entsorgung	22 %
Produktion	22 %
Konzeption umweltfreundlicher Produkte	14 %

"große und merkliche Probleme"

Tabelle 9

Stellenwert Umweltschutz
Manager und Umweltschutz

	%
EG-Bereich	90
USA/Kanada	83
Japan	77
Süd-Korea	32
Taiwan	31
Brasilien/Argentinien	10
Mexiko	10
Afrika	8

Anteil "großes Wachstum"

Tabelle 10

Kauf umweltfreundlicher Produkte
Privater Umweltschutz

	1981	1985	1987	1990
Würde ich kaufen	57 %	72 %	82 %	81 %
Wäre mir egal	40 %	27 %	17 %	17 %
Keine Angabe	2 %	0 %	1 %	2 %

Tabelle 11

Informiertheit über Abgasregelung
Privater Umweltschutz

		1985 %	1987 %	1990 %
sehr schlecht	(1)	15	7	5
	(2)	17	15	10
	(3)	24	23	26
	(4)	22	22	24
	(5)	14	16	16
sehr gut	(6)	8	15	15

Tabelle 12

Schadstoffe und Einkauf
Privater Umweltschutz

Nur Käufer:

	1985 %	1987 %	1990 %
Textilreinigungs- und Pflegemittel	23	36	39
Haushaltsreinigungsmittel	26	37	45
Kunststoffartikel	12	14	19
Farben, Lacke, Lösungsmittel	27	37	42
Pflanzenschutzmittel	38	52	55
Mittel zur Körperpflege	32	33	41

Achte sehr auf die Umweltverträglichkeit

Tabelle 13

Recykling-Aktionen
Privater Umweltschutz

	Beteiligt: %
Altpapier/Pappe	90
Textilien/Kleider	80
Altglas	84
Aluminium	29
Alteisen	34

Tabelle 14

Einstellung zur Energieeinsparung

Privater Umweltschutz

	1985 %	1987 %	1990 %
(stimme voll zu)			
Energieeinsparung ist Teil einer gute Haushaltsführung	88	94	91
Es soll jeder so viel Energie verbrauchen, wie er sich leisten kann	31	28	30
Das Geld, das durch Energieeinsparung im Haushalt eingespart werden kann, ist nicht der Rede wert	25	22	26
Energieeinsparung bedeutet immer auch eine Schonung der Umwelt	85	91	90
Energieeinsparung kostet zuviel Zeit	20	13	17
Nur wenige Leute verbrauchen mehr Energie, als sie wirklich benötigen	29	28	30
Energieeinsparung ist immer mit Komfortverlusten verbunden	35	28	36
Haushalte verbrauchen nur einen geringen Teil des Gesamtenergiebedarfs, deshalb sollte woanders Energie gespart werden	47	36	41
Energieeinsparung ist vor allem ein Thema für Leute, die keine modernen Geräte besitzen	23	24	30

Tabelle 15

Durchgeführte Energiesparmaßnahmen

Privater Umweltschutz

	1985 %	1987 %	1990 %
Dachisolation	20	16	19
Heißwasserbereitung	15	15	15
Wärmepumpe eingebaut	4	5	4
Sonnenkollektor eingebaut	1	1	2
Türen/Fenster isoliert	36	40	36
Heizung:Thermostate install.	26	28	25
Außenwand isoliert	15	15	10
Heizanlage modernisiert	19	22	20
Doppelglasfenster eingebaut	27	30	28
noch nichts	33	30	30

Tabelle 16

Haupthindernisse für Energiesparmaßnahmen
Privater Umweltschutz

	1985 %	1987 %	1990 %
Familie/Hausgemeinschaft macht nicht mit	10	10	9
Zu geringe staatliche Hilfe	31	26	32
Geringe Kostenvorteile	16	16	18
Einwilligung des Vermieters	21	29	30
Wird beim Auszug nicht erstattet	20	22	20
Aufwand ist zu groß	9	12	14
Fachlich nicht in der Lage	11	16	16
Mangelnde Beratung	13	15	18
Keine Beratung in der Wohnung	4	9	7
Keine umfassende Wärmebedarfsrechnung	6	6	7
Wenig Informationen über zuverlässige Betriebe	9	9	10
Nach Durchführung keine fachmännische Kontrolle	9	9	10
Anderes	17	11	9

Tabelle 17

Bedeutung des Wassersparens
Privater Umweltschutz

	1985 %	1987 %	1990 %
sehr wichtig	38	51	57
etwas wichtig	40	37	33
kaum wichtig	17	9	8
überhaupt nicht	4	2	1

Tabelle 18

Achten auf Wasserverbrauch

Privater Umweltschutz

	1985 %	1987 %	1990 %
sehr	26	30	38
etwas	37	41	40
kaum	26	24	17
gar nicht	11	5	4

VDI BERICHTE 924

VEREIN DEUTSCHER INGENIEURE

VDI-GESELLSCHAFT ENERGIETECHNIK

EINSATZMÖGLICHKEITEN DES PC IN DER ENERGIETECHNIK

Tagung Nürnberg, 28. November 1991

Wissenschaftlicher Tagungsleiter
Dr.-Ing. J. Edelmann VDI
ABB Kraftwerksleittechnik GmbH, Mannheim

Inhalt

	J. Edelmann	Begrüßung und Einführung
	W. Strack	Einsatzmöglichkeiten des PCs in der Energietechnik
	G. R. Wetzler	Anforderungen an den PC und Aufbau geeigneter Industrie-PC entsprechend der Aufgabenstellung
	O. Keller	Meßdatenerfassung in elektrischen Energienetzen
	R. Zeise	Interaktive grafikunterstützte Planung elektrischer Energieversorgungsnetze
	P. Herberholz und W. Lutsch	PC-Einsatz für das Energie-Betriebsmanagement
	P. Weber	Einsatz des PC in der Energieberatung
●	*W. Schneider*	Einsatz des PC in der Leittechnik
	E. Kopf und A. Hoepner	PC-Einsatz in der Leittechnik aus der Sicht eines Maschinenherstellers bzw. Anlagenlieferanten
	B. Müller	Schnittstelle PC in der Netzleittechnik

● = Nachfolgend veröffentlichter Beitrag

Einsatz des PC in der Leittechnik

Prof. Dr.-Ing. **W. Schneider** VDI, Nürnberg

Zusammenfassung

Die Ausrüstung von Anlagen und Prozessen nimmt an Umfang und Kompliziertheit ständig zu. Ein wesentliches Mittel für deren wirtschaftlichen und sicheren Betrieb ist die Leittechnik. Nachdem zunächst der zentrale Leitrechner die vielfältigen Aufgaben übernommen hat, werden heute die einzelnen Funktionen in digitalen Geräten immer mehr dezentralisiert. Wegen des günstigen Preis-Leistungs-Verhältnisses und wegen der reichhaltigen Standard-Software, die weltweit verfügbar ist, werden Teilaufgaben auch auf PC`s übertragen. Wichtige Entwicklungsschritte dazu sind die Fortschritte bei der Vernetzung und die Bereitstellung von Automatisierungsfunktionen auch für den PC. Es sind eine Vielzahl von Meßdatenverarbeitungsprogrammen oder modulare Bedien- und Beobachtungsprogramme entstanden, die in große Leitsysteme einbindbar sind. Kleine bis mittlere Leitsysteme lassen sind unter gewissen Randbedingungen vollständig auf den PC übertragen. Als Ingenieurarbeitsplatz zum Programmieren und Konfigurieren ist der PC unschlagbar.

1. Grundbegriffe der Leittechnik

Die Aufgabe der Leittechnik ist es, Automatisierung und Informationsverbund in und zwischen verschiedenen Anlagen zu realisieren. Die Maßnahmen werden vorwiegend

* unter Mitwirkung des Menschen (MMI = Mensch-Maschine-Interface)
* aufgrund der aus dem Prozeß erhaltenen Daten
* oder mit aus der Umgebung erhaltenen Daten

mit Hilfe der Leittechnik getroffen (DIN 19222).

1.1 Einsatzbereiche der Leittechnik

Aufgrund des Systemdenkens in der Leittechnik gibt es kaum eine Beschränkung des Einsatzbereiches. Die Leittechnik ist deshalb in allen Anlagenarten wiederzufinden, z.B.

* Verfahrenstechnik
  - Fließprozesse
  - Rezepturen

* Fertigungstechnik
  - Produktplanung und -steuerung (PPS)
  - Zellenrechner, Maschinenleitsystem
  - Instandhaltungsmanagement

* Energietechnik
    - Kraftwerksleittechnik (Sicherheitsstandard)
    - Netzleittechnik, Fernwirktechnik

* Gebäudeleittechnik
    - Heizung, Lüftung, Klimatisierung
    - Beleuchtungssteuerung
    - Energiemanagement

Alle genannten Leitsysteme haben etwas gemeinsam, die Hardware :
- einen oder mehrere Rechner, interne/externe Speicher
- Prozeßankopplung
- Datenkommunikationsschnittstellen
- Peripheriebausteine, Drucker, Plotter, Graphikbildschirm, Tastatur
(- Betriebssystem)

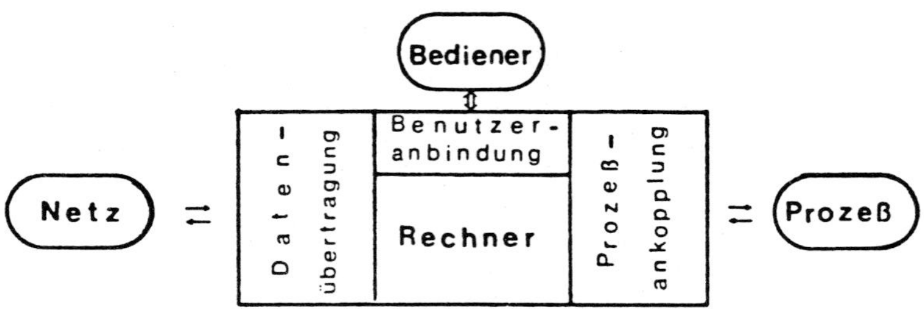

Hardware

Vorverarbeitung (Prozessor + Speicher) Kabel + Stecker	Grafikkarte Schnittst.	E/A-Module AD/DA-Umsetzer Kanalumschalter
	Taktgenerator Prozessor Interner BUS Speicher (RAM + ROM)	

Software

Protokolle Prozeduren	Grafiktreiber sonst. Treiber	Dezentrale intellig. Geber Vorverarbeitung
	Urladeprogramm Betriebssystem Syntax (Sprache) Anwenderprogramm Datenspeicherung	

Bild 1 : Leittechnische Einheit

Die anlagenspezifischen Unterschiede werden durch Anpassung der Software an die Anlage durch die in Algorithmen geschriebene Funktionalität erreicht :

- spezielle Programmiersprachen mit anlagenspezifischen Prozeduren
- Grund- und Verarbeitungsfunktionen
- Konfigurierung und Parametrierung

Das komplexe Leitsystem läßt sich danach in einzelne Leittechnische Einheiten (Bild 1) zerlegen, deren Funktionalität jeweils von einem Rechner überwacht wird.

1.2 Tendenzen in der Leittechnik

Durch die Verfügbarkeit immer preiswerterer Hardware ergeben sich Änderungen im Aufbau der Leittechnik.

* Dezentralisierung
  - Aufteilung der Funktionen auf mehrere Rechner
  - PC-Einsatz für Teilaufgaben
  - Intelligente Geber (Sensoren u.Aktoren)
  - Automatisierungsgeräte in DDC-Technik

* Zusammenschalten von Systemen verschiedener Hersteller
  - Norm-Schnittstellen
  - Norm-Protokolle
  - Feld-BUS in kabelsparender Bauweise
  - Telefonankopplung

* Verbesserung der Systembedienung
  - Menütechnik, Maskentechnik
  - farbige dynamische Fließbilder
  - PC als Klein-Leitzentrale

* Vereinfachung der Konfigurierung
  - Automatisches Generieren von Informationspunkten
  - vorbesetzte Parameter
  - Plausibilitäts-/Logik-Kontrolle der Software
  - adaptiver Regler zur Inbetriebnahme
  - Rückdokumentation

* Managementfunktionen
  - Online-Optimierung
  - Online-Energiemanagement
  - Energiebilanzierung /-disposition
  - Instandhaltungsmanagement

Zur Verbesserung der Verfügbarkeit und der Sicherheit ist eine umfassende Diagnose möglich, die auftretende Fehler in Leittechnik und Anlage sofort erfaßt und dem Bediener anzeigt. Ein Redundanzkonzept ermöglicht die wirtschaftliche Anpassung an die jeweiligen Verfügbarkeitsanforderungen.

1.3 Aufgaben der Leittechnik

Je nach Ausbaustufe erfüllt die Leittechnik ein oder mehrere der nachfolgenden Ziele :

* automatischer Betrieb
  - Einhaltung des Betriebszustandes durch Verknüpfungssteuerungen und Regelungen
  - Einstellung eines Betriebszustandes An-/Abfahren, Lastwechsel

* sicherer Betrieb
  - Warnmeldungen (Wartungsanforderungen)
  - Störmeldesystem, Grenzwertverletzungen
  - Alarmbehandlung

* rationeller Betrieb
  - Energiekosten
  - Betriebskosten, Personaleinsatz
  - Instandhaltung

* einfacher Betrieb
  - zentrale Informationen
  - Inbetriebnahmehilfen
  - zentrales Bedienen

Zur besseren Unterscheidung ordnet man die Aufgaben der Leittechnik verschiedenen Ebenen zu (Bild 2).

2. Gerätetechnischer Aufbau

Beim Aufbau der Leittechnik werden die einzelnen Rechner bestimmten Ebenen zugeordnet. Innerhalb einer Ebene ist eine zusätzliche Unterteilung in Form einer an die Anlagengröße angepaßten Struktur möglich. Die gerätetechnischen Ebenen sind in Bild 3, eine gerätetechnische Struktur in Bild 4 dargestellt.

Elemente der Gerätestruktur :

* Sensoren mit Meßwertumformung und Digitalisierung
* Aktoren mit DA-Umsetzern und Leistungselektronik
* Automatisierungsgeräte
  - Kompaktregler
  - PC mit Regler- oder E/A-Karte
  - E/A-Module mit und ohne Prozessor
  - SPS mit Bit- und Byte-Verarbeitung
  - Prozeßrechner, DDC
* Unterzentrale (dezentraler Bedienplatz)
* Leitzentrale
  - Bedien- und Beobachtungsplatz, Datensichtgerät, Tastatur, Bedienfeld, Anzeigen
  - Protokollierdrucker, Plotter, Schreiber
  - Auswerteplatz für die Weiterverarbeitung der gespeicherten Daten, Speichereinheiten

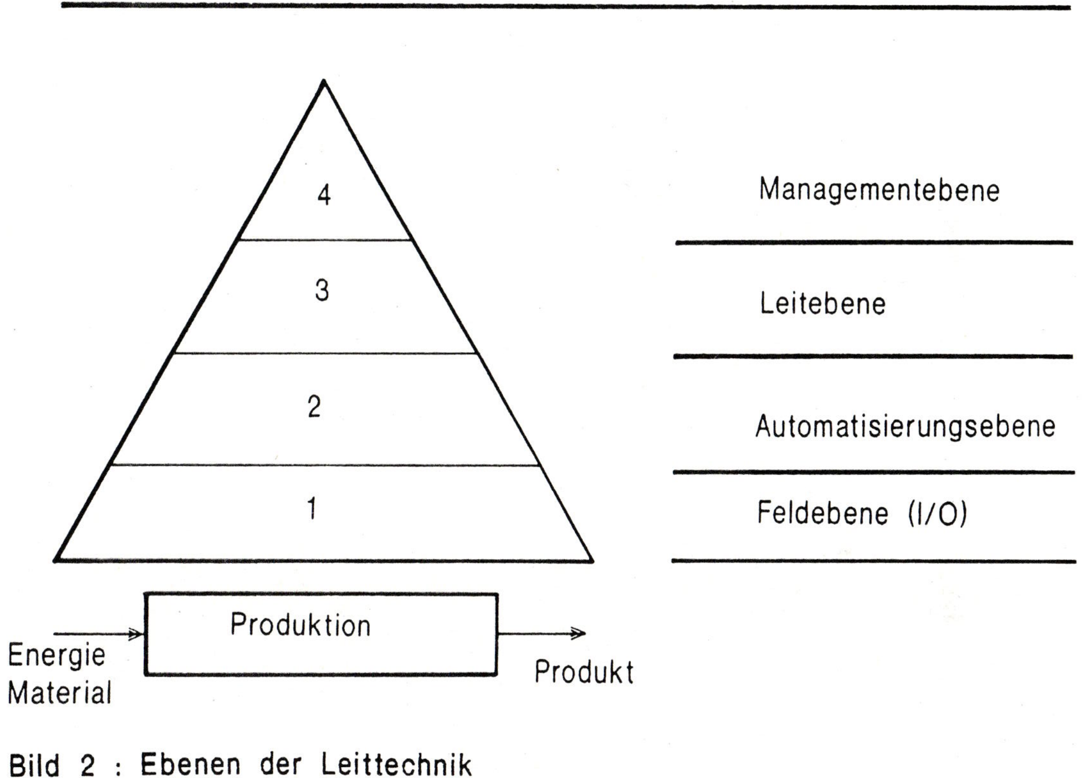

Bild 2 : Ebenen der Leittechnik

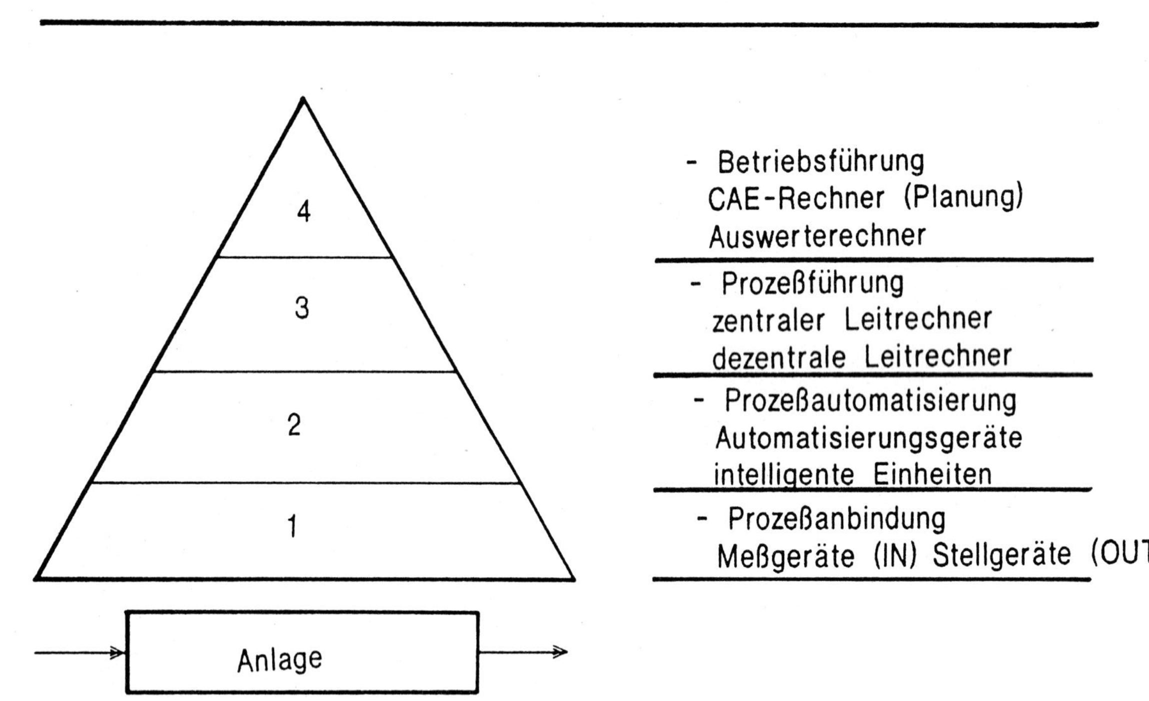

Bild 3 : Gerätetechnische Ebenen

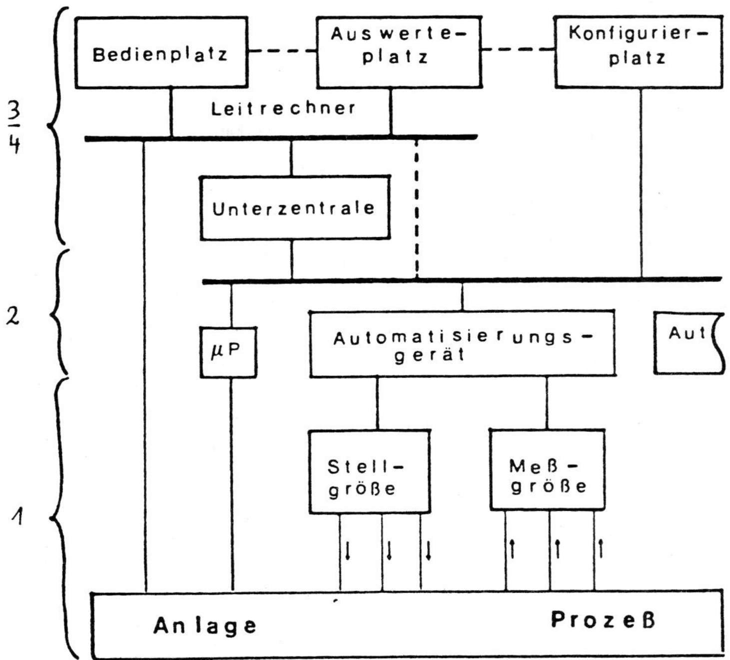

Bild 4 : Gerätetechnische Struktur

Je nach Umfang der leittechnischen Aufgabe kann der PC einen Teil oder die ganze Gerätetechnik ersetzen. Dies soll am Beispiel von vier unterschiedlichen Prozeßanbindungen erläutert werden (Bild 5).

2.1 Automatisierungsgerät

In einem Automatisierungsgerät werden die Regel- und Steuerfunktionen dezentral abgearbeitet. Auch das Einlesen der Meßwerte und das Ausgeben der Stellgrößen läuft unabhängig vom PC ab. Damit verbleiben dem PC reine Überwachungs- und Führungsfunktionen (Ebene 3+4).
Ein Beispiel für ein Automatisierungsgerät ist in Bild 6 dargestellt.

2.2 Kompaktregler

Auch an die in der Praxis weitverbreiteten digitalen Kompaktregler, z.B. H&B Digitric P oder Siemens Teleperm D

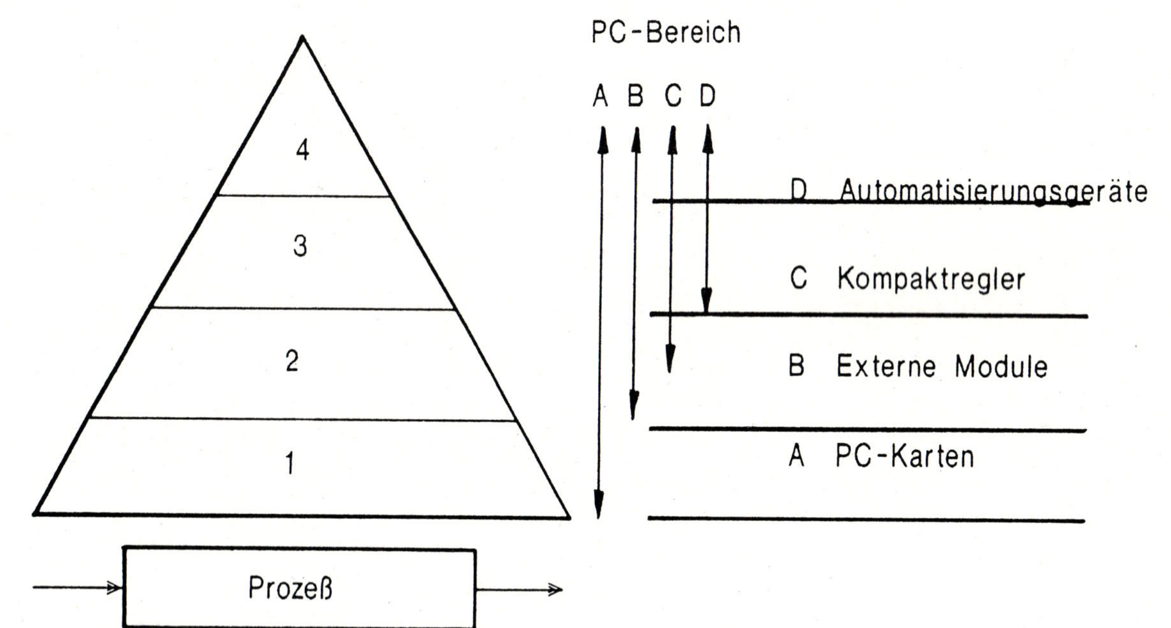

Bild 5 : PC mit prozeßnahen Komponenten

läßt sich heute der PC anbinden. Über den PC ist damit auch der Zugang zu einer Leitzentrale möglich.
Der Kompaktregler ist jedoch in seinen Automatisierungsfunktionen eingeschränkt. Aufwendigere Regelaufgaben müssen deshalb bei dieser Struktur auf den PC übertragen werden (Bild 7).

2.3 Externe Module

Wegen der oft rauhen Umgebung läßt sich der PC nicht überall einsetzen. Bei einen Ein-/Ausgabesystem mit

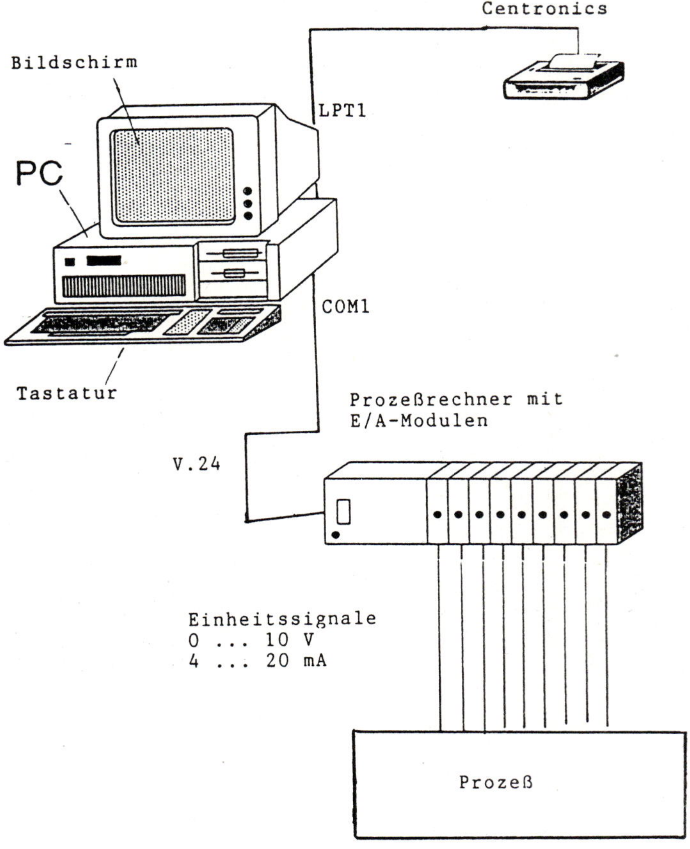

Bild 6 : KLZ (Kleinleitzentrale) mit Automatisierungsgerät

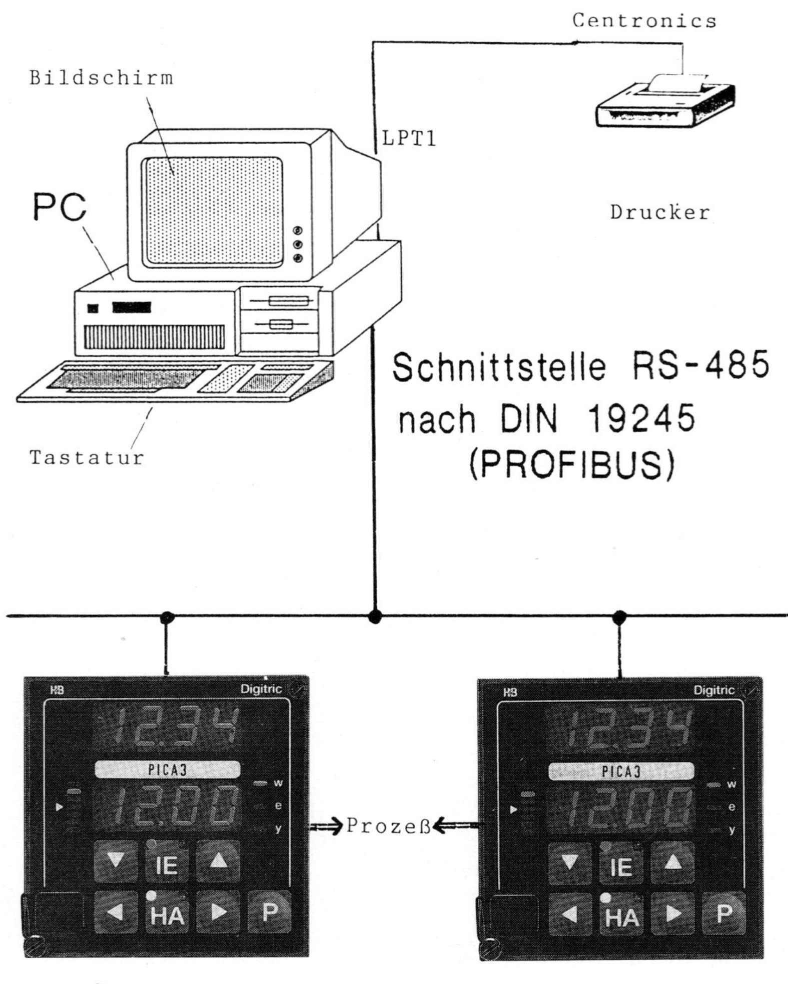

Frontseite RS 232 C (V.24)
zur Konfigurierung

Bild 7 : KLZ mit Kompaktregler

externen Prozeßmodulen werden dezentrale Einheiten teils ohne Prozessor direkt vor Ort im Feld montiert und über einen adernsparenden Hostadapter an den PC in gesichertem Raum angeschlossen (z.B. Eckelmann EMODUL-P/ Bild 8). Neben dem PC ist auch der Anschluß anderer Rechner möglich, z.B. mit VME- oder SMP-BUS. Die Automatisierungsaufgaben liegen vollständig im angeschlossenen Rechner oder PC (PC-Einsatz in Ebene 2 bis 4).

2.4 PC-Karten

Das preiswerteste, aber nicht immer sichere und einfach auszuführende Verfahren der Prozeßanbindung ist der Einbau von E/A-Karten direkt im PC (Bild 9). Damit wird auch die Meß-/Stellwertaufbereitung im PC abgewickelt (PC-Einsatz in Ebene 1 bis4). Meist sind jedoch nur wenige Steckplätze vorhanden. Die Ausbaugröße ist begrenzt. Auch findet man heute noch keine Automatisierungs-Software, die sich an die vielfältigen Aufgabenstellungen anpassen läßt.
Da aber die Prozeßschnittstellen in allen gängigen Programmiersprachen mitgeliefert werden, dürfte es dem programmiererfahrenen Ingenieur nicht schwer fallen, in kurzer Zeit eine Kleinst-Leitzentrale aufzubauen. Insbesondere für TURBO-Pascal werden heute so viele "tools" angeboten, daß eine Einzelanlage mit Benutzeroberfläche in wenigen Stunden fertig ist. In den Schreibtischen der Entwickler schlummern z.T. ungeahnte Schätze.
Die Sicherheit der Karten wird verbessert durch die vollständige Entkopplung der Ein- und Ausgänge mit galvanischer Trennung. Die Kommunikation läuft über den 16 BIT-AT-BUS. Die Basiadresse kann z.B. über DIP-Schalter eingestellt werden, die elektrischen Meß- und Stellbereiche sind oft über Steckbrücken schaltbar.

3. Funktionaler Aufbau

Das Ziel der Leitechnik ist die Erfüllung bestimmter Funktionen. Bei der digitalen Leittechnik werden diese Funktionen durch Software-Module realisiert. Auch die Funktionen lassen sich wieder den oben genannten Ebenen zuordnen (Bild 10).

Alle Funktionen können durch einen PC erfüllt werden, der ausreichende Betriebssicherheit, Verfügbarkeit und Schnelligkeit besitzt. Funktionen, die beim Prozeßrechner scheinbar gleichzeitig von einem Rechner bearbeitet werden, werden bei der PC-gestützten Leittechnik meist auf mehrere Rechner aufgeteilt.
Der PC als Auswerte- oder Konfigurierungsrechner wird nicht ständig benötigt, läßt sich deshalb auch für sonstige Aufgaben einsetzen, z.B. Textverarbeitung, Verwaltungsaufgaben. Das Konfigurierprogramm dient der Herstellung anlagenspezifischer Programme durch Zusammenfügen von standardisierten Programmbausteinen.

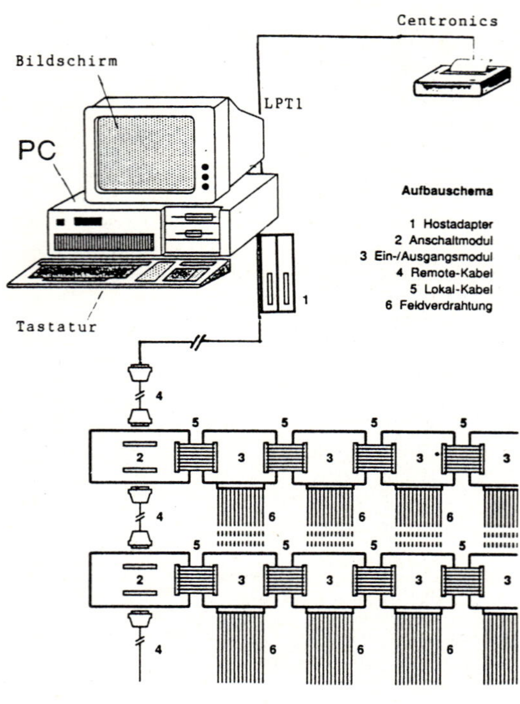

Bild 8 : KLZ mit externen Modulen

Für das Konfigurieren sollten keine speziellen Programmierkenntnisse erforderlich sein. Die Konfiguration wird durch Verknüpfung vorgegebener Bausteine im Büro der Leittechnik-Firma erstellt und auf Datenträger zur Anlage transportiert.
Das tragbare Programmiergerät vor Ort kann an jedes Gerät der Leittechnik angeschlossen werden. Es ermöglicht Laden, Prüfen und Ändern der Software sowie aller Parameter.

3.1 Grundfunktionen

Die Information ist die kleinste Einheit, die eine Aussage über eine Prozeßgröße bzw. Prozeßzustand macht. Jeder physikalischen Information ist ein Geber (Sensor oder Aktor) zugeordnet.
Low Level Treiber
Für den schnellen Gebrauch sind Prozeßtreiber mit Zugriff auf Bits, Bytes und Words notwendig. Diese sind betriebssystemunabhängig, bedürfen jedoch der

galvanische Trennung
Signalumsetzung AD / DA
Signalkonditionierung
Schutzfunktionen

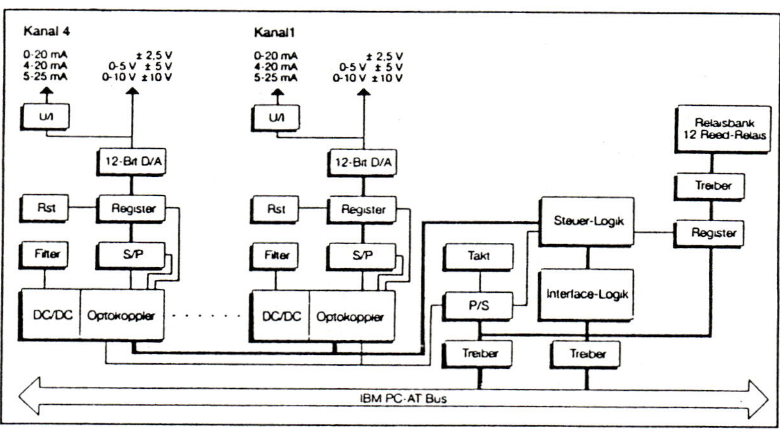

Blockschaltbild der Analogausgabekarte

Bild 9 : KLZ mit PC-Karten

Weiterverarbeitung durch den Spezialisten.
High Level Treiber
Für den universellen Gebrauch sind konfigurierbare Standardtreiber notwendig, die allerdings nur auf einer bestimmten Hardware unter einem definierten Betriebssystem läuffähig sind (---> Grundfunktion in Ebene 1).
Grundfunktionen (Bild 11) greifen auf den Zustand des Prozesses zu. Je nach gewünschter Reaktionsgeschwindigkeit ist ein
- wahlfrei adressierbarer Zugriff mit Hardware-Interrupt oder
- Zugriff auf ein vom Betriebssystem zyklisch aktualisiertes Prozeßabbild möglich.

Neben dem eigentlichen Wert enthält die Grundfunktion noch weitere Parameter, z.B.
- technische oder Benutzeradresse
- Klartextzuordnung, Zusatztexte
- Zustandsanzeigen
- Grenzwerte
- Signalbereiche

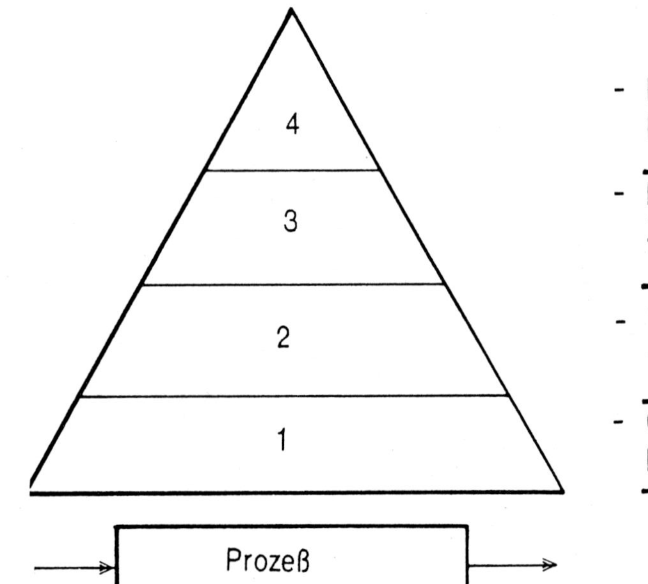

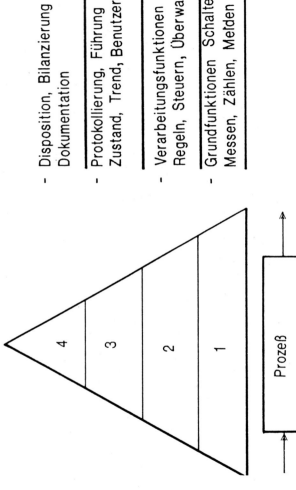

- Disposition, Bilanzierung
  Dokumentation

- Protokollierung, Führung
  Zustand, Trend, Benutzeroberfläche

- Verarbeitungsfunktionen Optimieren,
  Regeln, Steuern, Überwachen

- Grundfunktionen Schalten, Stellen
  Messen, Zählen, Melden

Bild 10 : Funktionale Ebenen der Leittechnik

3.2 Verarbeitungsfunktionen

Die Grundfunktion beinhaltet nur den Prozeßzugriff durch eine programmierte Prozedur. Greift der Bediener vom Leitrechner oder Konfigurierungsrechner in das Geschehen ein, müssen zusätzlich Verarbeitungsfunktionen (Bild 12) zur Verfügung stehen.

Die Anwahl bewirkt den Zugriff auf eine oder mehrere Informationen und leitet eine weitere Verarbeitungsfunktion ein, z.B. die Anzeige des der Adresse zugeordneten

- Zustandes
- Meßwertes
- Zählwertes
- Systemzustandes

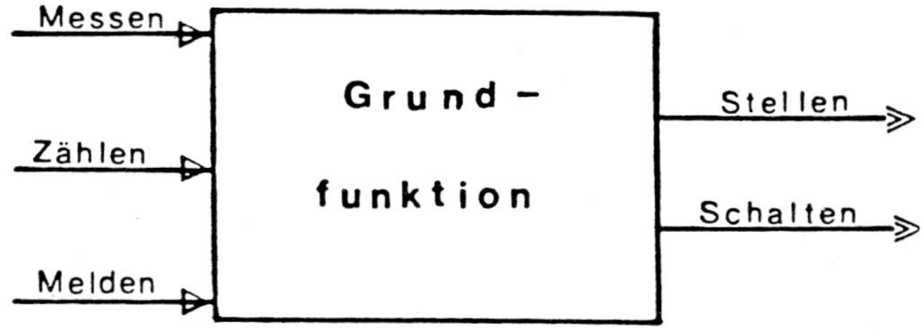

Bild 11 : Grundfunktionen (Ebene 1)

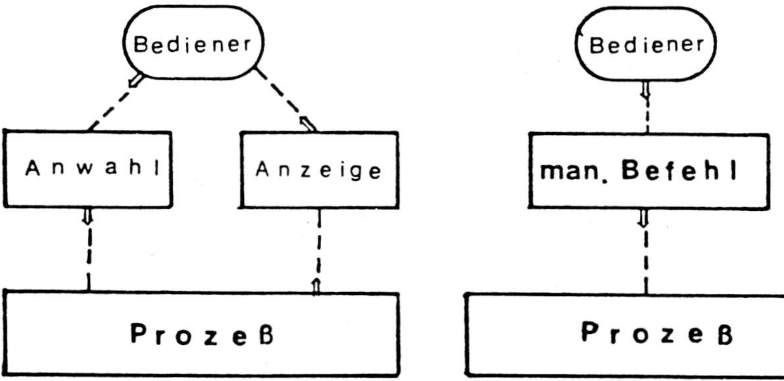

Bild 12 : Verarbeitungsfunktionen (Ebene 2)

Die Eingabe von Befehlen zur Änderung eines
- Schaltzustandes
- Stellwertes
- Sollwertes

wird manuelle Befehlsgabe genannt.

Zu der Gruppe der automatischen Befehlsgabe gehören folgende Verarbeitungsbefehle (Ebene 2):

- Protokollierung (Ereignis- oder Übersichts-)
- zeitabhängige Befehlsgabe (periodisch oder einmalig)
- ereignisabhängige Befehlsgabe nach Zustandsänderung innerhalb der Anlage
- Grenzwertüberwachung
- Betriebszeitenerfassung

Zur Verbesserung des Bedienkomforts werden erweiterte Verarbeitungsfunktionen eingesetzt (Ebene 3):

- Tendenzregistrierung
- grafische Darstellungen
  dynamische Fließbilder
  normierte Darstellungen
- Störstatistik
- zyklische Langzeitspeicherung

Noch weitreichender sind Managementfunktionen (Ebene 4). Diese bestehen aus großen Programmpaketen, die den Bediener entlasten (Automatikbetrieb, z.B. Leistungsschaltungen) oder unterstützen (Datenverdichtung und Analyse)

- Energiemanagementfunktionen reduzieren Kosten durch direkten Eingriff in die Anlage oder Bereitstellung von Informationen, die eine Kontrolle des Energieverbrauchs ermöglichen
- Instandhaltungsmanagementfunktionen enthalten Planung, Verwaltung und Disposition aller Arbeiten für Wartung Inspektion und Instandsetzung der Anlagen und anderer Einrichtungen, Ersatzteile, Arbeitsanweisungen usw.

3.3 Betriebssystem

Auf dem PC-Sektor hat sich zunächst MS-DOS auf breiter Front am Markt durchgesetzt. Zu einem Betriebssystem der Leittechnik gehören jedoch zusätzliche Forderungen, die MS-DOS nicht erfüllen kann :

- einfache Prozeßanbindung, Unterstützung der Grundfunktionen durch das Betriebssystem
- Multi-Task-Betrieb, scheinbar gleichzeitige Automatisierung und Überwachung von mehreren unabhängigen Teilfunktionen, teilweise prioritätsgesteuert
- Multi-User-Betrieb, Bedienen und Beobachten des Prozesses von mehr als einem Bedienplatz aus, Unterstützung der Datenkommunikation (Vernetzung)

- Echtzeit-Betrieb, Reaktionszeit des Rechners ist schnell im Vergleich zur Reaktionszeit des Prozesses, Ablauf von zeitgesteuerten Funktionen (Datum, Wochentag, Uhrzeit)

Zeitintensive, schnelle und komplexe Automatisierungsaufgaben lassen sich auf intelligente Peripherbaugruppen mit eigenem Betriebssystem auslagern. Leitsysteme haben immer hauseigene Betriebssysteme.
Für den PC gibt es auf dem Markt eine Reihe von Multi-Task-Betriebssystemen, z.B. OS/2, CDOS, RT-Kernel oder Echtzeit-Betriebssysteme, z.B. EUROS, FLEXOS. Da die Anlagenvielfalt sehr groß ist, wird es auf nahe Sicht kein Standard-Betriebssystem für die Automatisierung geben.

3.4 Programmiersprachen

Bei Prozeßleitsystemen ist für den Benutzer kein Unterschied zwischen Betriebssystem und Programmiersprache erkennbar. Sie werden von der Leittechnik-Firma als Einheit gepflegt. Beim PC werden Standard-Programmiersprachen verwendet, z.B. C, PASCAL, BASIC. Diese Standard-Sprachen ermöglichen es dem Anwender, auch eigene Ideen in der Automatisierung zu verwirklichen. Aufbauend auf diese Sprachen werden zahlreiche preiswerte anlagenspezifische Prozeduren angeboten, die erst den Kostenvorteil des PC`s zur Geltung bringen. Statt des Prgrammierbefehl maschinennahen Befehls wird immer mehr das graphische Symbol (z.B. Regler-Baustein /Bild 13) verwendet. Durch Verknüpfung dieser Symbole lassen sich auch aufwendige Automatisierungsaufgaben ohne Programmierkenntnisse realisieren (Bild 14).

3.5 Auswerteprogramme

Der früheste und auch offensichtlichste Einsatzbereich des PC`s in der Leittechnik lag in der Meßwertverarbeitung durch Tabellenkalkulationsprogramme mit graphischer Ausgabe, z.B. MS-EXCEL, LOTUS 1-2-3.
Meßdaten werden vom Automatisierungsgerät zyklisch, versehen mit Zeitpunkt, Adresse und Zahlenwert auf einen Speicher geschrieben. Täglich werden diese Daten von einem PC abgerufen und stehen dann auf der Festplatte des PC`s für weitere Verarbeitung zur Verfügung (Bild 15).
Als Beispiel ist VISONIK ENERGYR von Landis & Gyr angeführt. Daten für Jahresganglinien dienen als Basis für Energieanalysen (Bild 16).

Da in einem Leitsystem alle Daten für die Instandhaltung zur Verfügung stehen,

- Betriebsstunden
- Störmeldungen (Störstatistik)

werden eine Vielzahl von Instandhaltungsmanagement-programmen angeboten, die auf dem PC lauffähig sind und die Daten direkt aus dem Leitsystem übernehmen (z.B. Visonik Maintenance Management System).

Staefa Control System	klimo integral RS SAPIM-Grundfunktionen	K2-03.25 1 D-88-02

Symbol: 9E556

w, x → P → y

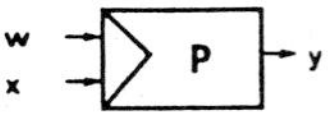

F5.1 P-Regler (uw)
F5.2 P-Regler (dw)

Die beiden Funktionen generieren konventionelle P-Regelsequenzen mit umgekehrter (uw) bzw. direkter (dw) Wirkung. Durch die Eingabe eines Offsetwertes Of wird die Sequenz entsprechend geschoben.

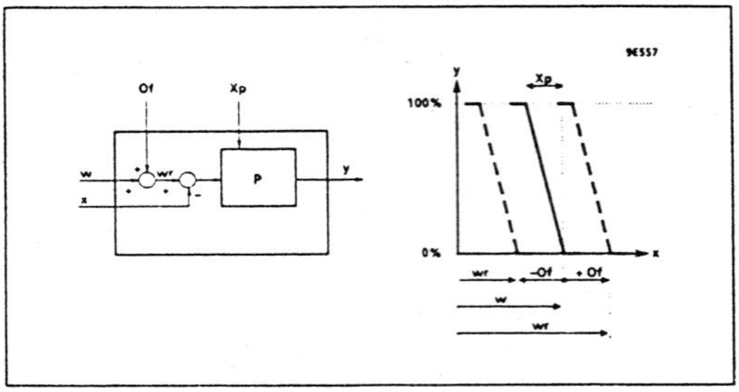

9E557

Of, Xp, w, x, wr, P, y, 100%, 0%, Xp, wr, -Of, +Of, w, wr

Funktion F5.1

klimo integral	*** Funktions-Konfiguration ***	Version 1.00

Strukturierung Modul Nr. ... Typ: Betriebs-Art: ...
Eingabe-Modus: Anfügen

F5.1 / ① : P-Regler (uw) Text: ②

x : U ③ : ④
w : U ③ : ④
Of : U ③ : ④
Xp : U ③ : ④
y : U ③ : ④

Legende:

① Funktionslaufnummer
② Funktionsbezogener Text
③ Registerzuordnung (Adresse)
④ Infotext

Bild 13 : Regler-Baustein im Funktionsplan

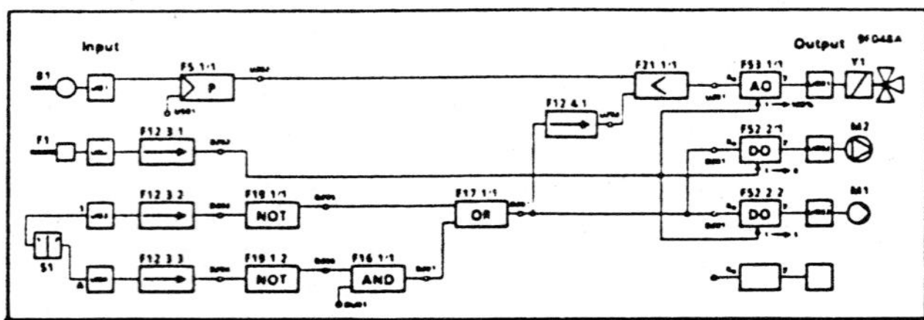

Bild 14 : Automatisierungsaufgabe dargestellt im Funktionsplan

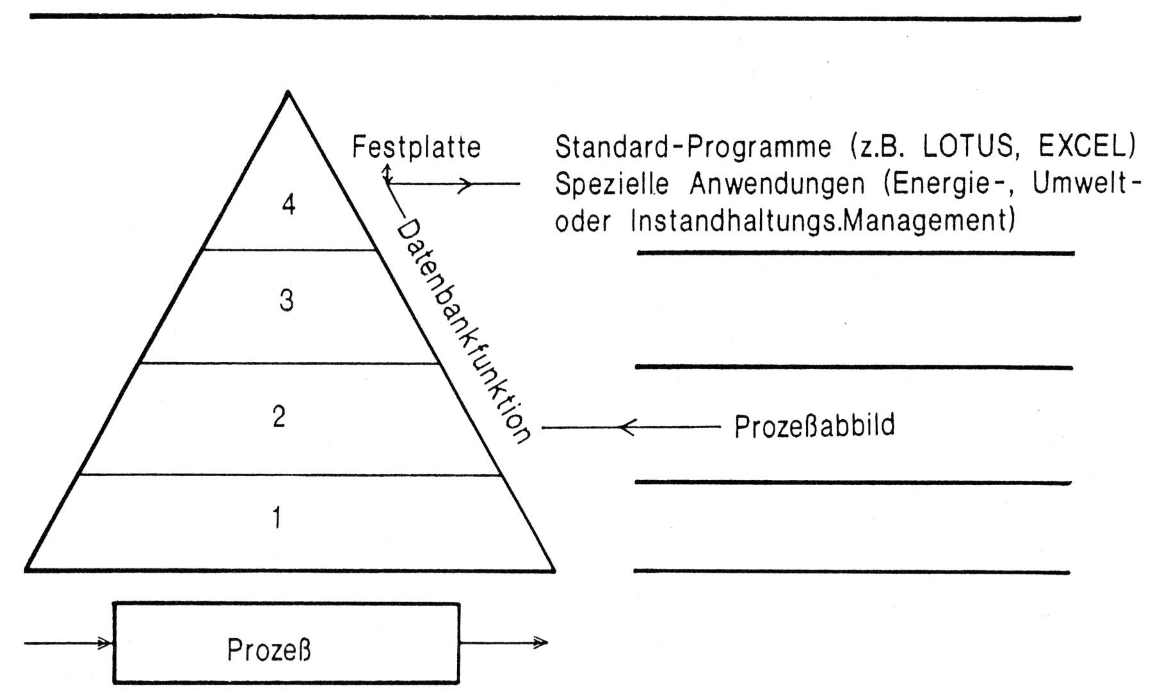

Bild 15 : Auswerteprogramme für die PC-Leittechnik

VISONIK° ENERGYR
Effizientes Energie-Management
Systeminformation

Prinzip der Verbrauchsanalyse

- DYNAMISCHES BUDGET
  als Soll-Verbrauch aufgrund der tatsächlichen mittleren Außentemperaturen
- REFERENZ-BUDGET
  auf der Basis der meteorologischen Referenzdaten (geplantes Budget)
- ISTVERBRAUCH
  in Relation zu Dynamischem Budget und Referenzbudget

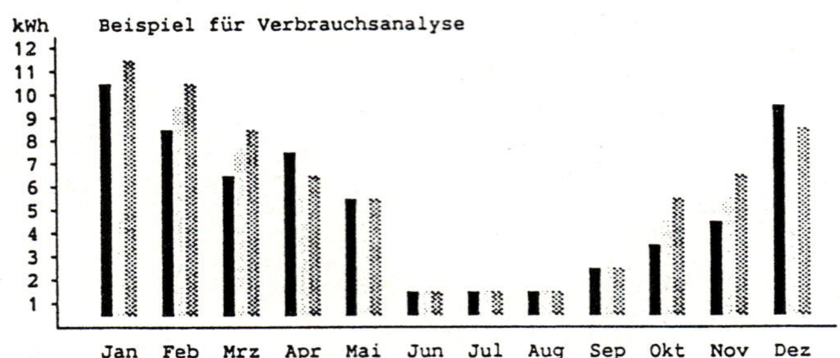

Witterungsabhängige Verbrauchsarten:

- Energiesignatur der witterungsabhängigen Tages-Verbrauchsdaten, als Soll-Ist-Vergleich auf der Basis der jeweiligen mittleren Außentemperaturen.

Saisonabhängige Verbrauchsarten:

- Energiegrafik der Tages-Verbrauchsdaten auf der Basis von Tages-Sollwerten, die für jeden Monat des Jahres spezifiziert werden.

Bild 16 : Beispiel für Energie-Management

3.6 Bedienen und Beobachten

Für kleinere bis mittlere Anlagen mit nicht zeitkritischen Aufgaben ist der PC gut geeignet als Bedien- und Beobachtungsstation (Bild 17). Je nach Ebene ist die Funktion des PC als MMI (Mensch-Maschine-Interface) unterschiedlich.
Ein und Ausgabe der Prozeßgrößen sowie einfache Regel- und Steuervorgänge laufen in der Aotomatisierungsebene ab. Aufwendige Ablaufsteuerungen und Regelschaltungen sowie die graphische Darstellung aller Vorgänge erfolgen mit Hilfe des PC's.
Dabei unterscheidet man (Bild 18/19)

- Darstellung in einem oder mehreren Fließbildern, schematische Darstellungen nach DIN laufend aktualisierte Soll-/Istwerte
- Alarmmeldungen, Grenzwertverletzungen oder Sörmeldungen in einer Statuszeile
- normierte Darstellung
  * Einzelkreisbild
  * Gruppenbild, Übersichtsbild

3.7 Leittechnik-Planung

Für alle Ingenieuraufgaben von der Berechnung über Auswertung bis hin zur grafischen Darstellung (CAD) ist der PC ein hervorragendes Werkzeug. Dies hat zur Folge, daß natürlich auch die Leittechnik am PC geplant wird.
Die Ausführung einer Leittechnik-Software läuft in folgenden Stufen ab :

- Bereitstellung aller Unterlagen über die zu automatisierende Anlage
- Erstellung einer Informationsliste aus dem vorgegeben Gerätefließbild
- Generieren der Informationspunkte, Parametrieren zu Grundfunktionen
- Bereitstellen aller Verarbeitungsfunktionen, die für die vorgegebene Anlage benötigt werden, ggf. Programmierung eigener Funktionen
- Konfigurierung, d.h. Verknüpfung aller Eingänge über die Verarbeitungsfunktionen so mit den Ausgängen, daß die Gesamtfunktion der Anlage erfüllt wird (Bild 20)

Die fertige Software wird oft schon im PC mit Simulationsprogrammen getestet und dann z.B.

- über eine V.24-Schnittstelle und ein KERMIT-Protokoll in das Zielsystem geladen
- auf einer Diskette abgespeichert und zur Baustelle transportiert
- in EPROM`s gebrannt und in das Zielsystem gesteckt.

Bei umfangreichen Automatisierungsaufgaben, insbesondere wenn viele Mitarbeiter gleichzeitig auf den gleichen Datenbestand zugreifen müssen, werden heute vor allem UNIX-Workstation eingesetzt. Dies wird auch in Zukunft so bleiben. Bei kleinen bis mittleren Automatisierungsaufgaben ist jedoch heute schon der PC nicht wegzudenken.

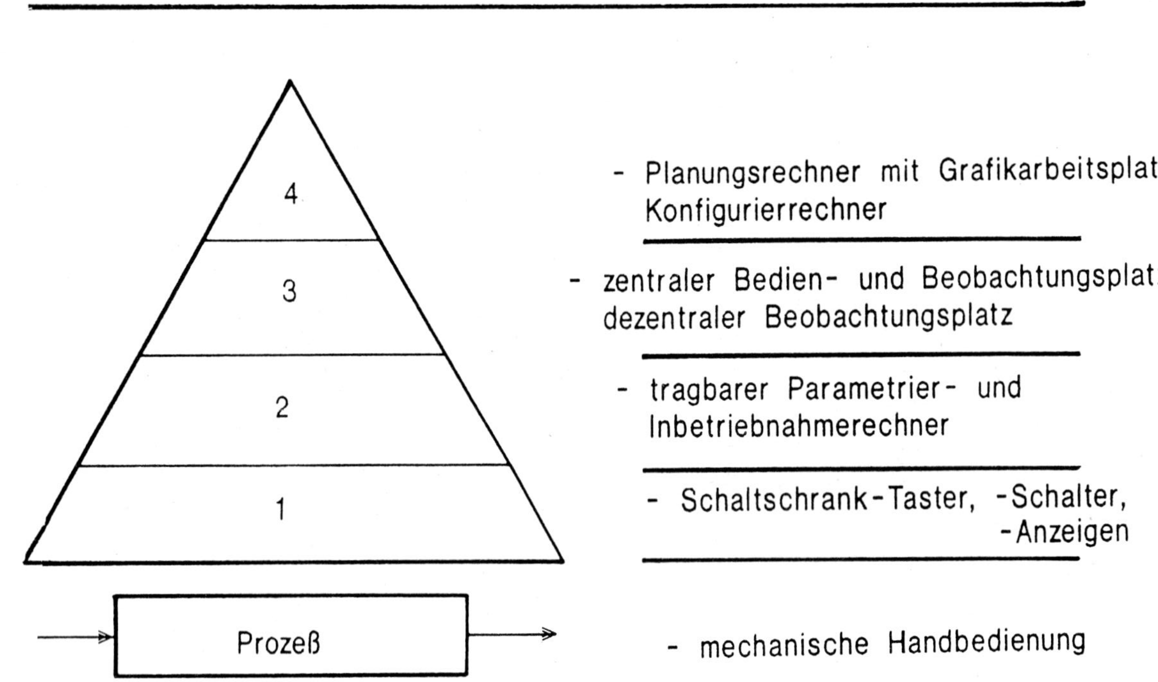

Bild 17 : Bedienebenen der Leittechnik

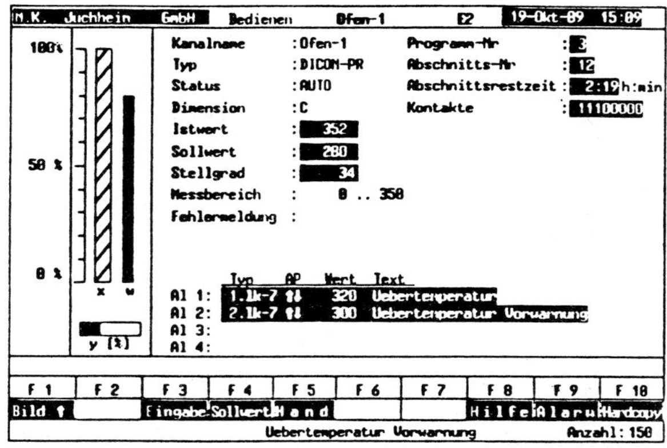

Bild 18 : Regelkreisbild in normierter Darstellung

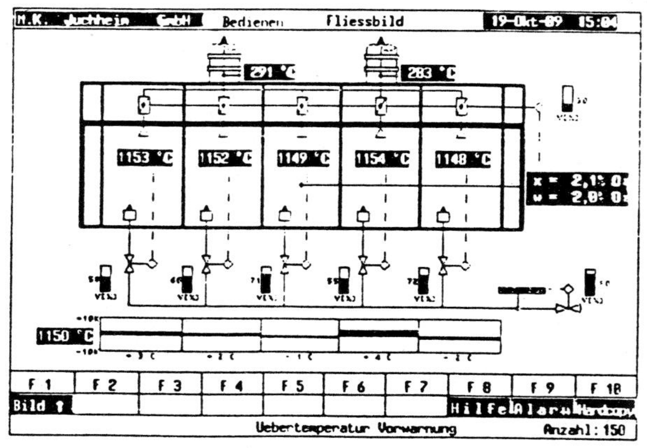

Bild 19 : Dynamisches Fließbild

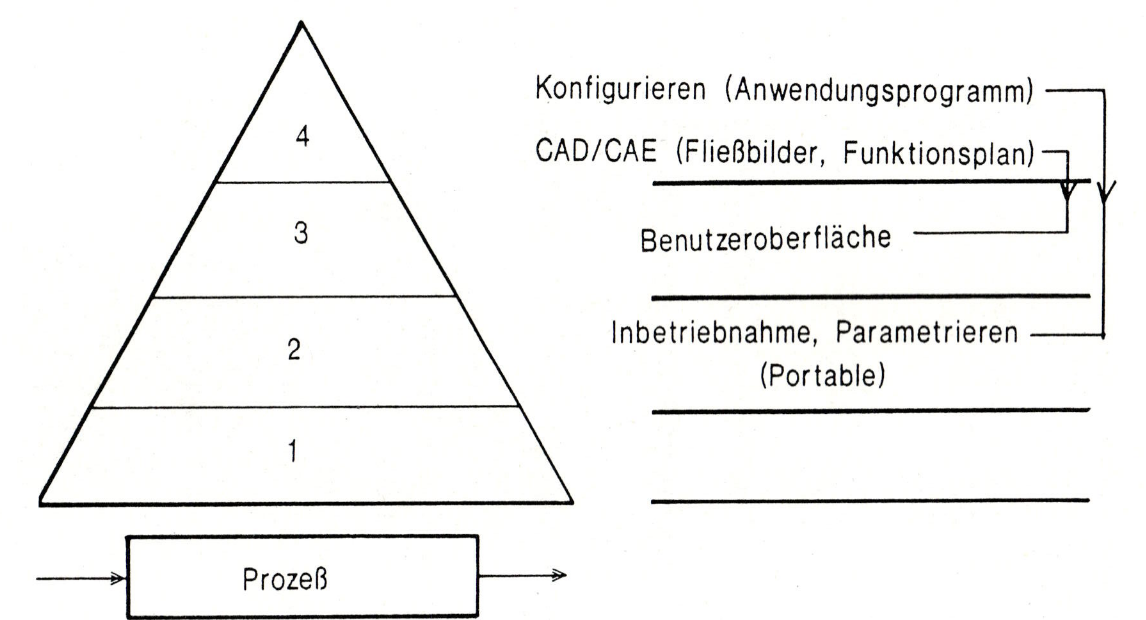

Bild 20 : Leittechnik-Planung

VDI BERICHTE 926

VEREIN DEUTSCHER INGENIEURE

VDI-GESELLSCHAFT ENERGIETECHNIK

ENERGIETECHNISCHE INVESTITIONEN IM NEUEN EUROPA

MÄRKTE PROJEKTE FINANZIERUNGEN

Tagung Dresden, 28. und 29. November 1991

Wissenschaftlicher Tagungsleiter

Professor Dr.-Ing. Dr.-Ing.E.h. H. Schaefer VDI
Lehrstuhl für Energiewirtschaft und Kraftwerkstechnik, TU München

Inhalt

● = Nachfolgend veröffentlichter Beitrag

Energiewirtschaft in den neuen deutschen Bundesländern — Stand, Restriktionen, Chancen

Doc. Dr. sc. techn. **M. Schmidt** VDI, Dresden

Zusammenfassung

Das Gebiet der wieder gebildeten Länder im Osten Deutschlands weist im Vergleich mit volkswirtschaftlich ähnlich strukturierten Ländern Extrempositionen in der Energiewirtschaft auf. Sie beruhen im wesentlichen auf dem außerordentlich hohen Einsatz an Braunkohle als Primärenergieträger, der durch Autarkiebestrebungen der ehemaligen DDR-Führung bedingt war. Der Stand der Energiewirtschaft im letzten Jahr der DDR wird für die einzelnen Energieversorgungstechnologien statistisch belegt. Restriktionen und Chancen eines Neubeginns werden formuliert.

1. Einleitung

Mit der Analyse der Energiewirtschaft der wieder gebildeten deutschen Länder auf dem Gebiet der vormaligen DDR sollen Daten bereitgestellt werden, die in Verbindung mit relevanten Daten aus der vormaligen Bundesrepublik, im weiteren mit BRD abgekürzt, für sofortige energiewirtschaftliche Aktivitäten und für das Konzipieren der Energiestrategie und das Formulieren der Energiepolitik des geeinten Deutschlands im zu vereinigenden Europa benötigt werden. Das energiewirtschaftliche Zahlenmaterial gewinnt durch Vergleiche mit relevanten Daten anderer Gebiete bzw. Länder an Aussagewert. Obwohl es sicher keinen allgemeingültigen Maßstab der Primärenergieträgerstruktur eines Industrielandes gibt, ist im Sinne der

zukünftigen gemeinsamen Aufgaben die BRD als Vergleichsgebiet sehr naheliegend
Die wesentliche Erkenntnis eines solchen Vergleiches ist:

Beide Teile hatten

- eine völlig unterschiedliche Primärenergieträgerstruktur,

- eine gänzlich anders geartete Methode der Energiepreisbildung und

- gravierende Unterschiede im technischen Stand der Energieanlagen.

Das sollte aber nicht zu voreiligen falschen Schlüssen führen, denn mit der marktwirtschaftlich orientierten Energiewirtschaft der BRD wird eine Energiewirtschaft verglichen, die für eine vom Weltmarkt abgekoppelte und in die RGW-Struktur eingebundene Volkswirtschaft konzipiert war. Der Energiepolitik der DDR waren marktwirtschaftliche Überlegungen fremd; es dominierte der Ehrgeiz der Politiker, vor allem die Bevölkerung ständig mit der notwendigen Energie zu versorgen, was mit der heimischen Primärenergie funktionieren sollte, um Importrisiken zu minimieren.

Da die Energiewirtschaft ein Bereich ist, in dem Entscheidungen Langzeitwirkung haben, wird ihre Umorientierung im Osten Deutschlands nur längerfristig zu bewerkstelligen sein. Dabei sollten nicht alle Trends vergangener Jahre in der BRD nachvollzogen werden. Es gibt sicher auch Hinterlassenschaften der DDR-Energiewirtschaft, die bedenkenswert und ausbaufähig sind.

2. Energiewirtschaftliche Extreme

Die Auswirkungen der völlig unterschiedlich gestalteten Energiewirtschaft und Energiepolitik in beiden Teilen Deutschlands sollen mit einigen Zahlenvergleichen deutlich gemacht werden.
Tabelle 1 liefert zunächst Aussagen zur Primärenergieträgerstruktur und zum -verbrauch. Die Referenzjahre 1970 und 1989 zeigen eine Verbesserung des Energiemix, aber auch die Dominanz der Braunkohle in der DDR.

Das Jahr 1989 ist das letzte Jahr, in dem die Bedingungen der alten DDR noch uneingeschränkt galten. Aus den Zahlen für 1989 ergibt sich ein einwohnerbezogener Primärenergieverbrauch (PEV) von 78,4 t SKE/EW für die DDR und 63,8 t SKE/EW für die BRD. Das bedeutet einen 23 % höheren PEV in der DDR.

Die Braunkohle hat im Vergleich zu anderen PE-Trägern mehrere Nachteile. Ein standortunabhängiger Nachteil ist die hohe CO_2-Freisetzung. Es gilt die auf die Energieeinheit bezogene Relation
Braunkohle:Steinkohle:Mineralöl:Erdgas=1:0,83:0,73:0,48.
Für die DDR bedeutete dies für 1987 eine CO_2-Emission von 20,5 t/EW. Dieser Wert lag um das 1,6fache über dem Wert der RGW-Länder, um das 2,3fache über dem der EG-Länder und um das 5fach höher als in der gesamten Welt. Die DDR war damit Weltmeister in der Pro-Kopf-Emission an CO_2.
Ein weiterer Nachteil ist der hohe Schwefelgehalt der im Osten Deutschlands geförderten Braunkohle. Da die nötige Entschwefelungstechnik an den Verbrennungsanlagen der DDR nicht vorhanden war, wurden 1988 mehr als 5 Mill t SO_2/a emittiert, mehr als in der BRD und Frankreich zusammen.

Tabelle 1: Primärenergieträgerstruktur und -verbrauch für die Jahre 1970 und 1989 in der DDR und BRD /1/

Primärenergieträger	DDR				BRD			
	1970		1989		1970		1989	
	10^6 t SKE	%	10^6 t SKE	%	10^6 t SKE	%	10^6 t SKE	%
Braunkohle	81,2	74,1	87,8	69,1	30,6	9,1	32,4	8,5
Steinkohle	8,4	7,7	5,5	4,3	96,8	28,8	73,5	19,2
Mineralöl	15,5	14,2	17,4	13,7	178,9	53,1	153,5	40,1
Gas	0,7	0,6	11,9	9,4	18,5	5,5	66,0	17,3
Kernenergie	0,2	0,2	3,8	3,0	2,1	0,6	48,1	12,6
Wasserkraft/Außenhandelssaldo Strom	3,6	3,2	0,6	0,5	9,4	2,9	9,0	2,3
Gesamt	109,6	100,0	127,0	100,0	336,8	100,0	382,5	100,0

Von den Einwohnern der DDR lebten

21,0 % in von Schadstoffen überlasteten Gebieten
12,8 % in stark überlasteten Gebieten und
3,6 % in sehr stark überlasteten Gebieten.

Schließlich tragen auch der geringe Nutzungsgrad und die hohen Umwandlungs-, Transport- und Lagerverluste der Braunkohle zum negativen energetischen Ergebnis bei. Der Aufwand an PE zur Herstellung einer Einheit Endenergie betrug 1988 1,59 PJ/PJ. Die ungünstige Struktur der PE-Träger wirkte sich negativ auf den Endenergieverbrauch aus. So hatten feste Brennstoffe 1987 einen Anteil von 50,4 %, Bild 1.

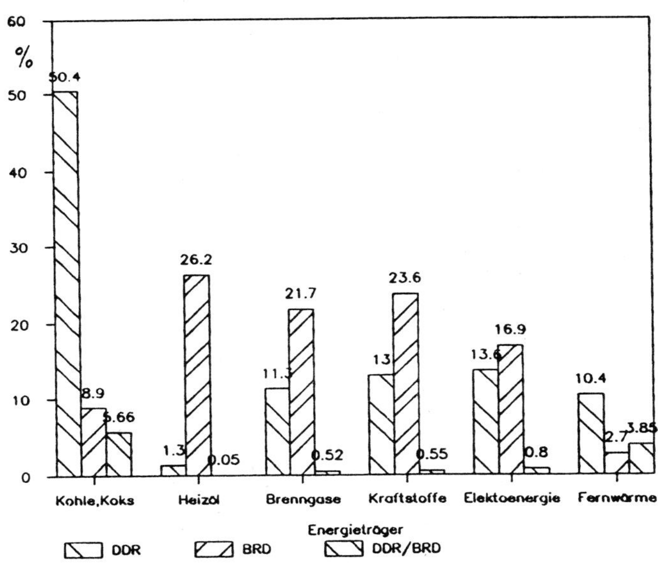

Bild 1: Struktur des einwohnerbezogenen Endenergieverbrauches in der DDR und der BRD 1987 in % /2/

Die Verhältniszahlen über der jeweils dritten Säule machen deutlich, daß bei keinem Endenergieträger gleiche Bedingungen zwischen der DDR und der BRD vorherrschten. Am nächsten kommen sich wegen der ähnlichen wirtschaftlichen Infrastruktur und der Lebensgewohnheiten der Menschen die Elektroenergieverbräuche. Der hohe Anteil der Fernwärme in der DDR von immerhin 10,4 % des Endenergieverbrauches (Angaben in /1/ dazu sind falsch!) könnte als Positivum gewertet werden. Allerdings erfolgt die Erzeugung bisher zu wenig in Wärme-Kraft-Kopplung, wie noch zu zeigen ist. Werden die in /1/ angegebenen absoluten Werte des Endenergieverbrauchs für 1989 auf die Einwohner umgerechnet, dann ergibt sich ein Verhältniswert

$$\frac{\text{DDR}}{\text{BRD}} = \frac{4{,}52 \text{ t SKE/EW}}{4{,}09 \text{ t SKE/EW}} = 1{,}11,$$

der im Endenergieverbrauch einen 11%igen Mehrverbrauch für die DDR ausweist.
Interessante Rückschlüsse auf das Verbraucherverhalten liefert der Vergleich des sektoralen einwohnerbezogenen Endenergieverbrauchs, Bild 2.

Die größten Sünder auf DDR-Seite waren die Kleinverbraucher, zu denen der Kommunalbereich, Handel und Versorgung, Land- und Forstwirtschaft zählen. Ungünstig schneidet auch die Industrie ab, was auf die hohe Ineffizienz im Bereich der Energieanwendung und die kaum erfolgte energetische Rationalisierung hindeutet. Der in letzter Zeit arg gescholtene Bürger, dem der weltweit viertgrößte Primärenergieverbrauch vorgeworfen wird, kommt in dem von ihm persönlich beeinflußten Bereich nicht schlecht weg. Im Gegenteil, sowohl in den privaten Haushalten als noch deutlicher im Verkehr blieb er hinter den Verbrauchszahlen aus der BRD zurück. Er leistete sich bei zwar schlechterer Wärmedämmung weniger Wohnkomfort und blieb bescheiden bei der Befriedigung seiner Mobilität.

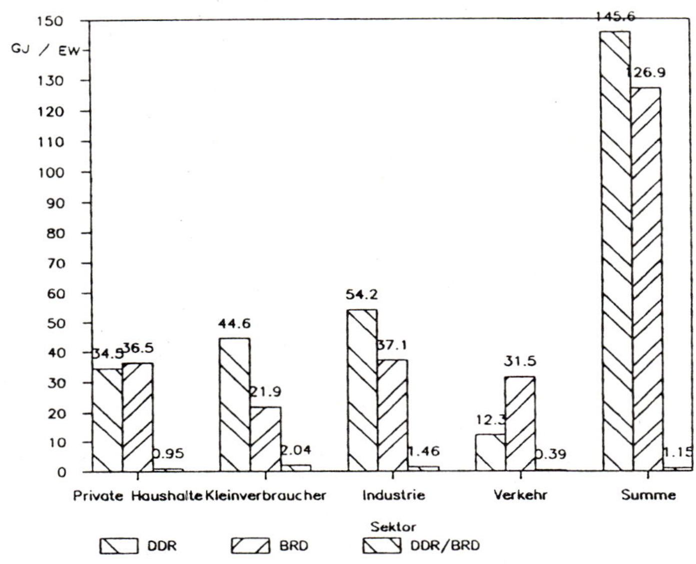

Bild 2: Sektoraler einwohnerbezogener Endenergieverbrauch in der DDR und der BRD 1987

Die insgesamt negative Entwicklung wird aber deutlich, wenn die Änderung des Endenergieverbrauchs verglichen wird, wie sie sich seit 1973 in beiden Teilen Deutschlands darstellt, Bild 3.
Hier zeigt sich, daß innerhalb des Betrachtungszeitraumes von 14 Jahren in der BRD der Endenergieverbrauch nicht angestiegen ist, während er in der DDR um über ein Viertel zunahm.

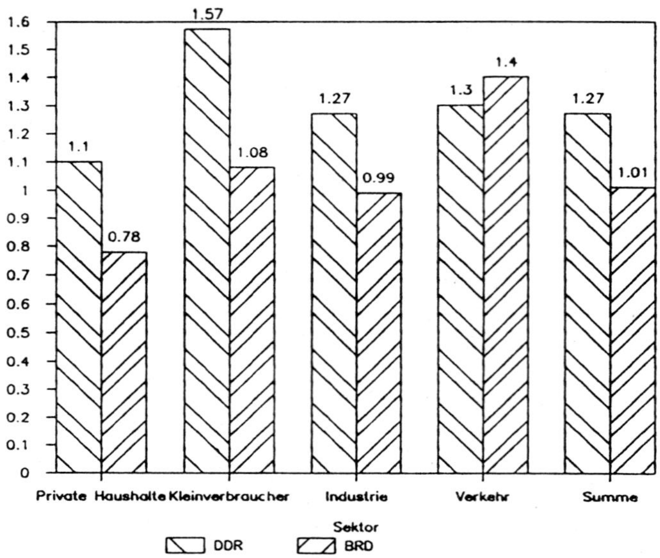

Bild 3: Änderung des Endenergieverbrauches von 1973 bis 1987 in der DDR und der BRD /2/

Zu einer weiteren Extremposition in der Energiewirtschaft der DDR führte die Energiepreisgestaltung, die durch hohe staatliche Subventionen geprägt war. Tabelle 2 enthält dazu Angaben. Die Preise sind in Mark bzw. Pfennig nach DDR-Währung zu verstehen.

Tabelle 2: Subventionen von Energieträgern an die Bevölkerung

Energieträger	Einheit	Verbraucherpreis	Subvention	Subventionsanteil am Aufwand in %
Fernwärme	M/GJ	7,25	36,05	83
BHT-Koks	M/t	98,10	393,30	80
BK-Brikett	M/t	62,00	85,40	58
Elektroenergie	Pf/kWh	9,00	15,10	63
Importerdgas	Pf/m^3	32,60	50,30	61
Stadtgas	Pf/m^3	14,50	19,70	57

3. Stand der Energiekonversionstechnologien

Als Basiswerte für die Produktion bzw. das Aufkommen ausgewählter Energieträger können die Angaben in Tabelle 3 dienen.

Tabelle 3: Produktion bzw. Aufkommen ausgewählter Energieträger in der DDR in 1988 und 1989 /3/

Energieträger	Einheit	Produktion		Veränd.
		1988	1989	
Elektroenergie	GWh	118.324	118.971	100,5
Rohbraunkohle	10^3 t	310.314	301.021	97,0
BK-Brikett	10^3 t	49.726	47.236	95,0
Steinkohlenkoks	10^3 t	1.251	1.223	97,8
Motorenbenzin	10^3 t	3.310	3.385	102,3
Dieselkraftstoff	10^3 t	4.996	5.501	110,1
Eigenerdgas	10^6 m^3	11.936	10.263	86,0
Stadtgas	10^6 m^3	7.482	7.266	97,1

1989 wurden noch 12.281 GWh oder 10,3 % der Elektroenergie aus Kernkraftwerken erzeugt. Von 1988 auf 1989 deutet sich aber auch schon ein Rückgang der Rohbraunkohle- und der DDR-Erdgasförderung (als Eigenerdgas bezeichnet) an. Im folgenden werden zusätzliche Informationen zu den einzelnen Energiekonversionstechnologien gegeben.

Elektroenergieerzeugung

Die öffentliche Elektroenergieerzeugung erfolgte zu fast 90 % aus Braunkohle und war in den Kombinaten Braunkohlenkraftwerke und Kernkraftwerke konzentriert. Die Anlagenkomponenten wurden fast ausschließlich aus der Sowjetunion importiert. Ihre Technik war veraltet, und Kundenforderungen fanden nur sehr begrenzt Eingang in neue Konstruktionen. Der Umweltschutz wurde im Prinzip überhaupt nicht berücksichtigt. Von der installierten Leistung in beiden Kombinaten in 1988 mit 17.155 MW entfielen 12.514 MW auf Braunkohle-Kondensations-KW, 1.722 MW auf Pumpspeicher-KW einschließlich Wasser-KW, 1.089 MW auf Gasturbinen-KW und 1.830 MW auf Kern-KW mit einer Standortverteilung nach Bild 4, /4/.
Die Kernkraftwerksleistung wurde mit dem WWER-2, der mit 70 MW 1966 in Rheinsberg in Betrieb ging, und den 4 Blöcken WWER-440/230, die 1973, 1974, 1978 und 1979 mit je 440 MW in Greifswald in Betrieb genommen wurden, erbracht. Alle Kernkraftwerksblöcke sind abgeschaltet und werden nicht wieder realisiert. Dazu zählt auch der bereits im Probebetrieb gelaufene 440-MW-Block WWER-440/213, dessen Sicherheitsrisiko wie das der anderen Blöcke zu groß ist.
Die Blockleistungen in den Braunkohle-Kondensations-KW betragen 50, 100, 210 und 500 MW. Die Sammelschienen-KW mit einer Anlagen-Nennleistung kleiner als 100 MW sind vor 1965 errichtet und weisen 210.000 bis 300.000 Betriebsstunden und geringe Wirkungsgrade auf. Sie werden ausnahmslos bis 1995 stillgelegt, /2/, /4/.

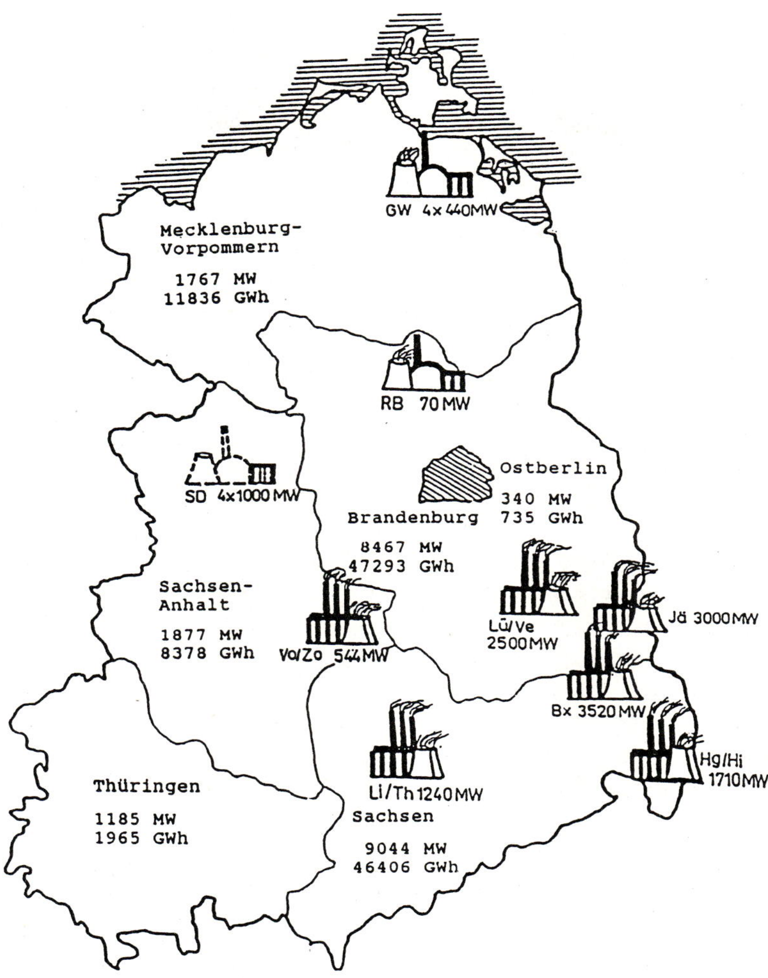

Bild 4: Standortverteilung der Kraftwerke; installierte Kraftwerksleistung und die Elektroenergieerzeugung 1988
GW Greifswald, RB Rheinsberg, SD Stendal, Bx Boxberg, Lü/Ve Lübbenau/Vetschau, Hg/Hi Hagenwerder/Hirschfelde
Li/Th Lippendorf/Thierbach, Jä Jänschwalde, Vo/Zo Vockerode/Zschornewitz

Für die Blöcke mit einer Nennleistung = 100 MW sind in Tabelle 4 kennzeichnende Daten angegeben.

Daraus geht hervor, daß auch die 100-MW-Blöcke ihr Lebensdauerende bis 1995 erreichen werden und dann stillzulegen sind. Die 210-MW-Blöcke sind 20 bis 25 Jahre in Betrieb. Sie erfordern umfangreiche Sanierungsarbeiten, insbesondere beim Dampferzeuger, und natürlich Umweltschutzmaßnahmen, denn die Dampferzeuger aller Blöcke in den östlichen Bundesländern besitzen weder Rauchgasentschwefelungs- noch -entstickungsanlagen, und die Staubabscheider erreichen Abscheidegrade kleiner als 95 %. Eine akzeptable Restlebensdauer haben die Blöcke mit einer Nennleistung von 500 MW. Hier wird eine Rekonstruktion und Sanierung angebracht sein.

In den Industrie- und Heiz-KW sind ungefähr 6.300 MW elektrische Leistung installiert /4/. Auch bei ihnen sind keine Umweltschutzeinrichtungen vorhanden, und mehr als die Hälfte der Anlagen sind länger als 25 Jahre in Betrieb. Da in den letzten zwanzig Jahren kaum Heiz-KW gebaut wurden, ging der Anteil der in Heiz- und Industrie-KW installierten elektrischen Leistung im Zeitraum 1965 bis 1989 von 37 % auf 23 % zurück. Durch die Umstrukturierung der Wirtschaft im Osten Deutschlands sank 1990 die dortige Elektroenergieerzeugung. Damit wurde in Deutschland 1990 in der öffentlichen Versorgung eine Bruttostromerzeugung von 466 TWh erreicht, die sich auf Ost und West sowie auf die einzelnen Primärenergieträger wie folgt aufteilt, Bild 5.

Tabelle 4: Daten zu den Kraftwerksblöcken in den östlichen Bundesländern

Blockleistung	Blockanzahl	Leist.-Anteil der Gruppe [1)]	Betriebsstunden [2)]	Wirkungsgrad %		Arbeitsverfügbarkeit	Emission [1)] Mill. t		
MW		%	h	brutto	netto	%	CO_2	SO_2	NO_x
100	28	12,7	200.000	30,0	27,5	79,8	19,4	0,40	0,037
210	16	14,2	130.000	33,6	31,0	76,4	22,3	0,49	0,044
500	10	21,7	95.000 Ha [3)] 40.000 Jä	34,2	32,0	83,5	32,0	0,49	0,065

1) bezogen auf 1988 2) des jeweils ältesten Blockes 3) Hagenwerder, Jänschwalde

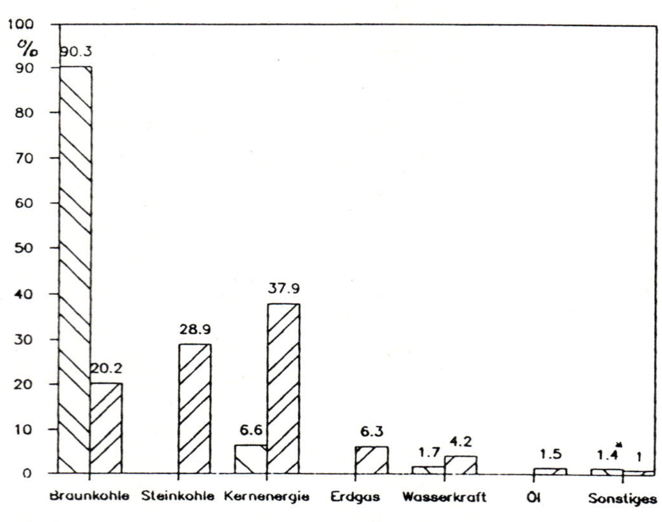

Bild 5: Bruttostromerzeugung in Deutschland Ost und West 1990, öffentliche Versorgung (* inkl. Öl und Gas), /5/

Elektroenergieübertragung und -verteilung

Das Übertragungsnetz der DDR bestand 1989 auf der 380-kV-Ebene aus fünf Maschen und den Leitungen Vieselbach - Streumen und Wolmirstedt - Helmstedt. Es besaß 7 zentrale Umspannwerke. Dem 380-kV-Netz von 5.000 km Systemlänge ist ein 220-kV-Netz von knapp 6.000 km Systemlänge unterlagert. Beide Netze speisen direkt in das 110-kV-Verteilungsnetz mit 13.700 km Systemlänge ein, /2/. Über 5 Leitungen war das Übertragungsnetz der DDR mit dem Vereinigten Energiesystemen (VES) der RGW-Länder frequenzsynchron verbunden. Wegen der Kraftwerksstandorte weist die vorwiegende Elektroenergietransportrichtung von Ost nach West. Per 31. 12. 1989 besaßt das Netz eine installierte Kraftwerksleistung von 24.202 MW brutto, was einer

Leistung von 22.500 MW netto entspricht. Die Jahreshöchstlast 1989 betrug 18.629 MW und sank 1990 kontinuierlich auf einen Wert um 14.000 MW ab. Beim Übergang vom VES- zum UCPTE-Netz, der wegen des innerdeutschen Stromverbundes recht rasch erfolgen sollte, sind beträchtliche Anpassungen nötig. Im Hinblick auf die zu erwartende Kraftwerksleistung ist das Übertragungsnetz im gegenwärtigen Zustand ausreichend dimensioniert. Erforderlich sind vor allem der Ersatz überalterter Umspannwerke, die örtliche Anpassung an neue KW-Standorte und neue Umweltvorschriften. Erneuerungsbedarf besteht vor allem in den mehr als 50 Jahre alten Verteilungsnetzen.

Wärmeversorgung

1989 lag der Anteil der Braunkohle an der öffentlichen Fernwärmeversorgung bei 69 %, an der industriellen Wärmeversorgung bei 80 % und an der individuellen Wohnraumheizung bei 70 %. Dabei wird unter Fernwärmeversorgung auch die Wärmeversorgung aus Heizwerken verstanden. Die Kraft-Wärme-Kopplung (KWK) ist in der DDR wegen Schwierigkeiten bei der Materialbeschaffung und Finanzierung weitgehend unberücksichtigt geblieben. In den letzten Jahren wurde die Wärmeauskopplung aus Großkraftwerken favorisiert. Sie betrug 1989 ca. 1000 MW.

Die Industrie- und Heizkraftwerke besitzen weder Wirbelschichtfeuerung noch Entschwefelungs- und Entstickungsanlagen. Etwa 45 % der Dampferzeuger haben ihre normative Nutzungsdauer überschritten. Die Altersstruktur der für die KWK geeigneten Turbinen mit einer Leistung größer 8 MW weist Tabelle 5 aus. Die Betriebsstundenspitzenwerte von Turbinen liegen bei 450.000 h. Sehr ungünstig wirkt die Tatsache, daß neuere Erzeugungsanlagen zur Fernwärme-

Baujahr	Gegendruck-Turbine		Entnahme-Gegendruck-T.		Entn.-Kondensations-T.	
	Stück	MW	Stück	MW	Stück	MW
vor 1950	46	530,9	4	67,1	40	479,2
1951 bis 1955	23	203,7	-	-	14	112,5
1956 bis 1960	22	143,0	6	187,5	16	122,8
1961	5	20,3	5	30,1	5	61,2
1962	1	8,0	3	23,7	3	62,5
1963	-	-	7	190,0	4	25,3
1964	3	56,6	4	132,0	7	128,4
1965	3	45,0	6	109,3	7	118,4
Summe	103	1077,5	35	739,7	96	1110,3

Tabelle 5: Turbinen mit einer Kraft-Wärme-Kopplung mit einer Leistung > 8 MW, die im Jahr 1990 eine Nutzungsdauer > 25 Jahre erreicht haben /6/

versorgung, die als reine Heizwerke errichtet wurden, wegen der ungünstigen Dampfparameter ein Nachrüsten mit Turbinen kaum zulassen.

Die Fernwärmewirtschaft war bzgl. Rechtsträgerschaft und Organisationsstruktur in zwei Bereiche eingeteilt /7/:

1. Öffentliche Fernwärmeversorgung im Zuständigkeitsbereich der 15 regionalen Energiekombinate mit

   . einer install. Wärmeleistung von 16.000 MW,
   . einer install. elektrischen Leistung in Heiz-KW von 1.440 MW,
   . 109 Versorgungsgebieten,
   . 1.777 km Trassenlänge,
   . 1.116.923 fernwärmeversorgten Wohnungen.

2. Nichtöffentliche Fernwärmeversorgung im Zuständigkeitsbereich von Industrie, Landwirtschaft und kommunaler Unternehmen mit

   . einer installierten Wärmeleistung von 7.000 MW,
   . 622 Versorgungsgebieten,
   . 2.793 km Trassenlänge,
   . 486.230 fernwärmeversorgten Wohnungen.

Der 1988 vorhandene Stand der öffentlichen Fernwärmeversorgung ist in Tabelle 6 dokumentiert. Sie weist aus, daß die KWK 56 % der Fernwärme lieferten.
Der angegebene Fremdbezug von 11 % resultiert größtenteils aus der Wärmeauskopplung von Groß-KW einschließlich Kern-KW. Die Dampfnetze dienen vor allem der Wärmeversorgung der Industrie.

Tabelle 6: Stand der öffentlichen Fernwärmeversorgung in der DDR (1988)

Anzahl der Unternehmen	Dim.	15
Anzahl der Anlagen		144
- Heizkraftwerke (HKW)		36
- Heizwerke (HW)		108
Anschlußwert	MW	19098
- Wohnungen, Büros u. öffentl. Einrichtg.	%	73
- Industrie	%	27
Höchstlast	MW	11584
Installierte thermische Leistung	MW	17573
- Heizkraftwerke	%	48
- Heizwerke	%	41
- Fremdbezug	%	11
Installierte elektrische Leistung in HKW	MW	1440
- Anteil öffentliche Stromversorgung	%	7,5
Stromerzeugung in HKW	GWh	5222
- Anteil Gesamt-Elektrizitätswirtschaft	%	4,5
Fernwärme-Netzeinspeisung	TJ	144745
- Heizkraftwerke	%	56
- Heizwerke	%	29
- Fremdanlagen	%	15
Anzahl der Netze		143
- Wasser		71
- Dampf		72
Trassenlänge	km	1777
Brennstoffeinsatz Fernwärmeerzeugung		
- Rohbraunkohle	%	62,1
- Braunkohlebrikett	%	6,4
- Steinkohle	%	3,6
- Erdgas	%	22,5
- Stadtgas	%	2,6
- Heizöl	%	2,4
- Sonstiges	%	0,4

Die nichtöffentliche Fernwärmeversorgung ist ein Teilbereich der industriellen Wärmeversorgung, von der 70 % der Wärmeabgabe auf KWK-Anlagen entfielen, in denen eine elektrische Leistung von ca. 2500 MW installiert war.
Der Anteil der Raumwärme betrug 1989 in der DDR rund 36 % am Endenergiebedarf, /7/. Fast die Hälfte des Raumwärmebedarfs entfiel auf die Haushalte (Bevölkerung). 32 % der Wohnungen befinden sich in Ein- und Zweifamilienhäusern, 68 % in Mehrgeschoßbauten. 55 % der Wohnungen wurden vor 1945 gebaut, nur 26 % nach 1972. Die Struktur der Heizungssysteme im östlichen Deutschland geht aus Bild 6 hervor.

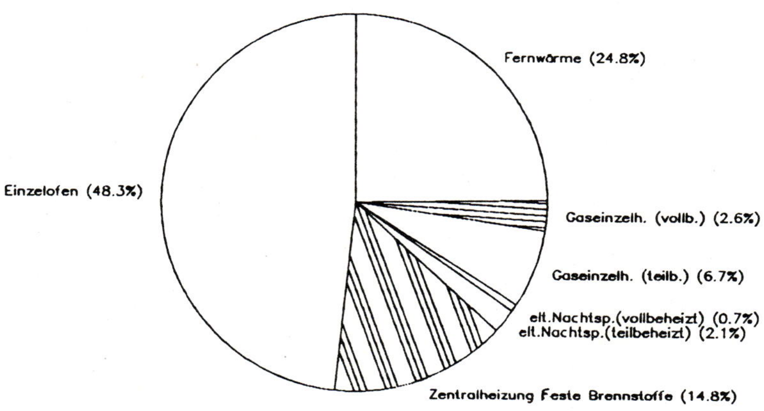

Bild 6: Struktur der Heizungssysteme im östlichen Deutschland im Jahre 1990 /8/

Die Umweltbelastung durch den fast 85%igen Braunkohleeinsatz in den Kohleheizungen und Warmwasserbereitern (Kohlebadeöfen) beläuft sich auf rund 450.000 t SO_2 und 80.000 t Staub und Ruß. Diese Schadstoffe beeinträchtigen wegen der geringen Schornsteinhöhe der Wohngebäude unmittelbar den Ort der Entstehung.

Gaswirtschaft

Die Gasversorgung der DDR wurde aus drei Aufkommen gedeckt, denen drei separate Netze zugeordnet waren. Es handelt sich um

- Stadtgas, das aus Druckgaserzeugung, Braunkohleverkokung, Steinkohleverkokung und auch durch Erdgas- und Flüssiggasspaltung erzeugt wird;

- Eigenerdgas (inländisch gefördertes Erdgas), das in Salzwedel in der Altmark gefördert wird und wegen seines hohen Stickstoffanteils einen niedrigen Heizwert hat ($\approx$ 3,5 kWh/m^3);

- Importerdgas, das ausschließlich aus der Sowjetunion importiert wurde und bei Sayda im Erzgebirge in das separate Netz für Importerdgas eingespeist wird.

Das Gesamtrohrleitungsnetz umfaßte 1989 rd. 43.158 km, das sich auf das Stadtgasnetz mit 35.534 km (davon 12.505 km Hochdruck, 1.265 km Mitteldruck und 21.764 km Niederdruck) und auf die Erdgasnetze mit insgesamt 7.624 km (davon 4.848 km Hochdruck, 62 km Mitteldruck und 2.714 km Niederdruck) aufteile, /9/. Das Stadtgasnetz versorgte flächendeckend, Eigenerdgas wurde in Vorpommern, Berlin, Thüringen, Ost-Brandenburg und Südost-Sachsen nicht angeboten, mit Importerdgas wurden vorrangig Mitteldeutschland und Berlin versorgt. Es existierten Speicher mit einem Fassungsvermögen von 236 . 10^6 m^3 Stadtgas und 1,3 . 10^9 m^3 Importerdgas. Die Angaben in m^3 beziehen sich auf das Energieäquivalent von 9,762 kWh/m^3.

In Tabelle 7 ist für 1989 das Gasaufkommen und die Gasverbrauchsstruktur in der DDR zusammengestellt. Zum Verständnis dieser Tafel sind zusätzliche Erläuterungen nötig, die aus DDRspezifischen Besonderheiten herrühren.

Tabelle 7: Gasaufkommen und Gasverbrauchsstruktur 1989 in der DDR
(1 m^3 Gas entspricht einer Energie von 9,762 kWh) nach /9/

	Stadtgas		Eigenerdgas		Importerdgas		Summe	
	$10^6 m3$	%	$10^6 m^3$	%	$10^6 m^3$	%	$10^6 m^3$	%
Aufkommen	3454		3719		7832		15005	
verändert durch								
Beimischung u.stoffl.Nutzg.	-		-936		-1232		-2168	
Fackel-, Leitungsverluste	-275		-38		-88		-401	
Statistische Differenzen	-84		-72		-90		-246	
Speichervorgänge	+11		-		-145		-134	
Nutzmenge gesamt	3106	100	2673	100	6277	100	12056	100
Sektoraler Verbrauch durch								
Industrie	1405	45,2	2584	96,7	5767	91,9	9756	80,9
Haushalte	1163	37,4	-	-	245	3,9	1408	11,7
Kleinverbraucher	514	16,6	70	2,6	216	3,4	800	6,6
Sonstige Verbraucher	24	0,8	19	0,7	49	0,8	92	0,8

Das auf einen einheitlichen Energieinhalt umgerechnete Aufkommen wird durch im wesentlichen technologiebedingte Anteile verändert, in der Tabelle 7 mit dem Vorzeigen + oder - gekennzeichnet. In der Zeile "Beimischung und stoffliche Nutzung" wird berücksichtigt, daß

- 175.10^6 m³ Importerdgas zum Eigenerdgas zugemischt,
- 949.10^6 m³ Importerdgas zum Stadtgas zugemischt,
- 936.10^6 m³ Eigenerdgas zum Stadtgas zugemischt,
- 108.10^6 m³ Importerdgas für Spaltanlagen verwendet wurden.

Mit dieser Zumischung wurde der geringe Heizwert des Eigenerdgases, aber besonders des Stadtgases, erhöht. Der sektorale Verbrauch im unteren Teil der Tabelle 7 zeigt den fast ausschließlichen industriellen Einsatz des Erdgases, während mehr als die Hälfte des Stadtgases von Haushalten und Kleinverbrauchern genutzt wurde.

Während die Hochdrucknetze in den Jahren 1969 bis 1990 stark ausgebaut wurden und noch relativ modern sind, wurden die Niederdruckverteilungsnetze nur geringfügig erneuert und im Durchmesser erweitert. Sie stellen einen Engpaß bei der schnellen Versorgung der Bevölkerung mit Erdgas zu Heizzwecken dar. In diesem Bereich muß auch der Gerätepark von etwa 3,5 Mill. Abnehmern, vorrangig Haushalte, komplett umgestellt werden.

Mineralölwirtschaft

Die Mineralölwirtschaft der DDR bestand aus den drei Kombinaten

- Petrochemisches Kombinat Schwedt
- Leuna-Werke
- Minol.

Die fünf Raffinerien mit einer Rohöldestillationskapazität von 21,9 . 10^6 t/a sind stationiert in

- Schwedt	mit einer Kapazität von 10,9 . 10^6 t/a
- Leuna	mit einer Kapazität von 5,3 . 10^6 t/a
- Zeitz	mit einer Kapazität von 3,2 . 10^6 t/a
- Böhlen	mit einer Kapazität von 2,0 . 10^6 t/a
- Lützkendorf	mit einer Kapazität von 0,5 . 10^6 t/a

Sie wurden ausschließlich mit sowjetischem Erdöl über die Internationale Erdölleitung "Freundschaft" versorgt, die aus zwei Leitungen mit einer Kapazität von 7,5 . 10^6 t/a bzw. 21,0 . 10^6 t/a besteht.

1989 wurden in den Raffinerien der DDR 20,0 . 10^6 t Rohöl verarbeitet und 10,56 . 10^6 t verbraucht, Tabelle 8. Der Produktexport belief sich auf immerhin 6,75 . 10^6 t.

Tabelle 8: Mineralölaufkommen und -verbrauch 1989 in der DDR und der BRD /1/

Aufkommen	DDR 10^3t/a	DDR %	BRD 10^3t/a	BRD %
Rohölimport	19999		66195	
Produktimport	69		43022	
Produktexport	-6747		-7400	
Nettoimport	13321		101817	
deutsche Förderung	46		3770	
Bestandsveränderung	-1447		+1784	
Gesamtmenge	11920		107371	
Bunkerungen	614		1958	
Gesamtverbrauch	11306		105413	
davon Raff.-Eigenbr.	-732		-4305	
Verarb.-Verl.	-12		-250	
Militärbedarf	-		-1883	
Inlandabsatz	10562	100	98975	100
davon Rohbenzin	-	-	11339	11,5
Motorenbenzin	2970	28,1	25966	26,2
Dieselkraftst.	3404	32,2	17120	17,3
leichtes Heizöl	-	-	28440	28,7
schweres "	1286	12,2	6703	6,8
sonst.Produkte	2902	27,5	9407	9,5

Der Pro-Kopf-Verbrauch an Mineralölprodukten betrug 1989:

- in der DDR 0,66 t/EW
- in der BRD 1,60 t/EW.

4. Beiträge von Energien aus regenerativen Energiequellen

Die aus den regenerativen Energiequellen Sonne, Erde und dem System Sonne-Erde-Mond herrührenden und für unser Versorgungsgebiet relevanten Energien

- direkt genutzte Sonnenenergie
- Windenergie
- Laufwasserenergie
- Biomasseenergie
- geothermische Tiefenenergie und
- Umweltwärme (zur Wärmepumpennutzung),

die im folgenden mit EREQ (Energien aus regenerativen Energiequellen) bezeichnet werden, sind bewußt nicht in eine Reihe mit den konventionellen Energiekonversionstechnologien gestellt worden, da sie bzgl.

. Energiestromdichte
. Verfügbarkeit
. technischer Reife
. Leistungspotential u. a.

schlecht für einen Vergleich in traditioneller Weise mit den die Energiewirtschaft beherrschenden konventionellen Primärenergieträgern geeignet sind.

Obwohl in der DDR Ende der siebziger Jahre im Leichtmetallbau Dessau die ersten Einscheiben-Flachkollektoren serienmäßig hergestellt wurden und mehrere Ministerrats- und Politbürobeschlüsse zur verstärkten Nutzung der Wärmepumpen, der Biomasse (vor allem als Biogas) und der geothermischen Tiefenenergie gefaßt worden waren, wurde keine spürbare Hinwendung zu den EREQ spürbar. Und auch die große Ölsubstitutionsaktion nach 1980 ging an den EREQ vorbei. Lediglich die stark reduzierte Wasserkraftwerkskapazität, die Energie aus den drei geothermischen Heizzentralen und die Nutzung der Kleinwärmepumpem WW 12 und LW 18, der Brauchwasserwärmepumpen und der zu Großwärmepumpen umfunktionierten Kaltwassersätze deckte einen bescheidenen Anteil des Endenergiebedarfs. In Tabelle 9 sind mit Stand März 1990 die installierten Leistungen mit EREQ und die daraus erfolgte Energieerzeugung dargestellt. Gleichzeitig sind in Tabelle 15 sehr vorsichtige Schätzungen zukünftiger Beiträge der EREQ angegeben.

5. Restriktionen und Chancen

Wirtschaftstätigkeit und Politik sollten dem Ziel dienen, den Menschen ein erfülltes Leben zu ermöglichen. Dazu gehört neben der lebenserhaltenden Zufuhr von Biomasseenergie auch, weitergehende Bedürfnisse nach Wärme, Licht, Kraft, Kommunikation und Mobilität zu befriedigen, wozu Energie benötigt wird. Diese Bedürfnisse orientieren sich an den konkreten Möglichkeiten und werden durch sie begrenzt.

Solche begrenzenden Restriktionen wurden in der DDR durch die Selbstbehauptung des Systems gesetzt. Energetische Analysen liefern zwar auswertbares Zahlenmaterial, doch gelingt mit ihm nur das statistische Aufarbeiten der DDR-Energiewirtschaft, was sicher vorrangig das Ziel dieser Tagung ist.

Michaelis hat in /11/ zehn Aufgaben der deutschen Energiepolitik formuliert, die sehr unterschiedlich strukturiert sind und verschiedene Bereiche betreffen. Es soll sowohl - an erster Stelle stehend - die Energiewirt-

Tabelle 9: Beiträge der EREQ an der Energieversorgung in Ostdeutschland März 1990 und Schätzungen für die Jahre 2000 und 2020 /10/

Konversionstechnologie	Leistung in MW			Energieerzeugung in GWh/a		
	1990	2000	2020	1990	2000	2020
Photovoltaik	0	25	100	0	25	100
Windelterzeugung	0,1	200	1000	0,2	400	2000
Wasserkraft	42	100	160	100	450	720
Summe Elt	42,1	325	1260	100,2/ 0,08[1)]	875/ 0,73	2820/ 2,37
Solarthermie	4	300	1000	3	300	1000
Biomassekonvers.	10	200	1000	50	1000	5000
Geotherm. Heizzentr.	22	300	1000	132	1800	6000
Wärmepumpe	90	150	800	135	225	1200
Summe Wärme	126			320/ 0,33[2)]	3325/ 3,43	13200/ 27,00

1) Die Werte hinter dem Schrägstrich geben die Prozente an der Gesamtelterzeugung an.

2) Die Werte hinter dem Schrägstrich geben die Prozente an der Raumwärmebedarfsdeckung an. Für 2020 ist mit einer Halbierung des Wärmebedarfes gegenüber 1990 gerechnet.

schaft der neuen Bundesländer saniert, der europäische Energiemarkt vollendet und die Energiewirtschaft der Zweiten und Dritten Welt gefördert als auch Energie gespart, die CO_2-Emissionen verringert, die Emissionen klassischer Luftschadstoffe weiter vermindert, das Strahlenrisiko noch mehr reduziert, weg vom Öl gegangen, erneuerbare Energien entwickelt und - ganz am Ende - die Verkehrswirtschaft tiefgreifend umstrukturiert werden. In diesen Aufgaben sind positive Ansätze aber auch neue Restriktionen erkennbar, die darin bestehen, zu sehr nur das fortsetzen zu wollen, was zu der wirtschaftlich zwar sehr hochentwickelten Bundesrepublik, aber auch zu schon erkennbaren negativen Auswirkungen auf die Umwelt und auf die Beziehungen zu den armen Ländern geführt hat.

Stärker ist von dem Ansatz auszugehen, daß eine zukünftige Energieversorgung einen global noch stark wachsenden Energiebedarf befriedigen und dabei der Anteil der Energien aus regenerativen Quellen überproportional zunehmen muß. Weiterhin sollte über die Energieversorgungsstruktur nachgedacht werden, denn der meist dezentrale Bedarf erfordert nicht unbedingt eine zentral organisierte Versorgung. Und in eine dezentrale Versorgung lassen sich z. B. die EREQ wesentlich vorteilhafter einbinden.

In dieser Arbeit ist nicht von Kosten geredet worden. Der Autor ist aber der Meinung, daß die volkswirtschaftlichen Aspekte stärker in den Berechnungen berücksichtigt werden sollten. Interessante Ansätze dazu hat Schulz in /12/ vorgestellt.
Die Chancen sollten nicht allein darin bestehen, mit dem vorhandenen Kapital Altgewohntes auf die östlichen Bundesländer zu übertragen, sondern in Deutschland ein Modell für eine Energiewirtschaft zu gestalten, die dem Erhalt der Menschheit und der Demokratie förderlich sein kann. Und sicher gibt es in den östlichen Bundesländern eine ganze Reihe energiewirtschaftlich qualifizierter

Fachleute, deren Wissen und deren Sensibilität auf die Entwicklung der Energiewirtschaft und Energiepolitik Einfluß haben sollte.

Literaturverzeichnis

/ 1/ Kulle, E.: Die Mineralölindustrie in den neuen Bundesländern. BWK Düsseldorf 43 (1991) 3, S. 121 - 126

/ 2/ Autorenkollektiv: ZE 2020 Zittauer Energiekonzept für das Gebiet der vormaligen DDR bis zum Jahre 2020 Wiss. Berichte der TH Zittau 1990, Heft 27, Nr. 1307

/ 3/ Gesellschaft für wirtschaftliche Energienutzung: Energiebilanz 1989 DDR - Zusammengefaßte Zahlendokumentation. Leipzig 1990.

/ 4/ Effenberger, H. und W.-Ch. Reichel: Stand und Entwicklung der Elektoenergie- und Wärmeversorgung in den neue Bundesländern. BWK Düsseldorf 43 (1991), vorgesehen im Heft 12.

/ 5/ Stromthemen, Frankfurt/M. 8 (1991) 9, S. 3.

/ 6/ Reichel, W.-Ch.: Expertise zur Erschließung energetischer Reserven bei den Hauptrichtungen des Elektroenergieeinsatzes in der DDR bis zum Jahre 2000. Teilexpertise Energieumwandlung - Kraft-Wärme-Kopplung, April 1990.

/ 7/ Dobrzinski, H.; Kuhfeld, E. und G. Schöbel: Die gegenwärtige Struktur der Fernwärmeversorgung in der DDR und die künftigen technischen und wirtschaftlichen Aufgaben. Fernwärme International. 19 (1990) 1, S. 5 - 9.

/ 8/ Lindner, K.: Stand und Perspektiven des Wärmemarktes in den neuen Bundesländern.
Energieanwendung Leipzig 40 (1991) 8, S. 269 - 273.

/ 9/ Kulle, E.: Die Gaswirtschaft in den neuen Bundesländern. BWK Düsseldorf 43 (1991) 5, S. 257 - 260.

/10/ Schmidt, M.: Energien aus regenerativen Quellen - eine Option für die Energieversorgung der Zukunft? Wiss. Berichte Techn. Hochschule Zittau 16 (1990) Nr. 1305, S. 65 - 68.

/11/ Michaelis, H.: Entwicklung von Energien und Umwelt in Deutschland. Energieanwendung Leipzig 40 (1991) 8, S. 241 - 245.

/12/ Schulz, W.: Volkswirtschaftliche und betriebswirtschaftliche Aspekte der Wirtschaftlichkeitsrechnung. Düsseldorf 1991, VDI-Berichte 851, S. 3 - 47.

2 WIR STELLEN VOR: Dipl.-Phys. Abt

Dipl.-Phys. Karl Otto Abt

Vorstandsmitglied der Stadtwerke

Düsseldorf AG in Düsseldorf, ist

seit 1991 Mitglied des Beirates und

ab 1992 Mitglied des Vorstandes der

VDI-GET.

Hier für Sie seine Kurzvorstellung:

Dipl.-Phys. Karl Otto Abt, Düsseldorf, geb. 1942 in München, verheiratet, 1 Kind.

Ausbildung:

1948-1961 Schulbesuch mit Reifeprüfung in München

1961-1967 Studium Physik an der TH München

1967-1974 wissenschaftliche Tätigkeit am Institut für Radiochemie an der Technischen Universität München

Beruflicher Werdegang:

1974-1981 Aufbau der Abteilung "Grundsatzplanung Energiewirtschaft" bei den Stadtwerken München

1981-1988 Leiter der Hauptabteilung "Wärmetechnik" der Stadtwerke München, Planung, Bau und Betrieb von Stromerzeugung und Fernwärmeverteilung

1989-heute Mitglied des Vorstandes der Stadtwerke Düsseldorf AG (Elektrizitätsversorgung, Fernwärmeerzeugung)
Mitglied in den Vorstandsgremien der AGFW, VDEW, VGB.

3 DER VORSTAND DER VDI-GET

Der Vorstand einer VDI-Gesellschaft plant nach den Beschlüssen des Beirates und unter Berücksichtigung der zur Verfügung stehenden Mittel die jeweils erforderlichen Maßnahmen für die technisch-wissenschaftlichen Arbeiten und sorgt für ihre Durchführung.

Der Vorstand der VDI-GET hat mit dem Stand vom 1.1.1992 folgende Besetzung:

SCHAEFER, H., Prof. Dr.-Ing. Dr.-Ing.E.h. (Vorsitzender)
Lehrstuhl für Energiewirtschaft und Kraftwerkstechnik, TU München
Ressort: Tagungen, Energieanwendung, Energiewirtschaft/-politik

ADRIAN, F., Dipl.-Ing. (stellvertretender Vorsitzender)
L. & C. Steinmüller GmbH, Gummersbach
Ressort: Fachausschüsse, Energiewandlung und -bereitstellung

ABT, K.O., Dipl.-Phys.
Mitglied des Vorstandes, Stadtwerke Düsseldorf AG, Düsseldorf

MEYER-PITTROFF, R., Prof. Dr.-Ing.
Lehrstuhl für Energie- und Umwelttechnik der Lebensmittelindustrie, Freising-Weihenstephan
Ressort: Ausbildungsfragen, Grundlagen

RIEDLE, K., Prof. Dr.-Ing.
F-Sonderaufgaben, Siemens AG - Bereich KWU, Erlangen
Ressort: Energiewandlung und -bereitstellung

STEINMANN, K., Dr.-Ing.
Leiter des Hauptbereiches Technische Planung, Ruhrgas AG, Essen
Ressort: Energieträger

WIBBE, H.-B., Dr.-Ing.
Vorstand RWE Entsorgung AG, Essen
Ressort: Mitgliederbetreuung und Öffentlichkeitsarbeit

ZIEGLER, A., Dr.rer.nat.
Geschäftsführer DMT-Gesellschaft für Forschung und Prüfung mbH, Essen
Ressort: Richtlinien, Energieträger.

4 DER BEIRAT DER VDI-GET

Der Beirat beschließt die durchzuführenden technisch-wissenschaftlichen Arbeiten sowie die Einrichtung, Zusammenlegung und Auflösung von Fachbereichen/ Bereichen, Ausschüssen und Unterausschüssen.

Der Beirat der VDI-GET hat mit dem Stand vom 1.1.1992 folgende Besetzung:

SCHAEFER, H., Professor Dr.-Ing. Dr.-Ing.E.h. (Vorsitzender); Lehrstuhl für Energiewirtschaft der Kraftwerkstechnik, TU München

ADRIAN, F., Dipl.-Ing. (stellvertr. Vorsitzender); L. & C. Steinmüller GmbH, Gummersbach

ABT, K.O., Dipl.-Phys.; Vorstandsmitglied der Stadtwerke Düsseldorf AG

BECKMANN, J., Dr.-Ing.; Leiter Bereich Technik, Fichtner Beratende Ingenieure GmbH, Stuttgart

BIERHOFF, R.; Dr.-Ing.; Vorstandsmitglied der RWE Energie AG, Essen

BONNENBERG, H., Dr.-Ing.; Bonnenberg + Drescher Ingenieurges. mbH, Aldenhoven

BREIDENBACH, H., Dr.techn.; STEAG-Kraftwerksbetriebsges.mbH, Essen

DIBELIUS, G., Prof. Dr.-Ing.; Lehrstuhl für Dampf- und Gasturbinen der RWTH Aachen (pensioniert)

EDELMANN, J., Dr.-Ing.; ABB Kraftwerksleittechnik GmbH, Mannheim

ENGELHARD, J., Dr. Dipl.-Phys.; Leiter der Hauptabt. Anlagentechnik Kohleveredelung, Rhein. Braunkohlenwerke AG, Köln

ERNST, G., Prof. Dr.-Ing.; Lehrstuhl für Technische Thermodynamik, Universität Karlsruhe

ESCHER, G., Dr.-Ing.; Vorstandsmitglied der VEBA ÖL AG, Gelsenkirchen

FRANCK, E., Direktor Dr.rer.nat.; Geschäftsführer im Allianz-Zentrum für Technik GmbH, Ismaning

JESCHAR, R., Prof. Dr.-Ing.; Institut für Energieverfahrenstechnik, TU Clausthal

JOCHEM, E., Dr.-Ing.; stellvertr. Institutsleiter Fraunhofer-Institut für Systemtechnik und Innovationsforschung, Karlsruhe

KAIER, U., Direktor Dr.-Ing.; Geschäftsführer Energieconsulting Heidelberg GmbH, Heidelberg

KESSLER, G., Prof. Dr.-Ing.; Institut für Neutronenphysik und Reaktortechnik, Kernforschungszentrum Karlsruhe GmbH, Karlsruhe

KOEHN, O., Dir. Dipl.-Ing.; Geschäftsbereichsleitung Ressort Technik, AEG Hausgeräte AG, Nürnberg

MEYER-PITTROFF, R., Professor Dr.-Ing.; Lehrstuhl für Energie- und Umwelttechnik der Lebensmittelindustrie, TU München, Freising-Weihenstephan

NATUSCH, K., Dipl.-Ing.; RWE Energie AG, Essen

PLASSMANN, E., Prof. Dr.-Ing.; Leiter des Instituts für Energietechnik und Umweltschutz, TÜV Rheinland e.V., Köln

RIEDLE, R., Prof. Dr.-Ing.; F-Sonderaufgaben, Siemens AG - Bereich KWU, Erlangen

SCHILLING, H.-D., Prof. Dr.rer.nat.; Geschäftsführer VGB-Technische Vereinigung der Großkraftwerksbetreiber e.V., Essen

SCHNEIDER, W., Prof. Dr.-Ing.; Lehrgebiete Energietechnik, Meß-, Regelungs- und Steuerungstechnik, Georg-Simon-Ohm-Fachhochschule, Nürnberg

STEINMANN, K., Dr.-Ing.; Leiter des Hauptbereiches Technische Planung, Ruhrgas AG, Essen

VETTER, H., Dr.-Ing.; Düsseldorf

VOSS, A., Prof. Dr.-Ing.; Institut für Energiewirtschaft und Rationelle Energieanwendung (IER), Universität Stuttgart

WAGNER, U., Dr.-Ing.; Geschäftsführer der Forschungsstelle für Energiewirtschaft (FfE), München

WEINZIERL, K., Dr.-Ing.; VEW AG, Dortmund

WIBBE, H.B., Dr.-Ing.; Vorstandsmitglied der RWE Entsorgung AG, Essen

WINTER, C.J., Prof. Dr.-Ing.; DLR e.V., Stuttgart

ZIEGLER, A., Dr.rer.nat.; Geschäftsführer DMT-Gesellschaft für Forschung und Prüfung mbH, Essen.

Dem Beirat der VDI-GET als Seniormitglieder verbunden sind die Herren:
Bier, K., Prof. Dr.; Universität Karlsruhe
Brecht, Chr., Dr.-Ing.E.h.; Essen
Häfele, W.; Prof. Dr.; Forschungszentrum Jülich
Goldstern, W., Dipl.-Ing.; Altringham/England
Grigull, U., Prof. Dr.-Ing.; Technische Universität München
Lenz, W., Dr.-Ing.; Daisendorf
Meysenburg, H.; Dr.-Ing.E.h.; Kettwig
Noetzlin, G., Dr.-Ing.; Marl
Rögener, H., Prof. Dr.phil.; Garben
Schmidt, K.R.; Dr.rer.nat.; Erlangen
Schneider, A., Dr.-Ing.; Marl
Schuller, A., Dr.-Ing.E.h. Dipl.-Ing.; Frankfurt am Main
Schulte, J., Direktor Dipl.-Ing.; BAYER AG, Leverkusen
Schwarz, O., Senator E.h. Dr.-Ing.; Essen.

5 DIE ARBEITSKREISE ENERGIETECHNIK (AKE) IN DEN VDI-BEZIRKSVEREINEN

Die Arbeitskreise sind Bestandteile der Bezirksvereine. Die VDI-GET unterstützt die Arbeitskreise in fachlicher H insicht. Die Obmänner der Arbeitskreise geben regelmäßig Einladungen zu ihren Veranstaltungen heraus.

Arbeitskreise Energietechnik bestehen bei folgenden Bezirksvereinen:

Aachener BV
Prof. Dr.-Ing. D. Bohn
Lehrstuhl und Institut für Dampf- und Gasturbinen, RWTH Aachen
Templergraben 55
5100 Aachen

Bergischer BV
Dr.-Ing. H.-J. Henzler
BAYER AG
5600 Wuppertal

Berliner BV
Dipl.-Ing. B. Westhoven
BBC GmbH & Co. Planungs KG
i.Hs. BORSIG AG
Postfach 47 02 63
1000 Berlin 47

Bremer BV
Dipl.-Ing. Uwe-Bernd Vogel
Elektrizitätserzeugung und Fernwärmeversorgung
Stadtwerke Bremen AG
Theodor-Heuss-Allee 20
2800 Bremen

Bezirksgruppe Chemnitz
Prof. Dr.-Ing. M. Engshuber
FB ME, Institut f. Wärmetechnik
Bergakademie Freiberg
Postfach 47
0 - 9200 Freiburg

Bezirksgruppe Cottbus
Obering. Dr.-Ing. K. Baumbach
Thiemstr. 125
Wohnung 2
0 - 7500 Cottbus

Bezirksgruppe Dresden
Dr.-Ing. H. Reisner
Nr. 19a
0 - 8601 Gröditz

Frankfurt/Darmstadt BV
Dr.-Ing. R. Reimert
Abt. RV
Lurgi GmbH
Lurgi-Allee 5
6000 Frankfurt am Main 1

BV Halle
Obering. Dipl.-Ing. Strehle
Vereinigte Energiewerke AG
Kraftwerk Elbe
0 - 4401 Vockerode

Hamburger BV
Dipl.-Ing. Fr.-J. Prause
Deefkamp 10
2070 Großhansdorf

Hannover BV
Dr.-Ing. Peter Zehner
PreussenElektra AG
Treskowstr. 5
3000 Hannover 91

Karlsruher BV
Dr.-Ing. B. Stober
IRB
Kernforschungszentrum Karlsruhe
Postfach 36 40
7500 Karlsruhe

Kölner BV
Dr.-Ing. H.-J. Scharf
c/o Rheinbraun AG / Gruppe Süd
Fabrik Ville/Berrenrath
Bertrams-Jagdweg
5030 Hürth

Lahn-Dill BV
Hans-Joachim Faust
Wilhelm-Liebknecht-Str. 30
6300 Gießen

BV Leipzig
Dr.-Ing. Michael Kubessa
Gesellschaft für wirtschaftliche
Energienutzung - GwE
Torgauer Str. 114
0 - 7024 Leipzig

Lübecker BV
Prof. Dipl.-Ing. H. Glas
Julius-Brecht-Str. 13
2400 Lübeck 1

Magdeburger BV
Dr. A. Rummel
Institut für Apparate- und Umwelttechnik
Fakultät f.therm. Maschinenbau
TU Magdeburg
Agnetenstr. 8
0 - 3024 Magdeburg

Mittelrheinischer BV
Prok. H. Haslauer
i.Hs. KEVAG
Postfach 1140
5400 Koblenz

Mosel BV
Prof. Dipl.-Ing. Ertz
Fachhochschule Rheinland-Pfalz -
Abt. Trier
Irminfreihof 8
5500 Trier

München, Ober- und Niederbayern BV
Dr.-Ing. J. Hermann
TÜV - Haus
Westendstr. 199
8000 München 21

Dr.-Ing. H. Schludi
Münchener Rückversicherungsgesellschaft
Königstr. 107
8000 München 40

Münsterländer BV
Prof. Dr. Th. Belting
FH Münster, Abt. Steinfurt
FB Versorgungstechnik
Stegerwaldstr. 39
4430 Steinfurt

Niederrheinischer BV
Dr.-Ing. P. Asmuth
RWE BV Neuss
Collingstr. 2
4040 Neuss 1

Nordbadisch-Pfälzischer BV
Dipl.-Ing. Wolfgang Schemenau
c/o ABB Kraftwerke AG, Abt. KW/DA 3
Postfach 100 351
6800 Mannheim

Nordhessischer BV
Baudirektor Dipl.-Ing. H. Pfaar
Heckenpfad 42
3500 Kassel

Nürnberger BV
Dipl.-Ing. Hans-Georg Manns
Kitzinger Str. 15
8500 Nürnberg 90

Osnabrücker BV
Dr.-Ing. Karl-Heinz Czychon
Kuhlhof 45
4450 Lingen/Ems

Rheingau BV
Prof. Dr. G. Schaumann
Jupiterweg 9
6500 Mainz 21

Ruhr-BV
Obering. Dr.-Ing. K. Schinke
Im Tal 126
4320 Hattingen 16

Saar BV
Dipl.-Ing. W. Brenner
Saarberg-Fernwärme GmbH
Sulzbachstr. 26
6600 Saarbrücken

Siegener BV
Prof. Dr.-Ing. F.N. Fett
FB 11 - Inst.f.Energietechnik
Universität-GHS-Siegen
Postfach 10 12 40
5900 Siegen 21

Unterfränkischer BV
Dipl.-Ing. H. Rogenhofer
Abt. SPB, SKF GmbH
Postfach 14 40
8720 Schweinfurt

Württembergischer Ingenieurverein
Prof. Dr.-Ing. A. Voß
I E R
Universität Stuttgart
Heßbrühlstr. 49
7000 Stuttgart 80

6 ZUKÜNFTIGE TAGUNGEN DER VDI-GET 1992

Wie in der Vergangenheit aus unseren Mitglieder-Informationen gewöhnt, nachfolgend erst einmal in Kurzform die Termine, die Orte und die Tagungsthemen für das Jahr 1992. Auch die Tagungen unserer Schwestergesellschaft "Energietechnische Gesellschaft" (ETG) im VDE sind hier aufgelistet.

Neue Tagungen der VDI-GET 1992:

- 18./19.02.92 Nürnberg **"Wasserstoff-Energietechnik III"**
- 12.03.92, Leipzig **"Möglichkeiten und Grenzen der Kraft-Wärme-Kopplung II"**
- 25./26.03.92 Würzburg **"6. Jahrestagung"**
  "ENERGIEHAUSHALTEN UND CO_2-MINDERUNG"
  Fachtagung I: **"Einsparpotentiale im Sektor Stromerzeugung"**
  Fachtagung II: **"Einsparpotentiale durch die Einbindung regenerativer Energieträger"**
  Fachtagung III: **"Einsparpotentiale im Sektor Verkehr"**
  Fachtagung IV: **"Einsparpotentiale im Sektor Haushalt"**
  Plenarabschluß: **"AKZEPTANZPROBLEME"**
- 01./03.04.92 Straßburg **"Rational Use of Energy"**
- 28./29.04.92 Würzburg/Veitshöchheim **"Ertüchtigung leittechnischer Anlagen in der Energietechnik"**
- Mai 92 Mannheim **"Thermische Behandlung von Konsumgüterreststoffen am Beispiel der Altfahrzeugverwertung"**
- 15./16.09.92 Hannover **"Thermische Strömungsmaschinen: Turbokompressoren im industriellen Einsatz II"**
- 07./08.10.92 Aachen **"Kernenergie und andere Energieoptionen für die Zukunft: Nutzen, Risiken, Wirtschaftlichkeit"**
- Oktober 92 München **"Energie- und Umwelttechnik in der Lebensmittelindustrie"**
- Oktober 92 **"Thermodynamik-Kolloquium '92"**
- 24./26.11.92 Düsseldorf **"Klimabeeinflussung durch den Menschen III"**
- 01./02.12.92 Frankfurt **"Perspektiven für Energieingenieure II - Europa 1993"**

Neue Tagungen der ETG 1992:

- 09./11.03.92 München **"International Symposium on Control of Power Plants and Power Systems"**
- 25.03.92 Nürnberg **"Datenübertragung auf Fahrzeugen mittels serieller Bussysteme"**
- 29./30.04.92 Dortmund **"Netzanbindung regenerativer Energiequellen"**
- 13./14.05.92 Bad Nauheim **"Bauelemente der Leistungselektronik und ihre Anwendung"**
- 19./21.05.92 Wien **"Wasserkraft - regenerative Energie für heute und morgen"**
- 26./27.05.92 Würzburg **"Isoliersysteme der elektrischen Energieversorgung - Lebensdauer, Diagnostik, Entwicklungstendenzen"**
- 14./18.06.92 Montreal **"XII. U.I.E.-Kongreß Electrotechnic '92"**
- 10./11.09.92 Magdeburg **"Elektrowärme"**
- 07./12.09.92 Loughborough **"Internationale Kontakttagung"**
- 14./15.10.92 Dresden **"Mikroelektronik in der Energieverteilung"**

Sollten Sie Interesse am Besuch der GET- oder ETG-Tagungen im Jahre 1992 haben, dann bedienen Sie sich bitte zur kostenfreien Anforderung der Tagungsprogramme, die in der Regel zwei bis drei Monate vor Beginn der Tagung vorliegen, des am Ende des Jahrbuches eingehefteten **Rückantwortbogens** "Tagungen 1992"!

7 VERÖFFENTLICHUNGEN AUS DEM BEREICH DER GET

- **"Mechanische Brüdenkompression : Rationelle Energieversorgung für Verdampfung, Destillation, Trocknung"**
  Januar 1988, 98 Seiten, Schutzgebühr DM 36,00

Diese Informationsschrift über die rationelle Energieverwendung mit Hilfe der mechanischen Brüdenkompression wurde von unserem Fachausschuß unter der Federführung von Priv.-Doz. Dr.-Ing. Austmeyer erarbeitet.

- **"Reststoffe bei der thermischen Abfallverwertung"**
  September 1988, 45 Seiten, Schutzgebühr DM 20,00

Unser Fachausschuß "Reststoffe in der Entsorgung" unter der Leitung von Professor Merz/Forschungsanlage Jülich hat sich in dieser Informationsschrift mit den Stoffen beschäftigt, die nach der Müllverbrennung als Reststoffe noch übrig bleiben.

- **Reihe "Rationelle Energieversorgung mit Verbrennungsmotorenanlagen"**

Der gleichnamige Ausschuß unter der Leitung von Professor Pischinger/RWTH Aachen hat bisher vier Informationsschriften zu dem Gebiet "Rationelle und dezentrale Energieversorgung" veröffentlicht. Im einzelnen sind zur Zeit lieferbar:

- Teil I **"Der Verbrennungsmotor als Energiewandler"** September 1988, 44 Seiten, Schutzgebühr DM 20,00
- Teil II **"BHKW-Technik"**
  November 1988, 44 Seiten, Schutzgebühr DM 10,00
- Teil IV **"Anwendungsfälle - Kombinationstechnik"**
  April 1991, 64 Seiten, Schutzgebühr DM 25,00.

- **"Berater und Sachverständige - Energietechnik 1990"**
  September 1990, 114 Seiten, Schutzgebühr DM 15,00

Aufgrund der vielen Anfragen zu Beratern und Sachverständigen auf dem Gebiet der Energietechnik hat die VDI-GET die Beraterliste mit dem Stand vom September 1990 aktualisiert. Hier finden Sie nach Postleitzahlbereichen und nach Namen geordnet der VDI-GET-zugeordnete Mitglieder, die Beratungen auf dem Gebiet der Energietechnik durchführen und als Sachverständige tätig sind. Diese Beraterliste soll jährlich aktualisiert neu erscheinen. Ihre Anfrage zu Bedingungen über die Aufnahme und das Procedere richten Sie bitten an die VDI-GET!

- **"Berufsziel Energieingenieur"**
  Dezember 1990, 64 Seiten, Schutzgebühr DM 15,00

Der Fachausschuß "Anforderungsprofil für Energieingenieure" hat unter der Federführung von Dr. Vetter diesen Leitfaden für das Berufsziel Energieingenieur erarbeitet. Zielgruppen dieses Anforderungsprofiles sind Schüler der Oberstufe, Studenten im Grund- und Hauptstudium, Jungingenieure, Hochschullehrer, Bildungspolitiker, Verbände und Arbeitsämter. Es werden hier Hilfen und Anregungen für das Studium und die Weiterbildung im Bereich Energietechnik gegeben.

- **"Potentiale regenerativer Energieträger in der Bundesrepublik Deutschland"**,
  März 1991, 28 Seiten, Schutzgebühr DM 20,00

Mit dem Ziel, eine aktualisierte Bestandsaufnahme über das Potential regenerativer Energien vorzunehmen, die technischen und wirtschaftlichen Aspekte und den Stellenwert in einer zukünftigen Energietechnik zu dokumentieren, hat der VDI-GET-Fachausschuß "Regenerative Energien" (FA-RE), unter der Leitung von Professor Bloss/Unversität Stuttgart die Schriftenreihe "Regenerative Energien" geplant, in der zehn Informationsschriften erscheinen sollen.

Englischsprachige Publikationen

- **"AVR - Experimental High-Temperature Reactor"**
  21 years of successful operation for a future energy technology
  VDI-Verlag, Düsseldorf, 1990, 379 Seiten, DM 128,00.

In diesem Buch haben 35 anerkannte Ingenieure und Naturwissenschaftler die Betriebsergebnisse und Zukunftsperspektiven des gasgekühlten Hochtemperatur-Kugelhaufenreaktors veröffentlicht. Das Ziel dieses Buch ist, das Wissen um diesen fortschrittlichen Kugelhaufenreaktor im Ausland zu verbreiten und ihm zu einer verstärkten Anwendung weiter zu helfen.

- **Superconductivity in Energy Technologies"**
  Assessments, Concepts and New Aspects
  VDI-Verlag, Düsseldorf, 1990, 278 Seiten, DM 168,00.

In diesem Buch ist das derzeitige Wissen zur Anwendung der Supraleitung in der Energietechnik und deren Zukunftsperspektiven dargestellt.

VDI-Richtlinien und DIN-Normen

An dieser Stelle möchten wir Ihnen in Kurzform die von der VDI-GET erarbeiteten Richtlinien und DIN-Normen auflisten:

DIN 1942 "Abnahmeversuche an Dampferzeugern (VDI-Dampferzeugerregeln)" 6.79, DM 77,30
DIN 1942 E "Abnahmeversuche an Dampferzeugern (VDI-Dampferzeugerregeln)", 6.91, DM 108,70

DIN 1943 "Abnahmeversuche an Dampfturbinen (VDI-Dampfturbinenregeln)" 2.75, DM 77,30

DIN 1944 "Abnahmeversuche an Kreiselpumpen (VDI-Kreiselpumpenregeln)" 10.68, DM 98,90

DIN 1947 "Wärmetechnische Abnahmemessungen an Naßkühltürmen (VDI-Kühlturmregeln)" 5.89, DM 62,70

VDI 2042 "Wärmetechnische Abnahmeversuche an Dampfturbinen; Beispiele" 12.76, DM 91,10

VDI 2043 "Messung der Dampfnässe" 7.79, DM 41,70

VDI 2044 "Abnahme- und Leistungsversuche an Ventilatoren (VDI-Ventilatorregeln)" 10.66, DM 77,30

VDI 2045 "Abnahme- und Leistungsversuche an Verdichtern (VDI-Verdichterregeln)
Blatt 1 "Versuchsdurchführung und Garantievergleich" 4.90, DM 88,50
Blatt 2 "Grundlagen und Beispiele" 2.91, DM 96,00

VDI 2046 "Sicherheitstechnische Richtlinien für den Betrieb von Industrieöfen mit Schutz- und Reaktionsgasatmosphäre" 5.84, DM 38,50

VDI 2047 "Kühltürme: Begriffe und Definitionen" 2.91 Gründruck, DM 186,00

VDI 2048 "Meßungenauigkeiten bei Abnahmeversuchen; Grundlagen" 6.78, DM 50,40

VDI 2049 "Wärmetechnische Abnahme- und Leistungsversuche an Trockenkühltürmen" 3.81, DM 57,40

VDI 2055 "Wärme- und Kälteschutz für betriebs- und haustechnische Anlagen; Berechnungen, Gewährleistungen, Meß- und Prüfverfahren, Gütesicherung, Lieferbedingungen" 3.82, DM 108,70

VDI 3920 "Wärmetechnische Abnahmeversuche an schlüsselfertigen Kernkraftwerken mit Dampfturbinen" 12.81, DM 91,10

VDI 3921 "Wärmetechnische Abnahmeversuche an regenerativen Luft- und Abgasvorwärmern; Einfache Luftvorwärmer" 3.89, 73,00

VDI 3922 "Energieberatung für Industrie und Gewerbe" 7.84, DM 23,60.

Sofern Sie diese aufgeführten VDI-Richtlinien und DIN-Normen unter der Federführung der VDI-GET bestellen möchten, richten Sie bitte Ihre Bestellung an den Beuth Verlag, Postfach 1145, Burggrafenstr. 7, 1000 Berlin 30.

Im "VDI-Handbuch Energietechnik" sind neben o.a. Normen und Richtlinien auch diejenigen enthalten, die für den Bereich Energietechnik wichtig sind (z.B. aus den Gebieten der Meß- und Automatisierungstechnik; Reinhaltung der Luft, Lärmminderung). Das komplette Handbuch (82 VDI-Regeln und -Richtlinien, mit numerischem Verzeichnis und Verzeichnis nach Sachgebieten in vier Ringmappen) kostet DM 4.249,90 und kann ebenfalls beim Beuth Verlag/Berlin bezogen werden.

8 DIE FACH- UND RICHTLINIENAUSSCHÜSSE DER VDI-GET

Die fachliche Arbeit der VDI-GET wird in Fach- und Richtlinienausschüssen geleistet.

Fachausschüsse der VDI-GET

- **Anforderungsprofil für Energieingenieure**
  Obmann: Dr.-Ing. H. Vetter, Düsseldorf

Dieser Ausschuß hat die Informationsschrift "Berufsziel Energieingenieur" erarbeitet, die im Dezember 1990 als Vierfarbdruck erschienen ist. Zur Unterstützung des fachlichen Nachwuchses ist für Dezember 1992 in Frankfurt die Tagung "Perspektiven für Energieingenieure II - Europa 1993" geplant.

- **Energietechnik in der Entsorgung**
  Obmann: Prof. Dr.-Ing. R. Scholz, Clausthal-Zellerfeld

Neben dem internen Informationsaustausch zwischen den Fachausschußmitgliedern zu neueren Entwicklungen bei der Verbrennungs- und Feuerungstechnik für Müll, plant der Ausschuß zu dem vorgenannten Gebiet eine Informationsschrift und führt dazu Veranstaltungen durch.

- **Entsorgungskonzepte**
  Obmann: Dr.-Ing. H. Bonnenberg, Aldenhoven

Aus der vergangenen Ausschußarbeit entstanden die Leitsätze "Entsorgung von Siedlungsabfall" aus dem Jahre 1987.

- **Gesellschaft und Energie (gemeinsam mit ETG im VDE)**
  Obmann bis 31.12.1991: Dr.-Ing. H.-B. Wibbe, Essen
  Obmann ab 1.1.1992:Dr.-Ing. J. Wagner, Jülich
  stellvertr. Obmann: Prof. Dr.-Ing. B. Jäger, Berlin

Dieser Ausschuß hat es sich zur Aufgabe gemacht, energietechnische Gespräche zwischen den entsprechenden Fachleuten und der Nichtfachöffentlichkeit, wie z.B. Parteien, Kirchenvertreter, etc. durchzuführen. Dadurch soll die Akzeptanz in der breiten Öffentlichkeit zu den unterschiedlichen Energiepfaden und -techniken erhöht und die Sorgen und Ängste der einzelnen Bevölkerungsgruppen besser verstanden werden. Die Tagung "Soziale Kosten der Energienutzung" im November 1991 wurde von diesem Ausschuß fachlich betreut.

- **Gütesicherung (VDI-AG "Gütesicherung")**
  Obmann: Dipl.-Ing. F. Ruppelt, Leverkusen

Die VDI-Arbeitsgruppe "Gütesicherung" hat in den letzten vier Jahren zwei federführende Prüfinstitute anerkannt, und sieben nationale und internationale Hersteller von Dämmstoffen für den Wärme- und Kälteschutz erhielten bei 18 verschiedenen Produkten die Erlaubnis, mit dem Vermerk "Überwacht nach VDI 2055" auf die ordnungsgemäße Durchführung der Gütesicherung hinzuweisen. Diese Gütesicherung hat als Schwerpunkt die Eigen- und Fremdüberwachung der Wärmeleitfähigkeitskurven.

- **Kerntechnik**
  Obmann: Dr.-Ing. H. Bonnenberg, Aldenhoven

In zwei bis drei Arbeitssitzungen pro Jahr werden in diesem Ausschuß die Entwicklungen und Probleme bei der Kerntechnik diskutiert. Nach außen präsentiert sich dieser Ausschuß durch eine Tagung pro Jahr. In diesem Jahr findet die Tagung "Kernenergie und andere Energieoptionen für die Zukunft: Nutzen, Risiken, Wirtschaftlichkeit" unter der fachlichen Betreuung dieses Ausschusses statt.

- **Mechanische Brüdenkompression**
  Obmann: Priv.-Doz. Dr.-Ing. K.E. Austmeyer, Ettlingen

Die Informationsschrift "Mechanische Brüdenkompression" ist ein Produkt dieses Ausschusses. Eine englische Übersetzung der Informationsschrift ist in Vorbereitung.

- **Mikroelektronik (gemeinsam mit ETG im VDE)**
  Obmann: Dr.-Ing. J. Edelmann, Mannheim
  st.Obmann: Prof. Dr.-Ing. J. Welfonder, Stuttgart

Die zunehmende Bedeutung der Mikroelektronik in allen Bereichen der Energietechnik führte zur Gründung dieses Ausschusses. Die geplante Tagung "Ertüchtigung leittechnischer Anlagen in der Energietechnik" wird fachlich von diesem Ausschuß betreut. Eine geplante Informationsschrift "Mikroelektronik in der Energietechnik" wird zur Zeit redaktionell vorbereitet.

- **Regenerative Energien**
  Obmann: Prof. Dr.-Ing. habil. W.H. Bloss, Stuttgart

Die Ergebnisse der Arbeiten dieses Ausschusses finden ihren Niederschlag in den geplanten 10 Informationsschriften zum Thema "Regenerative Energien", von denen die erste unter dem Titel "Potentiale regenerativer Energieträger in der Bundesrepublik Deutschland" erschienen ist. An der Vorbereitung und Durchführung der Tagung in Kassel und Wiederholungsveranstaltung in Dresden war der Fachausschuß wesentlich beteiligt.

- **Reststoffe bei der Entsorgung**
  Obmann: Prof. Dr. E. Merz, Jülich

Aus der Ausschußarbeit resultiert die VDI-GET-Informationsschrift "Reststoffe bei der thermischen Abfallverwertung" vom September 1988 und die Tagung "Reststoffe aus der thermischen Abfallbehandlung" aus dem Jahre 1989. Ein weiteres Betätigungsfeld dieses Ausschusses könnte die geplante Vermeidungs- und Abfallabgabe werden.

- **Strömungsmaschinen**
  Obmann: Prof. Dr.-Ing. G. Dibelius, Aachen

Dieser Ausschuß gestaltet die Tagungen mit dem Generalthema "Strömungsmaschinen", die in regelmäßigen Abständen spezielle Maschinen, Anlagen und Teilgebiete behandeln. In diesem Jahr beschäftigt sich eine weitere Tagung in Hannover mit dem Thema "Thermische Strömungsmaschinen: Turbokompressoren im industriellen Einsatz II".

- **Technische Thermodynamik**
  Obmann: Prof. Dr.-Ing. H. Pfost, Bochum

Nach Beschluß des Beirates der VDI-GET wurde der Fachausschuß "Wärmeforschung" und der Fachausschuß "Fortschrittliche Energiekreisläufe" aufgelößt und der neue Fachausschuß "Technische Thermodynamik" gebildet. Nach Abstimmung mit der VDI-Gesellschaft Verfahrenstechnik und Chemieingenieurwesen (GVC) befaßt sich dieser neu vom Beirat der VDI-GET eingesetzte Ausschuß schwerpunktmäßig mit Themen und Veranstaltungen zu:

- Fortschrittliche Energieumwandlung und -anwendung (Prof. Pfost)
- Thermodynamik-Kolloquium (N.N.)
- Wasserdampfforschung (IAPWS) (Prof. Mayinger).

- **Terminologie**
  Obmann: Prof. Dr.-Ing. Dr.-Ing.E.h. H. Schaefer, München

Aus dieser Ausschußarbeit entstand die Veröffentlichung "Grundbegriffe der Energiewirtschaft und Energietechnik" (Brennstoff-Wärme-Kraft, (1980), Nr. 8, Seite 334/337).

- **Umsetzung TA-Luft in Energieanlagen**
  Obmann: Dr.-Ing. U. Kaier, Heidelberg

Die neueren und strengeren Umweltauflagen bei energietechnischen Anlagen führten zur Gründung dieses Ausschusses, der im Jahr 1989 unsere Tagung "TA-Luft im Dialog" fachlich betreute.

- **Verbrennungskraftanlagen**
  Obmann: Prof. Dr.techn. F. Pischinger, Aachen

Die bisherigen 4 Informationsschriften mit dem Thema "Rationelle Energieversorgung mit Verbrennungsmotorenanlagen" sind das Ergebnis dieses Ausschusses. Im Rhythmus von etwa 2 Jahren zeichnet dieser Ausschuß auch verantwortlich für unsere Tagungen zu diesem Gebiet.

- **Verbrennung und Feuerungen (Flammentag)**
  Obmann: Prof. Dr.-Ing. R. Jeschar, Clausthal-Zellerfeld

Dieser Ausschuß betreut den in zweijährigem Rhythmus stattfindenden Flammentag, der im Jahre 1991 als 15. Veranstaltung in Bochum stattfand.

- **Wärmetechnische Arbeitsmappe (WTA)**
  Prof. Dr.techn. Th. J. Bohn, Essen

Die Herausgabe der 13. Auflage der WTA und der englischen Übersetzung ist die Hauptaufgabe dieses Ausschusses.

Richtlinienausschüsse der VDI-GET

Wärmetechnische Abnahmeversuche an Dampferzeugern (DIN 1942)
Obmann: Prof. Dr.-Ing. F. Brandt, Darmstadt
Naßkühltürme (DIN 1947)
Obmann: Prof. Dr.-Ing. G. Ernst, Karlsruhe
Dampfnässe (VDI 2042)
Obmann: Dipl.-Ing. K. Natusch, Essen
Ventilatoren (VDI 2044)
Obmann: Prof. Dr.-Ing. G. Kosyna, Braunschweig
Verdichter (VDI 2045)
Obmann: Dr.-Ing. J. Kotzur, Oberhausen
Schutzgasöfen (VDI 2046)
Obmann: Dr.-Ing. F. Kühn, Essen
Kühlturm-Begriffe (VDI 2047)
Obmann: Dr.-Ing. J. Diestelkamp, Bochum
Meßunsicherheiten (VDI 2048)
Obmann: N.N.
Trockenkühltürme (VDI 2049)
Obmann: Prof. Dr.-Ing. J. Buxmann, Hamburg
Wärme- und Kälteschutz (VDI 2055)
Obmann: Dipl.-Ing. H. Zehendner, Gräfelfing
Kernkraftwerke (VDI 3920)
Obmann: Dipl.-Ing. K. Natusch, Essen
Wärmetechnische Abnahmeversuche an Regenerativ-Wärmetauschern; Mehrkanal-Anlagen (VDI 3921)
Obmann: Prof. Dr.-Ing. F. Brandt, Darmstadt
Energieberatung (VDI 3922)
Obmann: Prof. Dr.-Ing. E. Plaßmann, Köln

9 DER ROBERT-MAYER-PREIS

Die VDI-GET vergibt alle 2 Jahre seit dem Jahre 1979 den Robert-Mayer-Preis in Höhe von mindestens DM 6.000 pro Preis (mit bis zu 3 Preisen) an besonders publikumswirksame Veröffentlichungen zu dem Bereich der Energietechnik und der Energieingenieure.

Die VDI-GET verleiht den Robert-Mayer-Preis im Gedenken an den großen Naturforscher, Ingenieur und Arzt **Dr. Julius Robert von Mayer, Heilbronn, 1814-1878**. Auf dem von ihm formulierten Gesetz der Erhaltung der Energie beruht letztlich die gesamte Energietechnik. Mit dem Preis sollen Persönlichkeiten ausgezeichnet werden, die sich durch besondere publizistische Leistungen auf den Gebieten der Energietechnik, der Energiewirtschaft und der Würdigung ihrer Träger, der Energieingenieure, hervorgetan haben.
Die Arbeit der Ingenieure auf dem Energiesektor wird auch in Zukunft eine große Bedeutung behalten. Die Optimierung der Energietechnik im Bereich der Energierohstoffe, der Energieumwandlung, der Energiefortleitung und des Energieendverbrauchs ist anerkanntermaßen eine wesentliche Voraussetzung für die Verbesserung der menschlichen Lebensbedingungen. Demgegenüber ist in der Öffentlichkeit das Verständnis für die Bedeutung der Energietechnik, der Energiewirtschaft und der Arbeit der Energieingenieure bisher nicht hinreichend ausgeprägt. Es fehlt insbesondere an Veröffentlichungen, die in allgemein verständlicher Weise Bedeutung, Möglichkeiten und Grenzen der Arbeit und der Entwicklung im Energiebereich sachkundig darstellen.
Die Verleihung des Robert-Mayer-Preises soll einen Anreiz für begabte Ingenieure und Autoren geben, entsprechende Arbeiten zu verfassen.

Die Preisverleihung 1991, an der über 100 Persönlichkeiten teilnahmen, erfolgte erstmalig mit der Unterstützung der Stadt Heilbronn in einem feierlichen Rahmen. Die weiteren Preisverleihungen werden in Zukunft alle zwei Jahre in der Stadt Heilbronn durchgeführt. Interessenten können die Vergabe-Richtlinien bei der Geschäftsstelle der VDI-GET anfordern.

Preisträger

1979 Dr.rer.nat. Hans Overberg, Rheinische Post, Düsseldorf
Dr.-Ing. Bernd Stoy, RWE AG, Essen
1981 Ingrid Lorenzen, Neu Wulmstorf
Dr.techn. Rudolf Weber, CH - Oberbözberg
1983 Helmut F. Hilker, Hannover
1985 Heinz Heck, "Die Welt", Bonn
Dipl.-Geogr. Wolfgang Hess, "Bild der Wissenschaft", Stuttgart
1988 Dr. Jochem Bogen, Neuhofen
Dr. Reiner Klingholz, Redaktion GEO, Hamburg
1990 Hagen Beinhauer, Programmgruppe Wirtschaft und Verkehr
Westdeutscher Rundfunk Köln
Wolfgang Kempkens, Redaktion Wirtschaftswoche, Düsseldorf
1991 Horst von Stryk, ZDF-Studio Düsseldorf, Krefeld-Bockum.

Die Aussschreibung für den **Robert-Mayer-Preis 1993** betrifft Publikationen, die in der Zeit vom 15.8.1990 bis 15.8.1992 erfolgt sind. Sollten Sie als VDI-GET-zugeordnete Mitglieder Autoren zu besonders publikumswirksamen Veröffentlichungen, Radiosendungen oder Fernsehübertragungen kennen, dann reichen Sie doch bitte Ihre Vorschläge bis spätestens 15. August 1992 an die Geschäftsstelle der VDI-GET in vierfacher Ausfertigung ein.

10 ZUSAMMENARBEIT DER GET MIT ANDEREN INSTITUTIONEN UND DEN FÜNF NEUEN BUNDESLÄNDERN

Die VDI-Gesellschaft Energietechnik pflegt seit Jahren mit in- und ausländischen Institutionen und Verbänden die technisch-wissenschaftliche Zusammenarbeit. Beispielhaft seien hier erwähnt die gute Zusammenarbeit mit unserer Schwestergesellschaft "Energietechnische Gesellschaft im VDE", Vereinigung Industrielle Kraftwirtschaft (VIK) und die Mitgliedschaft in der EFEM (European Federation of Energy Management Associations)/Brüssel, die Kontakte zur ASME (American Society of Mechanical Engineers)/USA und die kooperative Zusammenarbeit mit dem Institute of Energy und dem Watt Committee on Energy in England.

Weitere Kontakte sind hier beispielhaft zu nennen: International Heat Transfer Conferences/ Haifa (Delegierter der VDI-GET); Deutsche Forschungsgemeinschaft DFG (Fachgutachter); Forum für Zukunftsenergien; Deutsches Institut für die Geschichte der Energietechnik (DIGE); The Institution of Engineers (India).

In Fortsetzung der in 1990 gepflegten Aktivitäten hat die VDI-GET auch im Jahre 1991 ausgewählten Universitäten und Fachhochschulen und deren Bibliotheken kostenlos VDI-Berichte unserer Tagungen zur Verfügung gestellt.

Am 28. Juni 1991 wurde in Dresden die Tagung "Regenerative Energien II - Betriebserfahrungen und Wirtschaftlichkeit" und am 27. September 1991 in Leipzig die Tagung "Blockheizkraftwerke und Wärmepumpen II" durchgeführt. Die im März in Kassel und im Juni in Essen durchgeführten Tagungen wurden in Dresden und Leipzig wiederholt.

Mit Unterstützung der VDI-GET und der Koordinationstelle "Neue Bundesländer" wurden als erste größere Veranstaltungen der Arbeitskreise Energietechnik im VDI-Bezirksverein Dresden am 17. Oktober 1991 ein Kolloquium "Wärmeversorgung in Ostsachsen" durchgeführt. Am 7. November 1991 fand in Halle das Kolloquium "Regionale Energiekonzepte durch rationelle Wärmenutzung in Sachsen-Anhalt" ebenfalls unter der Mitwirkung der zuständigen Bezirksvereine, des Arbeitskreises Energietechnik und der VDI-GET statt.

Die Tagung "Energietechnische Investitionen im Neuen Europa - Märkte, Projekte, Finanzierungen" fand als erste eigenständige neue Tagung mit 120 Teilnehmern am 28. und 29. November 1991 in Dresden statt.

Die am 29./30. Oktober 1991 in Würzburg sehr erfolgreiche Tagung "Möglichkeiten und Grenzen der Kraftwärmekopplung" wird am 12. März 1992 in Leipzig in Teilen wiederholt mit Unterstützung des Arbeitskreises Energietechnik Leipzig.

11 PERSONALIEN

Dipl.-Phys. K. O. **Abt**, Mitglied des Beirates und ab 1992 des Vorstandes der VDI-GET, wurde als Nachfolger von Prof. Gerhard Deuster als neuer Vorstandsvorsitzender der Arbeitsgemeinschaft Fernwärme gewählt.

Der Obmann des VDI-Ausschusses "Wärmeforschung" und wissenschaftlicher Leiter des "Thermodynamik-Kolloquiums", Prof.Dr.phil. K. **Bier**, feierte am 19. Juli 1991 seinen 65. Geburtstag.

Der Fachverband Dampfkessel-, Behälter- und Rohrleitungsbau (FDBR) verlieh Prof. Dr.-Ing. F. **Brandt** den Franz-Weber-Preis 1991 als Auszeichnung für herausragende Leistungen in dreißig Jahren verbandlicher Gemeinschaftsarbeit.

Dr.-Ing. Chr. **Brecht**, Senior-Mitglied im Beirat der VDI-GET, vollendete am 27. November 1991 sein 70. Lebensjahr.

Prof. Dr.-Ing. H. **Gallus**, Mitglied im Fachausschuß "Strömungsmaschinen", feierte am 30. Januar 1991 seinen 60. Geburtstag.

Am 13. August 1991 vollendete Prof. Dr. Dr.-Ing.E.h. P. **Grassmann**, ehemaliger Obmann des VDI-Ausschusses "Wärmeforschung", sein 84. Lebensjahr.

Prof. Dr. W. **Häfele**, Seniormitglied des Beirates der VDI-GET, wurde Anfang April 1991 zum geschäftsführenden Direktor des Zentralinstituts für Kernforschung Rossendorf (ZfK) berufen.

Prof. Dr.-Ing. B. **Jäger**, Mitglied im Fachausschuß "Gesellschaft und Energie" feierte am 12. Juni 1991 seinen 60. Geburtstag.

Am 24. April 1991 wurde Dr.-Ing. U. **Kaier**, Mitglied des Beirates der VDI-GET, zum ordentlichen Vorstandsmitglied der Kraftanlagen Heidelberg AG ernannt.

Am 11. Februar 1991 vollendete Dr.-Ing. W. **Lenz**, früherer Geschäftsführer der VDI-GET und Seniormitglied im Beirat, sein 75. Lebensjahr.

Prof. Dr.-Ing. F. **Mayinger**, Leiter der deutschen Delegation zur Internationalen Wasserdampfkonferenz (IAPWS) und stellvertretender Obmann des Fachausschusses "Technische Thermodynamik" gratulierten wir zum 60. Geburtstag am 2. September 1991.

Dr.-Ing.E.h. H. **Meysenburg**, Seniormitglied des Fachausschusses "Gesellschaft und Energie" und des Beirates der VDI-GET, vollendete am 7. Januar 1991 sein 85. Lebensjahr.

Dipl.-Ing. W. **Neussel**, ehemaliger Obmann eines Arbeitskreises Energietechnik, feierte am 8. August 1991 seinen 70. Geburtstag.

Dr.-Ing. A. **Rabich**, ehrenamtlich tätig in den Ausschüssen "Energietechnik in der Entsorgung" und "Reststoffe in der Entsorgung", vollendete am 21. September 1991 sein 65. Lebensjahr.

Prof. Dr.-Ing. L. **Reh**, Mitglied im Programmausschuß zur Tagung "Verbrennung und Feuerungen" feierte am 6. August 1991 seinen 60. Geburtstag.

Am 18. Juli 1991 vollendete Dr.-Ing.E.h. B. **Rümelin**, früheres Mitglied im GET-Auschuß "Öffentlichkeitsarbeit" sein 75. Lebensjahr.

Am 26. April 1991 feierte Professor Dr.-Ing. Dr.-Ing.E.h. H. **Schaefer**, Vorsitzender der VDI-GET, die Vollendung seines 65. Lebensjahres.

Der Vorsitzender der Koordinierungsstelle Umwelt und Seniormitglied des Beirates der VDI-GET, Senator E.h. Dr.-Ing. O. **Schwarz**, feierte am 27. Oktober 1991 seinen 70. Geburtstag.

Dr.rer.nat. K.R. **Schmidt**, Senior-Mitglied des Beirates der VDI-GET, feierte am 17. November 1991 seinen 70. Geburtstag.

Am 3. Oktober 1991 vollendete Dr.-Ing.E.h. A. **Schuller** sein 80. Lebensjahr. Dr. Schuller ist der GET als Senior-Mitglied im Beirat verbunden.

Das Korrespondierende Mitglied des VDI, Professor Dr. M. **Styrikowitch**, Moskau, vollendete am 11. November 1991 sein 85. Lebensjahr.

Dr.-Ing. H. **Trenkler**, früherer Geschäftsführer im VDEW, feierte am 16. August 1991 seinen 70. Geburtstag.

Dr.-Ing. H.-B. **Wibbe** wurde am 1.1.1991 für drei Jahre zum Mitglied des VDI-Präsidialausschusses "Öffentlichkeitsarbeit" berufen. In der Jahreshauptversammlung des Niederrheinischen Bezirksvereins wurde Dr. **Wibbe** zum Vorsitzenden des Niederrheinischen Bezirksvereins gewählt.

Dr.rer.nat. A. **Ziegler**, Mitglied des Vorstandes der VDI-GET, wurde im November 1991 mit dem Verdienstkreuz am Bande des Verdienstordens ausgezeichnet für sein hervorragendes Fachwissen, sein Organisationstalent und seine Motivation als Geschäftsführer des Steinkohlenbergbauvereins und der Bergbau-Forschung.

12 GESEHEN - GELESEN - GEHÖRT

Tagungen

"Instandhaltung in Kraftwerken 1992 mit Informationsschau"
19./20.02.92, Essen
Anfragen zu dieser Konferenz richten Sie bitte an: VGB Technische Vereinigung der Großkraftwerksbetreiber e.V., Klinkestr. 27-31, Postfach 103932, 4300 Essen, Telefon 0201/8128-1.

"3rd International High Level Radioactive Waste Management Conference"
12./16.04.92, Las Vegas/Nevada, USA
Anfragen zu dieser 3. internationalen Konferenz richten Sie bitte an: American Society of Civil Engineers, 345 East 47th Street, New York, NY USA 10017, Telefon (212) 705-7543.

"Bautechnik in Wärmekraftwerken 1992"
05./06.05.92, Rostock-Warnemünde
Anfragen zu dieser Veranstaltung richten Sie bitte an VGB, Klinkestr. 27-31, Postfach 103932, 4300 Essen, Telefon: 0201/8128-1.

"Kraftwerkskomponenten 1992 mit Informationsschau"
13./14.05.92, Essen
Veranstalter zu dieser Konferenz ist die VGB, Klinkestr. 27-31, Postfach 103932, 4300 Essen, Telefon 0201/8128-1.

"7. Energiefachausstellung Energie und Umwelt"
15./16.05.92, Steinfurt
Anfragen zu dieser Energiefachausstellung richten Sie bitte an Fachhochschule Münster, Fachbereich Versorgungstechnik, Professor Dr.-Ing. Th. Belting, Fachbereich Münster, Stegerwaldstr. 39, 4430 Steinfurt, Telefon: 02551/149-0/-160/-282.

"7th International Conference on Pressure Vessel Technology"
31.05./05.06./92, Düsseldorf
Zu dieser 7. internationalen Konferenz richten Sie bitte Ihre Anfragen an: Verband der Technischen Überwachungs-Vereine e.V., Kurfürstenstr. 56, 4300 Essen 1, Telefon: 0201/8111-0/-145.

"Energy China '92"
02./06.07.92, Tianjin/VR China
Zu dieser internationalen Messe für die Energieindustrie und Energieversorgung richten Sie bitte Ihre Anfragen an: Glahé International Group GmbH, World Trade Center Cologne, Wiener Platz 2, P.0.Box 800349, 5000 Köln 80, Telefon: 0221/622558.

"2nd International Congress Energy, Environment and Technological Innovation"
12./16.10.92, Rom/I
Wegen weiterer Angaben zu diesem 2. internationalen Kongreß wenden Sie sich bitte an Congress Secretariat ENERG2, University of Rome "La Sapienza", Via Eudossiana 18, I - 00184 Rome/Italy, Telefon: ++39.6.44585619-44585616.

"Kraftwerke 1992 mit Informationsschau"
13./16.10.92, Karlsruhe
Veranstalter ist die VGB, Klinkestr. 27-31, 4300 Essen 1, Telefon 0201/81 28-1.

"First International Conference on Aerospace Heat Exchanger Technology"
15./17.02.93, Palo Alto, California/USA
Ihre Anfragen richten Sie bitte an den Veranstalter Dr. Ab Hashemi, Lockheed Missiles and Space Co., Inc., Palo Alto Research Laboratory, 092-40, B/205, 3251 Hanover Street, Palo Alto, CA 94304-1191, USA, Telefon: (415) 424-2391 oder an Prof. Dr.-Ing. W. Roetzel, Universität der Bundeswehr Hamburg, Telefon 040/6541-2735.

Bücher, Publikationen, Fachzeitschriften

"Neuerscheinungen des VDI-Verlages"

- **"Energie für die Zukunft"**
  Bennewitz, DM 68,00

- **"Praxisbezogenes Umstrukturierungsmanagement"**
  Steinberg, DM 78,00

- **"Workstation und PC von A bis Z"**
  Mehrmann, DM 48,00

- **"Wertanalyse - Idee - Methode - System"**
  4. neu bearbeitete Auflage, DM 78,00

- **"Informieren - Überzeugen"**
  Joliet, DM 68,00

Diese vorgehend aufgeführten Neuerscheinungen des VDI-Verlages können Sie beziehen bei: VDI-Verlag GmbH, Postfach 10 10 54, 4000 Düsseldorf 1, Telefon 0211/61 88-0.

"Perspectives in Energy"
Ein Freiexemplar dieses "new journal from the publishers of Environment and Planning" können Sie anfordern bei: Turpin Transactions Ltd., Blackhorse Road, Letchworth, Herts SG6 1HN, UK, Telefon (0462) 672555, Fax (0462) 480947.

"WORLD AID 1992"
Ein "**Marketing Package**" in drei Teilen (Part One: Advertising to Key Developing World Buyers; Part Two: Immediate Business Opportunities; Part Three: Intgelligence and Help Line Service) hilft Unternehmen bei der Erschließung der Märkte in der Dritten Welt und wird angeboten von World Aid, 20 Dering Street, London W1R 9AA/UK, Telefon 071-629-6696, Fax 071-629-4510 oder 071-499-2757.

Preise

"Walter Ahlström Prize 1991"
Der Walter Ahlström Preis "Technologie für eine bessere Umwelt" wurde 1991 in der Höhe von DM 85.000 an Professor Dr. K. **Brotzmann** verliehen.

"Ratio Energetica 1991"
Diesen mit DM 10.000 dotierten europäischen Förderpreis der Stadtwerke Düsseldorf AG erhielt als erster Nachwuchswissenschaftler am 4. Dezember 1991 Dr.-Ing. Jürgen **Bock** von der Universität Essen für seine Arbeit "Thermo-ökonomische Analyse der Kraft-Wärme-Kopplung mit Klein-Blockheizkraftwerken für die dezentrale Wärmeversorgung". Die Veröffentlichung von Dr. Bock ist im VDI-Verlag erschienen unter Fortschrittsberichte VDI Reihe 6, Nr. 259, 1991, 139 S., DM 90,-.

13 ANSPRECHPARTNER IN DER GESCHÄFTSSTELLE DER VDI-GET

Priv.-Doz. Dr.-Ing. E. Sauer
Geschäftsführer
Tel.: 0211/6214-416/216

Dipl.-Ing. Undine Stricker-Berghoff
Technisch-wissenschaftliche Mitarbeiterin
Tel.: 0211/6214-219/414

Dipl.-Ing. H. Webner
Technisch-wissenschaftlicher Mitarbeiter
Tel.: 0211/6214-329/363

K. Daum
Sekretärin
Tel.: 0211/6214-363

P. Götz
Sekretärin
Tel.: 0211/6214-414

H. Kammann
Sekretärin
Tel.: 0211/6214-216

Anschrift: VDI-Gesellschaft Energietechnik (VDI-GET)
Graf-Recke-Str. 84
Postfach 10 11 39
D - 4000 Düsseldorf 1

Telefax: 0211/6214 575.

14 PARLAMENTARISCHER ABEND DES VDI ZUM THEMENKOMPLEX "Rahmenkonzept für die künftige Energieversorgung im Osten Deutschlands"

Der Parlamentarische Abend des VDI am 27. November 1991 in Bonn stand unter dem vorstehend aufgeführten Motto und wurde fachlich von unserer Gesellschaft getragen. Die Statements finden Sie nachstehend.

Der haushälterische Umgang mit Energie

von Prof. Dr.-Ing. Dr.-Ing. E.h. H. Schaefer,
(TU München), Vorsitzender der VDI-Gesellschaft Energietechnik

Der Wunsch nach haushälterischem Umgang mit Energie steht im Rahmen zweier sich zum Teil widersprechender Tatbestände:

- Die Energietechnik ist ein unverzichtbares Mittel, die Abhängigkeit menschlichen Handelns und Wirkens von den Umweltbedingungen zu lockern und als human empfundene Lebensbedingungen zu schaffen.

- Ausgangspunkt aller anthropogenen Energietechnik ist der Bedarf an Licht, Wärme und mechanischer Energie - den Nutzenergien - beim Endverbraucher. Dieser Bedarf initiiert die Nachfrage nach Energieversorgung.
  Trotz dieses Faktums beginnen auch heute noch die Diskussionen bei der Primärenergie, ihrer Gewinnung, ihrer Umwandlung in Sekundärenergie und enden oft schon bei der Bereitstellung von Endenergie. Der Endverbraucher und die Bedeutung seines Handeln und Wirkens auf die Energienachfrage bleibt meist im Hintergrund.

- Jede heute realisierte oder denkbare Art der anthropogenen Energieversorgung hat einen ökologischen Preis. Umweltfreundlich ist keine, nur Art und Grad der Umweltbelastung sind unterschiedlich. Neben den Auswirkungen auf die Umwelt durch Emissionen in die Atmosphäre, in das Wasser und in den Boden sind dabei auch die Minderung der Ressourcen der Erde z.B. durch den Materialverbrauch, den Flächenbedarf und den Verbrauch fossiler Energieträger mit zu betrachten.

Hinsichtlich der Wirkungsbegrenzung von Schadstoffemissionen sind Techniken entweder bereits realisiert, in der Entwicklung oder zumindest denkbar, die diese Emissionen vermindern oder gar beseitigen können. Dies gilt jedoch nicht für die thermische Belastung, die durch den Energieumsatz verursacht wird. Letztlich muß - von wenigen Ausnahmen abgesehen - sämtlicher vom Menschen getätigter Energieumsatz, auch der vegetative Grundumsatz, in Form von Wärme an die Umgebung abgeführt werden. Dieser physikalische Tatbestand läßt sich mit keiner Technik aufheben. Auch bei der CO_2-Emission, die beim Verbrennen fossiler Brennstoffe entsteht, ist eine realisierbare und ökonomische akzeptable Rückhaltetechnik zur Minderung des CO_2-Gehaltes in der Atmosphäre nicht in Sicht.

Ein haushälterischer Umgang mit Energie und Umweltressourcen ist ein primäres Mittel zu einer umweltschonenden anthropogenen Energietechnik. Er liegt zwar bei Meinungsumfragen hoch in der Prioritätenliste, tritt aber im praktischen Handeln des einzelnen sehr in den Hintergrund. Rationelle Energienutzung steht nicht wie das "zarte Pflänzchen" Solarenergie im Rampenlicht öffentlichen Wohlwollens, sondern vegetiert als Mauerblümchen dahin, dem das derzeitige Energiepreisniveau den Garaus zu machen droht. Die meisten wirklich nutzbringenden Aktivitäten bei der rationellen Energienutzung sind ungleich weniger spektakulär als die Solartechniken. Vor allem sind sie machtpolitisch kaum nutzbar. Deshalb fehlt es an engagierten Rufern. Die wenigen, die die fundamentale Bedeutung kennen oder spüren, die wissen oder ahnen, welches Potential hier aktivierbar wäre, wenn sich die wirtschaftlichen Voraussetzungen ändern oder ökologische Zwänge zu rasch wirkendem Handeln zwingen, werden kaum gehört.

Alle technischen und nichttechnischen Maßnahmen zum Energiehaushalten lassen sich mit Hilfe der drei Begriffe "Energiesparen", "Rationeller Energieeinsatz" und "Substitution von Energieträgern" umreißen:

- Mit Energiesparen verbinden sich alle Maßnahmen, die mit oder ohne Komfortverzicht bzw. mit oder ohne Einschränkung bei Energiedienstleistungen eine Verbrauchsminderung zur Folge haben. Erreicht werden kann diese Verringerung des Energieverbrauchs durch ein Senken der Qualität, der Quantität und der Vielfalt des Güter- und Dienstleistungsangebotes sowie technischer Verbesserungen. Beispiele sind Senken der Raumtemperaturen, vermindertes Beleuchtungsniveau, Übergang von Individual- zum Massenverkehrsmittel und anderes mehr. Dabei ist es schwer, eine klare Trennungslinie zwischen solchen Maßnahmen zu ziehen, die einen echten Verzicht bedeuten und solchen, die durch nichtenergietechnische Maßnahmen in ihren Wirkungen ausgeglichen werden können.

- Rationelle Energienutzung umfaßt alle Aktivitäten zur Gewährleistung einer effizienten Energieverwendung. Der Energieeinsatz wird unter energetischen, ökonomischen, ökologischen und sozialen Aspekten minimiert. Im Grundsatz gibt es vier Möglichkeiten, durch rationellere Energienutzung den spezifischen Energieverbrauch zu reduzieren, nämlich:

- Vermeiden unnötigen Verbrauchs,

- Senken des spezifischen Nutzenergiebedarfs,

- Verbessern der Wirkungs- und Nutzungsgrade und

- Energierückgewinnung.

Rationelle Energienutzung kann allerdings auch zu erhöhtem spezifischem Mehrverbrauch führen, wenn er durch zusätzliche Energiedienstleistungen für

- das Humanisieren der Arbeitswelt,

- den Umweltschutz und

- die Gesamtoptimierung eines umweltschonenden Einsatzes von Arbeit, Material, Bodenfläche und Energie

verursacht wird.

- Substitution von Energieträgern, von Energiequellen und von Nutzenergiearten gehört ebenfalls zum Bereich des Energiehaushaltens. Substitution von Brennstoffen untereinander bedeutet in der Regel den Wechsel von festen zu flüssigen und gasförmigen Brennstoffen, was neben einer umweltgünstigeren Energieumsetzung zu besseren Nutzungsgraden führt.

Gute, intelligente energietechnische Systeme sind ein unerläßliches Hilfsmittel auf dem Wege zu einer rationelleren Energienutzung. Die mit ihnen gegebenen Möglichkeiten können jedoch nur wirksam werden, wenn jeder einzelne die Anlagen und Geräte intelligent nutzt. Mancher mit viel Kreativität und Ingenium geschaffene energietechnische Fortschritt wird kompensiert und konterkariert durch Unkenntnis und fehlende Motivation der einzelnen Nutzer und Betreiber.

Dem Einsparen von Energie und den realisierbaren Einsparraten sind Grenzen gesetzt, deren Quantifizierung oft nur unter bestimmten Randbedingungen und nur näherungsweise möglich ist. Derartige Begrenzungen sind z.T. physikalisch und technisch bedingt; hinzu kommen noch Begrenzungen ökonomischer, ökologischer und sozialer Art.

Der Forderung nach haushälterischer Energienutzung steht zudem das Problem der expandierenden menschlichen Bedürfniswelt gegenüber, ein Problem der Moderne, das unlösbar verknüpft mit den sowohl technisch als auch ökonomisch immer anspruchsvoller gewordenen Formen und Zielsetzungen unserer Industriekultur ist. Frühere Kultursysteme präsentierten sich als in der Regel durchaus konsistente, langlebige Gebilde, die ihrerseits stabilisierend auf das menschliche Bedürfnis- und Antriebsfeld zurückwirkten. Dagegen tritt mit der heutigen Industriekultur die Produktion als eigenständige Größe zwischen Bedürfnis und Bedürfnisbefriedigung. Wurde vorher auf Abruf und Bestellung produziert, so jetzt auf ein offenes Feld sich immer neu auftuender Bedürfnischancen hin.

In vielen Bereichen der Energiedienstleistungen - sei es das Beleuchten, die Raumheizung, das Waschen oder der Personenverkehr - wird der technische Fortschritt zum Teil kompensiert; durch die steigenden Bedürfnisse allerdings oft auch überkompensiert. So ist z.B. in den alten Bundesländern von 1960 bis 1987 der Endenergiebedarf für die Raumheizung pro qm beheizte Wohnfläche auf rd. 65 % gesunken; der Bedarf pro Kopf ist aber auf rd. 170 % gestiegen, weil die spezifische Wohnfläche auf 190 % gewachsen ist und der Anteil der beheizten Wohnfläche zunahm.

Steigende Ansprüche an Menge und Zahl von Energiedienstleistungen werden die energiewirtschaftliche Entwicklung in den neuen Bundesländern entscheidend mitprägen.

Vergleicht man die Analysen des Endenergieverbrauchs nach Sektoren und nach Anwendungsarten im Jahr 1988, stellt man eklatante Unterschiede fest. Die Anteile des Kraftbedarfs und dazu auch die des Verkehrs lagen in der DDR fast um die Hälfte niedriger, die der Raumheizung und der Prozeßwärme um rd. ein Drittel höher.

Beim Güterverkehr lagen die einwohnerbezogenen Werte mit rd. 4.500 t/km wohl in der gleichen Größe, jedoch dominierte in der DDR der Bahntransport. Das wird sich drastisch ändern, weil zum einem der Braunkohlentransport stark sinken und zum anderen der Anteil des Straßentransports steigen wird. Im Personenverkehr lag die DDR mit 7900 Pers. km/a deutlich unter der BRD mit 10500 Pers.km/a und der spezifische Kraftstoffverbrauch der Pkw ebenso. Da der Pkw-Mix sich drastisch zu wohl moderneren aber auch leistungsstärkeren Fahrzeugen verschiebt, die Fahrleistungen und auch die Durchschnittsgeschwindigkeiten steigen, wird der Endenergieverbrauch im Verkehr deutlich steigen und anteilig ähnliche Bedeutung erlangen wie in den alten Bundesländern.

Im Raumheizungsbereich lag die DDR 1988 mit rd. 280 kWh/qm.a gegenüber 190 kWh/qm.a in der BRD deutlich schlechter. Die Gründe waren

- der hohe Anteil von Festbrennstoff-, vorwiegend Braunkohleheizungen (48 % Einzelöfen; 15 % Zentralheizungen, 25 % Fernwärme nur knapp 10 % Gaseinzelheizungen und 2 % Elektroheizungen),

- die unzureichende, oft - insbesondere bei fernwärmeversorgten Objekten - fehlende Regelung oder Steuerung,

- die unzureichende Wärmedämmung sowohl der Gebäude als auch der Wärmetransport- und -verteilungssysteme und

- die Preisstellungen für die Heizenergie, die bei Bruchteilen der Kosten lag.

Beim wärmetechnischen Stand der Bauten und der technischen Gestaltung der Heizanlagen werden sich bald signifikante Fortschritte realisieren lassen. Damit wird sich der Heizungsbedarf je qm beheizter Wohnfläche reduzieren. Zugleich wird jedoch mit steigendem Heizkomfort der Anteil der beheizten Wohnfläche sowie die Dauer der Beheizung zunehmen. Insgesamt ist langfristig nicht mit wesentlichen Änderungen des Endenergiebedarfs für Raumheizung zu rechnen.

Es gibt sicher nicht den einen Weg zum energetischen Heil und es ist dringend vor monolithischen Lösungen zu warnen. Alle realistischen Wege sollten parallel so begangen werden, daß ihre jeweiligen Vorteile möglichst ausgenutzt und ihre jeweiligen Nachteile möglichst vermieden werden.

Vor allem wird entscheidend sein, energiebewußtes, physikalisch richtiges Handeln des Einzelnen zu erreichen und das Bewußtsein für die Bedeutung derartigen Handelns wachzuhalten. Die dafür notwendige Aufklärung über die grundlegenden energietechnischen Sachverhalte kann zudem den Bürger vor falschen Erwartungen und Fehlentscheidungen schützen. Sie versetzt ihn in die Lage, Vorschläge und Strategien zu Energiefragen hinreichend beurteilen zu können. Eine derartige Aufklärung täte auch Politikern, Ministerien und Behörden oft gut.

Rationellere Energieanwendung trägt wesentlich zur Minderung der energiebedingten CO_2-Emissionen bei, kann jedoch das Problem nicht alleine lösen, weil die Energietechnik nur eine der einzubeziehenden Dimensionen ist. Zum anderen sind die CO_2-Emissionen nur einer der Gründe, aus denen sich die Forderung nach haushälterischem Energieeinsatz zwingend stellen.

Bundespräsident von Weizsäcker stellt zu Recht fest, daß Parteien und Politiker dazu neigen, anstelle des möglichst optimalen Lösens von Fragen, Probleme zu Instrumenten des Machtkampfes zu degradieren. Eine neue "Energiekultur", die jedem einzelnen Bürger zu eigen werden müßte, läßt sich aber erst dann vermitteln, wenn das nicht mehr gilt.

Rahmenkonzept für die künftige Energieversorgung im Osten Deutschlands

von Felix Zimmermann,
Geschäftsführendes Präsidialmitglied des Verbandes kommunaler Unternehmen e.V.(VKU)

I. Ausgangslage

Der Bankrott des planwirtschaftlichen Systems in der DDR ist in kaum einem anderen Wirtschaftsbereich so offenbar geworden wie in der Energiewirtschaft. Hohe Energiekosten, hoher Verbrauch und gravierende Umweltschäden, das sind die Ergebnisse einer auf Autarkie ausgerichteten sozialistischen Energiepolitik.
Wurden in der ehemaligen DDR 1990 nur 40 % des westdeutschen Bruttosozialprodukts je Kopf erwirtschaftet, so lag der Energieverbrauch je Kopf um 20 % höher, der Stromverbrauch etwa gleich hoch. Die CO_2-Emissionen sind im Osten doppelt so hoch, die Schwefeldioxid-Emissionen sogar 10 mal so hoch wie im Westen.

II. Die Aufgabe

Der Aufbau einer leistungsfähigen Infrastruktur ist eine entscheidende Voraussetzung für den wirtschaftlichen Aufschwung in den neuen Bundesländern und damit für die Integration. Die Energieversorgung spielt in diesem Zusammenhang eine herausragende Rolle. Es muß also rasch und entschieden gehandelt werden. Das System der zentralen Planung und Lenkung muß abgelöst werden durch marktwirtschaftliche Steuerungsmechanismen. Dazu kommt die Privatisierung der staatlichen Monopolunternehmen auf der Grundlage einer privatrechtlichen Unternehmensverfassung. Eine weitgehende Dezentralisierung sorgt für Wettbewerb in einem Wirtschaftszweig, der in der marktwirtschaftlichen Wettbewerbsordnung eine Sonderstellung einnimmt. Eine rasche Sanierung der Unternehmen ist notwendig. Schließlich muß die einseitige Ausrichtung auf Braunkohle als Primärenergie überwunden werden. Offene Märkte werden zu einem Anstieg des Erdgas- und Mineralölanteils an der Energieversorgung führen.

1. Marktwirtschaftliche Steuerungsmechanismen:
Die entscheidende Steuerungsaufgabe des Marktes ist die Produktion von Informationen. Preise signalisieren den Unternehmen Gewinn und Verlust und den Verbrauchern Nutzenzuwachs und Nutzenentgang. Dieses Informationssystem existierte in der DDR nicht. Die Verbraucher zahlten für Energie Pfennigbeträge und zwar pauschal mit der Miete. Allein 1990 beliefen sich die Energiepreis-Subventionen für private Haushalte auf 11 Milliarden Mark. Weil Kosten keine Rolle spielten, Sozial- und Umweltkosten eingeschlossen, konnte es auch zu den gravierenden Fehlentwicklungen im Energieträgerbereich kommen. Der Bundesregierung ist daher zuzustimmen, wenn sie es im Entwurf für das neue Energieprogramm als die wichtigste Aufgabe des Staates bezeichnet, die Funktionsfähigkeit des Wettbewerbs und des Preismechanismus zu stärken. Ein Anfang ist gemacht mit der Aufhebung der Subventionen für Strom, Gas und andere Heizenergien - Fernwärme ausgenommen. Trotz der Wohngeldregelung fällt den Menschen in den neuen Bundesländern die Umstellung nicht leicht.
Die damit verbundenen Probleme sind für kommunale Unternehmen die gleichen wie für andere Versorgungsunternehmen.

2. Dezentralisierung:
Wie in jeder entwickelten Wirtschaft westlichen Typs ist auch in der Bundesrepublik Deutschland der Wettbewerb eingeschränkt durch Abgrenzung und Schutz der Versorgungsgebiete. Die Konzessionen sind jedoch zeitlich begrenzt, mittlerweile auf 20 Jahre, so daß die Versorgungsunternehmen im vergleichenden Wettbewerb bestehen müssen. Hinzu kommt der Substitutionswettbewerb auf dem Wärmemarkt. Doch anders als in den übrigen europäischen Ländern ist die Energiewirtschaft in der Bundesrepublik Deutschland nicht über ein staatliches oder halbstaatliches Monopol organisiert. Eine Vielfalt von Unternehmen in öffentlicher, halböffentlicher oder privater Trägerschaft wirkt einer Machtzusammenballung und einem Machtmißbrauch entgegen. Die Dezentralisierung von Entscheidungen ist unabdingbar für den Übergang von der Planwirtschaft zur Marktwirtschaft. Deshalb ist es richtig, wenn die Kommunen in den neuen Bundesländern Verantwortung für die Regelung der Energieversorgung übernehmen. Dazu gehört auch, daß sie in Fällen, in denen es wirtschaftlich sinnvoll erscheint, eigene Stadtwerke gründen können. Durch Stromverträge und Einigungsvertrag sind die Ansprüche der Städte und Gemeinden auf 49 % der Anteile an den regionalen Versorgungsunternehmen verkürzt worden. Mehr als 160 Kommunen haben dagegen Klage vor dem Bundesverfassungsgericht erhoben. Die 49 %-Regelung hat zahlreiche Städte aber nicht davon abhalten können, Stadtwerke zu gründen. Derzeit gehören 33 Stadtwerke aus den neuen Bundesländern zu den Mitgliedern des VKU. Bei den 36 korrespondierenden Mitgliedern handelt es sich um solche Städte, die beabsichtigen, Stadtwerke zu gründen. Die meisten Kommunen streben für ihre Stadtwerke Beteiligungslösungen an. Die Übernahme der kommunalen Gasversorgung durch solche Beteiligungsgesellschaften macht gute Fortschritte. Schwieriger gestalten sich bislang noch die Verhandlungen im Strombereich. Dagegen ist die Fernwärmeversorgung den Kommunen

fast automatisch zugefallen: mit der Überführung der Wohnungsbaugesellschaften - die häufig mit der Fernwärmeversorgung gekoppelt waren - in städtisches Eigentum.

3. Diversifizierung der Energieträgerstruktur

Zu rd. 70 % deckte die DDR ihren Primärenergiebedarf mit der heimischen Braunkohle. Bereits 1990 ist die Förderung von 300 Millionen Tonnen im Vorjahr auf 250 Millionen Tonnen gefallen. Für die nächsten Jahre wird mit einem weiteren Rückgang auf ca. 150 Millionen Tonnen gerechnet. Der Bundeswirtschaftsminister hat in seinem Energieprogramm ausdrücklich eine Vorgabe fester Quoten für die Einzelenergieträger abgelehnt. Offene Märkte seien die beste Voraussetzung für eine ausgewogene Energieträgerstruktur, auch in den neuen Bundesländern.

Damit stimmen wir grundsätzlich überein. Unter Berücksichtigung energiepolitischer Zielsetzungen müssen die kommunalen Unternehmen zwischen den verschiedenen Energieträgern frei wählen können, zwischen Braunkohle, deutscher und ausländischer Steinkohle, Gas, Öl, regenerativen Energiequellen und - was wünschenswert wäre - auch Kernenergie.

4. Die Sanierung der Energiewirtschaft

Der Wirkungsgrad in der Stromerzeugung ist in den neuen Bundesländern um ein Fünftel geringer als in den alten. Nahezu keines der Großkraftwerke verfügt über Entstickungs- oder Entschwefelungsanlagen. Die Gasversorgung ist auf einem sehr niedrigen Niveau stehen geblieben. Die Sanierung der Energiewirtschaft stellt besonders die regionalen und die Verbundunternehmen der Elektrizitätswirtschaft sowie die großen Gasgesellschaften vor riesige Aufgaben. Dies darf jedoch nicht zu einem Todschlagargument gegenüber einer Dezentralisierung gemacht werden. Die Chancen für einen Umbau der Energieversorgung, die sich jetzt bieten, dürfen nicht vertan werden. Die Nutzung lokaler und regionaler Energiepotentiale, seien es regenerative Energiequellen, sei es der in Kraft-Wärme-Kopplung erzeugte Strom, stellt eine sinnvolle Ergänzung dar zur Stromerzeugung in Großkraftwerken. Weil der VKU beides will und, weil wir die notwendigen Investitionen nicht verzögern wollten, haben wir uns frühzeitig um einen Ausgleich mit den Energiekonzernen bemüht, trotz Stromvertrag und Einigungsvertrag. Im Frühjahr diesen Jahres konnte eine Grundsatzverständigung mit den Energiekonzernen und der Treuhand über die Rolle von Stadtwerken erzielt werden. Der VKU hat den Städten empfohlen, Kompromisse zu machen und Beteiligungen regionaler oder überregionaler Unternehmen an den Stadtwerken zuzulassen. Diese Grundsatzverständigung ist im August bestätigt und in einem Punkt präzisiert worden. Treuhand und Energiekonzerne schließen jetzt auch eine Mehrheitsbeteiligung der Kommune an den Stadtwerken nicht mehr aus. Außerdem wurde eine Clearingstelle gebildet, die in strittigen Fällen vermitteln soll.

5. Umstrukturierung des Wärmemarkts

Mit einem Anteil von 80 % ist die Braunkohle dominierend auf dem Wärmemarkt. Unter Wettbewerbsbedingungen wird dieser Anteil in den nächsten Jahren schrumpfen zugunsten von Öl und Gas. Die Braunkohle wird entweder in Haushalten oder in Heizkraftwerken für die Fernwärmeversorgung verfeuert. Rd. 24 % der Haushalte in den neuen Bundesländern sind an Fernwärmenetze angeschlossen, in den alten Bundesländern nur 9 %. Darin liegt eine große Chance, denn durch Umstellung auf Kraft-Wärme-Kopplung könnten große Einsparpotentiale mobilisiert werden. Unter marktwirtschaftlichen Bedingungen ist es jedoch unumgänglich, die sanierungsbedürftigen Netze zu straffen und die Versorgung auf bestimmte Gebiete zu beschränken. Eine Optimierung der Wärmeversorgung unter wirtschaftlichen und unter Umweltgesichtspunkten, aber auch generell eine Optimierung der Energieversorgung läßt sich am besten auf kommunaler Ebene erreichen.

Als Instrument einer solchen Planung haben sich kommunale Energieversorgungskonzepte bewährt. Die meisten Kommunen in den neuen Bundesländern haben bereits ein Energieversorgungskonzept in Auftrag gegeben.

III. Fazit

Die kommunale Versorgungswirtschaft kann wesentlich dazu beitragen, die Energieversorgung in den neuen Bundesländern sicher, kostengünstig und umweltverträglich zu gestalten. Wir halten jedoch daran fest, daß die von mir beschriebenen Aufgaben nur gemeinsam von allen Beteiligten gelöst werden können.

Rahmenkonzept für die künftige Energieversorgung im Osten Deutschlands

von Franz Josef Schmitt,
Vorsitzender des Vorstands der RWE Essen AG

Seit der Vereinigung der beiden deutschen Staaten gelten im neuen Bundesgebiet weitestgehend die rechtlichen und wirtschaftlichen Rahmenbedingungen der früheren Bundesrepublik. Dies gilt auch für die Energiewirtschaft.
Ich erwarte daher, daß sich die Struktur der Energieversorgung in den fünf neuen Bundesländern bereits mittelfristig der westdeutschen angleichen wird. Die Voraussetzungen für eine solche Entwicklung sind durch die Übernahme einer stabilen und jahrzehntelang bewährten Wirtschaftsverfassung gegeben.

Im Bereich der Primärenergieträger wird die gegenwärtige Dominanz der Braunkohle aufgrund der Verringerung der bisherigen Einsatzfelder zurückgehen. Zu nennen sind hier insbesondere der Verstromungsbereich, die Chemiesparte und der Hausbrand. Aufgrund ihrer Verfügbarkeit und ihres günstigen Preises wird sie jedoch auch künftig eine wichtige Rolle spielen. Ein mittelfristiger Anteil von ca. 40 % - gegenüber zur Zeit etwa 70 % - erscheint durchaus realistisch.

Die Steinkohle, die mit rd. 6 % bisher nur eine relativ geringe Rolle gespielt hat, wird dagegen aufgrund einer Verdoppelung oder sogar Verdreifachung ihres Anteils bis zum Jahre 2010 an Bedeutung gewinnen. Es war eine richtige Entscheidung, das bis 1995 vereinbarte westdeutsche Regelungssystem zur Steinkohlesubventionierung über den Kohlepfennig nicht auf das neue Bundesgebiet auszudehnen. Damit sind die Voraussetzungen für einen kostengünstigen Importkohleeinsatz geschaffen. Es werden bereits die Voraussetzungen für den Bau mehrerer Steinkohlekraftwerke in vorteilhafter Lage an der Küste oder an Wasserwegen geschaffen, ein Block ist im Bau.

Auch die Marktanteile am Primärenergieverbrauch von Erdgas und Erdöl werden sich erhöhen. Eine Verdopplung des Erdölanteils von derzeit etwa 20 % auf ca. 40 % bis 2010 erscheint durchaus realistisch. Besonders die erhebliche Zunahme der Pkw-Zahlen, die weitgehende Verlagerung des Ferntransportes auf Lkw, die Ersetzung der Karbochemie durch die Petrochemie sowie die Erschließung des Haushaltswärmemarktes werden zu diesem Zuwachs führen. Der Verbrauch an Erdgas wird sich voraussichtlich von gegenwärtig rd. 9 % auf ca. 25 % im Jahre 2010 nahezu verdreifachen. Der Bedeutungszuwachs des Erdgases wird im wesentlichen im Bereich des Wärmemarktes stattfinden und hier zu Lasten von Stadtgas, von Einzelfeuerungen auf Braunkohlebasis und auch der Fernwärme gehen. Der gegenwärtige Fernwärmeanteil am Wärmemarkt von ca. 25 % wird auf Dauer nicht haltbar sein. Trotz des erheblichen Sanierungsbedarfs - wir gehen für die drei Regionalunternehmen, für die wir verantwortlich sind, allein bis 1996 von einem Fernwärmeinvestitionsbedarf zwischen 2 und 3 Mrd. DM aus - ist unser Unternehmen bereit, überall dort, wo es wirtschaftlich sinnvoll ist, die Fernwärmeversorgung, insbesondere im Wege der Kraft-Wärme-Kopplung, zu erhalten.

Nicht aus dem Auge verlieren sollten wir auch die Kernenergie. Als CO_2-freier Energieträger wird sie im Hinblick auf die sich abzeichnende Klimaproblematik wieder an Bedeutung gewinnen. Ich bin sicher, daß die Kernenergie bei entsprechender Überzeugungsarbeit auch künftig in einem ausgewogenen Energiemix eine wichtige Rolle übernehmen kann. Es wäre nicht klug, in den neuen Bundesländern nicht wenigstens eine Standortsicherung vorzunehmen.

Die Bedeutung der regnerativen Energien war in der ehemaligen DDR verschwindend gering. Durch die Wiedervereinigung ist die gesamtdeutsche Primärenergieträgerstruktur allerdings durch die Erdwärmepotentiale im Nord-Osten erweitert worden. Aus technischen wirtschaftlichen Gründen werden regenerative Energieformen jedoch mittelfristig nur in begrenztem Maße ausgebaut werden und daher auf absehbare Zeit auch nur eine untergeordnete Rolle in der Primärenergieträgerstruktur übernehmen können.

Das war die Primärenergiestruktur. Und nun zur Stromerzeugung. Hier wird auch in Zukunft die Braunkohle, insbesondere aus der Lausitz, der zentrale Primärenergieträger bleiben. Daneben wird Steinkohlestrom auf Importkohlebasis an Bedeutung gewinnen. Erdgas wird ebenfalls verstärkt zur Stromerzeugung herangezogen werden und zwar insbesondere dort, wo Strom- und Wärmeerzeugung miteinander gekoppelt sind und bei der Rückführung von Braunkohleanteilen der Wärmebedarf gesichert werden muß. Die Kernenergie wird für die Stromerzeugung in Ostdeutschland zunächst keine Rolle spielen können, sollte als Option jedoch offengehalten werden für einen Zeitpunkt, in dem ein dauerhafter Konsens in Politik und Gesellschaft über die Nutzung der Kernenergie erzielt ist. Die regnerativen Energieformen werden für die ostdeutsche Stromversorgung ebenso wie im Westen nur eine Bedeutung am Rande haben.

Ebenso wie die Struktur der Primärenergieträger und der Stromerzeugung werden sich auch die organisatorische und methodische Gestaltung der Stromwirtschaft in Ostdeutschland den westdeutschen Strukturen angleichen. Das heißt:

- es wird sich eine grobe Dreiteilung in Verbund-, Regional-und Ortsebene entwickeln;

- es wird ein Nebeneinander von privaten und, insbesondere auf örtlicher Ebene, öffentlichen Unternehmen zu finden sein und

- es wird eine wirtschaftlich sinnvolle und ausgewogene Mischung von großen und kleinen Einheiten zur Stromerzeugung aufgebaut werden.

Eine starke Verbundebene für Stromtransport ist schon aus Gründen der Versorgungssicherheit unumgänglich. Aus wirtschaftlichen Gründen wird man dieser Ebene auch den Großteil - vorgesehen sind mindestens 70 % - der Stromerzeugung zuordnen müssen. Ebenfalls aus wirtschaftlichen Gründen wird die Erzeugung in großen Einheiten zu erfolgen haben. Die Bedeutung von Großkraftwerken für die Stromerzeugung wird an folgenden, hypothetischen Beispielen deutlich:

Selbst wenn man den Wärmebedarf in ganz Deutschland mit kleinen, in Kraft-Wärme-Koppelung betriebenen Kraftwerken abdecken würde, müßten noch immer rd. 70 % des Strombedarfs in Großkraftwerken erzeugt werden. Wo es wirtschaftlich vernünftig ist, soll selbstverständlich Fernwärmeerzeugung im Wege der Kraft-Wärme-Koppelung erfolgen.
Die vorgesehene umfängliche Verstromung von Braunkohle, der einzigen international konkurrenzfähigen deutschen Primärenergie, in Großkraftwerken wird auch einen wichtigen Beitrag zur Sicherung der ostdeutschen Braunkohlenwirtschaft leisten, an der Ende des Jahres immerhin noch rd. 70.000 Arbeitsplätze hängen. Sie besitzt daher eine erhebliche sozial- und arbeitsmarktpolitische Bedeutung. Sehr wichtig ist auch, daß bei einem lebenden Bergbau die in der Vergangenheit versäumten und aus ökologischer Sicht erforderlichen Rekultivierungsmaßnahmen am besten durchgeführt werden können; denn dazu sind gigantische Bodenbewegungen notwendig. Eine wirtschaftliche Braunkohleförderung und -verstromung setzt allerdings, darauf muß deutlich hingewiesen werden, eine Trennung von der

Lösung des Altlastenproblems voraus und ist auch nur möglich, wenn keine Sonderbelastungen aus einer Abfallabgabe oder aus einer überzogenen oder gar nur nationalen CO_2-Abgabe entstehen.
Lassen Sie mich das noch einmal unterstreichen: die Einbeziehung der Kraftwerksasche oder des Gipses aus der Entschwefelung der Kraftwerke in die Abfallabgabe ist durch nichts gerechtfertigt, zumal diese Rückstände in Form eines Stabilisats zur Rekultivierung der Tagebaue eingesetzt werden. Eine CO2-Abgabe ist überflüssig und ohne Klimaeffekt kostentreibend, weil die Elektrizitätswirtschaft ihren Beitrag zum Erreichen der Klimaschutzziele auf einer realistischen Zeitachse ohnehin durch eine neue Kraftwerkstechnik leisten wird.

Für die Stromverteilung sind in erster Linie die in Aktiengesellschaften umgewandelten Regionalgesellschaften vorgesehen. An diesen Gesellschaften sollen aufgrund der gesetzlichen Regelungen die Kommunen einen Anteilsbesitz bis zu 49 % erhalten. Daneben wird es kommunale Versorgungsunternehmen geben. Wir befürworten die Gründung von Stadtwerken dort, wo sie sinnvoll sind und bieten den Kommunen in diesen Fällen ein kooperatives Zusammengehen an. Beteiligungsverhältnisse sind dabei bei fairem Ausgleich von Chancen und Risiken gestaltbar. Im Rahmen von Gemeinschaftsunternehmen können wir unsere Finanzkraft und unser Know-how zum Nutzen aller Beteiligten einbringen.
Wir sind trotz der anhängigen Kommunalverfassungsbeschwerden bemüht, die insoweit bereits angebahnten Kooperationen fortzuentwickeln. Das mit den Verfassungsbeschwerden verfolgte elektrizitätswirtschaftliche Konzept, soweit ein solches überhaupt zugrunde liegt, widerspricht den Vorstellungen des Einigungsvertragsgesetzgebers. Seine Absicht war es, in Ostdeutschland möglichst rasch die bewährte Struktur der westdeutschen Elektrizitätswirtschaft in installieren.
Demgegenüber beabsichtigen die beschwerdeführenden Kommunen, unterhalb der Verbundebene eine völlig andere, rein kommunal dominierte Struktur herzustellen. Diese Zielsetzung ist jedoch im Hinblick auf den Aufbau einer leistungsfähigen und wirtschaftlichen Verbundebene kontraproduktiv. Es können keine umfänglichen Erzeugungskapazitäten errichtet werden, wenn keinerlei absatzsichernde Verzahnung mit der Verteilerebene besteht. Demzufolge wären bei einer rein kommunalorientierten Versorgungsstruktur die sehr hohen geplanten Investitionen in neue Kraftwerke auf Verbundebene und im Braunkohletagebau zu überdenken.

Die Ausdehnung der Geschäftstätigkeit westdeutscher Verbundunternehmen in die fünf neuen Bundesländer war, wie sich zunehmend zeigt, nur ein erster Schritt in eine umfassendere Marktausweitung. Sowohl die bevorstehende Herstellung des europäischen Binnenmarktes für Energie als auch die Öffnung der mittel- und osteuropäischen Staaten geben die Möglichkeit zu einem stärkeren Engagement im Ausland und damit zu wachsender Internationalisierung. Zumindest die großen der Branche beschäftigen sich damit, im Ausland sowohl im Stromhandel als auch bei der Stromerzeugung aktiv zu werden. Wegen der schwer einzuschätzenden wirtschaftlichen Entwicklung und des noch unklaren wirtschaftlichen und rechtlichen Ordnungsrahmens in den mittel- und osteuropäischen Staaten sind die ersten Schritte noch tastend und sondierend. Immerhin gilt jedoch eines: die Aufgaben sind sehr groß - und wir sind willkommen.
Die durch die Wiedervereinigung und die Internationalisierung der europäischen Wirtschaft bewirkte Umbruchsituation erfordert von politischer Seite die Anpassung des bestehenden Ordnungsrahmens. Soweit es um den Wirkungsbereich der europäischen Gemeinschaft geht, wird dieser maßgeblich in Brüssel bestimmt. Die jüngsten energiewirtschaftlichen Gestaltungsansätze der EG geben Anlaß, darauf zu achten, daß von der EG unter der Überschrift Liberalisierung des Energiemarktes nicht nationalstaatliche Reglementierung durch EG-weite Regelungsinstrumentarien ersetzt wird. Ungeachtet der grundlegenden Kompetenz der europäischen Gemeinschaft ist es sehr wichtig, eine deutsche Position in die europäische Willensbildung einzubringen. Außerdem ist es für Investitionsbereitschaft und Investitionssicherheit unverzichtbar, daß es bald zu einem aussagekräftigen und widerspruchsfreien Gesamtenergiekonzept für die deutsche Bundesrepublik kommt. Wegen der

Langfristigkeit des Energiegeschäfts ist ein dauerhafter politischer Konsens über dessen grundlegenden Rahmen notwendig.

Nach dieser kurzen Einbindung in einen größeren Zusammenhang möchte ich mit einer Schlußbemerkung wieder zum Ausgangsthema "neue Bundesländer" zurückkehren.
Die Konzepte für eine wirtschaftlich und ökologisch orientierte Energiewirtschaft in diesen Ländern liegen vor. Das Know-how und die finanziellen Ressourcen sind vorhanden. Im Interesse einer sehr langfristigen Marktausweitung sind die Verbundunternehmen aus der alten Bundesrepublik bereit, in den neuen Bundesländern eine längere ertragslose oder äußerst ertragsschwache Zeit hinzunehmen, wenn die Richtung auch unter Ertragsgesichtspunkten letztlich stimmt. Da auf allen Ebenen die Planungsarbeit mit Nachdruck betrieben worden ist und der Know-how-Fluß in Richtung Osten schon kurz nach der Wende in Gang gesetzt wurde, ist zur Stunde noch nicht viel versäumt. Große Versäumnisse können jedoch bald eintreten, wenn es nun nicht kurzfristig zu Klarheit in den streitigen Fragen kommt, wenn anstelle von Mißtrauen nicht bald Vertrauen wächst.
Dazu müssen insbesondere auch die einen Beitrag leisten, die in der zurückliegenden Zeit aus wohlgeordneter westlicher Position pausenlos Ratschläge in Richtung Osten erteilt haben, die dort zu Unsicherheit, Mißtrauen, Utopien und Ratlosigkeit geführt haben. Nicht Konfrontation, sondern Kooperation ist das Gebot der Stunde.

Positionspapier zur Gründung einer kommunalen Eigengesellschaft als zukünftiger Träger der Stadtwerke

Dr. Ralf Reinsperger,
Technische Werke Dresden GmbH

Dr. Czerney,
Erster Bürgermeister und Dezernent für Kommunale Dienste (Referent)

1. Vorstellungen zur Energieversorgung in Sachsen

Die sich abzeichnende Struktur der Energieversorgung in Sachsen müßte aus Sicht der Staatsregierung neu überdacht werden.

Alle richtungsweisenden Maßnahmen und Vertragsabschlüsse der letzten Monate in der Energiewirtschaft sind ohne konkrete Einflußnahme der neuen Bundesländer erfolgt. Deren legitime Interessen, nicht zuletzt als künftiger Anteilseigner verschiedener Energieanlagen auf der Verbundnetzebene, konnten ebensowenig zur Geltung gebracht werden, wie auch die Kommunen mit den ihnen zustehenden Vermögensansprüchen und eigenständigen wirtschaftlichen Interesssen in der Wiederbelebung von Stadtwerken nicht in die Verhandlungen einbezogen wurden, trotz nachdrücklicher, wiederholter, schriftlicher Geltendmachung auch der Stadt Dresden.

Neben der Neuordnung der kommunalen und regionalen Strukturen in der Energieversorgung wären durch die sächsische Staatsregierung im Sinne einer drastischen Minderung der territorialen Umweltbelastungen Förderschwerpunkte auf dem Gebiet der Energieeinsparung und im Bereich alternativer Energiequellen zu setzen.

Mit Einführung der Länderverfassung auf dem Gebiet der ehemaligen DDR geht auch die Energieaufsicht nach dem Energiewirtschaftsgesetz auf die neuen Bundesländer über. Damit ist ihnen eine Einflußnahme auf die Preise und Investitionsvorhaben der ansässigen Energieversorgungsunternehmen möglich.

2. Grundvoraussetzungen für ein erfolgreiches Stadtwerkekonzept

Die Anlagen und Einrichtungen zur Versorgung des Stadtgebietes müssen ganz oder teilweise in das Eigentum der Stadt zurückgeführt werden. Der Besitz der erforderlichen Einrichtungen und Anlagen zur Versorgung des Stadtgebietes ist eine unabdingbare Voraussetzung für die Gründung von Stadtwerken.

Für den Betrieb der Anlagen und die Durchführung der erforderlichen Investitionsmaßnahmen muß das geeignete Fachpersonal vorhanden sein. Dies kann durch Übernahme oder Neueinstellung erfolgen.

Das Vermögen für die Ausstattung der Betriebe mit Eigenkapital und für spätere im Zuge der Investitionsmaßnahmen erforderlichen Kapitalerhöhungen muß aufgebracht werden können.

Die Ausstattung der städtischen Betriebe mit Eigenkapital, einschließlich der Finanzierung von Investitionsmaßnahmen, muß erfolgen durch:

- Einbringung des Eigentums an Anlagen

- Zuschüsse des Bundes und der Länder

- Kreditaufnahme mit Hilfe staatlicher bzw. kommunaler Bürgschaften

3. Ausgangssituation

Stromversorgung

Der Besitz an Stromerzeugungs- und -verteilungsanlagen ist in Form der Restitution möglich. Die Eigentumsregelung für das Heizkraftwerk Nossener Brücke ist noch offen.

Das Fachpersonal für den Betrieb von Stromerzeugungs- und -verteilungsanlagen ist bei der Stadt z.Z. nicht vorhanden.
Werden die von der Stadt beanspruchten Anlagen und Einrichtungen zurückgegeben, ist unklar, ob diese Rückgabe mit dem betriebsführenden Personal der ESAG erfolgen kann (analog Paragraph 613 a des BGB ist im Falle einer Anlagenübernahme auch das Fachpersonal zu übernehmen).

Eine Bewertung des Vermögens, das die von der Stadt Dresden beanspruchten Anlagen darstellen, liegt noch nicht vor. Die Höhe des u.U. in die Gründung von Stadtwerken einzubringenden Eigenkapitals kann daher nicht beziffert werden. Die erforderlichen Investitionen für die Sanierung und den Ausbau der Stromverteilungsanlagen sowie für den Aufbau einer Eigenversorgung werden voraussichtlich mehrere 100 Millionen DM betragen.

Die Voraussetzungen für die Gründung einer städtischen Stromversorgung sind gegeben. Positiv wirkt sich noch jetzt die Exisitenz und Bedeutung der ehemaligen DREWAG aus (Restitutionsanspruch). Insbesondere der ehemalige Mitbesitz des Pumpspeicherwerkes Niederwartha fördert die obige Ansicht.

Die von der Stadt Dresden am 12.12.90 mit EVS/HEW und ESAG unterzeichnete Absichtserklärung hat in den letzten Monaten einige Modifizierungen erfahren, die weitere Verhandlungen mit den o.g. Partnern notwendig machen. Die Stadt und die Technische Werke Dresden GmbH verfolgen im wesentlichen die Ziele:

1. maximale Eigenstromerzeugung in der Stadt Dresden

2. Erhalt und Verdichtung der Fernwärmeversorgungsgebiete

3. Erreichen eines kommunalen Eigentumanteils der zu gründenden Gesellschaft von 51 %

4. Laufzeitbegrenzung der Gesellschaft auf 15 Jahre

5. die Realisierung eines Querverbundes (Strom, Wärme, Wasser) sollte gemeinsam mit den Partnern eingehend untersucht werden

6. die Pacht- und Betriebsführungsverträge sollten in ihrer Gesellschaft so schnell wie möglich gesellschaftswirksam werden zu lassen.

Gasversorgung

Die Gasversorgung befindet sich wieder in städtischer Hand. Fördernd stand dieser Übernahme auch der Stromvertrag, welcher eine Herauslösung der Gaswirtschaft aus den ehemaligen Energiekombinaten festlegte, zur Seite. Fachpersonal für den Betrieb der Gasnetze ist bei der Stadt nicht ausreichend vorhanden. Mit der Rückübertragung des Eigentums der Kommune ist eine Übernahme des betriebsführenden Personals der ESAG zwingend notwendig. Es wurden 300 Personen übernommen.

Dies geschah mit Spaltung und Unterschrift der Technische Werke Dresden GmbH am 22.07.91. Verläßliche Angaben über den Vermögenswert der zum Teil sanierungsbedürftigen Anlagen und Systeme, die teilweise zusätzlich extrem überaltert sind, werden z.Z. in einer Studie erarbeitet.

Die Grundvoraussetzungen für den Aufbau einer städtischen Gasversorgung sind gegeben. Die Gasversorgung wird in den Querverbund der Stadtwerke als Spartengesellschaft integriert werden. Außerdem strebt die Stadt Dresden eine Beteiligung an der Verbundnetz-Gas AG (VNG) an. Die Größe dieses Anteils sollte bei 2,0 % - 2,5 % (= 20-25 Mio DM) liegen.

Die Betriebsführung wird noch bis zum 31.12.91 durch die ESAG/GESO gewährleistet. Nach dem 01.01.92 geht die Versorgung schrittweise auf die Stadt Dresden bzw. auf die Technische Werke Dresden GmbH über.

Zur Lösung dieser anspruchsvollen Aufgaben ist die Einschaltung kompetenter Partner unerläßlich. Die Stadt Dresden hat die Absicht, eine Gasversorgung gemeinsam mit GEW Köln und der Ruhrgas AG Essen aufzubauen. Die entsprechenden Verhandlungen sind gelaufen und lagen dem Stadtparlament am 14.11.91 zur Beschlußfassung vor.

Dresdner Wärmeversorgung GmbH

Die Dresdner Wärmeversorgung GmbH ist mit Wirkung vom 06.09.90 als eigenständige städtische Gesellschaft aus der Gebäudewirtschaft hervorgegangen. Diese Gesellschaft gehört momentan noch nicht in die Holding Technische Werke Dresden GmbH.

Kurzfristig ist vorgesehen, die DWV GmbH, die für dieses Jahr einen Gewinn von ca.
2 Mio DM realisieren will, in die Holding der Technische Werke Dresden GmbH einzubringen. Damit wäre z.B. eine Finanzierung des Aufbaus der Technische Werke Dresden GmbH denkbar. Eine entsprechende Entscheidung sollte so schnell wie möglich herbeigeführt werden.

Mittelfristig ist davon auszugehen, daß in Dresden ein einheitlicher Wärmemarkt existieren muß. Das macht eine Verschmelzung aller in Dresden tätigen Wärmeanbieter, im wesentlichen sind das die ESAG und die DWV, erforderlich. Für die Stadtseite ist es daher notwendig, Materialien zur Vorbereitung einer solchen Verschmelzung zu erarbeiten bzw. erarbeiten zu lassen. Mit dieser Aufgabe sollte die Technische Werke Dresden GmbH beauftragt werden.

Gegenwärtiger Stand bei der Übernahme des Vermögens der WAB Dresden GmbH

Auf der Grundlage des Beschlusses der Stadtverordnetenversammlung Dresden vom 07.02.91 wurde am 27.03.91 die Vereinigung der kommunalen Anteilseigner an der Wasserversorgung und Abwasserbehandlung Dresden GmbH e.V. mit dem Ziel gegründet, die Gesellschaftsanteile der WAB Dresden GmbH treuhänderisch für die Gemeinden des Regierungsbezirkes Ostsachsen von der Treuhandanstalt Berlin zu übernehmen und die Aufteilung des Vermögens auf die Gemeinden im Regierungsbezirk vorzunehmen.
Dabei wird das Ziel verfolgt, geeignete Strukturen der Wasserversorgung und Entwässerung zu schaffen, die die Erfüllung dieser Aufgaben als gemeindliche Selbstverwaltungsaufgabe garantieren.

Gegenwärtig wird dieses Anliegen mit mehr als 300 Gemeinden, die ca. 90 % der Einwohner des Regierungsbezirkes Ostsachsen vertreten, betrieben. Der Verein hat das Hauptziel, die Übergabe des Vermögens an Wasserversorgungs- und Abwasserentsorgungsanlagen an die Gemeinden bzw. an die von den Gemeinden gebildeten Aufgabenträger, wie z.B. Zweckverbände, Stadtwerke oder andere, zu realisieren.

Hierzu sollen Organisations- und Strukturkonzepte erarbeitet, die WAB Dresden GmbH entflochten und umgestaltet bzw. liquidiert werden, nachdem zunächst von der Treuhandanstalt Berlin die Gesellschaftsanteile an der WAB Dresden GmbH übernommen wurden.

Verkehrsbetriebe

- Das Angebot des öffentlichen Personenverkehrs ist eine kommunale Aufgabe und es liegt somit im Verantwortungsbereich der Stadt, dem Bürger eine echte Alternative zum Individualverkehr anzubieten.

- Langjährige Erfahrungen in anderen vergleichbaren Städten in Deutschland haben gezeigt, daß der Betrieb von öffentlichen Verkehrs- und Transportsystemen bei weitem nicht kostendeckend ist.

- Besitz an den Dresdener Verkehrsbetrieben in Form einer Beteiligung durch die Stadt ist nicht nur möglich, sondern eine vollständige Übernahme ist gezwungenermaßen notwendig, um die Aufrechterhaltung des öffentlichen Personennahverkehrs unter der gegenwärtigen Randbedingung zu gewährleisten. Dem trug auch die Entscheidung der Treuhand Rechnung.

- Fachpersonal für den Betrieb des Verkehrssystems ist mit den vorhandenen Mitarbeitern gegeben.

- Eine DM-Eröffnungsbilanz der Gesellschaft liegt vor (463 Mio DM). Der marode Zustand der Anlagen und die überholte Fahrzeugtechnik lassen jedoch den Schluß zu, daß erhebliche Investitionen nötig sind, um einen dem heutigen Standard des Personentransportes entsprechenden Stand zu erreichen.

Die Einbindung der Verkehrsbetriebe in eine Stadtwerkekonstruktion ist auf Grund der Verpflichtung der Städte, dem Bürger ein öffentliches Personentransportsystem anzubieten, folgerichtig; die zu erwartenden Defizite sind steuerwirksam auszugleichen.

4. Strukturmodell zur Bildung von Stadtwerken

Ein selbständiges Versorgungsunternehmen einer Stadt kann Einzelaufgaben wie die Strom-, Gas- oder Wasserversorgung in Form von Einzelbetrieben wahrnehmen oder als Querverbund-Unternehmen den gleichzeitigen Betrieb mehrerer leitungsgebundener Versorgungen übernehmen. D.h., die Aufgaben der Versorgung umfassen sowohl die leitungsgebundenen Energien Strom, Gas und Fernwärme als auch die Wasserversorgung und ggf. den öffentlichen Personennahverkehr.

Die meisten großen Kommunen realisieren diese Versorgungs- und Verkehrsaufgaben (öPNV) in der Rechtsform von städtischen Eigengesellschaften. Diese Stadtwerke als städtische Eigengesellschaft gestatten der Kommune eine erwerbswirtschaftliche Tätigkeit unter folgenden Gesichtspunkten:

a) Klare Trennung von Aufsicht und Geschäftsführung.

b) Unternehmensform ermöglicht an den wirtschaftlichen Notwendigkeiten orientiertes Handeln.

c) Bei der Umsetzung der Unternehmensziele - sichere, wirtschaftliche und ökologisch verträgliche Versorgung - stehen sachlich begründete Entscheidungen im Vordergrund.

d) Gegenüber dem Aufsichtsrat ist das Gesamtunternehmensergebnis zu vertreten. Der Aufsichtsrat ist außerdem zur laufenden Kontrolle der Geschäftsführung berechtigt und verpflichtet.

e) Handlungsspielraum für die Abwicklung wirtschaftlich nur schwer abschätzbarer Umweltmaßnahmen.

f) Diversifikation des Unternehmens in wirtschaftlich attraktive Technologien (Kommunikationstechnik, Vermarktung von technischem Know-how) ist möglich.

g) Andere Versorgungsunternehmen können am Unternehmen beteiligt werden. Dies erleichtert die Finanzierung von Vorhaben und entlastet die Stadt bei der Kapitalausstattung des Unternehmens.

Die Gründung der Stadtwerke Dresden mit allen erforderlichen Versorgungsaufgaben und dem Ziel einer möglichst großen Eigenständigkeit, die in eine solche Stadtwerksgründung einzubringen wären, ist gegenwärtig noch eingeschränkt durch

- offene Eigentumsfragen (Elt, Gas, Wasser)

- hohen Investitionsbedarf.

Aus diesem Grunde wird für die Gründung der Stadtwerke Dresden ein zweistufiges Modell vorgeschlagen. Dabei wird davon ausgegangen, daß bei stufenweisem Abbau der Einschränkungen, wie Lösung der Eigentumsfrage und Kapitalzufluß, ein nahtloser Übergang zu den Stadtwerken möglich ist.

1. "Technische Werke Dresden GmbH"

Mit dieser Gesellschaft kann die Stadt Dresden im Zusammenwirken mit ihren Eigengesellschaften und regionalen Unternehmen ihre Versorgungsaufgaben als Kommune erfüllen.

Damit wird der gegenwärtigen Ausgangssituation voll entsprochen und der Weg für die künftige Entwicklung unter Berücksichtigung der steuerrechtlichen Vorteile eines Querverbundes Rechnung getragen.

Vor allem wird dadurch die Phase ungeklärter Eigentumsansprüche progressiv überbrückt.

Aufgabengebiete der Technischen Werke Dresden GmbH :

1. Durchsetzung der Naturalrestitution der DREWAG sowie der Ansprüche laut Kommunalvermögensgesetz und Optimierung der Unternehmensstruktur.

2. Sicherung einer wirtschaftlichen und ökologisch verträglichen Versorgung der Bürger der Stadt, entsprechend des Kommunalgesetzes.

3. Zur Lösung der unter Pkt. 2 dargelegten Aufgabe sind die vertraglichen Beziehungen zur Herstellung des finanztechnischen und steuerrechtlichen vorteilhaften Querverbundes im Auftrag der Kommune mit den einzelnen Unternehmen herzustellen.

4. Durch die Beteiligungsgesellschaft sind die Voraussetzungen der Beteiligung der eigenen Unternehmen sowie anderer Unternehmen zu schaffen, um die Kommune bei der Finanzierung von Vorhaben mit dem entsprechend notwendigen Kapital auszustatten und wirtschaftlich attraktive Technologien in die Unternehmen einzubringen.

5. Konzeptionelle Arbeit zwischen Kommune und Unternehmen zur Entwicklung der Infrastruktur der Stadt Dresden auf der Grundlage der Stadtentwicklungskonzeption entsprechend der politischen und wirtschaftlichen Notwendigkeit

6. Koordinierung der Spartenunternehmen zur:

   - optimalen Erfüllung der kommunalen Versorgungsaufgaben
   - Durchsetzung der kommunalen Vorgaben
   - finanztechnisch optimalen Ausgestaltung der Gesellschaft

7. Die kommunalen Interessen in dieser Phase werden durch die vorläufige Bestellung eines Geschäftsführers durch die Stadtverwaltung Dresden gewahrt. Damit wird der Einfluß der Kommune, auf das in Gründung befindliche Unternehmen gesichert.

8. Integration der "Wärmeversorgung Dresden GmbH" in die Stromsparte aus:

   - technischen Gründen (Optimierung der Kraft-Wärme-Kopplung und Betriebsführung der Heizkraftwerke)
   - finanztechnischen Gründen (interner Ausgleich der Verluste der Fernwärme nach Subventionswegfall)
   - Gründen der Optimierung der Personalstruktur auf der Strom- und Fernwärmeseite

Die "Technischen Werke Dresden GmbH" werden sobald als möglich rechtlich selbständige Spartenunternehmen gründen (GmbH oder AG).

Folgende Stufen erscheinen aus dem Stand heraus als unbedingt erforderlich:

1. Gründung der Technische Werke Dresden GmbH
   In dieser Phase werden die Voraussetzungen für eine rechtliche, unanfechtbare Naturalrestitution geschaffen und durchgesetzt sowie die künftigen Organisationsstrukturen vorbereitet. Beteiligungen anderer Unternehmen sind den kommunalen Interessen entsprechend vorbereitet.

2. Fixierung der optimalen Strukturen der kommunalen Unternehmen, Interessenabstimmung mit den anderen Partnern und vertragliche Festschreibung (1991)

3. Ggf. spätere Umwandlung der TWD GmbH in eine Holdinggesellschaft mit den Sparten:

- technische Versorgung
- Verkehr
- weitere städtische Betriebe

Die Unternehmensphilosophie der Technischen Werke Dresden - Stadtwerke -

Eine kommunalpolitisch orientierte Energieversorgung der Stadt Dresden aufzubauen und mit Tochtergesellschaften zu betreiben mit den Zielfunktionen:

1. versorgungssicher
2. ökonomisch
3. ökologisch
4. verbrauchernah.

Ziele der Stadt und der Technischen Werke Dresden GmbH zur Energieversorgung:

1. Maximale Eigenstromerzeugung in der Stadt Dresden

2. Erhalt und Verdichtung der Fernwärmeversorgungsgebiete

3. Erreichen eines kommunalen Eigentumanteils der zu gründenden Gesellschaft von 51 %

4. Laufzeitbegrenzung der Gesellschaft auf 15 Jahre

5. Die kürzest mögliche Realisierung eines Querverbundes (Strom,Wärme und Wasser) sollte gemeinsam mit den Partnern nochmals eingehend untersucht werden

6. Die Pacht- und Betriebsführungsverträge sollten in ihrer Laufzeit so kurz wie möglich gehalten werden. Ziel muß es sein, die städtische Gesellschaft so schnell wie möglich gesellschaftswirksam werden zu lassen.

Funktionsbereich	Fläche in km²	%
Gesamtfläche Stadt	226,0	100
- davon bebaute Fläche	71,7	32
darunter Wohn-/Mischgebiete	44,5	20
darunter Industriegebiete	18,4	8
darunter Sonstige	8,8	4
- davon Freiflächen	133,7	59
- davon Verkehrsflächen	16,3	7
- davon Sonstiges	4,3	2

Aufteilung der Stadtfläche nach Funktionsbereichen						
Baujahr	bis 1870	1870 - 1899	1900-1918	1919-1945	1946-1960	1961-1965
Wohneinheiten	7927	44995	35254	47218	19568	13216
Baujahr	1966-1970	1971-1975	1976-1980	1981-1985	ab 1985	
Wohneinheiten	13511	14500	17352	19027	10885	

Statistik der Wohneinheiten nach Altersklassen

Der Gesamtwärmebedarf im Istzustand 1989/1990 beträgt ca. 3220 MW bzw. 6675 GWh/a.

Der zugeordnete Primär- bzw. Sekundärenergieeinsatz* einschließlich kommunaler und industrieller Heizkraftwerke beläuft sich auf 13.370 GWh/a.

Anteilig entfallen hiervon ca.

90 % auf Kohle
7 % auf Gas
3 % auf Öl und Sonstiges

Dieser Brennstoffeinsatz verursachte Emissionen in folgenden Größenordnungen:

54.000 t/a SO_2,
11.000 t/a NO_x,
44.000 t/a CO,
42.000 t/a Staub,
5.278.000 t/a CO_2.

Der gesamte Strombedarf der Stadt (370 MW, 1717 GWh/a) wird z.Zt. zu knapp 30 % (entsprechend 100 MW, 500 GWh/a) aus dem Heizkraftwerk Nossener Brücke, zu überwiegenden Anteilen aus dem Verbundnetz gedeckt.

Umfangreiche Sanierungs-, Modernisierungs- und Verbesserungsmaßnahmen sind erkennbar, notwendig und sinnvoll.

* ohne Gutschrift für Eigenstromerzeugung in Kraft-Wärme-Kopplung.

Die hier abgedruckten Texte entsprechen dem jeweiligen Redemanuskript!!!

15 ENERGIEWIRTSCHAFTLICHE DATEN

- **Endenergieverbrauch in der Bundesrepublik Deutschland 1990 - Alte Bundesländer**
  Lehrstuhl für Energiewirtschaft und Kraftwerkstechnik der TU München
  Prof. Dr.-Ing. Dr.-Ing.E.h. H. Schaefer und Dr.-Ing. B. Geiger

Die Entwicklung des temperaturbereinigten Endenergieverbrauchs in den alten Bundesländern der Bundesrepublik Deutschland seit 1960 ist in Bild 1 dargestellt bis 1990. Die Verbrauchsentwicklung ist als Spiegelbild zu sehen hinsichtlich:
- gewachsener und wachsender Ansprüche im privaten Bereich und am Arbeitsplatz
- zunehmender Bereitstellung von Dienstleistungen
- steigender Güterproduktion bei gleichzeitiger Strukturverschiebung von der Grundstoffindustrie hin zu den anderen Industriebranchen, sowie
- gestiegene Mobilität.

Aber auch im Hinblick auf:
- verbesserte Versorgungstechniken und rationellerem Energieeinsatz und den
- Sättigungstendenzen bei den Bedürfnissen Einzelner oder von Verbrauchergruppen

liefert die Darstellung wichtige Hinweise.

Die Verwendungsseite des Energieverbrauchs ist nach den Bedarfsarten "Raumheizung", "Prozeßwärme", "Licht/Kraft-stationär" und "Kraft-Verkehr" unterschieden. Beim Raumheizenergiebedarf deutete sich schon Anfang der 70er Jahre ein Ende im Bedarfszuwachs mit einem Sättigungsgrenzwert von rd. 100 Mio t SKE an, der Anfang der 80er Jahre erreicht worden wäre, hätten nicht nachhaltige Energiepreisänderungen die Verbraucher schon eher zu energiebewußterem Handeln veranlaßt.

Ohne Energiekrisen und ohne Intensivierung von Rationalisierungsmaßnahmen in allen Anwendungsbereichen läge des Verbraucherniveau entsprechend dem gestrichelt eingezeichneten Verbrauchsverlauf heute bei rd. 290 Mio t SKE. Ohne den Preisverfall 1984/85 läge es heute bei etwa 245 Mio t SKE.

Der Unterschied zwichen dem oberen Kurvenzug und dem tatsächlichen Verbrauch entspricht etwa 40 Mio t SKE und ist als vermiedener Energieverbrauch zu werten. Als weitere wichtige Feststellung läßt sich aus dem Bild ableiten:
- kurzfristig erzielte Verbrauchsreduzierungen müssen ausschließlich auf Verhaltensänderungen zurückgeführt werden
- kurzfristige Verbrauchszunahmen sind weitgehend durch zunehmende wirtschaftliche Tätigkeiten oder durch sinkende Energieträgerpreise bedingt
- der Trend zur Sättigung und zum absoluten Verbrauchsrückgang ist vorwiegend eine Folge rationellerer Versorgungstechnik.

Die in Bild 1 dargestellte Verbrauchsentwicklung beinhaltet einen bis heute anhaltenden Strukturwandel in den Energiebedarfsarten; Bild 2 verdeutlicht dies durch die Darstellung der Anteile der Verwendungsarten in % des jeweiligen jährlichen Endenergieeinsatzes. Tendenziell gilt:
- Abnahme des Energiebedarfs für die Raumheizung,
- Abnahme des Energieverbrauchs für Prozeßwärme,
- Zunahme des Energieverbrauchs für den stationären Kraft- und Lichtbedarf, sowie
- deutliche Zunahme des Energiebedarfs im Verkehr, vor allem im Straßenverkehr.

Mit Bild 3 wird veranschaulicht, wo die Verbrauchsschwerpunkte und jene der einzelnen Verbrauchssektoren liegen. Vom gesamten Endenergieverbrauch des Jahres 1990 in Höhe von 7427 PJ (253 Mio t SKE) entfallen 29,4 % auf die Raumheizung, 29,4 % auf den Prozeßwärmebedarf, 39,3 % auf Kraft- und 1,9 % auf den Lichtbedarf. Bei der Raumheizung dominiert der Haushalt mit einem Anteil von rund 19 %, bei der Prozeßwärme die Industrie mit über 21 %. Der Endenergieverbrauch im Verkehr stellt mit einem Anteil von 28 % den größten sektoralen Anteil dieser Anwendungsbilanz dar.

Wie die Säulendiagramme im rechten Bildteil zeigen, dominiert bei der Industrie der Bedarf für Prozeßwärme, bei Haushalt und Kleinverbrauch der Bedarf für die Raumheizung und beim Verkehr der Kraftbedarf. Von den vier Sektoren liegen Industrie, Haushalt und Verkehr im gesamten Bedarfsniveau in etwa gleich, deutlich geringer ist nur der Endenergieverbrauch im Kleinverbrauch.

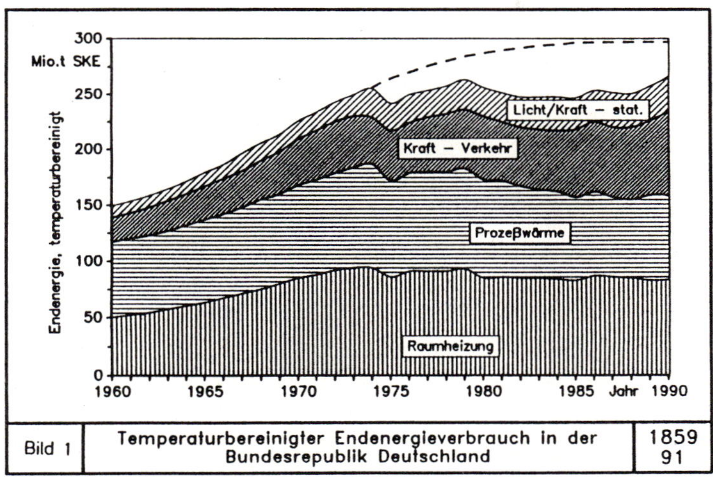

Bild 1	Temperaturbereinigter Endenergieverbrauch in der Bundesrepublik Deutschland	1859 91

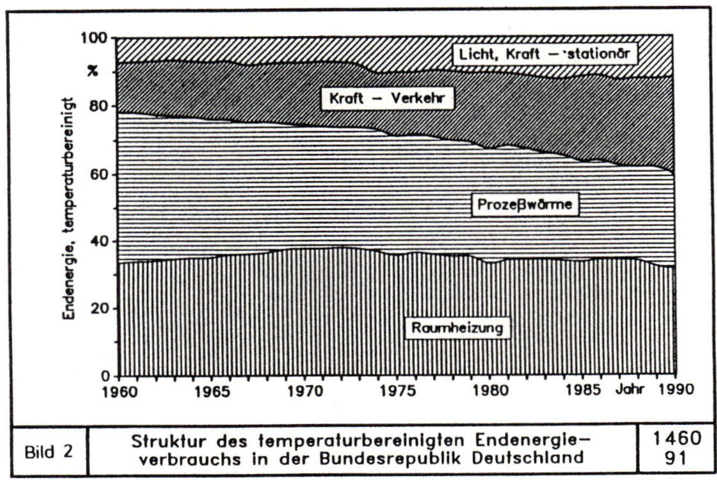

Bild 2	Struktur des temperaturbereinigten Endenergieverbrauchs in der Bundesrepublik Deutschland	1460 91

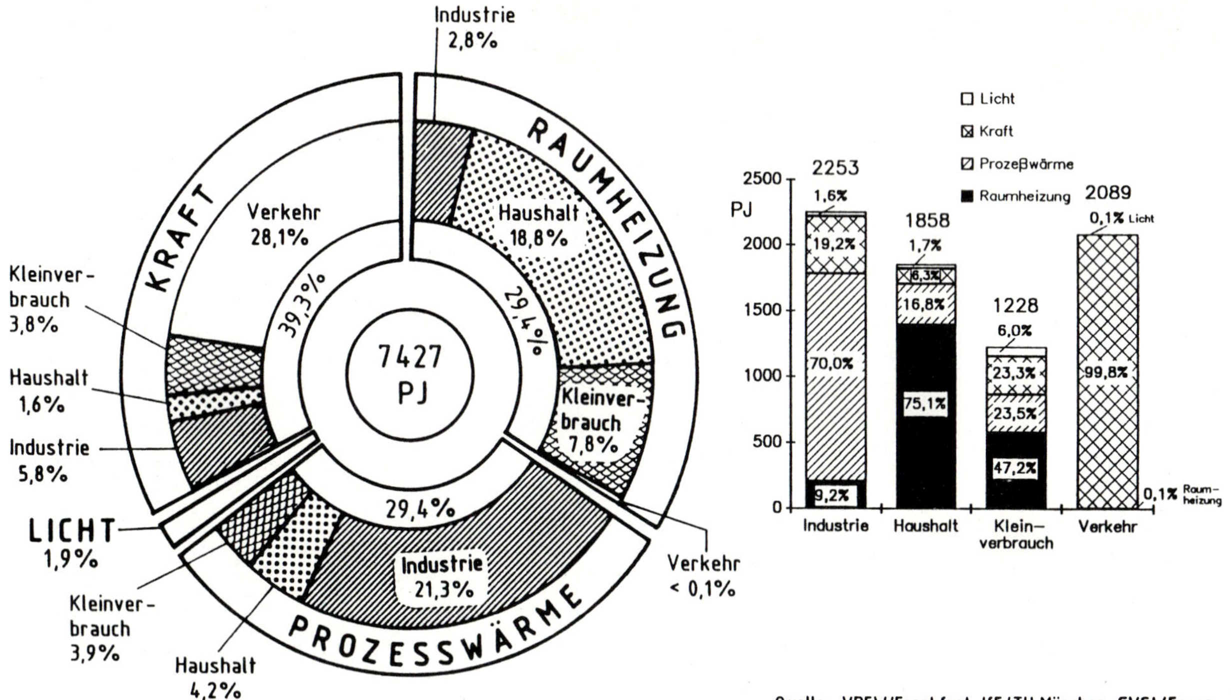

Quelle: VDEW/Frankfurt, IfE/TU München, GVSt/Essen
Aufbereitung: FfE, München

IfE	Aufteilung des Endenergiebedarfs auf Verbrauchersektoren und Bedarfsarten in den alten Bundesländern der BRD 1990	0820 91

Anmerkung zum Energieflußbild der Bundesrepublik Deutschland 1990

Um den Energieverbrauchern das Wissen über Energieaufkommen, -verteilung und -verwendung einfach und übersichtlich vermitteln und darstellen zu können, hat der Bereich Anwendungstechnik der RWE Energie erstmalig für das Jahr 1970 und ab 1973 alljährlich ein mehrfarbig gestaltetes Schema für den Jahresenergiefluß der Bundesrepublik Deutschland angefertigt. In dieser Grafik sind die komplizierten Zusammenhänge und die Art der Energieversorgung der Bundesrepublik in einer einzigen Darstellung zusammengefaßt. Durch die Aufteilung des Flußbildes in fünf Abschnitte

Energieaufkommen im Inland
Energiesektoren — Aufbereitung und Umwandlung
Endenergieverbrauch
Verbrauchssektoren
Anwendungszwecke

können schnelle Vergleiche gezogen werden, welche Energiearten und Mengen jeweils eingesetzt wurden und welchen Bedarf sie letztlich decken. Desweiteren ist ersichtlich, für welche Anwendungsform die ausgewiesenen Energiemengen benötigt worden sind und welche Nutzungsgrade in den einzelnen Verbrauchssektoren je nach Anwendungszweck vorlagen.

Wie aus dem Energieflußbild für das Jahr 1990 ersichtlich, betrug in den alten Bundesländern das Energieaufkommen im Inland 429,7 Mio t SKE und war damit um 2,5 % höher als der Vorjahreswert. Geprägt wurde diese Zunahme durch erheblich gestiegene Ölimporte (+ 5,8 %), die dazu geführt haben, daß der Ölanteil am Energieaufkommen mit 41 % die 40 Prozentmarke wieder überschritten hat. Bei den übrigen Energieträgern lagen die Veränderungen zum Vorjahr im Bereich normaler Schwankungen, so daß sich ihre Anteile am Energieaufkommen im Inland nicht gravierend verschoben haben.

Nach Abzug der Energiemengen für den Export von 32,9 Mio t SKE und der Bunkerung von 4,6 Mio t SKE ergibt sich in der Bundesrepublik Deutschland ein Energieverbrauch von 392,2 Mio t SKE.

Dieser Verbrauch, der auch als Primärenergieverbrauch bezeichnet wird, stieg gegenüber dem Vorjahr um 2,5 % an und ist rückblickend in etwa identisch mit dem Energieaufkommen des Jahres 1980. Der Energieverbrauch der Bundesrepublik Deutschland setzt sich zu knapp 88 % aus Primär- und zu gut 12 % aus Sekundärenergieträgern zusammen.

Sekundärenergieträger sind z. B. Koks, Briketts, Benzin, leichtes bzw. schweres Heizöl und Strom, die auch 1990 aus Bestandsentnahmen, überwiegend aber aus Importen stammten.

Nach weiterer Reduzierung um den nichtenergetischen Verbrauch — hierunter werden alle die Nutzungsarten von Energieträgern verstanden, bei denen es nicht auf den Energiegehalt ankommt, sondern auf die stofflichen Eigenschaften — wie z. B. Mineralölprodukte für den Straßenbau, alle Arten von Schmierstoffen, Arzneimitteln, Düngemitteln, Kunststoffen usw. und nach Abzug von Umwandlungs-, Fackel- und Leitungsverlusten, dem industriellen Energieverbrauch in der Energiegewinnung (z. B. Kohleförderung) und in den Umwandlungsbereichen sowie bereinigt um statistische Differenzen weist das Energieflußbild einen Endenergieverbrauch von 253,5 Mio t SKE aus. Dieser ist gegenüber dem Vorjahr um 2,9 % höher und entspricht somit fast dem Energieverbrauch aus dem Jahr 1988. Durch den Endenergieverbrauchsanstieg ergaben sich auch Verschiebungen bei den eingesetzten Energieträgern.

Ebenso wie beim Energieaufkommen schon festgestellt, konnte der Energieträger Öl auch beim Endenergieverbrauch seine Dominanz wieder festigen. Durch einen Verbrauchsanstieg um 6,7 Mio t SKE stieg der Ölanteil am Endenergieverbrauch von 47,5 % auf 48,8 % an. Ebenfalls Verbrauchsanstiege, wenn auch nur in geringerem Maße (jeweils < 1 Mio t SKE), vermeldeten die Energieträger Gas, Strom, Fernwärme, Holz und Torf. Lediglich der Kohleverbrauch reduzierte sich gegenüber dem Vorjahr um 6,1 % (1,3 Mio t SKE), so daß sein Anteil am Endenergieverbrauch nur noch 7,8 % beträgt.

Da der Endenergieverbrauch durch das Verbrauchsverhalten in den Verbrauchssektoren bestimmt wird, ist davon auszugehen, daß sich hier ebenfalls die Nachfrage nach den einzelnen Energieträgern verändert hat.

Im Sektor Industrie sank der Energieverbrauch gegenüber dem Vorjahr um 1,3 % und betrug nur noch 76,9 Mio t SKE. Einbußen an Kohle und Öl standen geringfügigen Mehrverbräuchen an Gas und Strom gegenüber.

Wie in den Vorjahren führte eine zunehmende Motorisierung im Sektor Verkehr wieder zu einem Energieverbrauchsanstieg. Der Verbrauch stieg um 3,4 Mio t SKE (5 %) an, so daß mit 71,3 Mio t SKE ein neuer Höchstwert erreicht worden ist.

Auch im Haushalt betrug der Mehrverbrauch 5 %, der im wesentlichen durch einen höheren Ölbedarf verursacht wurde. Das gleiche gilt für den Kleinverbraucher, dessen Verbrauchsanstieg um 4,2 % ebenfalls durch den Energieträger Öl bedingt war.

Wie dem Bereich Anwendungszweck zu entnehmen ist, diente 1990 die Energienutzung in den Verbrauchssektoren Industrie, Verkehr, Haushalt und Kleinverbraucher zu knapp 60 % zur Wärmeerzeugung (Prozeßwärme, Raumwärme), zu 39 % zur Umsetzung in mechanische Energie und nur zu knapp 2 % für Beleuchtungszwecke. Unschwer ist zu erkennen, daß der industrielle Energieverbrauch in erster Linie durch Prozeßwärmeanwendungen (70 %) geprägt wird. Beim Verbrauchssektor Verkehr dagegen wurde der bilanzmäßig erfaßte Energieverbrauch (fast ausschließlich Öl) überwiegend zur Umsetzung in mechanische Energie für Schiffahrt, Flug- oder Straßenverkehr benötigt. Energieverbräuche für die Erzeugung von Raumwärme bestimmten dagegen im Haushalt und beim Kleinverbraucher gravierend die Höhe des Energieverbrauches.

Die Aufteilung in Nutz- und Verlustenergie informiert darüber, wo allein durch Verbesserung des Nutzungsgrades Energie eingespart werden kann. Einschränkend muß allerdings erwähnt werden, daß dieses Einsparpotential aufgrund von physikalischen Gesetzmäßigkeiten nur begrenzt zur Verfügung steht.

Die Nutzung unerschöpflicher Energien, z. B. die Verwendung des Energieinhaltes von Erde, Wasser oder Umgebungsluft mit Hilfe von Wärmepumpen oder gegebenenfalls auch die direkte Nutzung der Sonnenenergie, wird weiter betrieben. Erstmals wurde der durch Photovoltaik- und Windkraftanlagen erzeugte Strom im Energieflußbild ausgewiesen. Der Wert von 0,005 Mio t SKE wurde im Sektor Aufbereitung und Umwandlung direkt dem Energiestrang Strom zugeordert. Der gesamte Anteil der Nutzung unerschöpflicher Energie, der sich bei 0,08 % vom Endenergieverbrauch eingependelt hat (ohne Stromerzeugung durch Wasserkraft und Müllverbrennung in Kraftwerken), macht allerdings deutlich, wie diese Energiequellen noch weit davon entfernt sind, einen nennenswerten Beitrag zur Energiebedarfsdeckung der Bundesrepublik Deutschland zu leisten.

Das Energieflußbild basiert auf den Zahlenwerten der Energiebilanzen der Bundesrepublik Deutschland, erstellt von der Arbeitsgemeinschaft Energiebilanzen, Essen, der Forschungsstelle für Energiewirtschaft, München, dem Lehrstuhl für Energiewirtschaft und Kraftwerkstechnik der TU München, der Arbeitsgemeinschaft Fernwärme, Frankfurt, der Vereinigung Deutscher Elektrizitätswerke, Frankfurt, sowie der RWE Energie AG, Essen.

- **Heizwerte der Energieträger und Faktoren für die Umrechnung von spezifischen Mengeneinheiten in Wärmeeinheiten zur Energiebilanz 1990**

Energieträger	Mengen-einheit	Heizwert kJ	Heizwert (kcal)	SKE-Faktor
Steinkohlen[1])	kg	29780	(7113)	1,016
Steinkohlenkoks	kg	28650	(6843)	0,978
Steinkohlenbriketts	kg	31401	(7500)	1,071
Braunkohlen[1])	kg	8408	(2008)	0,287
Braunkohlenbriketts[1])	kg	19259	(4600)	0,657
Braunkohlenkoks (Inland)	kg	29726	(7100)	1,014
Braunkohlenkoks (Import)	kg	26463	(6321)	0,903
Staub- u. Trockenkohlen[1])	kg	21353	(5100)	0,729
Hartbraunkohlen	kg	15030	(3590)	0,513
Brennholz (1 m³ = 0,7 t)	kg	14654	(3500)	0,500
Brenntorf	kg	14235	(3400)	0,486
Klärschlamm	kg	8499	(2030)	0,290
Erdöl (roh)	kg	42622	(10180)	1,454
Motorenbenzin, -benzol	kg	43543	(10400)	1,486
Rohbenzin	kg	43543	(10400)	1,486
Flugbenzin, leichter Flugturbinenkraftstoff	kg	43543	(10400)	1,486
Schwerer Flugturbinenkraftstoff, Petroleum	kg	42705	(10200)	1,457
Dieselkraftstoff	kg	42705	(10200)	1,457
Heizöl, leicht	kg	42705	(10200)	1,457
Heizöl, schwer	kg	41031	(9800)	1,400
Petrolkoks	kg	29308	(7000)	1,000
Flüssiggas	kg	45887	(10960)	1,566
Raffineriegas	kg	48358	(11550)	1,650
Kokereigas, Stadtgas	m^3	15994	(3820)	0,546
Gichtgas	m^3	4187	(1000)	0,143
Erdgas	m^3	31736	(7580)	1,083
Erdölgas	m^3	40300	(9625)	1,375
Grubengas	m^3	15994	(3820)	0,546
Klärgas	m^3	15994	(3820)	0,546
Elektrischer Strom				
a) in der Primärenergiebilanz [2]) (Wasserkraft, Kernenergie, Müll, u.ä. für die Stromerzeugung sowie Stromaußenhandel)	kWh	9374	(2244)	0,321
b) in der Umwandlungsbilanz und beim Endenergieverbraucher	kWh	3600	(860)	0,123

[1]) Dieser Durchschnittswert gilt für die Gesamtförderung bzw. Produktion. Im übrigen gelten unterschiedliche Heizwerte.

[2]) Bewertet mit dem spezifischen Brennstoffverbrauch in konventionellen öffentlichen Wärmekraftwerken 1990.

Quelle: Arbeitsgemeinschaft Energiebilanzen, Essen

RÜCKANTWORTBOGEN

Ihre Anregungen zum Jahrbuch Energietechnik '92

Was finden Sie gut?

....

....

....

....

....

....

Welche Verbesserungen/Änderungen schlagen Sie vor?

....

....

....

....

....

....

....

....

....

VEREIN DEUTSCHER INGENIEURE
VDI-Gesellschaft Energietechnik
Graf-Recke-Str. 84
Postfach 10 11 39

4000 Düsseldorf 1

VEREIN DEUTSCHER INGENIEURE
VDI-Gesellschaft Energietechnik
Graf-Recke-Str. 84
Postfach 10 11 39

4000 Düsseldorf 1

Rückantwortbogen

Bestellung VDI-Berichte 1991

Ich bestelle gegen Rechnung folgende VDI-Berichte: Bitte ankreuzen!
(Persönliche VDI-Mitglieder erhalten 10 % Rabatt)

VDI-Bericht 872: **"Ventilatoren im industriellen Einsatz"**, Februar 1991, 675 Seiten, DM 198,-❐

VDI-Bericht 851: **"Regenerative Energien: Betriebserfahrungen und Wirtschaftlichkeitsanalysen der Anlagen in Deutschland"**, März 1991, 379 Seiten, DM 128,-❐

VDI-Bericht 884: **"Kernenergie: Heute, Morgen"**, März 1991, 323 Seiten, DM 98,-❐

VDI-Bericht 868: **"Strömungsmaschinen: Zustandsdiagnose und Expertensysteme auf den Gebieten Betriebskennwerte, Schwingungen und Lebensdauer"**, März 1991, 264 Seiten, DM 98,-❐

VDI-Bericht 887: **"Blockheizkraftwerke und Wärmepumpen: Kraft-Wärme/Kälte-Kopplung in Industrie, Gewerbe und Dienstleistungsunternehmen"**, Juni 1991, 273 Seiten, DM 98,-❐

VDI-Bericht 895: **"Prozeßführung und Verfahrenstechnik der Müllverbrennung"**, Juni 1991, 380 Seiten, DM 128,-❐

VDI-Bericht 922: **"Verbrennung und Feuerungen: 15. Deutscher Flammentag"**, September 1991, 653 Seiten, DM 198,-❐

VDI-Bericht 923: **"Möglichkeiten und Grenzen der Kraft-Wärme-Kopplung"**, Oktober 1991, 286 Seiten, DM 98,-❐

VDI-Bericht 927: **"Soziale Kosten der Energienutzung: Externe Effekte heute - Betriebskosten morgen"**, November 1991, 288 Seiten, DM 98,-❐

VDI-Bericht 924: **"Einsatzmöglichkeiten des PC in der Energietechnik"**, November 1991, 138 Seiten, DM 68,-❐

VDI-Bericht 926: **"Energietechnische Investitionen im neuen Europa - Märkte, Projekte, Finanzierungen"**, November 1991, 134 Seiten, DM 68,-❐

VDI-Mitglieds-Nr.
Name:
Anschrift:

Datum: Unterschrift:

VEREIN DEUTSCHER INGENIEURE
VDI-Gesellschaft Energietechnik
Graf-Recke-Str. 84
Postfach 10 11 39

4000 Düsseldorf 1

Rückantwortbogen

Bestellung Informationsschriften der GET

Ich bestelle gegen Rechnung folgende Informationsschriften: Bitte ankreuzen! Schutzgebühr

- **"Mechanische Brüdenkompression: Rationelle Energieversorgung für Verdampfung, Destillation, Trocknung"** DM 36,- ❐
  Januar 1988, 98 Seiten
- **"Reststoffe bei der thermischen Abfallverwertung"** DM 20,- ❐
  September 1988, 45 Seiten

Reihe "Rationelle Energieversorgung mit Verbrennungsmotorenanlagen"

- **Teil I "Der Verbrennungsmotor als Energiewandler"** DM 20,- ❐
  September 1988, 40 Seiten
- **Teil II "BHKW-Technik"** DM 10,- ❐
  November 1988, 44 Seiten
- **Teil IV "Anwendungsfälle - Kombinationstechnik"** DM 25,- ❐
  April 1991, 64 Seiten
- **"Berater und Sachverständige- Energietechnik 1990"** DM 15,- ❐
  September 1990, 114 Seiten
- **"Berufsziel Energieingenieur"** DM 15,- ❐
  Dezember 1990, 64 Seiten
- **"Potentiale regenerativer Energieträger in der Bundesrepublik Deutschland"**
  März 1991, 28 Seiten DM 20,- ❐

Englische und andere Buchpublikationen der GET

Bitte ankreuzen!

Ich bestelle gegen Rechnung folgende Buchpublikationen:
(Pers. VDI-Mitglieder erhalten 10 % Rabatt)

- **"AVR - Experimental High-Temperature Reactor"** DM 128,-❐
  VDI-Verlag 1990, 379 Seiten
- **"Superconductivity in Energy Technologies"** DM 168,-❐
  VDI-Verlag 1990, 266 Seiten
- **"Perspektiven für Energieingenieure: Studierende und Praktiker im Dialog"**
  VDI-Verlag, Dezember 1990, 186 Seiten DM 48,- ❐
- **"Energieträger Wasserstoff"** DM 98,- ❐
  Jahreskolloquium 1991 des Sonderforschungsbereiches 270 der Universität Stuttgart
  VDI-Verlag, Mai 1991, 290 Seiten

VDI-Mitglieds-Nr.
Name:
Anschrift:

Datum: Unterschrift:

VEREIN DEUTSCHER INGENIEURE
VDI-Gesellschaft Energietechnik
Graf-Recke-Str. 84
Postfach 10 11 39

4000 Düsseldorf 1

Rückantwortbogen **Bitte ankreuzen!**

Neue Tagungen der VDI-GET 1992:
(kostenfreie Bestellung der Tagungsprogramme!)

- 18./19.02.92 Nürnberg **"Wasserstoff-Energietechnik III"** ❐
- 12.03.92 Leipzig **"Möglichkeiten und Grenzen der Kraft-Wärme-Kopplung II"** ❐
- 25./26.03.92 Würzburg **"6. Jahrestagung"**
  "ENERGIEHAUSHALTEN UND CO_2-MINDERUNG"
  Fachtagung I: **"Einsparpotentiale im Sektor Stromerzeugung"** ❐
  Fachtagung II: **"Einsparpotentiale durch die Einbindung regenerativer Energieträger"** ❐
  Fachtagung III: **"Einsparpotentiale im Sektor Verkehr"** ❐
  Fachtagung IV: **"Einsparpotentiale im Sektor Haushalt"** ❐
  Plenarabschluß: **"AKZEPTANZPROBLEME"** ❐
- 01./03.04.92 Straßburg **"Rational Use of Energy"** ❐
- 28./29.04.92 Würzburg/Veitshöchheim **"Ertüchtigung leittechnischer Anlagen in der Energietechnik"** ❐
- Mai 92 Mannheim **"Thermische Behandlung von Konsumgüterreststoffen am Beispiel der Altfahrzeugverwertung"** ❐
- 15./16.09.92 Hannover **"Thermische Strömungsmaschinen: Turbokompressoren im industriellen Einsatz II"** ❐
- 07./08.10.92 Aachen **"Kernenergie und andere Energieoptionen für die Zukunft: Nutzen, Risiken, Wirtschaftlichkeit"** ❐
- Oktober 92 München **"Energie- und Umwelttechnik in der Lebensmittelindustrie"** ❐
- Oktober 92 **"Thermodynamik-Kolloquium '92"** ❐
- 24./26.11.92 Düsseldorf **"Klimabeeinflussung durch den Menschen III"** ❐
- 01./02.12.92 Frankfurt **"Perspektiven für Energieingenieure II - Europa 1993"** ❐

Neue Tagungen der ETG 1992:

- 09./11.03.92 München **"International Symposium on Control of Power Plants and Power Systems"** ❐
- 25.03.92 Nürnberg **"Datenübertragung auf Fahrzeugen mittels serieller Bussysteme"** ❐
- 29./30.04.92 Dortmund **"Netzanbindung regenerativer Energiequellen"** ❐
- 13./14.05.92 Bad Nauheim **"Bauelemente der Leistungselektronik und ihre Anwendung"** ❐
- 19./21.05.92 Wien **"Wasserkraft - regenerative Energie für heute und morgen"** ❐
- 26./27.05.92 Würzburg **"Isoliersysteme der elektrischen Energieversorgung - Lebensdauer, Diagnostik, Entwicklungstendenzen"** ❐
- 14./18.06.92 Montreal **"XII. U.I.E.-Kongreß Electrotechnic '92"** ❐
- 10./11.09.92 Magdeburg **"Elektrowärme"** ❐
- 07./12.09.92 Loughborough **"Internationale Kontakttagung"** ❐
- 14./15.10.92 Dresden **"Mikroelektronik in der Energieverteilung"** ❐

VDI-Mitglieds-Nr.

Name:

Anschrift:

Datum: Unterschrift:

VEREIN DEUTSCHER INGENIEURE
VDI-Gesellschaft Energietechnik
Graf-Recke-Str. 84
Postfach 10 11 39

4000 Düsseldorf 1

Inserentenverzeichnis

Notizen

Notizen

Notizen

Notizen